高等工科学校数学用书

线性代数

（修订版）

张乃一　曲文萍　刘九兰　编

天津大学出版社
TIANJIN UNIVERSITY PRESS

内容提要

本书根据全国工科数学课程教学指导委员会制定的《线性代数教学基本要求》，在天津大学出版社出版的《线性代数》教材的基础上重新编写而成．对原教材的体系及部分内容做了必要的调整和充实．

本书的主要内容有行列式、矩阵、n 维向量、线性方程组、矩阵的相似对角形、二次型、线性空间与线性变换、欧几里得空间．

全书参考学时为48学时，前6章参考学时为32学时．

本书可作为高等工科院校本科、专科（包括自学考试、成人教育和网络教育）教材或教学参考书，也可作为工程技术人员参考书．

图书在版编目(CIP)数据

线性代数/张乃一，曲文萍，刘九兰编．—天津：天津大学出版社，2000．8(2020.9重印)
高等工科学校数学用书
ISBN 978-7-5618-1328-7

Ⅰ．线… Ⅱ．①张… ②曲… ③刘… Ⅲ．线性代数-高等学校-教材 Ⅳ．0151．2

中国版本图书馆 CIP 数据核字(2007)第003414号

出版发行 天津大学出版社
地　　址 天津市卫津路92号天津大学内(邮编：300072)
电　　话 发行部：022-27403647
网　　址 publish.tju.edu.cn
印　　刷 天津泰宇印务有限公司
经　　销 全国各地新华书店
开　　本 140mm×203mm
印　　张 10.125
字　　数 266千
版　　次 2000年8月第1版
印　　次 2020年9月第17次
定　　价 25.00元

前言

本书根据全国工科数学课程教学指导委员会制定的《线性代数教学基本要求》，结合我们多年教学工作中积累的体会和经验，对原版《线性代数》进行了重新编写．在编写过程中听取了校内外同行们提出的宝贵意见，结合我们教学工作中发现的问题，对原教材的体系和部分内容做了适当的调整和充实，并在有关内容的论述和定理的证明方法上做了改进．

本书是高等工科院校本科生各专业的线性代数课程的教科书，考虑到工科各专业教学的特点和基本要求，我们在编写过程中注意到以下几点：

(1)全书以矩阵为主线展开全部内容．在熟练掌握了矩阵的各种运算及其性质以后，后面各章中讨论的问题都利用了矩阵这一有力工具．

(2)对线性代数课程中比较抽象的内容，不做过高的要求．对线性空间只研究有限维线性空间，并且重点研究 n 维向量空间．利用同构关系使得任意 n 维线性空间的问题也得到讨论．

(3)考虑了本科生报考硕士研究生入学考试对线性代数的要求．在内容的安排上做了适当的调整，将 n 维向量空间 $\mathbf{R}^n$ 的内容安排到第 3 章中，使考研的学生重点放在前 6 章．

本书在编写过程中，注意在内容上由浅入深，由易到难将知识逐步展开．在方法上由基本到灵活不断提高与加强．

本书每一章都配有适量的习题．书后附有参考答案．

本书的第 1,2,3 章由曲文萍执笔；第 4,5 章由刘九兰执笔；第 6,7,8 章由张乃一执笔；张乃一对全书进行统稿．

本书在编写过程中，得到天津大学教务处及数学系各级领导的支持，在此，谨向他们表示诚挚的感谢。还对辛勤编辑此书的天津大学出版社编辑与关心支持本书出版的有关同志致以深深的谢意．

由于我们的水平所限，书中不当之处在所难免，敬请广大读者批评指正．

编者

2000 年 6 月

再版前言

本书自2000年出版发行以来,受到广大读者,特别是高等学校的师生们热烈欢迎,使其得到广泛的使用.

为了更好地为读者服务,我们在保持本书整体结构的前提下,对本书作了一些修正和增删.

在本次修订工作中,感谢广大读者的热情指正,同时对天津大学出版社的支持和帮助表示真诚的谢意.

编者

2010年1月

目　录

第1章　行　列　式

行列式是研究线性方程组和矩阵的有力工具,同时在许多理论和实际应用问题中,它也发挥着重要的作用.因此行列式是线性代数中不可缺少的基本内容.

1.1　排列与逆序

1.1.1　排列与逆序的概念

定义 1.1　由 n 个数 $1,2,\cdots,n$ 组成的一个有序数组称为一个 n 阶排列,记为 $i_1 i_2 \cdots i_n$.

例如,2431 是一个 4 阶排列,52341 是一个 5 阶排列.我们知道,n 阶排列的总数是

$$n(n-1)(n-2)\cdots 2\cdot 1 = n!.$$

按数字由小到大的自然顺序排列的 n 阶排列 $123\cdots n$ 称为标准排列.

定义 1.2　在一个 n 阶排列中,如果一个较大的数排在另一个较小的数的前面,则称这两个数构成一个逆序,在排列 $i_1 i_2 \cdots i_n$ 中所有逆序的总数称为这个排列的逆序数,记为 $\tau(i_1 i_2 \cdots i_n)$.

例如,在 4 阶排列 4132 中,排在 1 前面有一个数与 1 构成逆序,排在 2 前面有两个数与 2 构成逆序,排在 3 前面有一个数与 3 构成逆序,4 排在最前面,所以

$$\tau(4132) = 1+2+1+0 = 4.$$

同样

$$\tau(32451) = 4+1+0+0+0 = 5,$$

$$\tau(123\cdots n) = 0.$$

逆序数是奇数的排列称为奇排列；逆序数是偶数的排列称为偶排列．标准排列为偶排列．

1.1.2 排列的性质

性质 1 对换排列中的任意两个数，则排列改变奇偶性．

证 (1)若对换排列中相邻的两个数时．设排列为

$$\cdots ij\cdots, \tag{1}$$

经过 i,j 对换变成排列

$$\cdots ji\cdots. \tag{2}$$

显然在对换前后的两个排列中，i,j 与其他的数以及其他数之间所构成的逆序数没有改变，当 $i<j$ 时，对换后逆序数增加 1；而当 $i>j$ 时，对换后逆序数减少 1，所以若对换相邻两个数，排列改变奇偶性．

(2)若对换的两个数 i 与 j 之间有 s 个数，$k_1,k_2,\cdots,k_s$，即排列为

$$\cdots ik_1k_2\cdots k_sj\cdots, \tag{3}$$

经过 i 与 j 对换，变为排列

$$\cdots jk_1k_2\cdots k_si\cdots. \tag{4}$$

由排列(3)变成排列(4)可以通过一系列对换相邻两数的过程来实现．

先将 i 依次与 $k_1,k_2,\cdots,k_s,j$ 经过 $s+1$ 次相邻对换将(3)变成

$$\cdots k_1k_2\cdots k_sji\cdots, \tag{5}$$

再将 j 依次与 $k_s,k_{s-1},\cdots,k_2,k_1$ 经过 s 次相邻对换将(5)变成(4)，于是排列(3)总共经过 $2s+1$ 次相邻两数的对换得到排列(4)，而每一次相邻两数的对换都改变排列的奇偶性，奇数次相邻两数的对换必改变排列的奇偶性．

性质 2 任一个 n 阶排列 $i_1i_2\cdots i_n$ 与标准排列都可以通过一

系列对换互变，并且所作对换的次数与排列 $i_1 i_2 \cdots i_n$ 具有相同的奇偶性.

证 首先用数学归纳法证明任一 n 阶排列与标准排列可以通过对换互变.

1 阶排列只有一个数，结论显然成立.

假设结论对 $n-1$ 阶排列已经成立，现在来证对 n 阶排列的情形结论也成立.

如果 $i_n = n$，则根据归纳假设 $n-1$ 阶排列 $i_1 i_2 \cdots i_{n-1}$ 可以通过一系列对换变成 $12\cdots(n-1)$，于是这一系列对换也就把 $i_1 i_2 \cdots i_n$ 变成 $12\cdots n$.

如果 $i_n \neq n$，则先对 $i_1 i_2 \cdots i_n$ 施行 i_n 与 n 的对换，使它变成 $i'_1 i'_2 \cdots i'_{n-1} n$，这就归结成上面的情形. 因此结论成立.

相仿地，$12\cdots n$ 也可以通过一系列对换变成 $i_1 i_2 \cdots i_n$.

因为 $12\cdots n$ 是偶排列，所以，根据性质 1，所作对换的次数与排列 $i_1 i_2 \cdots i_n$ 有相同的奇偶性.

1.2 n 阶行列式

1.2.1 2 阶、3 阶行列式

定义 1.3 2 阶行列式

$$D = \begin{vmatrix} a_{11} & a_{12} \\ a_{21} & a_{22} \end{vmatrix} = a_{11}a_{22} - a_{12}a_{21}.$$

定义 1.4 3 阶行列式

$$D = \begin{vmatrix} a_{11} & a_{12} & a_{13} \\ a_{21} & a_{22} & a_{23} \\ a_{31} & a_{32} & a_{33} \end{vmatrix}$$

$$= a_{11}a_{22}a_{33} + a_{12}a_{23}a_{31} + a_{13}a_{21}a_{32} - a_{13}a_{22}a_{31} -$$

$$a_{12}a_{21}a_{33}-a_{11}a_{23}a_{32}.$$

根据上述定义,得出3阶行列式的对角线计算法则.

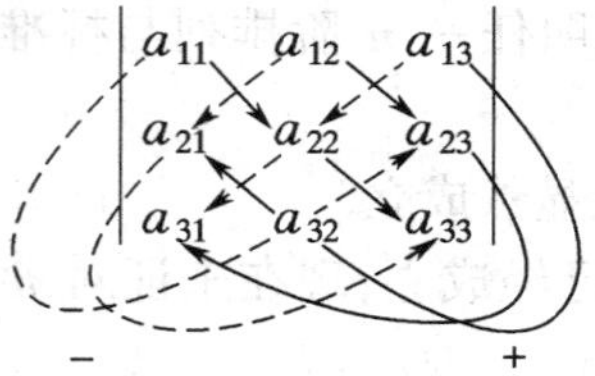

在每条实线上的3个元素的乘积取正号,共3项:

$$+a_{11}a_{22}a_{33},+a_{12}a_{23}a_{31},+a_{13}a_{21}a_{32}.$$

在每条虚线上的3个元素的乘积取负号,共3项:

$$-a_{13}a_{22}a_{31},-a_{12}a_{21}a_{33},-a_{11}a_{23}a_{32}.$$

此6项的代数和就是3阶行列式 D 的值.

例1 计算3阶行列式

$$D=\begin{vmatrix}1&2&3\\5&2&4\\1&2&5\end{vmatrix}$$
$$=1\times2\times5+2\times4\times1+3\times5\times2-3\times2\times1-2\times5\times5-1\times4\times2$$
$$=10+8+30-6-50-8=-16.$$

分析3阶行列式的结构:

(1)3阶行列式是一个数,这个数是3! =6项的代数和.

(2)每一项都是3个元素的乘积,并且这3个元素是取自行列式的不同的行不同的列.

(3)每个元素有两个下标,第1个下标表示该元素所在的行序号,第2个下标表示该元素所在的列序号.每项前面的正负号取决于:当该项 $a_{1j_1}a_{2j_2}a_{3j_3}$ 的3个元素行指标的排列是标准排列时,若其列指标的排列是偶排列,则该项前面取正号;若其列指标的排列是奇排列,则该项前面取负号.即它的每一项为

$$(-1)^{\tau(j_1j_2j_3)}a_{1j_1}a_{2j_2}a_{3j_3}.$$

将3阶行列式的这些规律推广便得到 n 阶行列式的定义.

1.2.2　n 阶行列式的定义

定义1.5　用符号

$$\begin{vmatrix} a_{11} & a_{12} & \cdots & a_{1n} \\ a_{21} & a_{22} & \cdots & a_{2n} \\ \vdots & \vdots & & \vdots \\ a_{n1} & a_{n2} & \cdots & a_{nn} \end{vmatrix}$$

表示的 n 阶行列式是一个数，它是 $n!$ 项的代数和；它的每一项都是取自不同的行不同的列的 n 个元素的乘积 $a_{1j_1}a_{2j_2}\cdots a_{nj_n}$，其中 $j_1,j_2,\cdots,j_n$ 为任一 n 阶排列；每一项的符号为 $(-1)^{\tau(j_1j_2\cdots j_n)}$.即

$$\begin{vmatrix} a_{11} & a_{12} & \cdots & a_{1n} \\ a_{21} & a_{22} & \cdots & a_{2n} \\ \vdots & \vdots & & \vdots \\ a_{n1} & a_{n2} & \cdots & a_{nn} \end{vmatrix} = \sum_{j_1j_2\cdots j_n}(-1)^{\tau(j_1j_2\cdots j_n)}a_{1j_1}a_{2j_2}\cdots a_{nj_n}.$$

这里“$\sum\limits_{j_1j_2\cdots j_n}$”表示对一切 n 阶排列求和.

行列式 D 的左上角到右下角连线称为 D 的主对角线，主对角线上的元素为 $a_{11},a_{22},\cdots,a_{nn}$.

当 $n=1$ 时，$|a|=a$；

当 $n=2,3$ 时，就是前面所述的2阶、3阶行列式的定义.

应该指出的是计算2阶、3阶行列式的对角线方法不适合4阶及4阶以上的行列式的计算.

例2　计算行列式

$$D=\begin{vmatrix} a_{11} & 0 & 0 & \cdots & 0 \\ a_{21} & a_{22} & 0 & \cdots & 0 \\ \vdots & \vdots & \vdots & & \vdots \\ a_{n1} & a_{n2} & a_{n3} & \cdots & a_{nn} \end{vmatrix}.$$

解 由 n 阶行列式的定义可知,展开式中的一般项为

$$a_{1j_1}a_{2j_2}\cdots a_{nj_n}.$$

由于 D 中许多元素为零,所以只需求出上述一切项中不为零的项即可.

在 D 中,第 1 行中除去 a_{11}外,其余元素都是零,所以必须取 $j_1=1$;在第 2 行中除去 a_{21},a_{22}外,其他元素都是零,又由于 a_{11}与 a_{21}位于同一列而 $j_1=1$,所以只有取 $j_2=2$;如此继续下去,可知 D 中不为零的项只有一项

$$a_{11}a_{22}\cdots a_{nn}.$$

由于该项的列指标所成的排列是标准排列为偶排列,取正号,故由行列式的定义有

$$D=\begin{vmatrix} a_{11} & 0 & 0 & \cdots & 0 \\ a_{21} & a_{22} & 0 & \cdots & 0 \\ \vdots & \vdots & \vdots & & \vdots \\ a_{n1} & a_{n2} & a_{n3} & \cdots & a_{nn} \end{vmatrix}=a_{11}a_{22}\cdots a_{nn}.$$

这种主对角线以上的元素皆为 0 的行列式称为下三角形行列式.下三角形行列式的值等于主对角线上 n 个元素的乘积.

同理有上三角形行列式,且可求得上三角形行列式的值

$$D=\begin{vmatrix} a_{11} & a_{12} & a_{13} & \cdots & a_{1n} \\ 0 & a_{22} & a_{23} & \cdots & a_{2n} \\ \vdots & \vdots & \vdots & & \vdots \\ 0 & 0 & 0 & \cdots & a_{nn} \end{vmatrix}=a_{11}a_{22}\cdots a_{nn}.$$

特别是

$$\begin{vmatrix} d_1 & & 0 \\ & d_2 & \\ & & \ddots & \\ 0 & & & d_n \end{vmatrix}=d_1d_2\cdots d_n;$$

这里“0”表示未标处元素均为 0.

$$\begin{vmatrix} 1 & & & 0 \\ & 1 & & \\ & & \ddots & \\ 0 & & & 1 \end{vmatrix} = 1.$$

例 3 计算行列式

$$D = \begin{vmatrix} 0 & 0 & 0 & a \\ 0 & 0 & b & 0 \\ 0 & c & 0 & 0 \\ d & 0 & 0 & 0 \end{vmatrix}.$$

解 按行列式的定义,该行列式展开式的每一项应为取自不同行不同列的 4 个元素的连乘积.由于第 1 行只有 a_{14} 位置的元素为 a,其余元素全是零,因此只能取 $j_1=4$;而第 2 行只有 a_{23} 位置的元素为 b,其余元素都是零,因此只能取 $j_2=3$;同理第 3 行只能取 $j_3=2$;最后第 4 行只能取 $j_4=1$;这时行列式只有一项不为零,取

$$D_4 = (-1)^{\tau(4321)} abcd = abcd.$$

例 4 确定 5 阶行列式中的项 $a_{23}a_{42}a_{14}a_{31}a_{55}$ 所带的符号.

解 由于

$$a_{23}a_{42}a_{14}a_{31}a_{55} = a_{14}a_{23}a_{31}a_{42}a_{55},$$

该项所带的符号为

$$(-1)^{\tau(43125)} = (-1)^{2+2+1+0+0} = (-1)^5 = -1,$$

即该项为负.

对于 n 阶行列式中的任一项,由于乘法的可交换性,可把该项的列指标组成的排列 $j_1j_2\cdots j_n$ 经 t 次对换变成标准排列 $12\cdots n$.与此同时,相应的行指标组成的排列 $12\cdots n$ 也经 t 次对换变成排列 $i_1i_2\cdots i_n$.即有

$$a_{1j_1}a_{2j_2}\cdots a_{nj_n} = a_{i_11}a_{i_22}\cdots a_{i_nn},$$

根据排列的性质 2,可知 t 与 $\tau(j_1j_2\cdots j_n)$ 有相同的奇偶性,同时 t

与 $\tau(i_1 i_2 \cdots i_n)$ 也有相同的奇偶性，因此 $\tau(j_1 j_2 \cdots j_n)$ 与 $\tau(i_1 i_2 \cdots i_n)$ 有相同的奇偶性. 即

$$(-1)^{\tau(j_1 j_2 \cdots j_n)} a_{1j_1} a_{2j_2} \cdots a_{nj_n} = (-1)^{\tau(i_1 i_2 \cdots i_n)} a_{i_1 1} a_{i_2 2} \cdots a_{i_n n}.$$

于是得到行列式的等价定义

$$D = \begin{vmatrix} a_{11} & a_{12} & \cdots & a_{1n} \\ a_{21} & a_{22} & \cdots & a_{2n} \\ \vdots & \vdots & & \vdots \\ a_{n1} & a_{n2} & \cdots & a_{nn} \end{vmatrix} = \sum_{i_1 i_2 \cdots i_n} (-1)^{\tau(i_1 i_2 \cdots i_n)} a_{i_1 1} a_{i_2 2} \cdots a_{i_n n},$$

这里“$\sum\limits_{i_1 i_2 \cdots i_n}$”表示对所有的 n 阶排列求和.

1.3 行列式的性质

当行列式的阶数较高时，按定义计算 n 阶行列式的值，其计算量非常大，为此本节将介绍行列式的一些重要性质，利用行列式的性质，可以将复杂的行列式转化为形式较简单的行列式，如上三角形行列式等，再计算行列式的值.

设 n 阶行列式为

$$D = \begin{vmatrix} a_{11} & a_{12} & \cdots & a_{1n} \\ a_{21} & a_{22} & \cdots & a_{2n} \\ \vdots & \vdots & & \vdots \\ a_{n1} & a_{n2} & \cdots & a_{nn} \end{vmatrix}.$$

将 D 的行变成同号数的列得到的行列式

$$D' = \begin{vmatrix} a_{11} & a_{21} & \cdots & a_{n1} \\ a_{12} & a_{22} & \cdots & a_{n2} \\ \vdots & \vdots & & \vdots \\ a_{1n} & a_{2n} & \cdots & a_{nn} \end{vmatrix},$$

称为行列式 D 的转置行列式,记为 D'.

性质 1 行列式 D 与其转置行列式 D' 的值相等.即

$$D=\begin{vmatrix} a_{11} & a_{12} & \cdots & a_{1n} \\ a_{21} & a_{22} & \cdots & a_{2n} \\ \vdots & \vdots & & \vdots \\ a_{n1} & a_{n2} & \cdots & a_{nn} \end{vmatrix}=\begin{vmatrix} a_{11} & a_{21} & \cdots & a_{n1} \\ a_{12} & a_{22} & \cdots & a_{n2} \\ \vdots & \vdots & & \vdots \\ a_{1n} & a_{2n} & \cdots & a_{nn} \end{vmatrix}=D'.$$

证 设 D' 的 i 行 j 列元素为 $b_{ij}(i,j=1,2,\cdots,n)$,则

$$b_{ij}=a_{ji}\quad(i,j=1,2,\cdots,n).$$

由行列式的定义有

$$\begin{aligned} D' &= \sum_{j_1j_2\cdots j_n}(-1)^{\tau(j_1j_2\cdots j_n)}b_{1j_1}b_{2j_2}\cdots b_{nj_n} \\ &= \sum_{j_1j_2\cdots j_n}(-1)^{\tau(j_1j_2\cdots j_n)}a_{j_11}a_{j_22}\cdots a_{j_nn}=D. \end{aligned}$$

性质 1 说明行列式中行与列的地位是平等的.凡是对行成立的性质对列同样也成立.因此下面的性质只就行进行证明.

性质 2 若行列式中某一行(列)各元素有公因数 k,则 k 可以提到行列式符号外面.即

$$\begin{vmatrix} a_{11} & a_{12} & \cdots & a_{1n} \\ \vdots & \vdots & & \vdots \\ ka_{i1} & ka_{i2} & \cdots & ka_{in} \\ \vdots & \vdots & & \vdots \\ a_{n1} & a_{n2} & \cdots & a_{nn} \end{vmatrix}=k\begin{vmatrix} a_{11} & a_{12} & \cdots & a_{1n} \\ \vdots & \vdots & & \vdots \\ a_{i1} & a_{i2} & \cdots & a_{in} \\ \vdots & \vdots & & \vdots \\ a_{n1} & a_{n2} & \cdots & a_{nn} \end{vmatrix}.$$

证 由行列式的定义

$$\begin{vmatrix} a_{11} & a_{12} & \cdots & a_{1n} \\ \vdots & \vdots & & \vdots \\ ka_{i1} & ka_{i2} & \cdots & ka_{in} \\ \vdots & \vdots & & \vdots \\ a_{n1} & a_{n2} & \cdots & a_{nn} \end{vmatrix}$$

$$=\sum_{j_1j_2\cdots j_n}(-1)^{\tau(j_1j_2\cdots j_n)}a_{1j_1}\cdots(ka_{ij_i})\cdots a_{nj_n}$$

$$=k\sum_{j_1j_2\cdots j_n}(-1)^{\tau(j_1j_2\cdots j_n)}a_{1j_1}\cdots a_{ij_i}\cdots a_{nj_n}$$

$$=k\begin{vmatrix} a_{11} & a_{12} & \cdots & a_{1n} \\ \vdots & \vdots & & \vdots \\ a_{i1} & a_{i2} & \cdots & a_{in} \\ \vdots & \vdots & & \vdots \\ a_{n1} & a_{n2} & \cdots & a_{nn} \end{vmatrix}.$$

性质 3　若行列式的某一行(列)的各元素可以分解为两个元素之和,则行列式可分解成两个行列式之和.如 $a_{ij}=b_{ij}+b'_{ij}(j=1,2,\cdots,n)$,则有

$$D=\begin{vmatrix} a_{11} & a_{12} & \cdots & a_{1n} \\ \vdots & \vdots & & \vdots \\ b_{i1}+b'_{i1} & b_{i2}+b'_{i2} & \cdots & b_{in}+b'_{in} \\ \vdots & \vdots & & \vdots \\ a_{n1} & a_{n2} & \cdots & a_{nn} \end{vmatrix}$$

$$=\begin{vmatrix} a_{11} & a_{12} & \cdots & a_{1n} \\ \vdots & \vdots & & \vdots \\ b_{i1} & b_{i2} & \cdots & b_{in} \\ \vdots & \vdots & & \vdots \\ a_{n1} & a_{n2} & \cdots & a_{nn} \end{vmatrix}+\begin{vmatrix} a_{11} & a_{12} & \cdots & a_{1n} \\ \vdots & \vdots & & \vdots \\ b'_{i1} & b'_{i2} & \cdots & b'_{in} \\ \vdots & \vdots & & \vdots \\ a_{n1} & a_{n2} & \cdots & a_{nn} \end{vmatrix}.$$

证　由行列式的定义,有

$$D=\sum_{j_1j_2\cdots j_n}(-1)^{\tau(j_1j_2\cdots j_n)}a_{1j_1}\cdots a_{i-1j_{i-1}}(b_{ij_i}+b'_{ij_i})a_{i+1j_{i+1}}\cdots a_{nj_n}$$

$$=\sum_{j_1j_2\cdots j_n}(-1)^{\tau(j_1j_2\cdots j_n)}a_{1j_1}\cdots a_{i-1j_{i-1}}b_{ij_i}a_{i+1j_{i+1}}\cdots a_{nj_n}+$$

$$\sum_{j_1j_2\cdots j_n}(-1)^{\tau(j_1j_2\cdots j_n)}a_{1j_1}\cdots a_{i-1j_{i-1}}b'_{ij_i}a_{i+1j_{i+1}}\cdots a_{nj_n}$$

$$
=\begin{vmatrix} a_{11} & a_{12} & \cdots & a_{1n} \\ \vdots & \vdots & & \vdots \\ b_{i1} & b_{i2} & \cdots & b_{in} \\ \vdots & \vdots & & \vdots \\ a_{n1} & a_{n2} & \cdots & a_{nn} \end{vmatrix} + \begin{vmatrix} a_{11} & a_{12} & \cdots & a_{1n} \\ \vdots & \vdots & & \vdots \\ b'_{i1} & b'_{i2} & \cdots & b'_{in} \\ \vdots & \vdots & & \vdots \\ a_{n1} & a_{n2} & \cdots & a_{nn} \end{vmatrix}.
$$

性质 4　互换行列式的任意两行(列),行列式变号.即

$$
\begin{vmatrix} a_{11} & a_{12} & \cdots & a_{1n} \\ \vdots & \vdots & & \vdots \\ a_{p1} & a_{p2} & \cdots & a_{pn} \\ \vdots & \vdots & & \vdots \\ a_{q1} & a_{q2} & \cdots & a_{qn} \\ \vdots & \vdots & & \vdots \\ a_{n1} & a_{n2} & \cdots & a_{nn} \end{vmatrix} = - \begin{vmatrix} a_{11} & a_{12} & \cdots & a_{1n} \\ \vdots & \vdots & & \vdots \\ a_{q1} & a_{q2} & \cdots & a_{qn} \\ \vdots & \vdots & & \vdots \\ a_{p1} & a_{p2} & \cdots & a_{pn} \\ \vdots & \vdots & & \vdots \\ a_{n1} & a_{n2} & \cdots & a_{nn} \end{vmatrix}.
$$

证　设

$$
D=\begin{vmatrix} a_{11} & a_{12} & \cdots & a_{1n} \\ \vdots & \vdots & & \vdots \\ a_{p1} & a_{p2} & \cdots & a_{pn} \\ \vdots & \vdots & & \vdots \\ a_{q1} & a_{q2} & \cdots & a_{qn} \\ \vdots & \vdots & & \vdots \\ a_{n1} & a_{n2} & \cdots & a_{nn} \end{vmatrix},
$$

由 D 交换 p,q 两行得到

$$D_1 = \begin{vmatrix} b_{11} & b_{12} & \cdots & b_{1n} \\ \vdots & \vdots & & \vdots \\ b_{p1} & b_{p2} & \cdots & b_{pn} \\ \vdots & \vdots & & \vdots \\ b_{q1} & b_{q2} & \cdots & b_{qn} \\ \vdots & \vdots & & \vdots \\ b_{n1} & b_{n2} & \cdots & b_{nn} \end{vmatrix}.$$

由行列式的定义有

$$D_1 = \sum_{j_1 j_2 \cdots j_n} (-1)^{\tau(j_1 \cdots j_p \cdots j_q \cdots j_n)} b_{1j_1} \cdots b_{pj_p} \cdots b_{qj_q} \cdots b_{nj_n}.$$

由于当 $i \neq p$ 且 $i \neq q$ 时，$b_{ij} = a_{ij}$；当 $i = p$ 时，$b_{pj} = a_{qj}$；当 $i = q$ 时，$b_{qj} = a_{pj}$.

于是

$$\begin{aligned} D_1 &= \sum_{j_1 j_2 \cdots j_n} (-1)^{\tau(j_1 \cdots j_p \cdots j_q \cdots j_n)} a_{1j_1} \cdots a_{qj_p} \cdots a_{pj_q} \cdots a_{nj_n} \\ &= \sum_{j_1 j_2 \cdots j_n} (-1)^{\tau(j_1 \cdots j_p \cdots j_q \cdots j_n)} a_{1j_1} \cdots a_{pj_q} \cdots a_{qj_p} \cdots a_{nj_n} \\ &= \sum_{j_1 j_2 \cdots j_n} -(-1)^{\tau(j_1 \cdots j_q \cdots j_p \cdots j_n)} a_{1j_1} \cdots a_{pj_q} \cdots a_{qj_p} \cdots a_{nj_n} \\ &= -D. \end{aligned}$$

性质 5 若行列式有两行(列)对应元素相同，则行列式等于零.

证 交换行列式中对应元素相同的两行，由性质 4 行列式的值变号；另一方面由于该两行对应元素相同，变换后得到的行列式与原行列式相同，所以

$$D = -D,$$

即

$$D = 0.$$

性质 6　若行列式有两行(列)的对应元素成比例,则行列式等于零.

证　根据性质 2 和性质 5

$$\begin{vmatrix} a_{11} & a_{12} & \cdots & a_{1n} \\ \vdots & \vdots & & \vdots \\ a_{i1} & a_{i2} & \cdots & a_{in} \\ \vdots & \vdots & & \vdots \\ ka_{i1} & ka_{i2} & \cdots & ka_{in} \\ \vdots & \vdots & & \vdots \\ a_{n1} & a_{n2} & \cdots & a_{nn} \end{vmatrix} \begin{matrix} \\ \\ (i\text{ 行}) \\ \\ (j\text{ 行}) \\ \\ \\ \end{matrix}$$

$$= k \begin{vmatrix} a_{11} & a_{12} & \cdots & a_{1n} \\ \vdots & \vdots & & \vdots \\ a_{i1} & a_{i2} & \cdots & a_{in} \\ \vdots & \vdots & & \vdots \\ a_{i1} & a_{i2} & \cdots & a_{in} \\ \vdots & \vdots & & \vdots \\ a_{n1} & a_{n2} & \cdots & a_{nn} \end{vmatrix} = 0.$$

性质 7　将行列式的某行(列)加上另外一行(列)对应元素的 k 倍,则行列式不变,即

$$\begin{vmatrix} a_{11} & a_{12} & \cdots & a_{1n} \\ \vdots & \vdots & & \vdots \\ a_{i1} & a_{i2} & \cdots & a_{in} \\ \vdots & \vdots & & \vdots \\ a_{j1} & a_{j2} & \cdots & a_{jn} \\ \vdots & \vdots & & \vdots \\ a_{n1} & a_{n2} & \cdots & a_{nn} \end{vmatrix} \begin{matrix} \\ \\ (i\text{ 行}) \\ \\ (j\text{ 行}) \\ \\ \\ \end{matrix}$$

$$
=\begin{vmatrix}
a_{11} & a_{12} & \cdots & a_{1n} \\
\vdots & \vdots & & \vdots \\
a_{i1}+ka_{j1} & a_{i2}+ka_{j2} & \cdots & a_{in}+ka_{jn} \\
\vdots & \vdots & & \vdots \\
a_{j1} & a_{j2} & \cdots & a_{jn} \\
\vdots & \vdots & & \vdots \\
a_{n1} & a_{n2} & \cdots & a_{nn}
\end{vmatrix}.
$$

证 由行列式的性质 3 及性质 6，

$$
\begin{vmatrix}
a_{11} & a_{12} & \cdots & a_{1n} \\
\vdots & \vdots & & \vdots \\
a_{i1}+ka_{j1} & a_{i2}+ka_{j2} & \cdots & a_{in}+ka_{jn} \\
\vdots & \vdots & & \vdots \\
a_{j1} & a_{j2} & \cdots & a_{jn} \\
\vdots & \vdots & & \vdots \\
a_{n1} & a_{n2} & \cdots & a_{nn}
\end{vmatrix}
$$

$$
=\begin{vmatrix}
a_{11} & a_{12} & \cdots & a_{1n} \\
\vdots & \vdots & & \vdots \\
a_{i1} & a_{i2} & \cdots & a_{in} \\
\vdots & \vdots & & \vdots \\
a_{j1} & a_{j2} & \cdots & a_{jn} \\
\vdots & \vdots & & \vdots \\
a_{n1} & a_{n2} & \cdots & a_{nn}
\end{vmatrix}
+\begin{vmatrix}
a_{11} & a_{12} & \cdots & a_{1n} \\
\vdots & \vdots & & \vdots \\
ka_{j1} & ka_{j2} & \cdots & ka_{jn} \\
\vdots & \vdots & & \vdots \\
a_{j1} & a_{j2} & \cdots & a_{jn} \\
\vdots & \vdots & & \vdots \\
a_{n1} & a_{n2} & \cdots & a_{nn}
\end{vmatrix}
$$

$$
=\begin{vmatrix} a_{11} & a_{12} & \cdots & a_{1n} \\ \vdots & \vdots & & \vdots \\ a_{i1} & a_{i2} & \cdots & a_{in} \\ \vdots & \vdots & & \vdots \\ a_{j1} & a_{j2} & \cdots & a_{jn} \\ \vdots & \vdots & & \vdots \\ a_{n1} & a_{n2} & \cdots & a_{nn} \end{vmatrix} + 0 = \begin{vmatrix} a_{11} & a_{12} & \cdots & a_{1n} \\ \vdots & \vdots & & \vdots \\ a_{i1} & a_{i2} & \cdots & a_{in} \\ \vdots & \vdots & & \vdots \\ a_{j1} & a_{j2} & \cdots & a_{jn} \\ \vdots & \vdots & & \vdots \\ a_{n1} & a_{n2} & \cdots & a_{nn} \end{vmatrix}.
$$

上述行列式的性质中,除性质 2 和性质 3 外,其余都指明行列式的行或列经过某种变化后,行列式的值有何变化.利用这些性质可以简化行列式的计算.

例 1 计算 $D=\begin{vmatrix} 3 & 1 & -1 & 2 \\ -5 & 1 & 3 & -4 \\ 2 & 0 & 1 & -1 \\ 1 & -5 & 3 & -3 \end{vmatrix}$.

解 对于阶数确定的数字行列式,一般地利用行列式的性质,把它转化为上(下)三角形行列式来计算,称此法为化三角形法.为此交换 D 的第 1、2 两列,得到

$$
D=-\begin{vmatrix} 1 & 3 & -1 & 2 \\ 1 & -5 & 3 & -4 \\ 0 & 2 & 1 & -1 \\ -5 & 1 & 3 & -3 \end{vmatrix}.
$$

再把变换后的行列式的第 1 行分别乘以 $-1,5$ 后再加到第 2 行、第 4 行上去,得到

$$
D=-\begin{vmatrix} 1 & 3 & -1 & 2 \\ 0 & -8 & 4 & -6 \\ 0 & 2 & 1 & -1 \\ 0 & 16 & -2 & 7 \end{vmatrix}.
$$

再把第 2 行与第 3 行交换,得到

$$D=\begin{vmatrix}1&3&-1&2\\0&2&1&-1\\0&-8&4&-6\\0&16&-2&7\end{vmatrix}.$$

将第二行分别乘以 4, −8,加到第 3 行、第 4 行上去,得到

$$D=\begin{vmatrix}1&3&-1&2\\0&2&1&-1\\0&0&8&-10\\0&0&-10&15\end{vmatrix}.$$

再将第 3 行乘以$\frac{5}{4}$后加到第 4 行上去,最后得到上三角形行列式

$$D=\begin{vmatrix}1&3&-1&2\\0&2&1&-1\\0&0&8&-10\\0&0&0&\frac{5}{2}\end{vmatrix}=40.$$

例 2 计算

$$D=\begin{vmatrix}a&1&1&1\\1&a&1&1\\1&1&a&1\\1&1&1&a\end{vmatrix}\quad(\text{其中 } a\neq1).$$

解 这个行列式的特点是每行 4 个数之和都是 $a+3$,现把第 2、3、4 列同时加到第 1 列上去,再提取公因子 $a+3$,然后将第 2、3、4 行都分别加上第 1 行的 −1 倍,得到

$$D=\begin{vmatrix}a&1&1&1\\1&a&1&1\\1&1&a&1\\1&1&1&a\end{vmatrix}=\begin{vmatrix}a+3&1&1&1\\a+3&a&1&1\\a+3&1&a&1\\a+3&1&1&a\end{vmatrix}$$

$$=(a+3)\begin{vmatrix}1&1&1&1\\1&a&1&1\\1&1&a&1\\1&1&1&a\end{vmatrix}$$

$$=(a+3)\begin{vmatrix}1&1&1&1\\0&a-1&0&0\\0&0&a-1&0\\0&0&0&a-1\end{vmatrix}$$

$$=(a+3)(a-1)^3.$$

例 3 计算

$$D_n=\begin{vmatrix}1+a_1&2+a_1&3+a_1&\cdots&n+a_1\\1+a_2&2+a_2&3+a_2&\cdots&n+a_2\\\vdots&\vdots&\vdots&&\vdots\\1+a_n&2+a_n&3+a_n&\cdots&n+a_n\end{vmatrix}$$

(其中 $a_i\neq a_j,i\neq j;i,j=1,2,\cdots,n$).

解 当 $n=1$ 时,$D_1=1+a_1$;

当 $n=2$ 时,$D_2=\begin{vmatrix}1+a_1&2+a_1\\1+a_2&2+a_2\end{vmatrix}$,

将第 2 列加上第 1 列的 -1 倍,得到

$$D_2=\begin{vmatrix}1+a_1&1\\1+a_2&1\end{vmatrix}=a_1-a_2;$$

当 $n\geqslant3$ 时,有如下解法.

解法 1 将第 2 列至第 n 列分别加上第 1 列的 -1 倍,得到

$$D_n=\begin{vmatrix}1+a_1&1&\cdots&n-1\\1+a_2&1&\cdots&n-1\\\vdots&\vdots&&\vdots\\1+a_n&1&\cdots&n-1\end{vmatrix}=0.$$

解法 2 因为 D_n 的第 1 列的每一个元素是两个数之和，利用性质 3，可以拆成两个行列式的和，得到

$$D_n=\begin{vmatrix}1 & 2+a_1 & \cdots & n+a_1\\ 1 & 2+a_2 & \cdots & n+a_2\\ \vdots & \vdots & & \vdots\\ 1 & 2+a_n & \cdots & n+a_n\end{vmatrix}+\begin{vmatrix}a_1 & 2+a_1 & \cdots & n+a_1\\ a_2 & 2+a_2 & \cdots & n+a_2\\ \vdots & \vdots & & \vdots\\ a_n & 2+a_n & \cdots & n+a_n\end{vmatrix},$$

再将第 1 个行列式的第 1 列分别乘以 $-2,-3,\cdots,-n$ 后顺次加到第 2 列、第 3 列、…、第 n 列上去；对于第 2 个行列式，第 2 列、第 3 列、…，第 n 列分别加上第 1 列的 -1 倍，得到

$$D_n=\begin{vmatrix}1 & a_1 & \cdots & a_1\\ 1 & a_2 & \cdots & a_2\\ \vdots & \vdots & & \vdots\\ 1 & a_n & \cdots & a_n\end{vmatrix}+\begin{vmatrix}a_1 & 2 & \cdots & n\\ a_2 & 2 & \cdots & n\\ \vdots & \vdots & & \vdots\\ a_n & 2 & \cdots & n\end{vmatrix}=0+0=0.$$

例 4 计算 n 阶行列式

$$D_n=\begin{vmatrix}x & a_2 & a_3 & \cdots & a_n\\ a_1 & x & a_3 & \cdots & a_n\\ a_1 & a_2 & x & \cdots & a_n\\ \vdots & \vdots & \vdots & & \vdots\\ a_1 & a_2 & a_3 & \cdots & x\end{vmatrix}\quad(\text{其中 } x\neq a_i,\ i=1,2,\cdots,n).$$

解 将第 1 行乘以 -1 分别加到第 2 行、第 3 行、…、第 n 行上去，得到

$$D_n=\begin{vmatrix}x & a_2 & a_3 & \cdots & a_n\\ a_1-x & x-a_2 & 0 & \cdots & 0\\ a_1-x & 0 & x-a_3 & \cdots & 0\\ \vdots & \vdots & \vdots & & \vdots\\ a_1-x & 0 & 0 & \cdots & x-a_n\end{vmatrix},$$

依次从第 1 列、第 2 列、…、第 n 列分别提出 $x-a_1,x-a_2,\cdots,x$

$-a_n$，得到

$$D_n=(x-a_1)(x-a_2)\cdots(x-a_n)\cdot\begin{vmatrix}\frac{x}{x-a_1} & \frac{a_2}{x-a_2} & \frac{a_3}{x-a_3} & \cdots & \frac{a_n}{x-a_n}\\ -1 & 1 & 0 & \cdots & 0\\ -1 & 0 & 1 & \cdots & 0\\ \vdots & \vdots & \vdots & & \vdots\\ -1 & 0 & 0 & \cdots & 1\end{vmatrix},$$

由于$\frac{x}{x-a_1}=1+\frac{a_1}{x-a_1}$，将第 2 列至第 n 列都加到第 1 列上，于是

$$D_n=\prod_{i=1}^{n}(x-a_i)\begin{vmatrix}1+\sum_{i=1}^{n}\frac{a_i}{x-a_i} & \frac{a_2}{x-a_2} & \frac{a_3}{x-a_3} & \cdots & \frac{a_n}{x-a_n}\\ 0 & 1 & 0 & \cdots & 0\\ 0 & 0 & 1 & \cdots & 0\\ \vdots & \vdots & \vdots & & \vdots\\ 0 & 0 & 0 & \cdots & 1\end{vmatrix}$$

$$=\prod_{i=1}^{n}(x-a_i)\left(1+\sum_{i=1}^{n}\frac{a_i}{x-a_i}\right).$$

1.4 行列式的展开

1.4.1 子式、余子式、代数余子式

定义 1.6 在 n 阶行列式

$$D=\begin{vmatrix}a_{11} & a_{12} & \cdots & a_{1n}\\ a_{21} & a_{22} & \cdots & a_{2n}\\ \vdots & \vdots & & \vdots\\ a_{n1} & a_{n2} & \cdots & a_{nn}\end{vmatrix}$$

中，任意取定 k 行 k 列，位于这些行、列相交处的元素按原来的相对位置排成一个 k 阶行列式 N，称 N 为行列式 D 的一个 k 阶子式.

在 D 中将 N 所在的行、列划去，剩下元素按原来的相对位置构成一个 $(n-k)$ 阶行列式 M，称 M 为 N 的余子式（显然 N 也是 M 的余子式）.

若子式 N 所在的行、列分别是 $i_1,i_2,\cdots i_k$ 及 $j_1,j_2,\cdots,j_k$ 则称

$$A=(-1)^{(i_1+i_2+\cdots+i_k)+(j_1+j_2+\cdots+j_k)}M$$

为 N 的代数余子式.

例如，在 4 阶行列式

$$\begin{vmatrix} 3 & 1 & 0 & 2 \\ 1 & -1 & 3 & -1 \\ 0 & 2 & 4 & -1 \\ 0 & 0 & 2 & 3 \end{vmatrix}$$

中取定第 1、2 行；第 2、3 列，得到一个 2 阶子式为

$$N=\begin{vmatrix} 1 & 0 \\ -1 & 3 \end{vmatrix}.$$

N 的余子式为

$$M=\begin{vmatrix} 0 & -1 \\ 0 & 3 \end{vmatrix},$$

N 的代数余子式为

$$A=(-1)^{(1+2)+(2+3)}M=\begin{vmatrix} 0 & -1 \\ 0 & 3 \end{vmatrix}.$$

当 $k=1$ 时，就得到 D 中元素 a_{ij} 的余子式和代数余子式的概念. 即在 n 阶行列式 D 中，把元素 a_{ij} 所在的第 i 行与第 j 列划去，剩下的元素按原来的位置构成的 $n-1$ 阶行列式

$$M_{ij}=\begin{vmatrix} a_{11} & \cdots & a_{1j-1} & a_{1j+1} & \cdots & a_{1n} \\ \vdots & & \vdots & \vdots & & \vdots \\ a_{i-11} & \cdots & a_{i-1j-1} & a_{i-1j+1} & \cdots & a_{i-1n} \\ a_{i+11} & \cdots & a_{i+1j-1} & a_{i+1j+1} & \cdots & a_{i+1n} \\ \vdots & & \vdots & \vdots & & \vdots \\ a_{n1} & \cdots & a_{nj-1} & a_{nj+1} & \cdots & a_{nn} \end{vmatrix}.$$

称为元素 a_{ij} 的余子式. 称 $A_{ij}=(-1)^{i+j}M_{ij}$ 为元素 a_{ij} 的代数余子式.

例如在上面的 4 阶行列式中,元素 a_{23} 的余子式、代数余子式分别为

$$M_{23}=\begin{vmatrix} 3 & 1 & 2 \\ 0 & 2 & -1 \\ 0 & 0 & 3 \end{vmatrix},$$

$$A_{23}=(-1)^{2+3}M_{23}=-\begin{vmatrix} 3 & 1 & 2 \\ 0 & 2 & -1 \\ 0 & 0 & 3 \end{vmatrix}.$$

1.4.2 行列式按某行(列)展开

引理 在 n 阶行列式 D 中,若第 i 行(或第 j 列)元素除 a_{ij} 外都是零,则行列式 D 等于 a_{ij} 与它的代数余子式 A_{ij} 的乘积,即

$$D=a_{ij}A_{ij}.$$

证 只对行的情形证明这个引理.

(1)当 $a_{ij}=a_{11}$ 时,此时

$$D=\begin{vmatrix} a_{11} & 0 & \cdots & 0 \\ a_{21} & a_{22} & \cdots & a_{2n} \\ \vdots & \vdots & & \vdots \\ a_{n1} & a_{n2} & \cdots & a_{nn} \end{vmatrix}.$$

根据行列式的定义,并考虑到当 $j_1\neq 1$ 时,$a_{1j_1}=0$. 所以

$$\sum_{j_1 \neq 1}(-1)^{\tau(j_1 j_2 \cdots j_n)} a_{1j_1} a_{2j_2} \cdots a_{nj_n} = 0,$$

从而有

$$\begin{aligned} D &= \sum_{1 j_2 \cdots j_n}(-1)^{\tau(1 j_2 \cdots j_n)} a_{11} a_{2j_2} \cdots a_{nj_n} \\ &= a_{11} \sum_{j_2 \cdots j_n}(-1)^{\tau(j_2 \cdots j_n)} a_{2j_2} \cdots a_{nj_n} \\ &= a_{11} \begin{vmatrix} a_{22} & a_{23} & \cdots & a_{2n} \\ a_{32} & a_{33} & \cdots & a_{3n} \\ \vdots & \vdots & & \vdots \\ a_{n2} & a_{n3} & \cdots & a_{nn} \end{vmatrix} = a_{11} M_{11}. \end{aligned}$$

又因为

$$A_{11} = (-1)^{1+1} M_{11} = M_{11},$$

因此

$$D = a_{11} A_{11}.$$

(2)当 $a_{ij} \neq a_{11}$ 时,此时

$$D = \begin{vmatrix} a_{11} & \cdots & a_{1j-1} & a_{1j} & a_{1j+1} & \cdots & a_{1n} \\ \vdots & & \vdots & \vdots & \vdots & & \vdots \\ a_{i-11} & \cdots & a_{i-1j-1} & a_{i-1j} & a_{i-1j+1} & \cdots & a_{i-1n} \\ 0 & \cdots & 0 & a_{ij} & 0 & \cdots & 0 \\ a_{i+11} & \cdots & a_{i+1j-1} & a_{i+1j} & a_{i+1j+1} & \cdots & a_{i+1n} \\ \vdots & & \vdots & \vdots & \vdots & & \vdots \\ a_{n1} & \cdots & a_{nj-1} & a_{nj} & a_{nj+1} & \cdots & a_{nn} \end{vmatrix},$$

把 D 的第 i 行依次与第 $i-1$ 行、第 $i-2$ 行、…、第 1 行对换,共对换 $i-1$ 次,将 a_{ij} 所在的行换到第 1 行的位置上,再把第 j 列依次与第 $j-1$ 列、第 $j-2$ 列、…、第 1 列对换,共对换 $j-1$ 次将 a_{ij} 所在的列换到第 1 列的位置上,这样总共经过 $i+j-2$ 次对换,将 a_{ij} 换到了左上角的位置,即

$$D=\begin{vmatrix} a_{11} & \cdots & a_{1j-1} & a_{1j} & a_{1j+1} & \cdots & a_{1n} \\ \vdots & & \vdots & \vdots & \vdots & & \vdots \\ a_{i-11} & \cdots & a_{i-1j-1} & a_{i-1j} & a_{i-1j+1} & \cdots & a_{i-1n} \\ 0 & \cdots & 0 & a_{ij} & 0 & \cdots & 0 \\ a_{i+11} & \cdots & a_{i+1j-1} & a_{i+1j} & a_{i+1j+1} & \cdots & a_{i+1n} \\ \vdots & & \vdots & \vdots & \vdots & & \vdots \\ a_{n1} & \cdots & a_{nj-1} & a_{nj} & a_{nj+1} & \cdots & a_{nn} \end{vmatrix}$$

$$=(-1)^{i+j-2}\begin{vmatrix} a_{ij} & 0 & \cdots & 0 & 0 & \cdots & 0 \\ a_{1j} & a_{11} & \cdots & a_{1j-1} & a_{1j+1} & \cdots & a_{1n} \\ \vdots & \vdots & & \vdots & \vdots & & \vdots \\ a_{i-1j} & a_{i-11} & \cdots & a_{i-1j-1} & a_{i-1j+1} & \cdots & a_{i-1n} \\ a_{i+1j} & a_{i+11} & \cdots & a_{i+1j-1} & a_{i+1j+1} & \cdots & a_{i+1n} \\ \vdots & \vdots & & \vdots & \vdots & & \vdots \\ a_{nj} & a_{n1} & \cdots & a_{nj-1} & a_{nj+1} & \cdots & a_{nn} \end{vmatrix},$$

利用(1)的结果有

$$D=(-1)^{i+j-2}a_{ij}M_{ij}=a_{ij}(-1)^{i+j}M_{ij}=a_{ij}A_{ij}.$$

定理 1.1 n 阶行列式D 等于它的任意一行(列)上的所有元素与它们对应的代数余子乘积之和. 即

$$D=a_{i1}A_{i1}+a_{i2}A_{i2}+\cdots+a_{in}A_{in}=\sum_{k=1}^{n}a_{ik}A_{ik}\quad(i=1,2,\cdots,n),$$

或

$$D=a_{1j}A_{1j}+a_{2j}A_{2j}+\cdots+a_{nj}A_{nj}=\sum_{k=1}^{n}a_{kj}A_{kj}\quad(j=1,2,\cdots,n).$$

证

$$D = \begin{vmatrix} a_{11} & a_{12} & \cdots & a_{1n} \\ \vdots & \vdots & & \vdots \\ a_{i1} & a_{i2} & \cdots & a_{in} \\ \vdots & \vdots & & \vdots \\ a_{n1} & a_{n2} & \cdots & a_{nn} \end{vmatrix}$$

$$= \begin{vmatrix} a_{11} & a_{12} & \cdots & a_{1n} \\ \vdots & \vdots & & \vdots \\ a_{i1}+0+0+\cdots+0 & 0+a_{i2}+0+\cdots+0 & \cdots & 0+0+0+\cdots+a_{in} \\ \vdots & \vdots & & \vdots \\ a_{n1} & a_{n2} & \cdots & a_{nn} \end{vmatrix}$$

$$= \begin{vmatrix} a_{11} & a_{12} & \cdots & a_{1n} \\ \vdots & \vdots & & \vdots \\ a_{i1} & 0 & \cdots & 0 \\ \vdots & \vdots & & \vdots \\ a_{n1} & a_{n2} & \cdots & a_{nn} \end{vmatrix} + \begin{vmatrix} a_{11} & a_{12} & \cdots & a_{1n} \\ \vdots & \vdots & & \vdots \\ 0 & a_{i2} & \cdots & 0 \\ \vdots & \vdots & & \vdots \\ a_{n1} & a_{n2} & \cdots & a_{nn} \end{vmatrix} + \cdots$$

$$+ \begin{vmatrix} a_{11} & a_{12} & \cdots & a_{1n} \\ \vdots & \vdots & & \vdots \\ 0 & 0 & \cdots & a_{in} \\ \vdots & \vdots & & \vdots \\ a_{n1} & a_{n2} & \cdots & a_{nn} \end{vmatrix},$$

由引理有

$$D = a_{i1}A_{i1} + a_{i2}A_{i2} + \cdots + a_{in}A_{in} = \sum_{k=1}^{n} a_{ik}A_{ik} \quad (i=1,2,\cdots,n).$$

类似地,按列展开有

$$D = a_{1j}A_{1j} + a_{2j}A_{2j} + \cdots + a_{nj}A_{nj} = \sum_{k=1}^{n} a_{kj}A_{kj} \quad (j=1,2,\cdots,n).$$

这个定理就是行列式理论中的行列式按某一行(列)展开法

则.

推论 行列式

$$D=\begin{vmatrix} a_{11} & a_{12} & \cdots & a_{1n} \\ \vdots & \vdots & & \vdots \\ a_{i1} & a_{i2} & \cdots & a_{in} \\ \vdots & \vdots & & \vdots \\ a_{j1} & a_{j2} & \cdots & a_{jn} \\ \vdots & \vdots & & \vdots \\ a_{n1} & a_{n2} & \cdots & a_{nn} \end{vmatrix}$$

的第 i 行(列)元素与第 j 行(列)对应元素的代数余子式乘积之和等于零($i\neq j$).即

$$a_{i1}A_{j1}+a_{i2}A_{j2}+\cdots+a_{in}A_{jn}=\sum_{k=1}^{n}a_{ik}A_{jk}=0\ (i\neq j),$$

或

$$a_{1i}A_{1j}+a_{2i}A_{2j}+\cdots+a_{ni}A_{nj}=\sum_{k=1}^{n}a_{ki}A_{kj}=0\ (i\neq j).$$

证

考查行列式

$$D_1=\begin{vmatrix} a_{11} & a_{12} & \cdots & a_{1n} \\ \vdots & \vdots & & \vdots \\ a_{i1} & a_{i2} & \cdots & a_{in} \\ \vdots & \vdots & & \vdots \\ a_{i1} & a_{i2} & \cdots & a_{in} \\ \vdots & \vdots & & \vdots \\ a_{n1} & a_{n2} & \cdots & a_{nn} \end{vmatrix}\begin{matrix} \\ \\ (i\text{ 行}) \\ \\ (j\text{ 行}) \\ \\ \\ \end{matrix},$$

由于行列式 D_1 的第 i 行与第 j 行对应元素相同,根据行列式的性质 5,可知

$$D_1 = 0.$$

而行列式 D_1 与 D 仅第 j 行不同，从而可知 D_1 的第 j 行各元素的代数余子式与 D 的第 j 行对应元素的代数余子式完全相同. 将 D_1 按第 j 行展开有

$$D_1 = a_{i1}A_{j1} + a_{i2}A_{j2} + \cdots + a_{in}A_{jn} = \sum_{k=1}^{n} a_{ik}A_{jk},$$

因而得到

$$a_{i1}A_{j1} + a_{i2}A_{j2} + \cdots + a_{in}A_{jn} = \sum_{k=1}^{n} a_{ik}A_{jk} = 0.$$

类似地有

$$a_{1i}A_{1j} + a_{2i}A_{2j} + \cdots + a_{ni}A_{nj} = \sum_{k=1}^{n} a_{ki}A_{kj} = 0.$$

综合定理 1 及推论有

$$a_{i1}A_{j1} + a_{i2}A_{j2} + \cdots + a_{in}A_{jn} = \sum_{k=1}^{n} a_{ik}A_{jk} = \begin{cases} D, & i = j, \\ 0, & i \neq j; \end{cases}$$

或

$$a_{1i}A_{1j} + a_{2i}A_{2j} + \cdots + a_{ni}A_{nj} = \sum_{k=1}^{n} a_{ki}A_{kj} = \begin{cases} D, & i = j, \\ 0, & i \neq j. \end{cases}$$

在计算行列式时，直接利用定理 1 不一定能简化运算，但若利用行列式的性质将行列式化简为引理的形式，则可以大大减少计算量.

例 1 计算 4 阶行列式

$$D_4 = \begin{vmatrix} 3 & 1 & -1 & 2 \\ -5 & 1 & 3 & -4 \\ 2 & 0 & 1 & -1 \\ 1 & -5 & 3 & -3 \end{vmatrix}.$$

解 将第 1 行依次乘以 $-1,5$ 再分别加到第 2 行与第 4 行上去，得

$$D_4=\begin{vmatrix}3&1&-1&2\\-8&0&4&-6\\2&0&1&-1\\16&0&-2&7\end{vmatrix},$$

将 D_4 按第 2 列展开

$$D_4=1\cdot(-1)^{1+2}\begin{vmatrix}-8&4&-6\\2&1&-1\\16&-2&7\end{vmatrix}=-\begin{vmatrix}-8&4&-6\\2&1&-1\\16&-2&7\end{vmatrix},$$

再将第 2 列依次乘以 $-2,1$ 再分别加到第 1、3 列上去，然后按第 2 行展开，即

$$D_4=-\begin{vmatrix}-16&4&-2\\0&1&0\\20&-2&5\end{vmatrix}=-1\cdot(-1)^{2+2}\begin{vmatrix}-16&-2\\20&5\end{vmatrix}=40.$$

例 2 计算 n 阶行列式

$$D_n=\begin{vmatrix}a_1&-1&0&0&\cdots&0&0\\a_2&x&-1&0&\cdots&0&0\\a_3&0&x&-1&\cdots&0&0\\\vdots&\vdots&\vdots&\vdots&&\vdots&\vdots\\a_{n-1}&0&0&0&\cdots&x&-1\\a_n&0&0&0&\cdots&0&x\end{vmatrix}.$$

解法 1 将 D_n 按第 1 行展开

$$D_n=a_1\begin{vmatrix}x&-1&0&\cdots&0&0\\0&x&-1&\cdots&0&0\\\vdots&\vdots&\vdots&&\vdots&\vdots\\0&0&0&\cdots&x&-1\\0&0&0&\cdots&0&x\end{vmatrix}$$

$$
+(-1)(-1)^{1+2}\begin{vmatrix} a_2 & -1 & 0 & \cdots & 0 & 0 \\ a_3 & x & -1 & \cdots & 0 & 0 \\ \vdots & \vdots & \vdots & & \vdots & \vdots \\ a_{n-1} & 0 & 0 & \cdots & x & -1 \\ a_n & 0 & 0 & \cdots & 0 & x \end{vmatrix}
$$

$$
=a_1x^{n-1}+D_{n-1},
$$

由于 D_{n-1} 与 D_n 的形式是完全相同的，只是阶数为 $n-1$ 阶，所以

$$
D_n=a_1x^{n-1}+D_{n-1},
$$

对于任何正整数 $n(n\geqslant 2)$ 都成立，称此式为该行列式的递推公式，利用这个递推公式，可以得到

$$
\begin{aligned} D_n &= a_1x^{n-1}+(a_2x^{n-2}+D_{n-2})=\cdots \\ &= a_1x^{n-1}+a_2x^{n-2}+\cdots+a_{n-2}x^2+D_2. \end{aligned}
$$

因为

$$
D_2=\begin{vmatrix} a_{n-1} & -1 \\ a_n & x \end{vmatrix}=a_{n-1}x+a_n,
$$

于是

$$
D_n=a_1x^{n-1}+a_2x^{n-2}+\cdots+a_{n-2}x^2+a_{n-1}x+a_n.
$$

解法 2 将第 1 行乘以 x 加到第 2 行，再将所得到的第 2 行乘以 x 加到第 3 行，这样继续进行下去，直到第 n 行，便可得到

$$
D_n=\begin{vmatrix} a_1 & -1 & 0 & 0 & \cdots & 0 & 0 \\ a_1x+a_2 & 0 & -1 & 0 & \cdots & 0 & 0 \\ a_1x^2+a_2x+a_3 & 0 & 0 & -1 & \cdots & 0 & 0 \\ \vdots & \vdots & \vdots & \vdots & & \vdots & \vdots \\ \sum\limits_{i=1}^{n-1}a_ix^{n-i-1} & 0 & 0 & 0 & \cdots & 0 & -1 \\ \sum\limits_{i=1}^{n}a_ix^{n-i} & 0 & 0 & 0 & \cdots & 0 & 0 \end{vmatrix},
$$

再按第 n 行展开，得到

$$D_n=\sum_{i=1}^{n}a_ix^{n-i}(-1)^{n+1}\begin{vmatrix}-1&0&\cdots&0\\0&-1&\cdots&0\\\vdots&\vdots&&\vdots\\0&0&\cdots&-1\end{vmatrix}$$

$$=(-1)^{n+1}\sum_{i=1}^{n}a_ix^{n-i}(-1)^{n-1}=\sum_{i=1}^{n}a_ix^{n-i}.$$

例 3 证明 n 阶范德蒙德(Vandermonde)行列式

$$D_n=\begin{vmatrix}1&1&1&\cdots&1\\x_1&x_2&x_3&\cdots&x_n\\x_1^2&x_2^2&x_3^2&\cdots&x_n^2\\\vdots&\vdots&\vdots&&\vdots\\x_1^{n-1}&x_2^{n-1}&x_3^{n-1}&\cdots&x_n^{n-1}\end{vmatrix}=\prod_{1\leqslant j<i\leqslant n}(x_i-x_j).$$

这里 $\prod\limits_{1\leqslant j<i\leqslant n}(x_i-x_j)=(x_2-x_1)(x_3-x_1)\cdots(x_n-x_1)$

$$(x_3-x_2)\cdots(x_n-x_2)$$

$$\cdots$$

$$(x_n-x_{n-1}).$$

证 对 D_n 的阶数 n 作数学归纳法.

当 $n=2$ 时，

$$D_2=\begin{vmatrix}1&1\\x_1&x_2\end{vmatrix}=x_2-x_1=\prod_{1\leqslant j<i\leqslant 2}(x_i-x_j),$$

所以当 $n=2$ 时，结论成立.

假设对于 $n-1$ 阶范德蒙德行列式结论成立，即

$$\begin{vmatrix} 1 & 1 & \cdots & 1 \\ x_1 & x_2 & \cdots & x_{n-1} \\ x_1^2 & x_2^2 & \cdots & x_{n-1}^2 \\ \vdots & \vdots & & \vdots \\ x_1^{n-2} & x_2^{n-2} & \cdots & x_{n-1}^{n-2} \end{vmatrix} = \prod_{1 \leqslant j < i \leqslant n-1} (x_i - x_j).$$

下面证明对 n 阶范德蒙德行列式结论成立.

$$D_n = \begin{vmatrix} 1 & 1 & 1 & \cdots & 1 & 1 \\ x_1 & x_2 & x_3 & \cdots & x_{n-1} & x_n \\ x_1^2 & x_2^2 & x_3^2 & \cdots & x_{n-1}^2 & x_n^2 \\ \vdots & \vdots & \vdots & & \vdots & \vdots \\ x_1^{n-2} & x_2^{n-2} & x_3^{n-2} & \cdots & x_{n-1}^{n-2} & x_n^{n-2} \\ x_1^{n-1} & x_2^{n-1} & x_3^{n-1} & \cdots & x_{n-1}^{n-1} & x_n^{n-1} \end{vmatrix},$$

在 D_n 中,由最后一行开始,每一行加上它的前一行的 $-x_n$ 倍,再按第 n 列展开,即

$$D_n = \begin{vmatrix} 1 & 1 & 1 & \cdots & 1 & 1 \\ x_1 - x_n & x_2 - x_n & x_3 - x_n & \cdots & x_{n-1} - x_n & 0 \\ x_1(x_1 - x_n) & x_2(x_2 - x_n) & x_3(x_3 - x_n) & \cdots & x_{n-1}(x_{n-1} - x_n) & 0 \\ x_1^2(x_1 - x_n) & x_2^2(x_2 - x_n) & x_3^2(x_3 - x_n) & \cdots & x_{n-1}^2(x_{n-1} - x_n) & 0 \\ \vdots & \vdots & \vdots & & \vdots & \vdots \\ x_1^{n-2}(x_1 - x_n) & x_2^{n-2}(x_2 - x_n) & x_3^{n-2}(x_3 - x_n) & \cdots & x_{n-1}^{n-2}(x_{n-1} - x_n) & 0 \end{vmatrix}$$

$$= (-1)^{1+n} \begin{vmatrix} x_1 - x_n & x_2 - x_n & x_3 - x_n & \cdots & x_{n-1} - x_n \\ x_1(x_1 - x_n) & x_2(x_2 - x_n) & x_3(x_3 - x_n) & \cdots & x_{n-1}^2(x_{n-1} - x_n) \\ \vdots & \vdots & \vdots & & \vdots \\ x_1^{n-2}(x_1 - x_n) & x_2^{n-2}(x_2 - x_n) & x_3^{n-2}(x_3 - x_n) & \cdots & x_{n-1}^{n-2}(x_{n-1} - x_n) \end{vmatrix}$$

$$= (-1)^{1+n}(x_1 - x_n)(x_2 - x_n)(x_3 - x_n)\cdots(x_{n-1} - x_n)$$

$$\cdot \begin{vmatrix} 1 & 1 & 1 & \cdots & 1 \\ x_1 & x_2 & x_3 & \cdots & x_{n-1} \\ x_1^2 & x_2^2 & x_3^2 & \cdots & x_{n-1}^2 \\ \vdots & \vdots & \vdots & & \vdots \\ x_1^{n-2} & x_2^{n-2} & x_3^{n-2} & \cdots & x_{n-1}^{n-2} \end{vmatrix}$$

$$= (-1)^{1+n}(-1)^{n-1}(x_n - x_1)(x_n - x_2)(x_n - x_3)\cdots(x_n - x_{n-1}) \prod_{1 \leqslant j < i \leqslant n-1}(x_i - x_j)$$

$$= \prod_{1 \leqslant j < i \leqslant n}(x_i - x_j).$$

因此对 n 阶范德蒙德行列式结论成立.

由数学归纳法原理，n 阶范德蒙德行列式结论成立.

1.4.3 行列式按 k 行(列)展开

定理 1.2 (拉普拉斯(Laplace)定理)在 n 阶行列式 D 中任意取定 $k(1 \leqslant k \leqslant n-1)$ 行(列)，则由这 k 行(列)元素所得到 D 的所有 k 阶子式 $N_i\,(i=1,2,\cdots,t)$ 与它们的代数余子式 A_i 对应乘积之和等于行列式 D 的值. 即

$$D = \begin{vmatrix} a_{11} & a_{12} & \cdots & a_{1n} \\ a_{21} & a_{22} & \cdots & a_{2n} \\ \vdots & \vdots & & \vdots \\ a_{n1} & a_{n2} & \cdots & a_{nn} \end{vmatrix} = N_1A_1 + N_2A_2 + \cdots + N_tA_t,$$

其中 $t = \mathrm{C}_n^k$，称上式为 n 阶行列式 D 按某 k 行(列)展开(证明从略).

例 4 利用拉普拉斯定理计算 4 阶行列式

$$D_4=\begin{vmatrix}1&2&3&4\\1&0&1&2\\3&1&-1&0\\1&2&0&-5\end{vmatrix}.$$

解 在行列式中取定第 1、2 行共可以得到 $C_4^2=6$ 个 2 阶子式

$$N_1=\begin{vmatrix}1&2\\1&0\end{vmatrix}=-2,N_2=\begin{vmatrix}1&3\\1&1\end{vmatrix}=-2,N_3=\begin{vmatrix}1&4\\1&2\end{vmatrix}=-2,$$

$$N_4=\begin{vmatrix}2&3\\0&1\end{vmatrix}=2,\quad N_5=\begin{vmatrix}2&4\\0&2\end{vmatrix}=4,\quad N_6=\begin{vmatrix}3&4\\1&2\end{vmatrix}=2,$$

它们对应的 6 个代数余子式分别为

$$A_1=(-1)^{1+2+1+2}\begin{vmatrix}-1&0\\0&-5\end{vmatrix}=5,$$

$$A_2=(-1)^{(1+2)+(1+3)}\begin{vmatrix}1&0\\2&-5\end{vmatrix}=5,$$

$$A_3=(-1)^{(1+2)+(1+4)}\begin{vmatrix}1&-1\\2&0\end{vmatrix}=2,$$

$$A_4=(-1)^{(1+2)+(2+3)}\begin{vmatrix}3&0\\1&-5\end{vmatrix}=-15,$$

$$A_5=(-1)^{(1+2)+(2+4)}\begin{vmatrix}3&-1\\1&0\end{vmatrix}=-1,$$

$$A_6=(-1)^{(1+2)+(3+4)}\begin{vmatrix}3&1\\1&2\end{vmatrix}=5.$$

由拉普拉斯定理有

$$\begin{aligned}D_4&=N_1A_1+N_2A_2+N_3A_3+N_4A_4+N_5A_5+N_6A_6\\&=(-2)\times5+(-2)\times(5)+(-2)\times2+2\times(-15)+\\&\quad 4\times(-1)+2\times5\\&=-48.\end{aligned}$$

例 5 计算行列式

$$D=\begin{vmatrix} a_{11} & a_{12} & \cdots & a_{1k} & 0 & 0 & \cdots & 0 \\ a_{21} & a_{22} & \cdots & a_{2k} & 0 & 0 & \cdots & 0 \\ \vdots & \vdots & & \vdots & \vdots & \vdots & & \vdots \\ a_{k1} & a_{k2} & \cdots & a_{kk} & 0 & 0 & \cdots & 0 \\ b_{11} & b_{12} & \cdots & b_{1k} & c_{11} & c_{12} & \cdots & c_{1l} \\ b_{21} & b_{22} & \cdots & b_{2k} & c_{21} & c_{22} & \cdots & c_{2l} \\ \vdots & \vdots & & \vdots & \vdots & \vdots & & \vdots \\ b_{l1} & b_{l2} & \cdots & b_{lk} & c_{l1} & c_{l2} & \cdots & c_{ll} \end{vmatrix}.$$

解 注意到在 D 的前 k 行中除去子式

$$\begin{vmatrix} a_{11} & a_{12} & \cdots & a_{1k} \\ a_{21} & a_{22} & \cdots & a_{2k} \\ \vdots & \vdots & & \vdots \\ a_{k1} & a_{k2} & \cdots & a_{kk} \end{vmatrix}$$

外,其他的 k 阶子式都等于零,且该子式的代数余子式为

$$(-1)^{(1+2+\cdots+k)+(1+2+\cdots+k)}\begin{vmatrix} c_{11} & c_{12} & \cdots & c_{1l} \\ c_{21} & c_{22} & \cdots & c_{2l} \\ \vdots & \vdots & & \vdots \\ c_{l1} & c_{l2} & \cdots & c_{ll} \end{vmatrix},$$

故由拉普拉斯定理,将 D 按前 k 行展开,有

$$D=\begin{vmatrix} a_{11} & a_{12} & \cdots & a_{1k} \\ a_{21} & a_{22} & \cdots & a_{2k} \\ \vdots & \vdots & & \vdots \\ a_{k1} & a_{k2} & \cdots & a_{kk} \end{vmatrix}\begin{vmatrix} c_{11} & c_{12} & \cdots & c_{1l} \\ c_{21} & c_{22} & \cdots & c_{2l} \\ \vdots & \vdots & & \vdots \\ c_{l1} & c_{l2} & \cdots & c_{ll} \end{vmatrix}.$$

例 6 计算行列式

$$D_5=\begin{vmatrix}5&6&0&0&0\\1&5&6&0&0\\0&1&5&6&0\\0&0&1&5&6\\0&0&0&1&5\end{vmatrix}.$$

解法 1 利用拉普拉斯定理，取定第 1、2 行，不为零的二阶子式共有 3 个，即

$$N_1=\begin{vmatrix}5&6\\1&5\end{vmatrix}=19,N_2=\begin{vmatrix}5&0\\1&6\end{vmatrix}=30,N_3=\begin{vmatrix}6&0\\5&6\end{vmatrix}=36.$$

它们对应的代数余子式分别为

$$A_1=(-1)^{(1+2)+(1+2)}\begin{vmatrix}5&6&0\\1&5&6\\0&1&5\end{vmatrix}=65,$$

$$A_2=(-1)^{(1+2)+(1+3)}\begin{vmatrix}1&6&0\\0&5&6\\0&1&5\end{vmatrix}=-19,$$

$$A_3=(-1)^{(1+2)+(2+3)}\begin{vmatrix}0&6&0\\0&5&6\\0&1&5\end{vmatrix}=0.$$

于是有

$$\begin{aligned}D_5&=N_1A_1+N_2A_2+N_3A_3\\&=19\times65+30\times(-19)+36\times0=665.\end{aligned}$$

解法 2 按第一行展开

$$D_5=5D_4-6\begin{vmatrix}1&6&0&0\\0&5&6&0\\0&1&5&6\\0&0&1&5\end{vmatrix}=5D_4-6D_3,$$

于是建立递推公式

$$D_5=5D_4-6D_3,$$

可得 $$D_5-2D_4=3(D_4-2D_3)=3^2(D_3-2D_2)=3^3(D_2-2D_1),$$

又可得

$$D_5-3D_4=2(D_4-3D_3)=2^2(D_3-3D_2)=2^3(D_2-3D_1),$$

而 $$D_2=\begin{vmatrix}5&6\\1&5\end{vmatrix}=19,D_1=5,$$

所以

$$D_2-2D_1=19-10=3^2,$$
$$D_2-3D_1=19-15=2^2,$$

于是

$$\begin{cases}D_5-2D_4=3^5, & (1)\\ D_5-3D_4=2^5, & (2)\end{cases}$$

将(1)式乘以 3 减去(2)式乘以 2,得

$$D_5=3^6-2^6=665.$$

例 7 计算 $2n$ 阶行列式

$$D_{2n}=\begin{vmatrix}a&&&&&c\\&\ddots&&&\unicode{x22F0}&\\&&a&c&&\\&&d&b&&\\&\unicode{x22F0}&&&\ddots&\\d&&&&&b\end{vmatrix}\quad(ab\neq cd).$$

解 在 D_{2n} 中取定第 n 行、$n+1$ 行,由这两行元素得到的所有 2 阶子式中只有一个

$$\begin{vmatrix}a&c\\d&b\end{vmatrix}=ab-cd\neq0,$$

因此

$$D_{2n}=\begin{vmatrix} a & c \\ d & b \end{vmatrix}(-1)^{(n+n+1)+(n+n+1)}\begin{vmatrix} a & & & & & c \\ & \ddots & & & \iddots & \\ & & a & c & & \\ & & d & b & & \\ & \iddots & & & \ddots & \\ d & & & & & b \end{vmatrix}_{(2n-2)}$$

$$=(ab-cd)D_{2(n-1)}=(ab-cd)^2D_{2(n-2)}=\cdots$$

$$=(ab-cd)^{n-1}D_2=(ab-cd)^n.$$

1.5 克拉默法则

下面利用 n 阶行列式解特殊的 n 元线性方程组.在这里只考虑方程的个数与未知量的个数相等的情形.至于更一般的情形,将在第 4 章中讨论.

1.5.1 克拉默(Cramer)法则

定理 1.3 (克拉默法则)若线性方程组

$$\begin{cases} a_{11}x_1+a_{12}x_2+\cdots+a_{1n}x_n=b_1, \\ a_{21}x_1+a_{22}x_2+\cdots+a_{2n}x_n=b_2, \\ \qquad\cdots\cdots \\ a_{n1}x_1+a_{n2}x_2+\cdots+a_{nn}x_n=b_n \end{cases} \tag{1}$$

的系数行列式

$$D=\begin{vmatrix} a_{11} & a_{12} & \cdots & a_{1n} \\ a_{21} & a_{22} & \cdots & a_{2n} \\ \vdots & \vdots & & \vdots \\ a_{n1} & a_{n2} & \cdots & a_{nn} \end{vmatrix}\neq 0,$$

则方程组(1)有唯一一组解,且

$$x_1=\frac{D_1}{D},x_2=\frac{D_2}{D},\cdots,x_n=\frac{D_n}{D}, \tag{2}$$

其中 D_j 是把 D 中的第 j 列元素 $a_{1j}, a_{2j}, \cdots, a_{nj}$ 换成常数 $b_1, b_2, \cdots, b_n$ 所得到的行列式，即

$$D_j=\begin{vmatrix} a_{11} & \cdots & a_{1j-1} & b_1 & a_{1j+1} & \cdots & a_{1n} \\ a_{21} & \cdots & a_{2j-1} & b_2 & a_{2j+1} & \cdots & a_{2n} \\ \vdots & & \vdots & \vdots & \vdots & & \vdots \\ a_{n1} & \cdots & a_{nj-1} & b_n & a_{nj+1} & \cdots & a_{nn} \end{vmatrix} \quad (j=1,2,\cdots,n).$$

证 首先证明(2)是方程组(1)的解. 将 $x_j=\dfrac{D_j}{D}(j=1,2,\cdots,n)$代入第 i 个方程的左端，得

$$a_{i1}\frac{D_1}{D}+a_{i2}\frac{D_2}{D}+\cdots+a_{in}\frac{D_n}{D}=\frac{1}{D}(a_{i1}D_1+a_{i2}D_2+\cdots+a_{in}D_n),$$

再将 D_j 按第 j 列展开有

$$D_j=b_1A_{1j}+b_2A_{2j}+\cdots+b_nA_{nj} \quad (j=1,2,\cdots,n),$$

所以

$$\begin{aligned}
&\frac{1}{D}(a_{i1}D_1+a_{i2}D_2+\cdots+a_{in}D_n)\\
=&\frac{1}{D}[a_{i1}(b_1A_{11}+b_2A_{21}+\cdots+b_nA_{n1})+\\
&\quad a_{i2}(b_1A_{12}+b_2A_{22}+\cdots+b_nA_{n2})+\\
&\quad \cdots\cdots+\\
&\quad a_{in}(b_1A_{1n}+b_2A_{2n}+\cdots+b_nA_{nn})]\\
=&\frac{1}{D}[b_1(a_{i1}A_{11}+a_{i2}A_{12}+\cdots+a_{in}A_{1n})+\\
&\quad b_2(a_{i1}A_{21}+a_{i2}A_{22}+\cdots+a_{in}A_{2n})+\\
&\quad \cdots\cdots+\\
&\quad b_i(a_{i1}A_{i1}+a_{i2}A_{i2}+\cdots+a_{in}A_{in})+\\
&\quad \cdots\cdots+\\
&\quad b_n(a_{i1}A_{n1}+a_{i2}A_{n2}+\cdots+a_{in}A_{nn})].
\end{aligned}$$

根据行列式按一行展开的公式及其推论，可知上面的方括号中只有 b_i 的系数是D，其他 $b_s(s\neq i)$的系数全为0，即

$$a_{i1}\frac{D_1}{D}+a_{i2}\frac{D_2}{D}+\cdots+a_{in}\frac{D_n}{D}=\frac{1}{D}b_iD=b_i.$$

因此可知(2)是(1)的解.

其次证明(2)给出的解是唯一的.

设 $x_1=c_1,x_2=c_2,\cdots,x_n=c_n$ 是方程组(1)的任意一组解，那么将 $x_i=c_i(i=1,2,\cdots,n)$代入(1)后得到 n 个恒等式.

$$\begin{cases}a_{11}c_1+a_{12}c_2+\cdots+a_{1n}c_n=b_1,\\ a_{21}c_1+a_{22}c_2+\cdots+a_{2n}c_n=b_2,\\ \quad\cdots\cdots\\ a_{n1}c_1+a_{n2}c_2+\cdots+a_{nn}c_n=b_n.\end{cases}\tag{3}$$

用系数行列式 D 的第j 列元素的代数余子式$A_{1j},A_{2j},\cdots,A_{nj}$依次去乘方程组(3)中的 n 个恒等式，得

$$\begin{cases}a_{11}A_{1j}c_1+a_{12}A_{1j}c_2+\cdots+a_{1n}A_{1j}c_n=b_1A_{1j},\\ a_{21}A_{2j}c_1+a_{22}A_{2j}c_2+\cdots+a_{2n}A_{2j}c_n=b_2A_{2j},\\ \quad\cdots\cdots\\ a_{n1}A_{nj}c_1+a_{n2}A_{nj}c_2+\cdots+a_{nn}A_{nj}c_n=b_nA_{nj}.\end{cases}$$

将这 n 个恒等式相加，得

$$(a_{11}A_{1j}+a_{21}A_{2j}+\cdots+a_{n1}A_{nj})c_1+(a_{12}A_{1j}+a_{22}A_{2j}+\cdots+a_{n2}A_{nj})c_2+\cdots+(a_{1j}A_{1j}+a_{2j}A_{2j}+\cdots+a_{nj}A_{nj})c_j+\cdots+(a_{1n}A_{1j}+a_{2n}A_{2j}+\cdots+a_{nn}A_{nj})c_n=b_1A_{1j}+b_2A_{2j}+\cdots+b_nA_{nj},$$

注意到

$$a_{1i}A_{1j}+a_{2i}A_{2j}+\cdots+a_{ni}A_{nj}=\begin{cases}D, & i=j,\\ 0, & i\neq j.\end{cases}$$

从而有

$$Dc_j = D_j,$$

所以

$$c_j = \frac{D_j}{D} \quad (j=1,2,\cdots,n).$$

这就表明:若 $c_1,c_2,\cdots,c_n$ 是线性方程组(1)的任意解,则必有

$$c_1 = \frac{D_1}{D}, c_2 = \frac{D_2}{D}, \cdots, c_n = \frac{D_n}{D}.$$

因而线性方程组(1)只有唯一组解.

1.5.2 克拉默法则的推论

常数项全是零的线性方程组称为齐次线性方程组.

显然齐次线性方程组总是有解的.事实上 $x_i=0(i=1,2,\cdots,n)$,就是一组解,通常称为零解.问题是除去零解之外,是否还有非零解.由克拉默法则有以下推论.

推论 1 若齐次线性方程组

$$\begin{cases} a_{11}x_1 + a_{12}x_2 + \cdots + a_{1n}x_n = 0, \\ a_{21}x_1 + a_{22}x_2 + \cdots + a_{2n}x_n = 0, \\ \cdots\cdots \\ a_{n1}x_1 + a_{n2}x_2 + \cdots + a_{nn}x_n = 0 \end{cases} \tag{4}$$

的系数行列式 $D\neq 0$,则方程组(4)有唯一零解,即

$$x_1 = x_2 = \cdots = x_n = 0.$$

推论 2 若齐次线性方程组(4)有非零解,则它的系数行列式 $D=0$.

例 1 解线性方程组

$$\begin{cases} 3x_1 + x_2 - x_3 + x_4 = -3, \\ x_1 - x_2 + x_3 + 2x_4 = 4, \\ 2x_1 + x_2 + 2x_3 - x_4 = 7, \\ x_1 + 2x_3 + x_4 = 6. \end{cases}$$

解 方程组的系数行列式

$$D=\begin{vmatrix}3&1&-1&1\\1&-1&1&2\\2&1&2&-1\\1&0&2&1\end{vmatrix}=\begin{vmatrix}4&0&0&3\\3&0&3&1\\2&1&2&-1\\1&0&2&1\end{vmatrix}$$

$$=-\begin{vmatrix}4&0&3\\3&3&1\\1&2&1\end{vmatrix}=-(12+18-9-8)$$

$$=-13\neq 0.$$

由克拉默法则,方程组有唯一解.

$$D_1=\begin{vmatrix}-3&1&-1&1\\4&-1&1&2\\7&1&2&-1\\6&0&2&1\end{vmatrix}=\begin{vmatrix}1&0&0&3\\11&0&3&1\\7&1&2&-1\\6&0&2&1\end{vmatrix}$$

$$=-\begin{vmatrix}1&0&3\\11&3&1\\6&2&1\end{vmatrix}=-\begin{vmatrix}1&0&0\\11&3&-32\\6&2&-17\end{vmatrix}=-13,$$

$$D_2=\begin{vmatrix}3&-3&-1&1\\1&4&1&2\\2&7&2&-1\\1&6&2&1\end{vmatrix}=\begin{vmatrix}3&-3&-1&1\\4&1&0&3\\8&1&0&1\\-1&-1&0&2\end{vmatrix}$$

$$=-\begin{vmatrix}4&1&3\\8&1&1\\-1&-1&2\end{vmatrix}=-\begin{vmatrix}4&-3&5\\8&-7&3\\-1&0&0\end{vmatrix}=26,$$

$$D_3=\begin{vmatrix}3&1&-3&1\\1&-1&4&2\\2&1&7&-1\\1&0&6&1\end{vmatrix}=\begin{vmatrix}3&1&-3&1\\4&0&1&3\\3&0&11&1\\1&0&6&1\end{vmatrix}$$

$$= -\begin{vmatrix} 4 & 1 & 3 \\ 3 & 11 & 1 \\ 1 & 6 & 1 \end{vmatrix} = -\begin{vmatrix} 1 & -17 & 0 \\ 2 & 5 & 0 \\ 1 & 6 & 1 \end{vmatrix} = -39,$$

$$D_4 = \begin{vmatrix} 3 & 1 & -1 & -3 \\ 1 & -1 & 1 & 4 \\ 2 & 1 & 2 & 7 \\ 1 & 0 & 2 & 6 \end{vmatrix} = \begin{vmatrix} 3 & 1 & -1 & -3 \\ 4 & 0 & 0 & 1 \\ 3 & 0 & 3 & 11 \\ 1 & 0 & 2 & 6 \end{vmatrix}$$

$$= -\begin{vmatrix} 4 & 0 & 1 \\ 3 & 3 & 11 \\ 1 & 2 & 6 \end{vmatrix} = -\begin{vmatrix} 0 & 0 & 1 \\ -41 & 3 & 11 \\ -23 & 2 & 6 \end{vmatrix} = 13.$$

所以这个方程组的唯一解为

$$x_1 = \frac{D_1}{D} = 1, x_2 = \frac{D_2}{D} = -2, x_3 = \frac{D_3}{D} = 3, x_4 = \frac{D_4}{D} = -1.$$

例 2 设 $f(x) = C_0 + C_1 x + C_2 x^2 + \cdots + C_n x^n$，用克拉默法则证明若 $f(x)$ 有 $n+1$ 个不同的零点，则 $f(x)$ 是一个零多项式.

证 设 $a_0, a_1, \cdots, a_n$ 是 $f(x)$ 的 $n+1$ 个不同的根. 即

$$\begin{cases} C_0 + C_1 a_0 + C_2 a_0^2 + \cdots + C_n a_0^n = 0, \\ C_0 + C_1 a_1 + C_1 a_1^2 + \cdots + C_n a_2^n = 0, \\ \quad\quad\cdots\cdots \\ C_0 + C_1 a_n + C_2 a_n^2 + \cdots + C_n a_n^n = 0. \end{cases}$$

这是以 $C_0, C_1, \cdots, C_n$ 为未知量的齐次线性方程组，其系数行列式

$$D = \begin{vmatrix} 1 & a_0 & a_0^2 & \cdots & a_0^n \\ 1 & a_1 & a_1^2 & \cdots & a_1^n \\ 1 & a_2 & a_2^2 & \cdots & a_2^n \\ \vdots & \vdots & \vdots & & \vdots \\ 1 & a_n & a_n^2 & \cdots & a_n^n \end{vmatrix} = \begin{vmatrix} 1 & 1 & 1 & \cdots & 1 \\ a_0 & a_1 & a_2 & \cdots & a_n \\ a_0^2 & a_1^2 & a_2^2 & \cdots & a_n^2 \\ \vdots & \vdots & \vdots & & \vdots \\ a_0^n & a_1^n & a_2^n & \cdots & a_n^n \end{vmatrix}$$

是 $n+1$ 阶的范德蒙德行列式，由于 $a_i \neq a_j(i \neq j)$，所以

$$D=\prod_{0 \leqslant j<i \leqslant n}(a_i-a_j) \neq 0,$$

根据克拉默法则的推论 1 可知，此方程组只有唯一零解，即

$$C_0=C_1=\cdots=C_n=0.$$

故

$$f(x) \equiv 0,$$

是一个零多项式.

习　题　1

1. 求下列排列的逆序数.

(1)1234;(2)54321;(3)3214;(4)15432.

2. 指出 6 阶行列式中的项 $a_{23}a_{31}a_{42}a_{56}a_{14}a_{65}$ 及 $a_{32}a_{43}a_{15}a_{51}a_{66}a_{24}$ 应带有什么符号.

3. 用行列式的定义计算行列式

$$D_n=\begin{vmatrix} a_{11} & a_{12} & \cdots & a_{1n-1} & a_{1n} \\ a_{21} & a_{22} & \cdots & a_{2n-1} & 0 \\ \vdots & \vdots & & \vdots & \vdots \\ a_{n1} & 0 & \cdots & 0 & 0 \end{vmatrix}.$$

4. 计算下列各行列式.

(1) $\begin{vmatrix} 1 & 2 & 3 & 4 \\ 2 & 3 & 7 & 10 \\ 3 & 5 & 11 & 16 \\ 2 & -7 & 7 & 7 \end{vmatrix}$;　(2) $\begin{vmatrix} 1 & 1 & 1 & 1 \\ 1 & -1 & 1 & 1 \\ 1 & 1 & -1 & 1 \\ 1 & 1 & 1 & -1 \end{vmatrix}$;

(3) $\begin{vmatrix} 246 & 427 & 327 \\ 1014 & 543 & 443 \\ -342 & 721 & 621 \end{vmatrix}$;　(4) $\begin{vmatrix} -ab & ac & ae \\ bd & -cd & de \\ bf & cf & -ef \end{vmatrix}$;

(5) $\begin{vmatrix} a-b-c & 2a & 2a \\ 2b & b-a-c & 2b \\ 2c & 2c & c-a-b \end{vmatrix}$；(6) $\begin{vmatrix} 3 & 1 & 1 & 1 \\ 1 & 3 & 1 & 1 \\ 1 & 1 & 3 & 1 \\ 1 & 1 & 1 & 3 \end{vmatrix}$；

(7) $\begin{vmatrix} 1+a & 1 & 1 & 1 \\ 1 & 1-a & 1 & 1 \\ 1 & 1 & 1+b & 1 \\ 1 & 1 & 1 & 1-b \end{vmatrix}$.

5. 证明下列各式.

(1) $\begin{vmatrix} a^2 & ab & b^2 \\ 2a & a+b & 2b \\ 1 & 1 & 1 \end{vmatrix} = (a-b)^3$；

(2) $\begin{vmatrix} 1 & 1 & 1 \\ a & b & c \\ bc & ca & ab \end{vmatrix} = (a-b)(b-c)(c-a)$.

6. 计算下列各行列式.

(1) $D_n = \begin{vmatrix} 0 & 1 & 1 & \cdots & 1 \\ 1 & 0 & 1 & \cdots & 1 \\ 1 & 1 & 0 & \cdots & 1 \\ \vdots & \vdots & \vdots & & \vdots \\ 1 & 1 & 1 & \cdots & 0 \end{vmatrix}$；

(2) $D_n = \begin{vmatrix} a_1 & x & \cdots & x \\ x & a_2 & \cdots & x \\ \vdots & \vdots & & \vdots \\ x & x & \cdots & a_n \end{vmatrix} \quad (a_i \neq x)$；

(3) $D_{n+1} = \begin{vmatrix} 1 & a_1 & 0 & 0 & \cdots & 0 & 0 \\ -1 & 1-a_1 & a_2 & 0 & \cdots & 0 & 0 \\ 0 & -1 & 1-a_2 & a_3 & \cdots & 0 & 0 \\ \vdots & \vdots & \vdots & \vdots & & \vdots & \vdots \\ 0 & 0 & 0 & 0 & \cdots & 1-a_{n-1} & a_n \\ 0 & 0 & 0 & 0 & \cdots & -1 & 1-a_n \end{vmatrix}$；

(4) $D_n=\begin{vmatrix} a_1^{n-1} & a_2^{n-1} & \cdots & a_n^{n-1} \\ a_1^{n-2}b_1 & a_2^{n-2}b_2 & \cdots & a_n^{n-2}b_n \\ a_1^{n-3}b_1^2 & a_2^{n-3}b_2^2 & \cdots & a_n^{n-3}b_n^2 \\ \vdots & \vdots & & \vdots \\ a_1b_1^{n-2} & a_2b_2^{n-2} & \cdots & a_nb_n^{n-2} \\ b_1^{n-1} & b_2^{n-1} & \cdots & b_n^{n-1} \end{vmatrix}$ $(a_i\cdot b_i\neq 0, i=1,2,\cdots,n)$;

(5) $D=\begin{vmatrix} 1 & 2 & 2 & 2 & 4 & 3 \\ 3 & 1 & 1 & 0 & 2 & 4 \\ 0 & 0 & 1 & 1 & -1 & 6 \\ 0 & 0 & 2 & 1 & 3 & 4 \\ 0 & 0 & 0 & 0 & 5 & 2 \\ 0 & 0 & 0 & 0 & 2 & 3 \end{vmatrix}$;

(6) $D=\begin{vmatrix} 1 & 2 & 0 & 0 & 0 & 0 \\ 3 & 5 & 0 & 0 & 0 & 0 \\ 6 & 5 & 5 & 4 & 0 & 0 \\ -1 & 3 & 4 & 5 & 0 & 0 \\ 2 & 4 & 8 & 8 & 6 & 3 \\ 2 & 7 & -5 & 3 & 4 & 4 \end{vmatrix}$.

7. 用克拉默法则解下列方程组.

(1) $\begin{cases} x_1+3x_2-2x_3+x_4=1, \\ 2x_1+5x_2-3x_3+2x_4=3, \\ -3x_1+4x_2+8x_3-2x_4=4, \\ 6x_1-x_2-6x_3+4x_4=2; \end{cases}$

(2) $\begin{cases} x_1+x_2+x_3+x_4=0, \\ x_2+x_3+x_4+x_5=0, \\ x_1+2x_2+3x_3=2, \\ x_2+2x_3+3x_4=-2, \\ x_3+2x_4+3x_5=2; \end{cases}$

$$
(3)\begin{cases}
5x_1+6x_2=1, \\
x_1+5x_2+6x_3=-2, \\
x_2+5x_3+6x_4=2, \\
x_3+5x_4+6x_5=-2, \\
x_4+5x_5=-4.
\end{cases}
$$

8. 设 $a_1, a_2, \cdots, a_{n+1}$ 是 $n+1$ 个互不相同的数, $b_1, b_2, \cdots, b_{n+1}$ 是任意的 $n+1$ 个数,用克拉默法则证明一定存在唯一的次数不超过 n 的多项式

$$f(x)=C_0+C_1x+\cdots+C_nx^n$$

使得

$$f(a_i)=b_i \quad (i=1,2,\cdots,n+1).$$

第 2 章　矩　　阵

矩阵不仅是线性代数的一个重要研究对象,而且是一种重要的数学工具,在物理学、控制论、工程技术及国民经济的许多领域都有着广泛的应用.本章将系统地介绍有关矩阵的基本概念、性质和运算.

2.1　矩阵的概念

2.1.1　矩阵的概念

定义 2.1　由 $m \times n$ 个数 $a_{ij}(i=1,2,\cdots,m;j=1,2,\cdots,n)$ 排成 m 行 n 列的数表

$$\boldsymbol{A}=\begin{bmatrix} a_{11} & a_{12} & \cdots & a_{1n} \\ a_{21} & a_{22} & \cdots & a_{2n} \\ \vdots & \vdots & & \vdots \\ a_{m1} & a_{m2} & \cdots & a_{mn} \end{bmatrix}$$

称为一个 $m \times n$ 矩阵,这 $m \times n$ 个数称为矩阵的元素,a_{ij} 称为矩阵的第 i 行第 j 列的元素.

一般用大写的拉丁字母 $\boldsymbol{A},\boldsymbol{B},\boldsymbol{C}\cdots$ 或用 $(a_{ij}),(b_{ij})\cdots$ 表示一个矩阵,当需要指明矩阵的行数和列数时,可把 $m \times n$ 矩阵写成 $\boldsymbol{A}_{m\times n},\boldsymbol{B}_{m\times n},\cdots$ 或 $(a_{ij})_{m\times n},(b_{ij})_{m\times n},\cdots$.

2.1.2　矩阵相等

若 $\boldsymbol{A}=(a_{ij}),\boldsymbol{B}=(b_{ij})$ 都是 $m \times n$ 矩阵,称 $\boldsymbol{A}$ 与 $\boldsymbol{B}$ 是同型矩阵,两个同型矩阵 $\boldsymbol{A}$ 与 $\boldsymbol{B}$ 对应元素相等,即 $a_{ij}=b_{ij}(i=1,2,\cdots,$

$m;j=1,2,\cdots,n$)时则称矩阵 $\boldsymbol{A}$ 与矩阵 $\boldsymbol{B}$ 相等,记作 $\boldsymbol{A}=\boldsymbol{B}$.

2.1.3 几种特殊形式的矩阵

(1)零矩阵.所有元素都是零的矩阵,称为零矩阵,记作 $\boldsymbol{O}$.即

$$\boldsymbol{O}=\begin{bmatrix} 0 & 0 & \cdots & 0 \\ 0 & 0 & \cdots & 0 \\ \vdots & \vdots & & \vdots \\ 0 & 0 & \cdots & 0 \end{bmatrix}_{m\times n}.$$

(2)行矩阵.当 $m=1$ 时,即矩阵只有一行称为行矩阵,记作

$$\boldsymbol{A}=[a_{11}\ \ a_{12}\ \ \cdots\ \ a_{1n}].$$

(3)列矩阵.当 $n=1$ 时,矩阵只有一列称为列矩阵,记作

$$\boldsymbol{A}=\begin{bmatrix} a_{11} \\ a_{21} \\ \vdots \\ a_{m1} \end{bmatrix}.$$

(4)n 阶方阵.当 $m=n$ 时,即

$$\boldsymbol{A}=\begin{bmatrix} a_{11} & a_{12} & \cdots & a_{1n} \\ a_{21} & a_{22} & \cdots & a_{2n} \\ \vdots & \vdots & & \vdots \\ a_{n1} & a_{n2} & \cdots & a_{nn} \end{bmatrix},$$

称 $\boldsymbol{A}$ 为 n 阶方阵,并称 $a_{11},a_{22},\cdots,a_{nn}$ 为方阵 $\boldsymbol{A}$ 的主对角线上的元素,称 $\boldsymbol{A}$ 的主对角线上元素 $a_{11},a_{22},\cdots,a_{nn}$ 之和为方阵 $\boldsymbol{A}$ 的迹,记作 $\operatorname{tr}(\boldsymbol{A})$,即

$$\operatorname{tr}(\boldsymbol{A})=\sum_{i=1}^{n}a_{ii}.$$

当 $n=1$ 时

$$\boldsymbol{A}=[a_{11}]=a_{11}$$

(5)上三角形矩阵.形如

$$\begin{bmatrix} a_{11} & a_{12} & \cdots & a_{1n} \\ 0 & a_{22} & \cdots & a_{2n} \\ \vdots & \vdots & & \vdots \\ 0 & 0 & \cdots & a_{nn} \end{bmatrix}$$

的方阵称为上三角形矩阵.

(6)下三角形矩阵.形如

$$\begin{bmatrix} a_{11} & 0 & 0 & \cdots & 0 \\ a_{21} & a_{22} & 0 & \cdots & 0 \\ \vdots & \vdots & \vdots & & \vdots \\ a_{n1} & a_{n2} & a_{n3} & \cdots & a_{nn} \end{bmatrix}$$

的方阵称为下三角形矩阵.

(7)对角形矩阵.形如

$$\begin{bmatrix} \lambda_1 & & & \\ & \lambda_2 & & \\ & & \ddots & \\ & & & \lambda_n \end{bmatrix}$$

(空白处的元素均为 0,以后不再一一标注)

的 n 阶方阵称为对角形矩阵,记为 $\boldsymbol{\Lambda} = \mathrm{diag}(\lambda_1, \lambda_2, \cdots, \lambda_n)$.

(8)数量矩阵.形如

$$\begin{bmatrix} k & & & \\ & k & & \\ & & \ddots & \\ & & & k \end{bmatrix}_n$$

的 n 阶方阵称为数量矩阵.

(9)单位矩阵.在数量矩阵中,当 $k=1$ 时称为 n 阶单位矩阵,记作 $\boldsymbol{E}$,即

$$E=\begin{bmatrix}1 & 0 & \cdots & 0\\ 0 & 1 & \cdots & 0\\ \vdots & \vdots & & \vdots\\ 0 & 0 & \cdots & 1\end{bmatrix}.$$

2.2 矩阵的运算

2.2.1 矩阵的加法

定义 2.2 设两个 $m\times n$ 矩阵

$$A=\begin{bmatrix}a_{11} & a_{12} & \cdots & a_{1n}\\ a_{21} & a_{22} & \cdots & a_{2n}\\ \vdots & \vdots & & \vdots\\ a_{m1} & a_{m2} & \cdots & a_{mn}\end{bmatrix},B=\begin{bmatrix}b_{11} & b_{12} & \cdots & b_{1n}\\ b_{21} & b_{22} & \cdots & b_{2n}\\ \vdots & \vdots & & \vdots\\ b_{m1} & b_{m2} & \cdots & b_{mn}\end{bmatrix},$$

则矩阵

$$\begin{bmatrix}a_{11}+b_{11} & a_{12}+b_{12} & \cdots & a_{1n}+b_{1n}\\ a_{21}+b_{21} & a_{22}+b_{22} & \cdots & a_{2n}+b_{2n}\\ \vdots & \vdots & & \vdots\\ a_{m1}+b_{m1} & a_{m2}+b_{m2} & \cdots & a_{mn}+b_{mn}\end{bmatrix}$$

为矩阵 A 与 B 的和,记作 $A+B$.

可见两个矩阵做加法等于对应元素相加.因此只有同型矩阵才能进行加法运算.

称矩阵

$$\begin{bmatrix}-a_{11} & -a_{12} & \cdots & -a_{1n}\\ -a_{21} & -a_{22} & \cdots & -a_{2n}\\ \vdots & \vdots & & \vdots\\ -a_{m1} & -a_{m2} & \cdots & -a_{mn}\end{bmatrix}$$

为矩阵 A 的负矩阵,记作 $-A$.

因此由负矩阵可以定义矩阵的减法.

$$\boldsymbol{A}-\boldsymbol{B}=\boldsymbol{A}+(-\boldsymbol{B}).$$

由于矩阵的加法运算实际上归结为其对应元素间的加法运算,而数的加法满足交换律、结合律,易证矩阵的加法运算满足:

(1)$\boldsymbol{A}+\boldsymbol{B}=\boldsymbol{B}+\boldsymbol{A}$, 加法交换律;

(2)$(\boldsymbol{A}+\boldsymbol{B})+\boldsymbol{C}=\boldsymbol{A}+(\boldsymbol{B}+\boldsymbol{C})$, 加法结合律;

(3)$\boldsymbol{A}+\boldsymbol{O}=\boldsymbol{O}+\boldsymbol{A}=\boldsymbol{A}$;

(4)$\boldsymbol{A}+(-\boldsymbol{A})=(-\boldsymbol{A})+\boldsymbol{A}=\boldsymbol{O}$.

2.2.2 数与矩阵的乘法

定义 2.3 设 k 是一个数,$\boldsymbol{A}$ 是一个 $m\times n$ 矩阵.

$$\boldsymbol{A}=\begin{bmatrix} a_{11} & a_{12} & \cdots & a_{1n} \\ a_{21} & a_{22} & \cdots & a_{2n} \\ \vdots & \vdots & & \vdots \\ a_{m1} & a_{m2} & \cdots & a_{mn} \end{bmatrix},$$

则矩阵

$$\begin{bmatrix} ka_{11} & ka_{12} & \cdots & ka_{1n} \\ ka_{21} & ka_{22} & \cdots & ka_{2n} \\ \vdots & \vdots & & \vdots \\ ka_{m1} & ka_{m2} & \cdots & ka_{mn} \end{bmatrix}$$

为数 k 与矩阵 $\boldsymbol{A}$ 的乘积,记作 $k\boldsymbol{A}$ 或 $\boldsymbol{A}k$. 即数与矩阵的乘积就是将这个数乘以矩阵的每一个元素.

易证数与矩阵的乘法满足下列运算规律.

(1)$\left.\begin{aligned}(k+l)\boldsymbol{A}=k\boldsymbol{A}+l\boldsymbol{A},\\ k(\boldsymbol{A}+\boldsymbol{B})=k\boldsymbol{A}+k\boldsymbol{B},\end{aligned}\right\}$分配律.

(2)$(kl)\boldsymbol{A}=k(l\boldsymbol{A})=l(k\boldsymbol{A})$,结合律.

(3)$1\boldsymbol{A}=\boldsymbol{A}$.

(4)若 $k\boldsymbol{A}=\boldsymbol{O}$,则 $k=0$ 或 $\boldsymbol{A}=\boldsymbol{O}$.

例 1 设

$$A=\begin{pmatrix}1 & 0 & 2\\ 3 & -1 & 2\end{pmatrix}, B=\begin{pmatrix}2 & -1 & 0\\ 2 & 3 & 4\end{pmatrix}, C=\begin{pmatrix}3 & -1\\ 2 & 3\end{pmatrix},$$

则

$$2A=\begin{pmatrix}2 & 0 & 4\\ 6 & -2 & 4\end{pmatrix}, -3B=\begin{pmatrix}-6 & 3 & 0\\ -6 & -9 & -12\end{pmatrix},$$

$$3C=\begin{pmatrix}9 & -3\\ 6 & 9\end{pmatrix}.$$

$$2A-3B=\begin{pmatrix}-4 & 3 & 4\\ 0 & -11 & -8\end{pmatrix};\text{而 } 2A+3C \text{ 无意义}.$$

2.2.3 矩阵与矩阵的乘法

定义 2.4 设矩阵 $A=(a_{ij})_{m\times n}$，$B=(b_{ij})_{n\times s}$，即

$$A=\begin{pmatrix}a_{11} & a_{12} & \cdots & a_{1n}\\ \vdots & \vdots & & \vdots\\ \boxed{a_{i1}} & \boxed{a_{i2}} & \cdots & \boxed{a_{in}}\\ \vdots & \vdots & & \vdots\\ a_{m1} & a_{m2} & \cdots & a_{mn}\end{pmatrix}, B=\begin{pmatrix}b_{11} & \cdots & \boxed{b_{1j}} & \cdots & b_{1s}\\ b_{21} & \cdots & \boxed{b_{2j}} & \cdots & b_{2s}\\ \vdots & & \vdots & & \vdots\\ b_{n1} & \cdots & \boxed{b_{nj}} & \cdots & b_{ns}\end{pmatrix},$$

则矩阵 A 与 B 的乘积是一个矩阵 $C=(c_{ij})_{m\times s}$，其中

$$c_{ij}=a_{i1}b_{1j}+a_{i2}b_{2j}+\cdots+a_{in}b_{nj}\ (i=1,2,\cdots,m;j=1,2,\cdots,s).$$

记作 $C_{m\times s}=A_{m\times n}B_{n\times s}$.

可以看出 A 与 B 的乘积 C 的第 i 行第 j 列的元素 c_{ij} 等于左边矩阵 A 的第 i 行元素与右边矩阵 B 的第 j 列元素对应乘积之和. 在乘积 AB 中称 A 为左乘矩阵，B 为右乘矩阵.

对于矩阵的乘法运算需要注意以下两点.

(1)两个矩阵相乘必须满足左乘矩阵 A 的列数等于右乘矩阵 B 的行数.

(2)乘积 AB 的行数等于左乘矩阵 A 的行数，AB 的列数等于右乘矩阵 B 的列数.

例 2 设

$$A=\begin{pmatrix}1 & 0 & -1\\ -1 & 1 & 2\end{pmatrix},B=\begin{bmatrix}0 & 2 & 3\\ 1 & 3 & -2\\ 2 & -1 & 1\end{bmatrix},$$

则

$$\begin{aligned}AB &=\begin{pmatrix}1 & 0 & -1\\ -1 & 1 & 2\end{pmatrix}\begin{bmatrix}0 & 2 & 3\\ 1 & 3 & -2\\ 2 & -1 & 1\end{bmatrix}\\ &=\begin{pmatrix}1\cdot0+0\cdot1+(-1)\cdot2 & 1\cdot2+0\cdot3+(-1)(-1) & 1\cdot3+0\cdot(-2)+(-1)\cdot1\\ (-1)\cdot0+1\cdot1+2\cdot2 & (-1)\cdot2+1\cdot3+2(-1) & (-1)\cdot3+1\cdot(-2)+2\cdot1\end{pmatrix}\\ &=\begin{pmatrix}-2 & 3 & 2\\ 5 & -1 & -3\end{pmatrix}.\end{aligned}$$

例 3 设 $A=[a_1,a_2,\cdots,a_n],B=\begin{bmatrix}b_1\\ b_2\\ \vdots\\ b_n\end{bmatrix}$.

则有

$$\begin{aligned}AB &=[a_1,a_2,\cdots,a_n]\begin{bmatrix}b_1\\ b_2\\ \vdots\\ b_n\end{bmatrix}=[a_1b_1+a_2b_2+\cdots+a_nb_n]\\ &=(\sum_{i=1}^{n}a_ib_i)=\sum_{i=1}^{n}a_ib_i.\end{aligned}$$

$$BA=\begin{bmatrix}b_1\\ b_2\\ \vdots\\ b_n\end{bmatrix}[a_1,a_2,\cdots,a_n]$$

$$
=\begin{bmatrix} b_1a_1 & b_1a_2 & \cdots & b_1a_n \\ b_2a_1 & b_2a_2 & \cdots & b_2a_n \\ \vdots & \vdots & & \vdots \\ b_na_1 & b_na_2 & \cdots & b_na_n \end{bmatrix}.
$$

必须注意如下几点.

(1)矩阵乘法不满足交换律,即一般地说 $\boldsymbol{AB}\neq\boldsymbol{BA}$.这由上面的例子已看出.

若两个矩阵 $\boldsymbol{A}$,$\boldsymbol{B}$ 满足$\boldsymbol{AB}=\boldsymbol{BA}$,则称矩阵 $\boldsymbol{A}$ 与$\boldsymbol{B}$ 可交换,且称 $\boldsymbol{B}$ 为$\boldsymbol{A}$ 的可交换矩阵.

(2)由 $\boldsymbol{AB}=\boldsymbol{O}$,一般不能推出 $\boldsymbol{A}=\boldsymbol{O}$ 或$\boldsymbol{B}=\boldsymbol{O}$.如

$$
\boldsymbol{A}=\begin{pmatrix} 1 & 1 \\ -1 & -1 \end{pmatrix},\boldsymbol{B}=\begin{pmatrix} 1 & -1 \\ -1 & 1 \end{pmatrix},
$$

都不是零矩阵,但

$$
\boldsymbol{AB}=\begin{pmatrix} 1 & 1 \\ -1 & -1 \end{pmatrix}\begin{pmatrix} 1 & -1 \\ -1 & 1 \end{pmatrix}=\begin{pmatrix} 0 & 0 \\ 0 & 0 \end{pmatrix},
$$

即两个非零矩阵的乘积可以是零矩阵.

(3)若 $\boldsymbol{AB}=\boldsymbol{AC}$,一般地不能在等式两边消去 $\boldsymbol{A}$,得出 $\boldsymbol{B}=\boldsymbol{C}$.如

$$
\boldsymbol{A}=\begin{pmatrix} 1 & -1 \\ -1 & 1 \end{pmatrix},\boldsymbol{B}=\begin{pmatrix} 1 & 2 \\ 3 & 4 \end{pmatrix},\boldsymbol{C}=\begin{pmatrix} 0 & 1 \\ 2 & 3 \end{pmatrix}.
$$

有
$$
\boldsymbol{AB}=\boldsymbol{AC}=\begin{pmatrix} -2 & -2 \\ 2 & 2 \end{pmatrix},
$$

但
$$
\boldsymbol{B}\neq\boldsymbol{C}.
$$

例 4 若记线性方程组

$$
\begin{cases} a_{11}x_1+a_{12}x_2+\cdots+a_{1n}x_n=b_1, \\ a_{21}x_1+a_{22}x_2+\cdots+a_{2n}x_n=b_2, \\ \qquad\qquad\cdots\cdots \\ a_{m1}x_1+a_{m2}x_2+\cdots+a_{mn}x_n=b_m \end{cases}
$$

的未知量的系数构成的矩阵

$$A=\begin{bmatrix}a_{11}&a_{12}&\cdots&a_{1n}\\a_{21}&a_{22}&\cdots&a_{2n}\\\vdots&\vdots&&\vdots\\a_{m1}&a_{m2}&\cdots&a_{mn}\end{bmatrix},$$

并设

$$X=\begin{bmatrix}x_1\\x_2\\\vdots\\x_n\end{bmatrix},B=\begin{bmatrix}b_1\\b_2\\\vdots\\b_m\end{bmatrix},$$

则有

$$AX=\begin{bmatrix}a_{11}&a_{12}&\cdots&a_{1n}\\a_{21}&a_{22}&\cdots&a_{2n}\\\vdots&\vdots&&\vdots\\a_{m1}&a_{m2}&\cdots&a_{mn}\end{bmatrix}\begin{bmatrix}x_1\\x_2\\\vdots\\x_n\end{bmatrix}$$

$$=\begin{bmatrix}a_{11}x_1+a_{12}x_2+\cdots+a_{1n}x_n\\a_{21}x_1+a_{22}x_2+\cdots+a_{2n}x_n\\\vdots\\a_{m1}x_1+a_{m2}x_2+\cdots+a_{mn}x_n\end{bmatrix}=\begin{bmatrix}b_1\\b_2\\\vdots\\b_m\end{bmatrix}=B.$$

所以上述线性方程组可简记为矩阵乘积的形式

$$AX=B.$$

对于 $m\times n$ 矩阵 A，显然有

$$E_mA=A,AE_n=A.$$

矩阵的乘法满足以下规律.

(1) $(AB)C=A(BC)$，结合律.

(2) $\left.\begin{aligned}&(A+B)C=AC+BC,\\&C(A+B)=CA+CB,\end{aligned}\right\}$ 分配律.

(3) $k(\boldsymbol{AB})=(k\boldsymbol{A})\boldsymbol{B}=\boldsymbol{A}(k\boldsymbol{B})$,　k 为任意数.
这里只证(1),对于(2),(3)读者可自行证明.

设　$\boldsymbol{A}=(a_{ij})_{m\times n},\boldsymbol{B}=(b_{jk})_{n\times s},\boldsymbol{C}=(c_{kl})_{s\times r}$,
由矩阵的乘法定义可知,$(\boldsymbol{AB})\boldsymbol{C}$ 与 $\boldsymbol{A}(\boldsymbol{BC})$ 都是 $m\times r$ 矩阵.

下面来证明它们的对应元素相等.

令

$$\boldsymbol{AB}=\boldsymbol{P}=(p_{ik})_{m\times s},\boldsymbol{BC}=\boldsymbol{Q}=(q_{jl})_{n\times r},$$

由矩阵的乘法知

$$p_{ik}=\sum_{j=1}^{n}a_{ij}b_{jk},q_{jl}=\sum_{k=1}^{s}b_{jk}c_{kl},$$

所以,$(\boldsymbol{AB})\boldsymbol{C}=\boldsymbol{PC}$ 的第 i 行第 l 列元素为

$$\sum_{k=1}^{s}\left(\sum_{j=1}^{n}a_{ij}b_{jk}\right)c_{kl}=\sum_{k=1}^{s}\sum_{j=1}^{n}a_{ij}b_{jk}c_{kl}$$
$$(i=1,2,\cdots,m;l=1,2,\cdots,r),$$

而 $\boldsymbol{A}(\boldsymbol{BC})=\boldsymbol{AQ}$ 的第 i 行 l 列元素为

$$\sum_{j=1}^{n}a_{ij}\left(\sum_{k=1}^{s}b_{jk}c_{kl}\right)=\sum_{j=1}^{n}\sum_{k=1}^{s}a_{ij}b_{jk}c_{kl}=\sum_{k=1}^{s}\sum_{j=1}^{n}a_{ij}b_{jk}c_{kl}$$
$$(i=1,2,\cdots,m;l=1,2,\cdots,r),$$

由此可知 $(\boldsymbol{AB})\boldsymbol{C}$ 与 $\boldsymbol{A}(\boldsymbol{BC})$ 的对应元素相等.故

$$(\boldsymbol{AB})\boldsymbol{C}=\boldsymbol{A}(\boldsymbol{BC}).$$

根据矩阵的乘法,可以定义 n 阶方阵的幂的运算.

定义 2.5　设 $\boldsymbol{A}$ 是 n 阶方阵,规定

$$\boldsymbol{A}^0=\boldsymbol{E},\qquad \boldsymbol{A}^{k+1}=\boldsymbol{A}^k\boldsymbol{A}\ (k\text{ 为非负整数}).$$

由定义可证

$$\boldsymbol{A}^k\boldsymbol{A}^l=\boldsymbol{A}^{k+l},\qquad (\boldsymbol{A}^k)^l=\boldsymbol{A}^{kl}\ (k,l\text{ 为非负整数}).$$

由于矩阵乘法一般不满足交换律,所以对于两个 n 阶方阵 $\boldsymbol{A}$ 与 $\boldsymbol{B}$,一般地说

$$(\boldsymbol{AB})^k\neq\boldsymbol{A}^k\boldsymbol{B}^k.$$

由方阵幂的运算可以定义方阵的多项式.设

$$f(x)=a_mx^m+a_{m-1}x^{m-1}+\cdots+a_1x+a_0$$

是一个 x 的多项式,$\mathbf{A}$ 是一个 n 阶方阵,则

$$a_m\mathbf{A}^m+a_{m-1}\mathbf{A}^{m-1}+\cdots+a_1\mathbf{A}+a_0\mathbf{E}$$

有确定的意义,记作 $f(\mathbf{A})$,即

$$f(\mathbf{A})=a_m\mathbf{A}^m+a_{m-1}\mathbf{A}^{m-1}+\cdots+a_1\mathbf{A}+a_0\mathbf{E},$$

称为方阵 $\mathbf{A}$ 的多项式.

可以看出方阵 $\mathbf{A}$ 的多项式 $f(\mathbf{A})$ 仍是一个 n 阶方阵.

例 5 设 $f(x)=5x^2-2x-4$,

$$\mathbf{A}=\begin{pmatrix}1&2\\-1&1\end{pmatrix}.$$

则

$$\begin{aligned}f(\mathbf{A})&=5\mathbf{A}^2-2\mathbf{A}-4\mathbf{E}\\&=5\begin{pmatrix}1&2\\-1&1\end{pmatrix}^2-2\begin{pmatrix}1&2\\-1&1\end{pmatrix}-4\begin{pmatrix}1&0\\0&1\end{pmatrix}\\&=5\begin{pmatrix}-1&4\\-2&-1\end{pmatrix}+\begin{pmatrix}-2&-4\\2&-2\end{pmatrix}+\begin{pmatrix}-4&0\\0&-4\end{pmatrix}\\&=\begin{pmatrix}-11&16\\-8&-11\end{pmatrix}.\end{aligned}$$

若 $f(x)$ 及 $g(x)$ 是两个 x 的多项式,$\mathbf{A}$ 是 n 阶方阵.令

$$u(x)=f(x)\pm g(x),$$
$$v(x)=f(x)g(x),$$

则由矩阵的运算规律易得出

$$u(\mathbf{A})=f(\mathbf{A})\pm g(\mathbf{A}),$$
$$v(\mathbf{A})=f(\mathbf{A})g(\mathbf{A}),$$

且

$$f(\mathbf{A})g(\mathbf{A})=g(\mathbf{A})f(\mathbf{A}).$$

2.2.4 矩阵的转置

定义 2.6 设 $m \times n$ 矩阵

$$\boldsymbol{A}=\begin{bmatrix} a_{11} & a_{12} & \cdots & a_{1n} \\ a_{21} & a_{22} & \cdots & a_{2n} \\ \vdots & \vdots & & \vdots \\ a_{m1} & a_{m2} & \cdots & a_{mn} \end{bmatrix},$$

将 $\boldsymbol{A}$ 的行变成同号数的列,得到 $n \times m$ 矩阵

$$\begin{bmatrix} a_{11} & a_{21} & \cdots & a_{m1} \\ a_{12} & a_{22} & \cdots & a_{m2} \\ \vdots & \vdots & & \vdots \\ a_{1n} & a_{2n} & \cdots & a_{mn} \end{bmatrix},$$

称为 $\boldsymbol{A}$ 的转置矩阵,记作 $\boldsymbol{A}^{\mathrm{T}}$.

例如

$$\boldsymbol{A}=\begin{pmatrix} 1 & 2 & 3 & -1 \\ 0 & 2 & 4 & -3 \end{pmatrix}, \quad \boldsymbol{B}=\begin{bmatrix} 1 \\ 2 \\ 4 \\ -1 \end{bmatrix}.$$

则

$$\boldsymbol{A}^{\mathrm{T}}=\begin{bmatrix} 1 & 0 \\ 2 & 2 \\ 3 & 4 \\ -1 & -3 \end{bmatrix}, \quad \boldsymbol{B}^{\mathrm{T}}=[1,2,4,-1].$$

显然 $\boldsymbol{A}$ 与 $\boldsymbol{A}^{\mathrm{T}}$ 间有如下关系:

(1)$\boldsymbol{A}$ 的 i 行(列)是 $\boldsymbol{A}^{\mathrm{T}}$ 的 i 列(行);

(2)$\boldsymbol{A}$ 的 i 行 j 列元素是 $\boldsymbol{A}^{\mathrm{T}}$ 的 j 行 i 列元素.

矩阵的转置满足以下规律:

(1)$(\boldsymbol{A}^{\mathrm{T}})^{\mathrm{T}}=\boldsymbol{A}$;

(2) $(\boldsymbol{A}+\boldsymbol{B})^{\mathrm{T}}=\boldsymbol{A}^{\mathrm{T}}+\boldsymbol{B}^{\mathrm{T}}$;

(3) $(k\boldsymbol{A})^{\mathrm{T}}=k\boldsymbol{A}^{\mathrm{T}}$;

(4) $(\boldsymbol{AB})^{\mathrm{T}}=\boldsymbol{B}^{\mathrm{T}}\boldsymbol{A}^{\mathrm{T}}$.

规律(1),(2),(3)容易证明,请读者自己完成.下面只证(4).

设

$$\boldsymbol{A}=\begin{bmatrix} a_{11} & a_{12} & \cdots & a_{1s} \\ a_{21} & a_{22} & \cdots & a_{2s} \\ \vdots & \vdots & & \vdots \\ a_{m1} & a_{m2} & \cdots & a_{ms} \end{bmatrix},\boldsymbol{B}=\begin{bmatrix} b_{11} & b_{12} & \cdots & b_{1n} \\ b_{21} & b_{22} & \cdots & b_{2n} \\ \vdots & \vdots & & \vdots \\ b_{s1} & b_{s2} & \cdots & b_{sn} \end{bmatrix}.$$

首先,易知$(\boldsymbol{AB})^{\mathrm{T}}$与$\boldsymbol{B}^{\mathrm{T}}\boldsymbol{A}^{\mathrm{T}}$都是$n\times m$矩阵.

其次,位于$(\boldsymbol{AB})^{\mathrm{T}}$的$i$行$j$列元素就是$\boldsymbol{AB}$的$j$行$i$列元素,且是$\boldsymbol{A}$的$j$行元素与$\boldsymbol{B}$的$i$列元素对应乘积之和,即

$$a_{j1}b_{1i}+a_{j2}b_{2i}+\cdots+a_{js}b_{si}=\sum_{k=1}^{s}a_{jk}b_{ki}. \tag{1}$$

而位于$\boldsymbol{B}^{\mathrm{T}}\boldsymbol{A}^{\mathrm{T}}$的$i$行$j$列元素就是$\boldsymbol{B}^{\mathrm{T}}$的$i$行元素与$\boldsymbol{A}^{\mathrm{T}}$的$j$列元素对应乘积之和,也就是$\boldsymbol{B}$的$i$列元素与$\boldsymbol{A}$的$j$行元素对应乘积之和,即

$$b_{1i}a_{j1}+b_{2i}a_{j2}+\cdots+b_{si}a_{js}=\sum_{k=1}^{s}b_{ki}a_{jk}. \tag{2}$$

显然式(1)与式(2)相等.因此

$$(\boldsymbol{AB})^{\mathrm{T}}=\boldsymbol{B}^{\mathrm{T}}\boldsymbol{A}^{\mathrm{T}}.$$

定义 2.7 若n阶方阵$\boldsymbol{A}$满足$\boldsymbol{A}^{\mathrm{T}}=\boldsymbol{A}$,则称$\boldsymbol{A}$为对称矩阵.

例如

$$\boldsymbol{A}=\begin{pmatrix} 2 & -3 \\ -3 & 1 \end{pmatrix},\boldsymbol{B}=\begin{bmatrix} 1 & 4 & -1 \\ 4 & 3 & 2 \\ -1 & 2 & 2 \end{bmatrix}$$

都是对称矩阵.

显然在n阶对称矩阵$\boldsymbol{A}=(a_{ij})$中有

$$a_{ij}=a_{ji}\quad(i,j=1,2,\cdots,n).$$

即在对称矩阵中,关于主对角线对称的元素必相等.

设 $\boldsymbol{A}$ 与 $\boldsymbol{B}$ 为 n 阶对称矩阵,k 为常数,则对称矩阵有如下性质:

(1) $(\boldsymbol{A}\pm\boldsymbol{B})^{\mathrm{T}}=\boldsymbol{A}^{\mathrm{T}}\pm\boldsymbol{B}^{\mathrm{T}}=\boldsymbol{A}\pm\boldsymbol{B}$;

(2) $(k\boldsymbol{A})^{\mathrm{T}}=k\boldsymbol{A}^{\mathrm{T}}=k\boldsymbol{A}$;

(3)若 $\boldsymbol{AB}=\boldsymbol{BA}$,则 $\boldsymbol{AB}$ 也是对称矩阵.

这是因为

$$(\boldsymbol{AB})^{\mathrm{T}}=\boldsymbol{B}^{\mathrm{T}}\boldsymbol{A}^{\mathrm{T}}=\boldsymbol{BA}=\boldsymbol{AB}.$$

定义 2.8 若 n 阶方阵 $\boldsymbol{A}$ 满足 $\boldsymbol{A}^{\mathrm{T}}=-\boldsymbol{A}$,则称 $\boldsymbol{A}$ 为反对称矩阵.

例如

$$\boldsymbol{A}=\begin{pmatrix}0&2\\-2&0\end{pmatrix},\boldsymbol{B}=\begin{pmatrix}0&5&-7\\-5&0&-1\\7&1&0\end{pmatrix}$$

是反对称矩阵.

显然在 n 阶反对称矩阵 $\boldsymbol{A}=(a_{ij})$ 中,有

$$a_{ij}=-a_{ji}\quad(i,j=1,2,\cdots,n).$$

即在反对称矩阵中,关于主对角线对称的元素互为相反数.由于

$$a_{ii}=-a_{ii},$$

所以 $$a_{ii}=0(i=1,2,\cdots,n).$$

即反对称矩阵 $\boldsymbol{A}$ 的主对角线上元素均为零.

2.3 分块矩阵

在 $m\times n$ 矩阵的行、列之间加上一些横线或竖线,把 $\boldsymbol{A}$ 形式上分成若干个小块,这些小块矩阵称为 $\boldsymbol{A}$ 的子块,以这些子块作

元素构成的矩阵,称为 $\boldsymbol{A}$ 的分块矩阵.

例如,矩阵

$$\boldsymbol{A}=\left[\begin{array}{cc:c} 2 & 4 & 1 \\ -1 & 0 & 0 \\ \hdashline 1 & 0 & 0 \\ 0 & 1 & 0 \end{array}\right]=\begin{pmatrix} \boldsymbol{A}_1 & \boldsymbol{A}_2 \\ \boldsymbol{E}_2 & \boldsymbol{O} \end{pmatrix},$$

其中 $\boldsymbol{E}_2$ 为二阶单位矩阵,$\boldsymbol{A}_1=\begin{pmatrix} 2 & 4 \\ -1 & 0 \end{pmatrix}$,$\boldsymbol{A}_2=\begin{pmatrix} 1 \\ 0 \end{pmatrix}$,$\boldsymbol{O}=\begin{pmatrix} 0 \\ 0 \end{pmatrix}$.

对于给定的矩阵 $\boldsymbol{A}$,可以按不同的需要采用不同的方法进行分块.

分块矩阵的运算规则与通常矩阵的运算规则相类似.

2.3.1 分块矩阵的运算

2.3.1.1 分块矩阵的加法与数量乘法

设 $\boldsymbol{A},\boldsymbol{B}$ 是 $m\times n$ 矩阵,采用相同的分块方法得到分块矩阵

$$\boldsymbol{A}=\begin{bmatrix} \boldsymbol{A}_{11} & \boldsymbol{A}_{12} & \cdots & \boldsymbol{A}_{1s} \\ \boldsymbol{A}_{21} & \boldsymbol{A}_{22} & \cdots & \boldsymbol{A}_{2s} \\ \vdots & \vdots & & \vdots \\ \boldsymbol{A}_{t1} & \boldsymbol{A}_{t2} & \cdots & \boldsymbol{A}_{ts} \end{bmatrix},\boldsymbol{B}=\begin{bmatrix} \boldsymbol{B}_{11} & \boldsymbol{B}_{12} & \cdots & \boldsymbol{B}_{1s} \\ \boldsymbol{B}_{21} & \boldsymbol{B}_{22} & \cdots & \boldsymbol{B}_{2s} \\ \vdots & \vdots & & \vdots \\ \boldsymbol{B}_{t1} & \boldsymbol{B}_{t2} & \cdots & \boldsymbol{B}_{ts} \end{bmatrix}$$

则有

$$\boldsymbol{A}\pm\boldsymbol{B}=\begin{bmatrix} \boldsymbol{A}_{11}\pm\boldsymbol{B}_{11} & \boldsymbol{A}_{12}\pm\boldsymbol{B}_{12} & \cdots & \boldsymbol{A}_{1s}\pm\boldsymbol{B}_{1s} \\ \boldsymbol{A}_{21}\pm\boldsymbol{B}_{21} & \boldsymbol{A}_{22}\pm\boldsymbol{B}_{22} & \cdots & \boldsymbol{A}_{2s}\pm\boldsymbol{B}_{2s} \\ \vdots & \vdots & & \vdots \\ \boldsymbol{A}_{t1}\pm\boldsymbol{B}_{t1} & \boldsymbol{A}_{t2}\pm\boldsymbol{B}_{t2} & \cdots & \boldsymbol{A}_{ts}\pm\boldsymbol{B}_{ts} \end{bmatrix},$$

$$k\boldsymbol{A}=\begin{bmatrix} k\boldsymbol{A}_{11} & k\boldsymbol{A}_{12} & \cdots & k\boldsymbol{A}_{1s} \\ k\boldsymbol{A}_{21} & k\boldsymbol{A}_{22} & \cdots & k\boldsymbol{A}_{2s} \\ \vdots & \vdots & & \vdots \\ k\boldsymbol{A}_{t1} & k\boldsymbol{A}_{t2} & \cdots & k\boldsymbol{A}_{ts} \end{bmatrix},k \text{ 为常数}.$$

这就是说,两个 $m\times n$ 矩阵 $\boldsymbol{A},\boldsymbol{B}$ 具有相同的分块方式,$\boldsymbol{A}$ 与 $\boldsymbol{B}$ 相

加(减)时,只需对应子块相加(减).

用数 k 乘一个分块矩阵,只需用数 k 乘遍每一个子块.

2.3.1.2 分块矩阵的乘法

设 矩阵 $\boldsymbol{A}=(a_{ij})_{m\times s}$,$\boldsymbol{B}=(b_{ij})_{s\times n}$,将 $\boldsymbol{A}$,$\boldsymbol{B}$ 分块,必须使 $\boldsymbol{A}$ 的列的分法与 $\boldsymbol{B}$ 的行的分法相同,即

$$\boldsymbol{A}=\begin{array}{c} \begin{array}{cccc} s_1 & s_2 & & s_t \end{array} \\ \begin{bmatrix} \boldsymbol{A}_{11} & \boldsymbol{A}_{12} & \cdots & \boldsymbol{A}_{1t} \\ \boldsymbol{A}_{21} & \boldsymbol{A}_{22} & \cdots & \boldsymbol{A}_{2t} \\ \vdots & \vdots & & \vdots \\ \boldsymbol{A}_{r1} & \boldsymbol{A}_{r2} & \cdots & \boldsymbol{A}_{rt} \end{bmatrix} \end{array} \begin{array}{c} m_1 \\ m_2 \\ \\ m_r \end{array}$$

$$\boldsymbol{B}=\begin{array}{c} \begin{array}{cccc} n_1 & n_2 & & n_p \end{array} \\ \begin{bmatrix} \boldsymbol{B}_{11} & \boldsymbol{B}_{12} & \cdots & \boldsymbol{B}_{1p} \\ \boldsymbol{B}_{21} & \boldsymbol{B}_{22} & \cdots & \boldsymbol{B}_{2p} \\ \vdots & \vdots & & \vdots \\ \boldsymbol{B}_{t1} & \boldsymbol{B}_{t2} & \cdots & \boldsymbol{B}_{tp} \end{bmatrix} \end{array} \begin{array}{c} s_1 \\ s_2 \\ \\ s_t \end{array}$$

这里 m_i,s_j 分别是 $\boldsymbol{A}$ 的子块 $\boldsymbol{A}_{ij}$ 的行数与列数,s_i,n_j 分别是 $\boldsymbol{B}$ 的子块 $\boldsymbol{B}_{ij}$ 的行数与列数,则

$$\boldsymbol{C}=\boldsymbol{AB}=\begin{array}{c} \begin{array}{cccc} n_1 & n_2 & & n_p \end{array} \\ \begin{bmatrix} \boldsymbol{C}_{11} & \boldsymbol{C}_{12} & \cdots & \boldsymbol{C}_{1p} \\ \boldsymbol{C}_{21} & \boldsymbol{C}_{22} & \cdots & \boldsymbol{C}_{2p} \\ \vdots & \vdots & & \vdots \\ \boldsymbol{C}_{r1} & \boldsymbol{C}_{r2} & \cdots & \boldsymbol{C}_{rp} \end{bmatrix} \end{array} \begin{array}{c} m_1 \\ m_2 \\ \\ m_r \end{array}$$

这里

$$\boldsymbol{C}_{ij}=\boldsymbol{A}_{i1}\boldsymbol{B}_{1j}+\boldsymbol{A}_{i2}\boldsymbol{B}_{2j}+\cdots+\boldsymbol{A}_{it}\boldsymbol{B}_{tj}\ (i=1,2,\cdots,r;j=1,2,\cdots,p).$$

这就是说分块矩阵 $\boldsymbol{A}$ 与 $\boldsymbol{B}$ 的乘积 $\boldsymbol{AB}$ 可以按通常的矩阵乘法法则进行.但必须注意:

(1)$\boldsymbol{A}$ 的列数等于 $\boldsymbol{B}$ 的行数;

(2)$\boldsymbol{A}$ 的列分法必须与 $\boldsymbol{B}$ 的行分法相同,这样才能保证 $\boldsymbol{C}_{ij}$ 中各子块运算可以进行乘法.

例1 设

$$\boldsymbol{A}=\begin{bmatrix}1&0&-1&2\\0&1&1&1\\0&0&1&0\\0&0&0&1\end{bmatrix},\boldsymbol{B}=\begin{bmatrix}1&-1&1&-1\\0&-1&0&2\\3&1&1&0\\1&0&0&1\end{bmatrix},$$

用分块矩阵的乘法求 $\boldsymbol{AB}$.

解 将 $\boldsymbol{A},\boldsymbol{B}$ 作如下分块.

$$\boldsymbol{A}=\left[\begin{array}{cc:cc}1&0&-1&2\\0&1&1&1\\\hdashline 0&0&1&0\\0&0&0&1\end{array}\right]=\begin{pmatrix}\boldsymbol{E}_2&\boldsymbol{A}_1\\\boldsymbol{O}&\boldsymbol{E}_2\end{pmatrix},$$

$$\boldsymbol{B}=\left[\begin{array}{cc:cc}1&-1&1&-1\\0&-1&0&2\\\hdashline 3&1&1&0\\1&0&0&1\end{array}\right]=\begin{pmatrix}\boldsymbol{B}_1&\boldsymbol{B}_2\\\boldsymbol{B}_3&\boldsymbol{E}_2\end{pmatrix},$$

按分块矩阵的乘法有

$$\boldsymbol{AB}=\begin{pmatrix}\boldsymbol{E}_2&\boldsymbol{A}_1\\\boldsymbol{O}&\boldsymbol{E}_2\end{pmatrix}\begin{pmatrix}\boldsymbol{B}_1&\boldsymbol{B}_2\\\boldsymbol{B}_3&\boldsymbol{E}_2\end{pmatrix}=\begin{pmatrix}\boldsymbol{B}_1+\boldsymbol{A}_1\boldsymbol{B}_3&\boldsymbol{B}_2+\boldsymbol{A}_1\\\boldsymbol{B}_3&\boldsymbol{E}_2\end{pmatrix},$$

而

$$\boldsymbol{B}_1+\boldsymbol{A}_1\boldsymbol{B}_3=\begin{pmatrix}1&-1\\0&-1\end{pmatrix}+\begin{pmatrix}-1&2\\1&1\end{pmatrix}\begin{pmatrix}3&1\\1&0\end{pmatrix}=\begin{pmatrix}0&-2\\4&0\end{pmatrix},$$

$$\boldsymbol{B}_2+\boldsymbol{A}_1=\begin{pmatrix}1&-1\\0&2\end{pmatrix}+\begin{pmatrix}-1&2\\1&1\end{pmatrix}=\begin{pmatrix}0&1\\1&3\end{pmatrix},$$

因此

$$AB=\begin{bmatrix}0&-2&0&1\\4&0&1&3\\3&1&1&0\\1&0&0&1\end{bmatrix}.$$

这与将 $\boldsymbol{A},\boldsymbol{B}$ 直接相乘得到的结果相同.

例 2 设

$$\boldsymbol{A}=\begin{bmatrix}a_{11}&a_{12}&\cdots&a_{1n}\\0&a_{22}&\cdots&a_{2n}\\\vdots&\vdots&&\vdots\\0&0&\cdots&a_{nn}\end{bmatrix},\boldsymbol{B}=\begin{bmatrix}b_{11}&b_{12}&\cdots&b_{1n}\\0&b_{22}&\cdots&b_{2n}\\\vdots&\vdots&&\vdots\\0&0&\cdots&b_{nn}\end{bmatrix}$$

是两个 n 阶上三角形矩阵,证明 $\boldsymbol{AB}$ 仍是上三角形矩阵,且主对角线上的元素为 $a_{ii}b_{ii}(i=1,2,\cdots,n)$.

证 对 $\boldsymbol{A},\boldsymbol{B}$ 的阶数 n 作数学归纳法.

当 $n=2$ 时,$\boldsymbol{A},\boldsymbol{B}$ 均为二阶上三角形矩阵.

$$\begin{aligned}\boldsymbol{AB}&=\begin{bmatrix}a_{11}&a_{12}\\0&a_{22}\end{bmatrix}\begin{bmatrix}b_{11}&b_{12}\\0&b_{22}\end{bmatrix}\\&=\begin{bmatrix}a_{11}b_{11}&a_{11}b_{12}+a_{12}b_{22}\\0&a_{22}b_{22}\end{bmatrix}.\end{aligned}$$

所以结论成立.

假设 $\boldsymbol{A},\boldsymbol{B}$ 均为 $n-1$ 阶上三角形矩阵时,结论成立.讨论当 $\boldsymbol{A},\boldsymbol{B}$ 为 n 阶上三角形矩阵时的情形.为此将 $\boldsymbol{A},\boldsymbol{B}$ 作如下分块.

$$\boldsymbol{A}=\left[\begin{array}{ccc|c}a_{11}&a_{12}&\cdots&a_{1n}\\0&a_{22}&\cdots&a_{2n}\\\vdots&\vdots&&\vdots\\\hline 0&0&\cdots&a_{nn}\end{array}\right]=\begin{bmatrix}\boldsymbol{A}_1&\boldsymbol{\alpha}\\\boldsymbol{O}&a_{nn}\end{bmatrix},$$

$$
\boldsymbol{B}=\left[\begin{array}{ccc|c}
b_{11} & b_{12} & \cdots & b_{1n} \\
0 & b_{22} & \cdots & b_{2n} \\
\vdots & \vdots & & \vdots \\
\hline
0 & 0 & \cdots & b_{nn}
\end{array}\right]=\begin{bmatrix}\boldsymbol{B}_1 & \boldsymbol{\beta} \\ \boldsymbol{O} & b_{nn}\end{bmatrix},
$$

按分块矩阵的乘法有

$$
\boldsymbol{AB}=\begin{bmatrix}\boldsymbol{A}_1 & \boldsymbol{\alpha} \\ \boldsymbol{O} & a_{nn}\end{bmatrix}\begin{bmatrix}\boldsymbol{B}_1 & \boldsymbol{\beta} \\ \boldsymbol{O} & b_{nn}\end{bmatrix}=\begin{bmatrix}\boldsymbol{A}_1\boldsymbol{B}_1 & \boldsymbol{A}_1\boldsymbol{\beta}+\boldsymbol{\alpha}b_{nn} \\ \boldsymbol{O} & a_{nn}b_{nn}\end{bmatrix}.
$$

由于 $\boldsymbol{A}_1,\boldsymbol{B}_1$ 都是 $n-1$ 阶上三角形矩阵,由归纳假设可知它们的乘积 $\boldsymbol{A}_1\boldsymbol{B}_1$ 仍是上三角形矩阵,并且 $\boldsymbol{A}_1\boldsymbol{B}_1$ 的主对角线上的元素为 $a_{ii}b_{ii}(i=1,2,\cdots,n-1)$,从而有

$$
\boldsymbol{AB}=\begin{bmatrix}a_{11}b_{11} & & & * \\ & a_{22}b_{22} & & \\ & & \ddots & \\ & & & a_{nn}b_{nn}\end{bmatrix}.
$$

这里 * 号处表示未写出的元素,主对角线的左下方元素全是零.即 $\boldsymbol{AB}$ 是上三角形矩阵,并且主对角线上的元素为 $a_{ii}b_{ii}(i=1,2,\cdots,n)$.因此,当 $\boldsymbol{A},\boldsymbol{B}$ 为 n 阶上三角形矩阵时结论成立.

由数学归纳法原理,结论成立.

2.3.1.3 分块矩阵的转置

设分块矩阵

$$
\boldsymbol{A}=\begin{bmatrix}\boldsymbol{A}_{11} & \boldsymbol{A}_{12} & \cdots & \boldsymbol{A}_{1s} \\ \boldsymbol{A}_{21} & \boldsymbol{A}_{22} & \cdots & \boldsymbol{A}_{2s} \\ \vdots & \vdots & & \vdots \\ \boldsymbol{A}_{t1} & \boldsymbol{A}_{t2} & \cdots & \boldsymbol{A}_{ts}\end{bmatrix},
$$

则有

$$
\boldsymbol{A}^{\mathrm{T}}=\begin{bmatrix}
\boldsymbol{A}_{11}^{\mathrm{T}} & \boldsymbol{A}_{21}^{\mathrm{T}} & \cdots & \boldsymbol{A}_{t1}^{\mathrm{T}} \\
\boldsymbol{A}_{12}^{\mathrm{T}} & \boldsymbol{A}_{22}^{\mathrm{T}} & \cdots & \boldsymbol{A}_{t2}^{\mathrm{T}} \\
\vdots & \vdots & & \vdots \\
\boldsymbol{A}_{1s}^{\mathrm{T}} & \boldsymbol{A}_{2s}^{\mathrm{T}} & \cdots & \boldsymbol{A}_{ts}^{\mathrm{T}}
\end{bmatrix}.
$$

即分块矩阵转置时,不仅把行变成同号数的列,且每一个子块也必须转置.

2.3.2 准对角形矩阵

定义 2.9 设 $\boldsymbol{A}_i(i=1,2,\cdots,s)$是 n_i 阶的方阵,则称形如

$$
\begin{bmatrix}
\boldsymbol{A}_1 & & & \\
& \boldsymbol{A}_2 & & \\
& & \ddots & \\
& & & \boldsymbol{A}_s
\end{bmatrix}\text{(空白处为零子块)}
$$

的矩阵为准对角形矩阵.

设

$$
\boldsymbol{A}=\begin{bmatrix}
\boldsymbol{A}_1 & & & \\
& \boldsymbol{A}_2 & & \\
& & \ddots & \\
& & & \boldsymbol{A}_s
\end{bmatrix},\boldsymbol{B}=\begin{bmatrix}
\boldsymbol{B}_1 & & & \\
& \boldsymbol{B}_2 & & \\
& & \ddots & \\
& & & \boldsymbol{B}_s
\end{bmatrix},
$$

都是准对角形矩阵,并且 $\boldsymbol{A}_i$ 与 $\boldsymbol{B}_i(i=1,2,\cdots,s)$的阶数都是对应相等的,则由分块矩阵的运算法则有

$$
\boldsymbol{A}\pm\boldsymbol{B}=\begin{bmatrix}
\boldsymbol{A}_1\pm\boldsymbol{B}_1 & & & \\
& \boldsymbol{A}_2\pm\boldsymbol{B}_2 & & \\
& & \ddots & \\
& & & \boldsymbol{A}_s\pm\boldsymbol{B}_s
\end{bmatrix},
$$

$$k\boldsymbol{A}=\begin{bmatrix} k\boldsymbol{A}_1 & & & \\ & k\boldsymbol{A}_2 & & \\ & & \ddots & \\ & & & k\boldsymbol{A}_s \end{bmatrix},$$

$$\boldsymbol{AB}=\begin{bmatrix} \boldsymbol{A}_1\boldsymbol{B}_1 & & & \\ & \boldsymbol{A}_2\boldsymbol{B}_2 & & \\ & & \ddots & \\ & & & \boldsymbol{A}_s\boldsymbol{B}_s \end{bmatrix},$$

$$\boldsymbol{A}^{\mathrm{T}}=\begin{bmatrix} \boldsymbol{A}_1^{\mathrm{T}} & & & \\ & \boldsymbol{A}_2^{\mathrm{T}} & & \\ & & \ddots & \\ & & & \boldsymbol{A}_s^{\mathrm{T}} \end{bmatrix}.$$

显然,对角形矩阵是准对角形矩阵的一种特殊形式.

2.4 方阵的行列式、逆矩阵

2.4.1 方阵的行列式

定义 2.10 设 n 阶方阵

$$\boldsymbol{A}=\begin{bmatrix} a_{11} & a_{12} & \cdots & a_{1n} \\ a_{21} & a_{22} & \cdots & a_{2n} \\ \vdots & \vdots & & \vdots \\ a_{n1} & a_{n2} & \cdots & a_{nn} \end{bmatrix},$$

则称 n 阶行列式

$$\begin{vmatrix} a_{11} & a_{12} & \cdots & a_{1n} \\ a_{21} & a_{22} & \cdots & a_{2n} \\ \vdots & \vdots & & \vdots \\ a_{n1} & a_{n2} & \cdots & a_{nn} \end{vmatrix}$$

为 n 阶方阵 $\boldsymbol{A}$ 的行列式,记为 $|\boldsymbol{A}|$ 或 $\det \boldsymbol{A}$.

若 $|\boldsymbol{A}|=0$,则称方阵 $\boldsymbol{A}$ 是奇异的(或退化的);

若 $|\boldsymbol{A}|\neq 0$,则称方阵 $\boldsymbol{A}$ 是非奇异的(或非退化的).

$|\boldsymbol{A}|$ 的 r 阶子式也称为 $\boldsymbol{A}$ 的 r 阶子式.

n 阶方阵 $\boldsymbol{A}$ 的行列式 $|\boldsymbol{A}|$ 具有以下性质:

(1) $|\boldsymbol{A}^{\mathrm{T}}|=|\boldsymbol{A}|$;

(2) $|k\boldsymbol{A}|=k^n|\boldsymbol{A}|$($k$ 为常数);

(3)当 $\boldsymbol{A}$ 与 $\boldsymbol{B}$ 均为 n 阶方阵时,

$$|\boldsymbol{AB}|=|\boldsymbol{A}||\boldsymbol{B}|.$$

性质(1)(2)可由行列式的性质直接得到,性质(3)的证明从略.

2.4.2 逆矩阵

定义 2.11 对于 n 阶方阵 $\boldsymbol{A}$,若存在 n 阶方阵 $\boldsymbol{B}$ 使得

$$\boldsymbol{AB}=\boldsymbol{BA}=\boldsymbol{E},$$

则称方阵 $\boldsymbol{A}$ 为可逆矩阵,并称方阵 $\boldsymbol{B}$ 是 $\boldsymbol{A}$ 的逆矩阵.

可逆矩阵具有下列性质:

(1)可逆矩阵 $\boldsymbol{A}$ 的逆矩阵是唯一的;记 $\boldsymbol{A}$ 的逆矩阵为 $\boldsymbol{A}^{-1}$.

(2)可逆矩阵 $\boldsymbol{A}$ 的逆矩阵 $\boldsymbol{A}^{-1}$ 也可逆,并且

$$(\boldsymbol{A}^{-1})^{-1}=\boldsymbol{A};$$

(3)两个同阶可逆矩阵 $\boldsymbol{A},\boldsymbol{B}$ 的乘积 $\boldsymbol{AB}$ 也可逆,并且

$$(\boldsymbol{AB})^{-1}=\boldsymbol{B}^{-1}\boldsymbol{A}^{-1};$$

(4)若 $\boldsymbol{A}$ 可逆,则 $\boldsymbol{A}^{\mathrm{T}}$ 也可逆,并且

$$(\boldsymbol{A}^{\mathrm{T}})^{-1}=(\boldsymbol{A}^{-1})^{\mathrm{T}};$$

(5)若 $\boldsymbol{A}$ 为可逆矩阵,k 是非零常数,则 $k\boldsymbol{A}$ 也可逆,并且

$$(k\boldsymbol{A})^{-1}=\frac{1}{k}\boldsymbol{A}^{-1}.$$

证 (1)设 $\boldsymbol{B}_1,\boldsymbol{B}_2$ 都是 $\boldsymbol{A}$ 的逆矩阵,即

$$\boldsymbol{AB}_1=\boldsymbol{B}_1\boldsymbol{A}=\boldsymbol{E},\boldsymbol{AB}_2=\boldsymbol{B}_2\boldsymbol{A}=\boldsymbol{E}.$$

则有

$$B_1=B_1E=B_1(AB_2)=(B_1A)B_2=EB_2=B_2.$$

这表明 A 的逆矩阵是唯一的，并记可逆矩阵 A 的逆矩阵为 A^{-1}. 即有

$$AA^{-1}=A^{-1}A=E.$$

(2)由逆矩阵的定义，显然 A 与 A^{-1} 互为逆矩阵，因此有

$$(A^{-1})^{-1}=A.$$

(3)由于

$$(AB)(B^{-1}A^{-1})=A(BB^{-1})A^{-1}=AEA^{-1}=AA^{-1}=E,$$

$$(B^{-1}A^{-1})(AB)=B^{-1}(A^{-1}A)B=B^{-1}EB=B^{-1}B=E,$$

由定义，$B^{-1}A^{-1}$ 是 AB 的逆矩阵，又由逆矩阵的唯一性，有

$$(AB)^{-1}=B^{-1}A^{-1}.$$

性质(3)可推广到多个可逆矩阵的情形.

设 $A_1,A_2,\cdots,A_s$ 均为 n 阶可逆矩阵，则 $A_1A_2\cdots A_s$ 也可逆，并且

$$(A_1A_2\cdots A_s)^{-1}=A_s^{-1}\cdots A_2^{-1}A_1^{-1}.$$

(4)由于 $A^{\mathrm T}(A^{-1})^{\mathrm T}=(A^{-1}A)^{\mathrm T}=E^{\mathrm T}=E$,

$$(A^{-1})^{\mathrm T}A^{\mathrm T}=(AA^{-1})^{\mathrm T}=E^{\mathrm T}=E,$$

由定义及逆矩阵的唯一性，有

$$(A^{\mathrm T})^{-1}=(A^{-1})^{\mathrm T}.$$

(5)由于 $(kA)\left(\frac{1}{k}A^{-1}\right)=k\frac{1}{k}AA^{-1}=E$,

$$\left(\frac{1}{k}A^{-1}\right)(kA)=\frac{1}{k}kA^{-1}A=E,$$

由定义及逆矩阵的唯一性，所以，

$$(kA)^{-1}=\frac{1}{k}A^{-1}.$$

现在的问题是对于给定的方阵 A，如何判断 A 是否可逆. 若

A 可逆,其逆矩阵 $\boldsymbol{A}^{-1}$ 又如何求出.

2.4.3 方阵 A 可逆的充分必要条件及 $\boldsymbol{A}^{-1}$ 的求法

定义 2.12 设

$$\boldsymbol{A}=\begin{bmatrix} a_{11} & a_{12} & \cdots & a_{1n} \\ a_{21} & a_{22} & \cdots & a_{2n} \\ \vdots & \vdots & & \vdots \\ a_{n1} & a_{n2} & \cdots & a_{nn} \end{bmatrix} \text{(其中 } n\geqslant 2\text{)},$$

称

$$\boldsymbol{A}^{*}=\begin{bmatrix} A_{11} & A_{21} & \cdots & A_{n1} \\ A_{12} & A_{22} & \cdots & A_{n2} \\ \vdots & \vdots & & \vdots \\ A_{1n} & A_{2n} & \cdots & A_{nn} \end{bmatrix}$$

为矩阵 **A** 的伴随矩阵.其中 A_{ij} 是方阵 **A** 的行列式 $|\boldsymbol{A}|$ 中元素 a_{ij} 的代数余子式.

定理 2.1 对于任意的 n 阶方阵 **A**,都有

$$\boldsymbol{A}\boldsymbol{A}^{*}=\boldsymbol{A}^{*}\boldsymbol{A}=|\boldsymbol{A}|\boldsymbol{E}.$$

证 设

$$\boldsymbol{A}=\begin{bmatrix} a_{11} & a_{12} & \cdots & a_{1n} \\ a_{21} & a_{22} & \cdots & a_{2n} \\ \vdots & \vdots & & \vdots \\ a_{n1} & a_{n2} & \cdots & a_{nn} \end{bmatrix},$$

$$\boldsymbol{A}^{*}=\begin{bmatrix} A_{11} & A_{21} & \cdots & A_{n1} \\ A_{12} & A_{22} & \cdots & A_{n2} \\ \vdots & \vdots & & \vdots \\ A_{1n} & A_{2n} & \cdots & A_{nn} \end{bmatrix},$$

则有

$$
AA^* = \begin{bmatrix} a_{11} & a_{12} & \cdots & a_{1n} \\ a_{21} & a_{22} & \cdots & a_{2n} \\ \vdots & \vdots & & \vdots \\ a_{n1} & a_{n2} & \cdots & a_{nn} \end{bmatrix} \begin{bmatrix} A_{11} & A_{21} & \cdots & A_{n1} \\ A_{12} & A_{22} & \cdots & A_{n2} \\ \vdots & \vdots & & \vdots \\ A_{1n} & A_{2n} & \cdots & A_{nn} \end{bmatrix}
$$

$$
= \begin{bmatrix} \sum_{k=1}^{n} a_{1k}A_{1k} & \sum_{k=1}^{n} a_{1k}A_{2k} & \cdots & \sum_{k=1}^{n} a_{1k}A_{nk} \\ \sum_{k=1}^{n} a_{2k}A_{1k} & \sum_{k=1}^{n} a_{2k}A_{2k} & \cdots & \sum_{k=1}^{n} a_{2k}A_{nk} \\ \vdots & \vdots & & \vdots \\ \sum_{k=1}^{n} a_{nk}A_{1k} & \sum_{k=1}^{n} a_{nk}A_{2k} & \cdots & \sum_{k=1}^{n} a_{nk}A_{nk} \end{bmatrix}
$$

$$
= \begin{bmatrix} |A| & 0 & \cdots & 0 \\ 0 & |A| & \cdots & 0 \\ \vdots & \vdots & & \vdots \\ 0 & 0 & \cdots & |A| \end{bmatrix} = |A|E.
$$

同理可证

$$A^*A = |A|E,$$

所以

$$AA^* = A^*A = |A|E.$$

定理 2.2 n 阶方阵 A 可逆的充分必要条件是 $|A| \neq 0$. 若 A 可逆,则 $A^{-1} = \frac{1}{|A|}A^*$.

证 必要性. 设 A 是可逆矩阵,则存在 A^{-1} 使得

$$AA^{-1} = E,$$

上式两边取行列式,有

$$|AA^{-1}| = |E|,$$

即

$$|\boldsymbol{A}||\boldsymbol{A}^{-1}|=1,$$

所以

$$|\boldsymbol{A}|\neq 0.$$

充分性.对于 n 阶方阵 $\boldsymbol{A}$,由定理 2.1 有

$$\boldsymbol{A}\boldsymbol{A}^{*}=\boldsymbol{A}^{*}\boldsymbol{A}=|\boldsymbol{A}|\boldsymbol{E},$$

由于 $|\boldsymbol{A}|\neq 0$,所以有

$$\boldsymbol{A}\frac{\boldsymbol{A}^{*}}{|\boldsymbol{A}|}=\frac{\boldsymbol{A}^{*}}{|\boldsymbol{A}|}\boldsymbol{A}=\boldsymbol{E},$$

根据逆矩阵的定义及唯一性可知,$\boldsymbol{A}$ 可逆,并且

$$\boldsymbol{A}^{-1}=\frac{1}{|\boldsymbol{A}|}\boldsymbol{A}^{*}.$$

推论 对于 n 阶方阵 $\boldsymbol{A}$,若存在 n 阶方阵 $\boldsymbol{B}$,使得 $\boldsymbol{AB}=\boldsymbol{E}$(或 $\boldsymbol{BA}=\boldsymbol{E}$),则 $\boldsymbol{A}$ 可逆,并且 $\boldsymbol{A}^{-1}=\boldsymbol{B}$.

证 因为 $\boldsymbol{AB}=\boldsymbol{E}$,所以有

$$|\boldsymbol{AB}|=1,$$

即 $$|\boldsymbol{A}|\neq 0.$$

故 $\boldsymbol{A}$ 可逆.对于

$$\boldsymbol{AB}=\boldsymbol{E}$$

等号两边左乘 $\boldsymbol{A}^{-1}$,得

$$\boldsymbol{B}=\boldsymbol{A}^{-1}.$$

同理可证 $\boldsymbol{BA}=\boldsymbol{E}$ 的情形.

定理 2.2 不但给出了矩阵可逆的充要条件,同时也给出了求逆矩阵的公式 $\boldsymbol{A}^{-1}=\frac{1}{|\boldsymbol{A}|}\boldsymbol{A}^{*}$.按照这个公式可以求出逆矩阵,且当 $|\boldsymbol{A}|\neq 0$ 时,$|\boldsymbol{A}^{-1}|=\frac{1}{|\boldsymbol{A}|}=|\boldsymbol{A}|^{-1}$.

例 1 设

$$\boldsymbol{A}=\begin{bmatrix} 3 & 0 & 8 \\ 3 & -1 & 6 \\ -2 & 0 & -5 \end{bmatrix}.$$

判断 $\boldsymbol{A}$ 是否可逆.若 $\boldsymbol{A}$ 可逆,求出 $\boldsymbol{A}^{-1}$.

解 因为

$$|\boldsymbol{A}|=\begin{vmatrix}3&0&8\\3&-1&6\\-2&0&-5\end{vmatrix}=-1\times\begin{vmatrix}3&8\\-2&-5\end{vmatrix}=-1,$$

所以 $\boldsymbol{A}$ 可逆.由于

$$A_{11}=\begin{vmatrix}-1&6\\0&-5\end{vmatrix}=5,A_{12}=-\begin{vmatrix}3&6\\-2&-5\end{vmatrix}=3,$$

$$A_{13}=\begin{vmatrix}3&-1\\-2&0\end{vmatrix}=-2,A_{21}=-\begin{vmatrix}0&8\\0&-5\end{vmatrix}=0,$$

$$A_{22}=\begin{vmatrix}3&8\\-2&-5\end{vmatrix}=1,A_{23}=-\begin{vmatrix}3&0\\-2&0\end{vmatrix}=0,$$

$$A_{31}=\begin{vmatrix}0&8\\-1&6\end{vmatrix}=8,A_{32}=-\begin{vmatrix}3&8\\3&6\end{vmatrix}=6,$$

$$A_{33}=\begin{vmatrix}3&0\\3&-1\end{vmatrix}=-3,$$

所以

$$\boldsymbol{A}^*=\begin{bmatrix}5&0&8\\3&1&6\\-2&0&-3\end{bmatrix},$$

因此

$$\boldsymbol{A}^{-1}=\frac{1}{|\boldsymbol{A}|}\boldsymbol{A}^*$$

$$=\frac{1}{-1}\begin{bmatrix}5&0&8\\3&1&6\\-2&0&-3\end{bmatrix}=\begin{bmatrix}-5&0&-8\\-3&-1&-6\\2&0&3\end{bmatrix}.$$

例 2 设

$$A=\begin{bmatrix}1&-2&3\\2&2&-1\\-3&7&-10\end{bmatrix},B=\begin{bmatrix}1&-2\\2&0\\0&3\end{bmatrix}.$$

求矩阵 $\boldsymbol{X}$,使 $\boldsymbol{AX}=\boldsymbol{B}$.

解 因为

$$|\boldsymbol{A}|=\begin{vmatrix}1&-2&3\\2&2&-1\\-3&7&-10\end{vmatrix}=\begin{vmatrix}1&-2&3\\0&6&-7\\0&1&-1\end{vmatrix}=1\neq0,$$

所以 $\boldsymbol{A}$ 可逆,用 $\boldsymbol{A}^{-1}$ 左乘 $\boldsymbol{AX}=\boldsymbol{B}$ 的两边,得

$$\boldsymbol{A}^{-1}\boldsymbol{AX}=\boldsymbol{A}^{-1}\boldsymbol{B},$$

即

$$\boldsymbol{X}=\boldsymbol{A}^{-1}\boldsymbol{B}.$$

而

$$A_{11}=-13,\quad A_{12}=23,\quad A_{13}=20,$$
$$A_{21}=1,\quad A_{22}=-1,\quad A_{23}=-1,$$
$$A_{31}=-4,\quad A_{32}=7,\quad A_{33}=6.$$

所以

$$\boldsymbol{A}^{*}=\begin{bmatrix}-13&1&-4\\23&-1&7\\20&-1&6\end{bmatrix},$$

于是

$$\boldsymbol{A}^{-1}=\frac{1}{|\boldsymbol{A}|}\boldsymbol{A}^{*}=\begin{bmatrix}-13&1&-4\\23&-1&7\\20&-1&6\end{bmatrix},$$

故

$$\boldsymbol{X}=\boldsymbol{A}^{-1}\boldsymbol{B}=\begin{bmatrix}-13&1&-4\\23&-1&7\\20&-1&6\end{bmatrix}\begin{bmatrix}1&-2\\2&0\\0&3\end{bmatrix}$$

$$= \begin{bmatrix} -11 & 14 \\ 21 & -25 \\ 18 & -22 \end{bmatrix}.$$

例 3 设 n 阶方阵

$$\boldsymbol{P} = \begin{pmatrix} \boldsymbol{A} & \boldsymbol{C} \\ \boldsymbol{O} & \boldsymbol{B} \end{pmatrix},$$

且 $\boldsymbol{A},\boldsymbol{B}$ 分别是 r 阶和 s 阶可逆方阵($r+s=n$). 证明 $\boldsymbol{P}$ 可逆,并求 $\boldsymbol{P}^{-1}$.

证 由拉普拉斯定理有

$$|\boldsymbol{P}| = |\boldsymbol{A}||\boldsymbol{B}|,$$

由于 $\boldsymbol{A}$ 与 $\boldsymbol{B}$ 均可逆,所以 $|\boldsymbol{A}| \neq 0, |\boldsymbol{B}| \neq 0$,从而

$$|\boldsymbol{P}| \neq 0,$$

故 $\boldsymbol{P}$ 可逆. 设 $\boldsymbol{P}$ 的逆矩阵为 $\boldsymbol{P}^{-1}$,并将 $\boldsymbol{P}^{-1}$ 按 $\boldsymbol{P}$ 的分法表示为分块矩阵

$$\boldsymbol{P}^{-1} = \begin{pmatrix} \boldsymbol{X}_1 & \boldsymbol{X}_2 \\ \boldsymbol{X}_3 & \boldsymbol{X}_4 \end{pmatrix},$$

则

$$\begin{aligned} \boldsymbol{P}\boldsymbol{P}^{-1} &= \begin{pmatrix} \boldsymbol{A} & \boldsymbol{C} \\ \boldsymbol{O} & \boldsymbol{B} \end{pmatrix} \begin{pmatrix} \boldsymbol{X}_1 & \boldsymbol{X}_2 \\ \boldsymbol{X}_3 & \boldsymbol{X}_4 \end{pmatrix} \\ &= \begin{pmatrix} \boldsymbol{A}\boldsymbol{X}_1 + \boldsymbol{C}\boldsymbol{X}_3 & \boldsymbol{A}\boldsymbol{X}_2 + \boldsymbol{C}\boldsymbol{X}_4 \\ \boldsymbol{B}\boldsymbol{X}_3 & \boldsymbol{B}\boldsymbol{X}_4 \end{pmatrix} = \begin{pmatrix} \boldsymbol{E}_r & \boldsymbol{O} \\ \boldsymbol{O} & \boldsymbol{E}_s \end{pmatrix}, \end{aligned}$$

于是

$$\begin{cases} \boldsymbol{A}\boldsymbol{X}_1 + \boldsymbol{C}\boldsymbol{X}_3 = \boldsymbol{E}_r, & (1) \\ \boldsymbol{A}\boldsymbol{X}_2 + \boldsymbol{C}\boldsymbol{X}_4 = \boldsymbol{O}, & (2) \\ \boldsymbol{B}\boldsymbol{X}_3 = \boldsymbol{O}, & (3) \\ \boldsymbol{B}\boldsymbol{X}_4 = \boldsymbol{E}_s. & (4) \end{cases}$$

因为 $\boldsymbol{B}$ 可逆,用 $\boldsymbol{B}^{-1}$ 分别左乘(3)式、(4)式可得

$$X_3 = O, X_4 = B^{-1}.$$

将 $X_3 = O$ 代入(1)式,再左乘 A^{-1},便得到

$$X_1 = A^{-1}.$$

将 $X_4 = B^{-1}$代入(2)式,得到

$$X_2 = -A^{-1}CB^{-1},$$

所以

$$P^{-1} = \begin{pmatrix} A^{-1} & -A^{-1}CB^{-1} \\ O & B^{-1} \end{pmatrix}.$$

特别是,当 $C = O$ 时,就有

$$\begin{pmatrix} A & O \\ O & B \end{pmatrix}^{-1} = \begin{pmatrix} A^{-1} & O \\ O & B^{-1} \end{pmatrix}.$$

利用数学归纳法可以证得,当 $A_1, A_2, \cdots, A_s$ 均为 n_i 阶($i = 1,2,\cdots,s$)可逆矩阵时,则

$$\begin{bmatrix} A_1 & & & \\ & A_2 & & \\ & & \ddots & \\ & & & A_s \end{bmatrix}^{-1} = \begin{bmatrix} A_1^{-1} & & & \\ & A_2^{-1} & & \\ & & \ddots & \\ & & & A_s^{-1} \end{bmatrix},$$

而

$$\begin{bmatrix} & & & A_1 \\ & & A_2 & \\ & ⋰ & & \\ A_s & & & \end{bmatrix}^{-1} = \begin{bmatrix} & & & A_s^{-1} \\ & & ⋰ & \\ & A_2^{-1} & & \\ A_1^{-1} & & & \end{bmatrix}.$$

例4 设 n 阶方阵 A 满足 $A^2 + A - 4E = O$,证明 $A - E$ 可逆,并求$(A - E)^{-1}$.

证 由 $A^2 + A - 4E = O$,

有 $$(A - E)(A + 2E) - 2E = O,$$

$$(\boldsymbol{A}-\boldsymbol{E})(\boldsymbol{A}+2\boldsymbol{E})=2\boldsymbol{E},$$

所以

$$(\boldsymbol{A}-\boldsymbol{E})\left(\frac{\boldsymbol{A}}{2}+\boldsymbol{E}\right)=\boldsymbol{E},$$

故 $\boldsymbol{A}-\boldsymbol{E}$ 可逆,且$(\boldsymbol{A}-\boldsymbol{E})^{-1}=\frac{\boldsymbol{A}}{2}+\boldsymbol{E}$.

例 5 试证明可逆的上三角形矩阵 $\boldsymbol{A}=(a_{ij})_{n\times n}$ 的逆矩阵仍是上三角形矩阵,并且 $\boldsymbol{A}^{-1}$的主对角线上元素是 $\boldsymbol{A}$ 的主对角线上元素的倒数$\frac{1}{a_{ii}}(i=1,2,\cdots,n)$.

证 对 $\boldsymbol{A}$ 的阶数 n 作数学归纳法.

当 $n=2$ 时,

$$\boldsymbol{A}=\begin{pmatrix} a_{11} & a_{12} \\ 0 & a_{22} \end{pmatrix} \quad (a_{11}a_{22}\neq 0),$$

则

$$\boldsymbol{A}^{-1}=\frac{1}{a_{11}a_{22}}\begin{bmatrix} a_{22} & -a_{12} \\ 0 & a_{11} \end{bmatrix}=\begin{bmatrix} \frac{1}{a_{11}} & -\frac{a_{12}}{a_{11}a_{22}} \\ 0 & \frac{1}{a_{22}} \end{bmatrix},$$

所以结论对于 $n=2$ 时成立.

假设对于 $n-1$ 阶可逆的上三角形矩阵结论成立,下面证明 n 阶时的情形.为此,对 n 阶上三角形矩阵$\boldsymbol{A}$ 作如下分块:

$$\boldsymbol{A}=\left[\begin{array}{cccc|c} a_{11} & a_{12} & \cdots & a_{1n-1} & a_{1n} \\ 0 & a_{22} & \cdots & a_{2n-1} & a_{2n} \\ \vdots & \vdots & & \vdots & \vdots \\ 0 & 0 & \cdots & a_{n-1n-1} & a_{n-1n} \\ \hline 0 & 0 & \cdots & 0 & a_{nn} \end{array}\right]=\begin{pmatrix} \boldsymbol{A}_1 & \boldsymbol{A}_2 \\ \boldsymbol{O} & a_{nn} \end{pmatrix},$$

这里

$$\boldsymbol{A}_1=\begin{bmatrix} a_{11} & a_{12} & \cdots & a_{1n-1} \\ 0 & a_{22} & \cdots & a_{2n-1} \\ \vdots & \vdots & & \vdots \\ 0 & 0 & \cdots & a_{n-1n-1} \end{bmatrix},\boldsymbol{A}_2=\begin{bmatrix} a_{1n} \\ a_{2n} \\ \vdots \\ a_{n-1n} \end{bmatrix},$$

显然，$\boldsymbol{A}_1$ 是 $n-1$ 阶可逆的上三角形矩阵. 由归纳假设 $\boldsymbol{A}_1$ 的逆矩阵是形如

$$\boldsymbol{A}_1^{-1}=\begin{bmatrix} \frac{1}{a_{11}} & & & \\ & \frac{1}{a_{22}} & & * \\ & & \ddots & \\ & & & \frac{1}{a_{n-1n-1}} \end{bmatrix}$$

的上三角形矩阵，这样利用例 3 的结果，立即有

$$\boldsymbol{A}^{-1}=\begin{bmatrix} \boldsymbol{A}_1^{-1} & -\boldsymbol{A}_1^{-1}\boldsymbol{A}_2 a_{nn}^{-1} \\ \boldsymbol{O} & a_{nn}^{-1} \end{bmatrix}=\begin{bmatrix} \frac{1}{a_{11}} & & & \\ & \frac{1}{a_{22}} & & * \\ & & \ddots & \\ \boldsymbol{O} & & & \frac{1}{a_{nn}} \end{bmatrix}.$$

2.5 初等变换与初等矩阵

由于利用公式法求可逆矩阵的逆矩阵，必须求出 $|\boldsymbol{A}|$ 及 $\boldsymbol{A}^*$. 而求 $\boldsymbol{A}^*$ 又需要求出 n^2 个 $n-1$ 阶行列式，当方阵 $\boldsymbol{A}$ 的阶数较高时，计算量相当大，本节将给出利用矩阵的初等变换求逆矩阵的方法. 矩阵的初等变换不仅可用于求逆矩阵，而且在求矩阵的秩，解线性方程组等方面都有着广泛的应用.

2.5.1 初等变换与初等矩阵

定义 2.13 矩阵的以下变换称为矩阵的初等行(列)变换.

(1)交换矩阵的两行(列);

(2)某一行(列)乘以非零常数;

(3)某一行(列)加上另一行(列)的常数倍.

矩阵的初等行变换与初等列变换统称为矩阵的初等变换.

定义 2.14 n 阶单位矩阵 $\boldsymbol{E}$ 经过一次初等变换得到的矩阵称为初等矩阵.

由定义可知,与各类初等变换相对应的初等矩阵有以下三类:

(1)互换 $\boldsymbol{E}$ 的 i,j 两行(列)得到的初等矩阵

$$\boldsymbol{E}(i,j)=\begin{pmatrix} 1 & & & \vdots & & & & \vdots & & & \\ & \ddots & & \vdots & & & & \vdots & & & \\ & & 1 & \vdots & & & & \vdots & & & \\ & & & 0 & \cdots\cdots & & & 1 & \cdots\cdots & & \\ & & & \vdots & 1 & & & \vdots & & & \\ & & & \vdots & & \ddots & & \vdots & & & \\ & & & \vdots & & & 1 & \vdots & & & \\ & & & 1 & \cdots\cdots & & & 0 & \cdots\cdots & & \\ & & & & & & & & 1 & & \\ & & & & & & & & & \ddots & \\ & & & & & & & & & & 1 \end{pmatrix}\begin{matrix} \\ \\ \\ (i\text{ 行}) \\ \\ \\ \\ (j\text{ 行}) \\ \\ \\ \\ \end{matrix};$$

(上方列标:$(i$ 列$)$、$(j$ 列$)$)

(2)把 $\boldsymbol{E}$ 的 i 行(列)乘以非零常数 k 得到的初等矩阵

$$
\boldsymbol{E}[i(k)]=\begin{bmatrix}
1 & & & \vdots & & & \\
& \ddots & & \vdots & & & \\
& & 1 & \vdots & & & \\
& & & k & \cdots\cdots & & \\
& & & & 1 & & \\
& & & & & \ddots & \\
& & & & & & 1
\end{bmatrix}\begin{matrix} \\ \\ \\ (i\text{ 行}); \\ \\ \\ \\ \end{matrix}
$$

其中 k 所在列为第 i 列。

(3) $\boldsymbol{E}$ 的第 i 行加上第 j 行的 k 倍(或第 j 列加上第 i 列的 k 倍)得到的初等矩阵

$$
\boldsymbol{E}[i+j(k)]=\begin{bmatrix}
1 & & \vdots & & \vdots & & \\
& \ddots & \vdots & & \vdots & & \\
& & 1 & \cdots & k & \cdots\cdots & \\
& & & \ddots & \vdots & & \\
& & & & 1 & \cdots\cdots & \\
& & & & & \ddots & \\
& & & & & & 1
\end{bmatrix}\begin{matrix} \\ \\ (i\text{ 行}) \\ \\ (j\text{ 行}) \\ \\ \\ \end{matrix}.
$$

其中上方标注依次为 (i 列)、(j 列)。

初等矩阵有以下性质:

(1)初等矩阵都是可逆的.这是因为

$|\boldsymbol{E}[i,j]|=-1\neq 0;$

$|\boldsymbol{E}[i(k)]|=k\neq 0;$

$|\boldsymbol{E}[i+j(k)]|=1\neq 0.$

(2)初等矩阵的逆矩阵仍是初等矩阵.

由定理 2.2 的推论易证

$\boldsymbol{E}^{-1}(i,j)=\boldsymbol{E}(i,j);$

$\boldsymbol{E}^{-1}[i(k)]=\boldsymbol{E}\left[i\left(\frac{1}{k}\right)\right];$

$$\boldsymbol{E}^{-1}[i+j(k)]=\boldsymbol{E}[i+j(-k)].$$

(3)初等矩阵的转置矩阵仍是初等矩阵,且

$$\boldsymbol{E}^{\mathrm{T}}(i,j)=\boldsymbol{E}(i,j);$$

$$\boldsymbol{E}^{\mathrm{T}}[i(k)]=\boldsymbol{E}[i(k)];$$

$$\boldsymbol{E}^{\mathrm{T}}[i+j(k)]=\boldsymbol{E}[j+i(k)].$$

初等矩阵与初等变换之间的关系由下面的定理给出.

定理 2.3 对于一个 $m\times n$ 矩阵 $\boldsymbol{A}$ 作一次初等行(列)变换,相当于在 $\boldsymbol{A}$ 的左(右)边乘上一个相应的 m 阶(n 阶)的初等矩阵.

证 只证行的情形.

设

$$\boldsymbol{A}=\begin{bmatrix} a_{11} & a_{12} & \cdots & a_{1n} \\ a_{21} & a_{22} & \cdots & a_{2n} \\ \vdots & \vdots & & \vdots \\ a_{m1} & a_{m2} & \cdots & a_{mn} \end{bmatrix}=\begin{bmatrix} \boldsymbol{A}_1 \\ \boldsymbol{A}_2 \\ \vdots \\ \boldsymbol{A}_m \end{bmatrix},$$

其中 $\boldsymbol{A}_i=(a_{i1},a_{i2},\cdots,a_{in})(i=1,2,\cdots,m)$是 $\boldsymbol{A}$ 的第 i 行元素所组成的子块,则

$$\boldsymbol{E}(i,j)\boldsymbol{A}=\begin{matrix} \\ \\ \\ (i\text{行}) \\ \\ \\ \\ (j\text{行}) \\ \\ \\ \\ \end{matrix}\begin{bmatrix} 1 & & & & & & & & \\ & \ddots & & & & & & & \\ & & 1 & & & & & & \\ & \cdots\cdots & 0 & \cdots\cdots & 1 & & & & \\ & & \vdots & 1 & \vdots & & & & \\ & & \vdots & \ddots & \vdots & & & & \\ & & \vdots & 1 & \vdots & & & & \\ & \cdots\cdots & 1 & \cdots\cdots & 0 & & & & \\ & & & & & 1 & & \\ & & & & & & \ddots & \\ & & & & & & & 1 \end{bmatrix}\begin{bmatrix} \boldsymbol{A}_1 \\ \vdots \\ \boldsymbol{A}_i \\ \vdots \\ \boldsymbol{A}_j \\ \vdots \\ \boldsymbol{A}_m \end{bmatrix}=\begin{bmatrix} \boldsymbol{A}_1 \\ \vdots \\ \boldsymbol{A}_j \\ \vdots \\ \boldsymbol{A}_i \\ \vdots \\ \boldsymbol{A}_m \end{bmatrix}\begin{matrix} \\ \\ (i\text{行}) \\ \\ (j\text{行}) \\ \\ \\ \end{matrix};$$

$$\boldsymbol{E}[i(k)]\boldsymbol{A}=(i\text{ 行})\begin{bmatrix}1 & & & & & & \\ & \ddots & & & & & \\ & & 1 & & & & \\ \cdots & \cdots & \cdots & k & & & \\ & & & & 1 & & \\ & & & & & \ddots & \\ & & & & & & 1\end{bmatrix}\begin{bmatrix}\boldsymbol{A}_1\\ \vdots\\ \boldsymbol{A}_i\\ \vdots\\ \boldsymbol{A}_m\end{bmatrix}=\begin{bmatrix}\boldsymbol{A}_1\\ \vdots\\ k\boldsymbol{A}_i\\ \vdots\\ \boldsymbol{A}_m\end{bmatrix}(i\text{ 行});$$

$$\boldsymbol{E}[i+j(k)]\boldsymbol{A}=\begin{matrix}\\ \\ (i\text{ 行})\\ \\ (j\text{ 行})\\ \\ \\ \end{matrix}\begin{bmatrix}1 & & & & & \\ & \ddots & & & & \\ \cdots & \cdots & 1 & \cdots & k & \\ & & & \ddots & \vdots & \\ \cdots & \cdots & & & 1 & \\ & & & & & \ddots \\ & & & & & & 1\end{bmatrix}\begin{bmatrix}\boldsymbol{A}_1\\ \vdots\\ \boldsymbol{A}_i\\ \vdots\\ \boldsymbol{A}_j\\ \vdots\\ \boldsymbol{A}_m\end{bmatrix}=\begin{bmatrix}\boldsymbol{A}_1\\ \vdots\\ \boldsymbol{A}_i+k\boldsymbol{A}_j\\ \vdots\\ \boldsymbol{A}_j\\ \vdots\\ \boldsymbol{A}_m\end{bmatrix}\begin{matrix}\\ \\ (i\text{ 行})\\ \\ (j\text{ 行})\\ \\ \\ \end{matrix}.$$

同理可证明定理对列的情形也成立.

2.5.2 等价矩阵

定义 2.15 矩阵 $\boldsymbol{A}$ 经过有限次的初等变换化为矩阵 $\boldsymbol{B}$,则称矩阵 $\boldsymbol{A}$ 与矩阵 $\boldsymbol{B}$ 等价.记作 $\boldsymbol{A}\cong\boldsymbol{B}$.

显然,等价矩阵是同型矩阵.

等价是矩阵间的一种关系,易证等价关系具有以下性质:

(1)反身性.$\boldsymbol{A}\cong\boldsymbol{A}$;

(2)对称性.若 $\boldsymbol{A}\cong\boldsymbol{B}$,则 $\boldsymbol{B}\cong\boldsymbol{A}$;

(3)传递性.若 $\boldsymbol{A}\cong\boldsymbol{B}$,$\boldsymbol{B}\cong\boldsymbol{C}$,则 $\boldsymbol{A}\cong\boldsymbol{C}$.

定理 2.4 任何 $m\times n$ 的非零矩阵 $\boldsymbol{A}$,必与形如

$$
\boldsymbol{B}=\begin{bmatrix}1&0&\cdots&0&0&\cdots&0\\0&1&\cdots&0&0&\cdots&0\\\vdots&\vdots&&\vdots&\vdots&&\vdots\\0&0&\cdots&1&0&\cdots&0\\0&0&\cdots&0&0&\cdots&0\\\vdots&\vdots&&\vdots&\vdots&&\vdots\\0&0&\cdots&0&0&\cdots&0\end{bmatrix}=\begin{bmatrix}\boldsymbol{E}_r&\boldsymbol{O}\\\boldsymbol{O}&\boldsymbol{O}\end{bmatrix}
$$

的矩阵等价，$\boldsymbol{E}_r$ 为 r 阶单位矩阵，其中 $1\leqslant r\leqslant\min\{m,n\}$，并称 $\boldsymbol{B}$ 为 $\boldsymbol{A}$ 的标准形.

证 设

$$
\boldsymbol{A}=\begin{bmatrix}a_{11}&a_{12}&\cdots&a_{1n}\\a_{21}&a_{22}&\cdots&a_{2n}\\\vdots&\vdots&&\vdots\\a_{m1}&a_{m2}&\cdots&a_{mn}\end{bmatrix}.
$$

为了证明 $\boldsymbol{A}\cong\boldsymbol{B}$，只需证明 $\boldsymbol{A}$ 可经过初等变换化为 $\boldsymbol{B}$ 即可.

由于 $\boldsymbol{A}\neq\boldsymbol{O}$，不失一般性，设 $a_{11}\neq0$（否则可由行及列的调换，把 $\boldsymbol{A}$ 的任一非零元素调到左上角的位置）.

$$
\boldsymbol{A}\xrightarrow[i=2,\cdots,m]{\left[i\text{ 行}+1\text{ 行}\left(-\frac{a_{i1}}{a_{11}}\right)\right]}\begin{bmatrix}a_{11}&a_{12}&\cdots&a_{1n}\\0&b_{22}&\cdots&b_{2n}\\0&b_{32}&\cdots&b_{3n}\\\vdots&\vdots&&\vdots\\0&b_{m2}&\cdots&b_{mn}\end{bmatrix}
$$

$$
\xrightarrow[\left[1\text{ 列}\times\frac{1}{a_{11}}\right]]{}\begin{bmatrix}1&a_{12}&\cdots&a_{1n}\\0&b_{22}&\cdots&b_{2n}\\0&b_{32}&\cdots&b_{3n}\\\vdots&\vdots&&\vdots\\0&b_{m2}&\cdots&b_{mn}\end{bmatrix}
$$

$$\xrightarrow[j=2,3,\cdots,n]{[j\text{ 列}+1\text{ 列}(-a_{1j})]}\begin{bmatrix}1 & 0 & \cdots & 0\\ 0 & b_{22} & \cdots & b_{2n}\\ 0 & b_{32} & \cdots & b_{3n}\\ \vdots & \vdots & & \vdots\\ 0 & b_{m2} & \cdots & b_{mn}\end{bmatrix}=\boldsymbol{A}_1,$$

若 $\boldsymbol{A}_1$ 中 $b_{ij}\begin{pmatrix}i=2,3,\cdots,m\\ j=2,3,\cdots,n\end{pmatrix}$全为零,则 $\boldsymbol{A}$ 经过上述初等变换后化为形如 $\boldsymbol{B}$ 的矩阵.

若 $\boldsymbol{A}_1$ 中 b_{ij} 不全为零,则不妨设 $b_{22}\neq 0$,

$$\boldsymbol{A}\to\boldsymbol{A}_1\xrightarrow[i=3,\cdots,m]{\left[i\text{ 行}+2\text{ 行}\left(-\frac{b_{i2}}{b_{22}}\right)\right]}\begin{bmatrix}1 & 0 & 0 & \cdots & 0\\ 0 & b_{22} & b_{23} & \cdots & b_{2n}\\ 0 & 0 & c_{33} & \cdots & c_{3n}\\ \vdots & \vdots & \vdots & & \vdots\\ 0 & 0 & c_{m3} & \cdots & c_{mn}\end{bmatrix}$$

$$\xrightarrow[]{\left[2\text{ 列}\times\frac{1}{b_{22}}\right]}\begin{bmatrix}1 & 0 & 0 & \cdots & 0\\ 0 & 1 & b_{23} & \cdots & b_{2n}\\ 0 & 0 & c_{33} & \cdots & c_{3n}\\ \vdots & \vdots & \vdots & & \vdots\\ 0 & 0 & c_{m3} & \cdots & c_{mn}\end{bmatrix}$$

$$\xrightarrow[j=3,\cdots,n]{[j\text{ 列}+2\text{ 列}\times(-b_{2j})]}\begin{bmatrix}1 & 0 & 0 & \cdots & 0\\ 0 & 1 & 0 & \cdots & 0\\ 0 & 0 & c_{33} & \cdots & c_{3n}\\ \vdots & \vdots & \vdots & & \vdots\\ 0 & 0 & c_{m3} & \cdots & c_{mn}\end{bmatrix},$$

以上步骤继续进行下去,则 $\boldsymbol{A}$ 必可化为

$$A \longrightarrow \begin{bmatrix} 1 & 0 & 0 & \cdots & 0 & 0 & \cdots & 0 \\ 0 & 1 & 0 & \cdots & 0 & 0 & \cdots & 0 \\ \vdots & \vdots & \vdots & & \vdots & \vdots & & \vdots \\ 0 & 0 & 0 & \cdots & 1 & 0 & \cdots & 0 \\ 0 & 0 & 0 & \cdots & 0 & 0 & \cdots & 0 \\ \vdots & \vdots & \vdots & & \vdots & \vdots & & \vdots \\ 0 & 0 & 0 & \cdots & 0 & 0 & \cdots & 0 \end{bmatrix} = \begin{pmatrix} \boldsymbol{E}_r & \boldsymbol{O} \\ \boldsymbol{O} & \boldsymbol{O} \end{pmatrix} = \boldsymbol{B},$$

即 $\boldsymbol{A} \cong \boldsymbol{B}$.

定理 2.4 有以下特殊情形:

(1)当 $r = m$ 时,$\boldsymbol{A}$ 的标准形为$[\boldsymbol{E}_m, \boldsymbol{O}]$;

(2)当 $r = n$ 时,$\boldsymbol{A}$ 的标准形为$\begin{pmatrix} \boldsymbol{E}_n \\ \boldsymbol{O} \end{pmatrix}$;

(3)当 $r = m = n$ 时,$\boldsymbol{A}$ 的标准形就是单位矩阵$\boldsymbol{E}$.

利用定理 2.3,可将定理 2.4 叙述为:对于任意的非零 $m \times n$ 矩阵$\boldsymbol{A}$,必存在 m 阶初等矩阵$\boldsymbol{P}_1, \boldsymbol{P}_2, \cdots, \boldsymbol{P}_s$ 及n 阶初等矩阵$\boldsymbol{Q}_1$, $\boldsymbol{Q}_2, \cdots, \boldsymbol{Q}_t$,使得

$$\boldsymbol{P}_s \cdots \boldsymbol{P}_2 \boldsymbol{P}_1 \boldsymbol{A} \boldsymbol{Q}_1 \boldsymbol{Q}_2 \cdots \boldsymbol{Q}_t = \begin{pmatrix} \boldsymbol{E}_r & \boldsymbol{O} \\ \boldsymbol{O} & \boldsymbol{O} \end{pmatrix} = \boldsymbol{B}.$$

若记

$$\boldsymbol{P} = \boldsymbol{P}_s \cdots \boldsymbol{P}_2 \boldsymbol{P}_1, \quad \boldsymbol{Q} = \boldsymbol{Q}_1 \boldsymbol{Q}_2 \cdots \boldsymbol{Q}_t,$$

则 $\boldsymbol{P}, \boldsymbol{Q}$ 分别为m 阶和n 阶可逆矩阵.因此定理 2.4 又可叙述为:

对于任意的非零 $m \times n$ 矩阵$\boldsymbol{A}$,必存在 m 阶可逆矩阵$\boldsymbol{P}$ 和n 阶可逆矩阵 $\boldsymbol{Q}$,使得

$$\boldsymbol{PAQ} = \begin{pmatrix} \boldsymbol{E}_r & \boldsymbol{O} \\ \boldsymbol{O} & \boldsymbol{O} \end{pmatrix} = \boldsymbol{B}.$$

若 $\boldsymbol{A}$ 是非零的n 阶方阵,则必存在可逆的 n 阶方阵$\boldsymbol{P}$ 与$\boldsymbol{Q}$,使得

$$PAQ=\begin{bmatrix}1 & & & & & \\ & \ddots & & & & \\ & & 1 & & & \\ & & & 0 & & \\ & & & & \ddots & \\ & & & & & 0\end{bmatrix}$$

为对角形矩阵.

特别地,当 $\boldsymbol{A}$ 是 n 阶可逆矩阵时,必有

$$\boldsymbol{PAQ}=\boldsymbol{E}.$$

也就是 n 阶可逆矩阵 $\boldsymbol{A}$ 的标准形为 $\boldsymbol{E}$.

否则,假若 $\boldsymbol{A}$ 的标准形 $\boldsymbol{PAQ}$ 的主对角线上元素有 0,则上式两边取行列式,必有

$$|\boldsymbol{P}||\boldsymbol{A}||\boldsymbol{Q}|=0.$$

这与 $\boldsymbol{P},\boldsymbol{A},\boldsymbol{Q}$ 均是可逆矩阵矛盾.

2.5.3 用初等变换的方法求可逆矩阵的逆矩阵

设 $\boldsymbol{A}$ 是 n 阶可逆矩阵,则必存在 n 阶初等矩阵 $\boldsymbol{P}_1,\boldsymbol{P}_2,\cdots,\boldsymbol{P}_s$ 及 $\boldsymbol{Q}_1,\boldsymbol{Q}_2,\cdots,\boldsymbol{Q}_t$,使得

$$\boldsymbol{P}_s\cdots\boldsymbol{P}_2\boldsymbol{P}_1\boldsymbol{A}\boldsymbol{Q}_1\boldsymbol{Q}_2\cdots\boldsymbol{Q}_t=\boldsymbol{E}.$$

从而有

$$\boldsymbol{A}=\boldsymbol{P}_1^{-1}\boldsymbol{P}_2^{-1}\cdots\boldsymbol{P}_s^{-1}\boldsymbol{Q}_t^{-1}\boldsymbol{Q}_{t-1}^{-1}\cdots\boldsymbol{Q}_2^{-1}\boldsymbol{Q}_1^{-1}, \tag{1}$$

并且还有

$$\boldsymbol{Q}_1\boldsymbol{Q}_2\cdots\boldsymbol{Q}_t\boldsymbol{P}_s\cdots\boldsymbol{P}_2\boldsymbol{P}_1\boldsymbol{A}=\boldsymbol{E}, \tag{2}$$

$$\boldsymbol{Q}_1\boldsymbol{Q}_2\cdots\boldsymbol{Q}_t\boldsymbol{P}_s\cdots\boldsymbol{P}_2\boldsymbol{P}_1\boldsymbol{E}=\boldsymbol{A}^{-1}. \tag{3}$$

式(1)表示可逆矩阵 $\boldsymbol{A}$ 必可表示成一系列初等矩阵的乘积.

式(2)表示任一可逆矩阵 $\boldsymbol{A}$ 只需经过一系列初等行变换便可化为单位矩阵 $\boldsymbol{E}$.

式(3)表示把可逆矩阵 $\boldsymbol{A}$ 化为单位矩阵的初等行变换,按原

步骤作用到单位矩阵 $\boldsymbol{E}$ 上,便可将 $\boldsymbol{E}$ 化为 $\boldsymbol{A}$ 的逆矩阵 $\boldsymbol{A}^{-1}$.

由此得出用初等行变换求逆矩阵的方法.

设 $\boldsymbol{A}$ 为可逆的 n 阶方阵

$$\boldsymbol{A}=\begin{bmatrix} a_{11} & a_{12} & \cdots & a_{1n} \\ a_{21} & a_{22} & \cdots & a_{2n} \\ \vdots & \vdots & & \vdots \\ a_{n1} & a_{n2} & \cdots & a_{nn} \end{bmatrix},$$

作 $n\times 2n$ 矩阵

$$[\boldsymbol{A}\mid\boldsymbol{E}]=\begin{bmatrix} a_{11} & a_{12} & \cdots & a_{1n} & 1 & 0 & \cdots & 0 \\ a_{21} & a_{22} & \cdots & a_{2n} & 0 & 1 & \cdots & 0 \\ \vdots & \vdots & & \vdots & \vdots & \vdots & & \vdots \\ a_{n1} & a_{n2} & \cdots & a_{nn} & 0 & 0 & \cdots & 1 \end{bmatrix},$$

对 $[\boldsymbol{A},\boldsymbol{E}]$ 作初等行变换,将左边的 $\boldsymbol{A}$ 化为单位矩阵 $\boldsymbol{E}$ 的同时,右边的单位矩阵 $\boldsymbol{E}$ 就化为 $\boldsymbol{A}^{-1}$. 即

$$[\boldsymbol{A}\mid\boldsymbol{E}]\xrightarrow{\text{初等行变换}}[\boldsymbol{E}\mid\boldsymbol{A}^{-1}].$$

用类似上面的方法,逆矩阵也可以通过初等列变换求得. 读者可以自己证明之. 用初等列变换求 $\boldsymbol{A}^{-1}$ 的方法,作 $2n\times n$ 矩阵

$$\left[\frac{\boldsymbol{A}}{\boldsymbol{E}}\right]\xrightarrow[\text{初等列变换}]{}\left[\frac{\boldsymbol{E}}{\boldsymbol{A}^{-1}}\right].$$

例 1 求

$$\boldsymbol{A}=\begin{bmatrix} 1 & 0 & 1 \\ -1 & 1 & 1 \\ 2 & -1 & 1 \end{bmatrix}$$

的逆矩阵.

解

$$[\boldsymbol{A}\mid\boldsymbol{E}]=\left[\begin{array}{ccc|ccc} 1 & 0 & 1 & 1 & 0 & 0 \\ -1 & 1 & 1 & 0 & 1 & 0 \\ 2 & -1 & 1 & 0 & 0 & 1 \end{array}\right]\longrightarrow$$

$$\left[\begin{array}{ccc|ccc}1&0&1&1&0&0\\0&1&2&1&1&0\\0&-1&-1&-2&0&1\end{array}\right]\longrightarrow$$

$$\left[\begin{array}{ccc|ccc}1&0&1&1&0&0\\0&1&2&1&1&0\\0&0&1&-1&1&1\end{array}\right]\longrightarrow$$

$$\left[\begin{array}{ccc|ccc}1&0&0&2&-1&-1\\0&1&0&3&-1&-2\\0&0&1&-1&1&1\end{array}\right]=[\boldsymbol{E}\mid\boldsymbol{A}^{-1}].$$

所以
$$\boldsymbol{A}^{-1}=\begin{bmatrix}2&-1&-1\\3&-1&-2\\-1&1&1\end{bmatrix}.$$

下面介绍用初等变换的方法解矩阵方程.

对于矩阵方程 $\boldsymbol{AX}=\boldsymbol{B}$,当 $\boldsymbol{A}$ 为可逆矩阵时,有 $\boldsymbol{X}=\boldsymbol{A}^{-1}\boldsymbol{B}$.

由前面的推导可知,当 $\boldsymbol{A}$ 可逆时,有初等矩阵 $\boldsymbol{P}_1,\boldsymbol{P}_2,\cdots,\boldsymbol{P}_s$,使得 $\boldsymbol{P}_sP_{s-1}\cdots\boldsymbol{P}_2\boldsymbol{P}_1\boldsymbol{A}=\boldsymbol{E}$,将方程两边同时左乘 $\boldsymbol{P}_s\cdots\boldsymbol{P}_2\boldsymbol{P}_1$,有

$$\boldsymbol{P}_s\cdots\boldsymbol{P}_2\boldsymbol{P}_1\boldsymbol{AX}=\boldsymbol{X}=\boldsymbol{P}_s\cdots\boldsymbol{P}_2\boldsymbol{P}_1\boldsymbol{B},$$

上式表明,把 $\boldsymbol{A}$ 变成单位矩阵 $\boldsymbol{E}$ 的初等行变换,按原步骤作用到 $\boldsymbol{B}$ 上,便可得到 $\boldsymbol{X}=\boldsymbol{A}^{-1}\boldsymbol{B}$. 所以为求矩阵 $\boldsymbol{X}$,可作矩阵 $[\boldsymbol{A}\mid\boldsymbol{B}]$.

$$[\boldsymbol{A}\mid\boldsymbol{B}]\xrightarrow{\text{初等行变换}}[\boldsymbol{E}\mid\boldsymbol{A}^{-1}\boldsymbol{B}].$$

仿照上述方法,对于矩阵方程 $\boldsymbol{XA}=\boldsymbol{C}$,当 $\boldsymbol{A}$ 可逆时,可作矩阵 $\left[\dfrac{\boldsymbol{A}}{\boldsymbol{C}}\right]$,则

$$\left[\frac{\boldsymbol{A}}{\boldsymbol{C}}\right]\xrightarrow[\text{初等列变换}]{}\left[\frac{\boldsymbol{E}}{\boldsymbol{CA}^{-1}}\right].$$

例 2 求矩阵 $\boldsymbol{X}$,使其满足

$$\begin{bmatrix}1&0&1\\-1&1&1\\2&-1&1\end{bmatrix}\boldsymbol{X}=\begin{bmatrix}1&1\\0&1\\-1&0\end{bmatrix}.$$

解　设矩阵

$$A=\begin{bmatrix}1&0&1\\-1&1&1\\2&-1&1\end{bmatrix},B=\begin{bmatrix}1&1\\0&1\\-1&0\end{bmatrix},$$

则有

$$AX=B.$$

解法 1　由例 1 可知矩阵 A 可逆,由

$$AX=B,$$

显然有

$$X=A^{-1}B=\begin{bmatrix}2&-1&-1\\3&-1&-2\\-1&1&1\end{bmatrix}\begin{bmatrix}1&1\\0&1\\-1&0\end{bmatrix}=\begin{bmatrix}3&1\\5&2\\-2&0\end{bmatrix}.$$

解法 2　由于 $AX=B$,A 为可逆矩阵,有 $X=A^{-1}B$.作矩阵 $[A|B]$.

$$[A|B]=\left[\begin{array}{ccc|cc}1&0&1&1&1\\-1&1&1&0&1\\2&-1&1&-1&0\end{array}\right]$$

$$\longrightarrow\left[\begin{array}{ccc|cc}1&0&1&1&1\\0&1&2&1&2\\0&-1&-1&-3&-2\end{array}\right]$$

$$\longrightarrow\left[\begin{array}{ccc|cc}1&0&1&1&1\\0&1&2&1&2\\0&0&1&-2&0\end{array}\right]$$

$$\longrightarrow\left[\begin{array}{ccc|cc}1&0&0&3&1\\0&1&0&5&2\\0&0&1&-2&0\end{array}\right]=[E|A^{-1}B],$$

所以

$$X=\begin{bmatrix}3&1\\5&2\\-2&0\end{bmatrix}.$$

2.6 矩阵的秩

2.6.1 矩阵的秩的概念

定义 2.16 在 $m\times n$ 矩阵 $\boldsymbol{A}$ 中任取 r 行 r 列，位于这些行列交叉处的元素，按原来的相对位置组成一个 r 阶行列式 N，称 N 为矩阵 $\boldsymbol{A}$ 的一个 r 阶子式.

定义 2.17 若 $m\times n$ 矩阵 $\boldsymbol{A}$ 中至少有一个 r 阶子式不等于零，所有 $r+1$ 阶子式(若有的话)都等于零，则称数 r 为矩阵 $\boldsymbol{A}$ 的秩，记作 $\operatorname{rank}(\boldsymbol{A})$ 或 $r(\boldsymbol{A})$.

规定零矩阵的秩为零.

显然对于 $m\times n$ 矩阵 $\boldsymbol{A}$ 有

$$0\leqslant r(\boldsymbol{A})\leqslant\min\{m,n\}.$$

且 $r(\boldsymbol{A})=r(\boldsymbol{A}^{\mathrm{T}})$;

$r(\boldsymbol{A})=0$ 的充分必要条件是 $\boldsymbol{A}=\boldsymbol{O}$.

对于 n 阶方阵 $\boldsymbol{A}$，若 $r(\boldsymbol{A})=n$，则称 $\boldsymbol{A}$ 为满秩矩阵. 若 $r(\boldsymbol{A})<n$，则称 $\boldsymbol{A}$ 为降秩矩阵.

显然 n 阶方阵 $\boldsymbol{A}$ 是满秩的充分必要条件是 $\boldsymbol{A}$ 为可逆矩阵，即 $|\boldsymbol{A}|\neq 0$.

例 1 求矩阵

$$\boldsymbol{A}=\begin{bmatrix}2&1&-1&-1\\0&2&-1&0\\2&3&-2&-1\end{bmatrix}$$

的秩.

解 显然 $\boldsymbol{A}$ 中有不等于 0 的一阶子式，且有 2 阶子式

$$\begin{vmatrix} 2 & 1 \\ 0 & 2 \end{vmatrix} = 4 \neq 0.$$

$\boldsymbol{A}$ 的 3 阶子式($C_4^3=4$ 个)

$$\begin{vmatrix} 2 & 1 & -1 \\ 0 & 2 & -1 \\ 2 & 3 & -2 \end{vmatrix} = 0, \begin{vmatrix} 2 & 1 & -1 \\ 0 & 2 & 0 \\ 2 & 3 & -1 \end{vmatrix} = 0,$$

$$\begin{vmatrix} 2 & -1 & -1 \\ 0 & -1 & 0 \\ 2 & -2 & -1 \end{vmatrix} = 0, \begin{vmatrix} 1 & -1 & -1 \\ 2 & -1 & 0 \\ 3 & -2 & -1 \end{vmatrix} = 0.$$

所以

$$r(\boldsymbol{A}) = 2.$$

定义 2.18 若 $m \times n$ 矩阵$\boldsymbol{A}$ 的每一行的第一个非零元素的下方及左下方元素全是零,即形如

$$\boldsymbol{A} = \begin{bmatrix} * & * & * & * & \cdots & * & * \\ 0 & * & * & * & \cdots & * & * \\ 0 & 0 & 0 & * & \cdots & * & * \\ \vdots & \vdots & \vdots & \vdots & & \vdots & \vdots \\ 0 & 0 & 0 & 0 & \cdots & * & * \\ 0 & 0 & 0 & 0 & \cdots & 0 & 0 \\ \vdots & \vdots & \vdots & \vdots & & \vdots & \vdots \\ 0 & 0 & 0 & 0 & \cdots & 0 & 0 \end{bmatrix}$$

的矩阵称为行阶梯形矩阵,简称阶梯形矩阵.

阶梯形矩阵的秩显然等于它的非零行的行数.这是因为若阶梯形矩阵的非零行数为 r 时,取每个非零行中第一个非零元素所在的行、列构成的 r 阶子式必不等于零,而所有 $r+1$ 阶子式全都等于零.

例 2 求矩阵

$$A=\begin{bmatrix}1&3&0&2&1&4\\0&0&3&0&2&1\\0&0&0&0&4&1\\0&0&0&0&0&0\end{bmatrix}$$

的秩.

解 取每一行的第一个非零元素所在的行、列得到一个 3 阶子式

$$\begin{vmatrix}1&0&1\\0&3&2\\0&0&4\end{vmatrix}=12\neq0,$$

而一切 4 阶子式都为零,所以

$$r(A)=3.$$

根据秩的定义,对一般矩阵求秩,需要计算很多行列式的值,尤其是矩阵的阶数较高时,计算量很大.由于阶梯形矩阵的秩等于非零行的行数.由 2.5 中定理 2.4 表明任何非零的 $m\times n$ 矩阵都可经过初等变换化为阶梯形矩阵.能否通过阶梯形矩阵的秩确定一般矩阵的秩,关键在于初等变换对矩阵的秩有什么影响.

定理 2.5 初等变换不改变矩阵的秩.

证 (1)交换矩阵的两行(列)后,得到的矩阵的子式与原矩阵中相对应的子式或者相同,或者只差一个符号,故秩不变.

(2)将矩阵某行(列)乘以非零常数 k 后,得到的矩阵的子式与原矩阵中相应的子式或者相等,或者相差 k 倍,故秩不变.

(3)将矩阵 A 的 i 行加上 j 行的 k 倍得到矩阵 B,即

$$
\boldsymbol{A}=\begin{bmatrix} a_{11} & a_{12} & \cdots & a_{1n} \\ \vdots & \vdots & & \vdots \\ a_{i1} & a_{i2} & \cdots & a_{in} \\ \vdots & \vdots & & \vdots \\ a_{j1} & a_{j2} & \cdots & a_{jn} \\ \vdots & \vdots & & \vdots \\ a_{m1} & a_{m2} & \cdots & a_{mn} \end{bmatrix}
$$

$$
\longrightarrow \begin{bmatrix} a_{11} & a_{12} & \cdots & a_{1n} \\ \vdots & \vdots & & \vdots \\ a_{i1}+ka_{j1} & a_{i2}+ka_{j2} & \cdots & a_{in}+ka_{jn} \\ \vdots & \vdots & & \vdots \\ a_{j1} & a_{j2} & \cdots & a_{jn} \\ \vdots & \vdots & & \vdots \\ a_{m1} & a_{m2} & \cdots & a_{mn} \end{bmatrix}=\boldsymbol{B}.
$$

设 $r(\boldsymbol{A})=r$. 为了证明 $r(\boldsymbol{B})=r$,先证明 $r(\boldsymbol{B})\leqslant r(\boldsymbol{A})$.

若 $\boldsymbol{B}$ 中没有大于 r 阶的子式,显然 $r(\boldsymbol{B})\leqslant r(\boldsymbol{A})$.

若 $\boldsymbol{B}$ 中有阶数 $s>r$ 的子式 D 时,则有三种可能情形:

①D 中不含 i 行元素,此时 D 显然也是 $\boldsymbol{A}$ 的一个 s 阶子式,而 s 大于 $\boldsymbol{A}$ 的秩 r,所以 $D=0$;

②D 中既含 i 行也含 j 行元素,即

$$
D=\begin{vmatrix} \vdots & \vdots & & \vdots \\ a_{it_1}+ka_{jt_1} & a_{it_2}+ka_{jt_2} & \cdots & a_{it_s}+ka_{jt_s} \\ \vdots & \vdots & & \vdots \\ a_{jt_1} & a_{jt_2} & \cdots & a_{jt_s} \\ \vdots & \vdots & & \vdots \end{vmatrix}
$$

$$
= \begin{vmatrix} \vdots & \vdots & & \vdots \\ a_{it_1} & a_{it_2} & \cdots & a_{it_s} \\ \vdots & \vdots & & \vdots \\ a_{jt_1} & a_{jt_2} & \cdots & a_{jt_s} \\ \vdots & \vdots & & \vdots \end{vmatrix} = 0.
$$

由于后面的行列式是矩阵 $\boldsymbol{A}$ 的一个 s 阶子式，而 $s>r$，所以 $D=0$；

③D 中含第 i 行元素，但不含第 j 行元素，即

$$
D = \begin{vmatrix} \vdots & \vdots & & \vdots \\ a_{it_1}+ka_{jt_1} & a_{it_2}+ka_{jt_2} & \cdots & a_{it_s}+ka_{jt_s} \\ \vdots & \vdots & & \vdots \end{vmatrix}
$$

$$
= \begin{vmatrix} \vdots & \vdots & & \vdots \\ a_{it_1} & a_{it_2} & \cdots & a_{it_s} \\ \vdots & \vdots & & \vdots \end{vmatrix} + k\begin{vmatrix} \vdots & \vdots & & \vdots \\ a_{jt_1} & a_{jt_2} & \cdots & a_{jt_s} \\ \vdots & \vdots & & \vdots \end{vmatrix}
$$

$$
= D_1 + kD_2.
$$

其中 D_1 是矩阵 $\boldsymbol{A}$ 的一个 s 阶子式，而 D_2 是 $\boldsymbol{A}$ 的某个含 j 行的经过行对换后得到的 s 阶行列式，所以这两个行列式都等于零，因而 $D=0$.

以上表明 $\boldsymbol{B}$ 的一切阶数大于 r 的子式都等于零，所以

$$
r(\boldsymbol{B}) \leqslant r(\boldsymbol{A}).
$$

同样，$\boldsymbol{B}$ 也可以经过第三类初等行变换得到 $\boldsymbol{A}$，从而有

$$
r(\boldsymbol{A}) \leqslant r(\boldsymbol{B}).
$$

因此

$$
r(\boldsymbol{A}) = r(\boldsymbol{B}).
$$

类似可以证明第三类初等列变换的情形. 这样便证明了定理 2.5.

推论 设 $\boldsymbol{A}$ 是 $m\times n$ 矩阵，$\boldsymbol{P}$ 与 $\boldsymbol{Q}$ 分别是 m 阶与 n 阶可逆

矩阵,则

$$r(\boldsymbol{PAQ})=r(\boldsymbol{PA})=r(\boldsymbol{AQ})=r(\boldsymbol{A}).$$

证 因为 $\boldsymbol{P},\boldsymbol{Q}$ 是可逆矩阵,所以可表示成初等矩阵乘积的形式,即有

m 阶初等矩阵 $\boldsymbol{P}_1,\boldsymbol{P}_2,\cdots,\boldsymbol{P}_s$,

n 阶初等矩阵 $\boldsymbol{Q}_1,\boldsymbol{Q}_2,\cdots,\boldsymbol{Q}_t$,

使得

$$\boldsymbol{P}=\boldsymbol{P}_1\boldsymbol{P}_2\cdots\boldsymbol{P}_s,$$

$$\boldsymbol{Q}=\boldsymbol{Q}_1\boldsymbol{Q}_2\cdots\boldsymbol{Q}_t.$$

从而有

$$\boldsymbol{PAQ}=\boldsymbol{P}_1\boldsymbol{P}_2\cdots\boldsymbol{P}_s\boldsymbol{A}\boldsymbol{Q}_1\boldsymbol{Q}_2\cdots\boldsymbol{Q}_t,$$

$$\boldsymbol{PA}=\boldsymbol{P}_1\boldsymbol{P}_2\cdots\boldsymbol{P}_s\boldsymbol{A},$$

$$\boldsymbol{AQ}=\boldsymbol{A}\boldsymbol{Q}_1\boldsymbol{Q}_2\cdots\boldsymbol{Q}_t.$$

由于初等矩阵对应于初等变换,而初等变换不改变矩阵的秩,因此

$$r(\boldsymbol{PAQ})=r(\boldsymbol{PA})=r(\boldsymbol{AQ})=r(\boldsymbol{A}).$$

由 2.5 中定理 2.4 知,任意非零的 $m\times n$ 矩阵 $\boldsymbol{A}$ 都可经过初等变换化为标准形 $\begin{pmatrix}\boldsymbol{E}_r & \boldsymbol{O}\\ \boldsymbol{O} & \boldsymbol{O}\end{pmatrix}$,此时标准形中 $r=r(\boldsymbol{A})$.

2.6.2 用初等变换求矩阵 A 的秩

由于初等变换不改变矩阵的秩,因此对 $\boldsymbol{A}$ 实行初等变换,将 $\boldsymbol{A}$ 化为阶梯形矩阵,阶梯形矩阵中非零行的行数就是矩阵 $\boldsymbol{A}$ 的秩.

例 3 求矩阵

$$\boldsymbol{A}=\begin{bmatrix}1&1&2&5&7\\1&2&3&7&10\\1&3&4&9&13\\1&4&5&11&16\end{bmatrix}$$

的秩.

解 由

$$
A=\begin{bmatrix}1&1&2&5&7\\1&2&3&7&10\\1&3&4&9&13\\1&4&5&11&16\end{bmatrix}\longrightarrow\begin{bmatrix}1&1&2&5&7\\0&1&1&2&3\\0&2&2&4&6\\0&3&3&6&9\end{bmatrix}
$$

$$
\longrightarrow\begin{bmatrix}1&1&2&5&7\\0&1&1&2&3\\0&0&0&0&0\\0&0&0&0&0\end{bmatrix},
$$

所以

$$r(A)=2.$$

定理 2.6 设矩阵 $A=(a_{ij})_{m\times n}, B=(b_{ij})_{n\times s}$,则

$$r(AB)\leqslant\min\{r(A),r(B)\}.$$

证 设 $r(A)=r_1$,所以存在 m 阶可逆矩阵 P_1 和 n 阶可逆矩阵 Q_1,使得

$$A=P_1\begin{bmatrix}E_{r_1}&O\\O&O\end{bmatrix}Q_1.$$

设 $r(B)=r_2$,所以存在 n 阶可逆矩阵 P_2 和 s 阶可逆矩阵 Q_2,使得

$$B=P_2\begin{bmatrix}E_{r_2}&O\\O&O\end{bmatrix}Q_2.$$

于是

$$
\begin{aligned}
r(AB)&=r\left[P_1\begin{bmatrix}E_{r_1}&O\\O&O\end{bmatrix}Q_1P_2\begin{bmatrix}E_{r_2}&O\\O&O\end{bmatrix}Q_2\right]\\
&=r\left[\begin{bmatrix}E_{r_1}&O\\O&O\end{bmatrix}Q_1P_2\begin{bmatrix}E_{r_2}&O\\O&O\end{bmatrix}\right].
\end{aligned}
$$

令

$$Q_1=\begin{bmatrix}Q_{r_1\times n}\\Q_{(n-r_1)\times n}\end{bmatrix},P_2=[P_{n\times r_2},P_{n\times(n-r_2)}],$$

则有

$$\begin{bmatrix}E_{r_1}&O\\O&O\end{bmatrix}Q_1P_2\begin{bmatrix}E_{r_2}&O\\O&O\end{bmatrix}$$

$$=\left[\begin{bmatrix}E_{r_1}&O\\O&O\end{bmatrix}\begin{bmatrix}Q_{r_1\times n}\\Q_{(n-r_1)\times n}\end{bmatrix}\right]\left[[P_{n\times r_2},P_{n\times(n-r_2)}]\begin{bmatrix}E_{r_2}&O\\O&O\end{bmatrix}\right]$$

$$=\begin{bmatrix}Q_{r_1\times n}\\O\end{bmatrix}(P_{n\times r_2},O)=\begin{bmatrix}Q_{r_1\times n}P_{n\times r_2}&O\\O&O\end{bmatrix}$$

$$=\begin{bmatrix}C_{r_1\times r_2}&O\\O&O\end{bmatrix}.$$

所以

$$r(AB)=r\left[\begin{bmatrix}E_{r_1}&O\\O&O\end{bmatrix}Q_1P_2\begin{bmatrix}E_{r_2}&O\\O&O\end{bmatrix}\right]$$

$$=r(C_{r_1\times r_2})\leqslant\min\{r_1,r_2\},$$

即

$$r(AB)\leqslant\min\{r(A),r(B)\}.$$

习 题 2

1.设

$$A=\begin{bmatrix}1&-1&1\\1&1&-1\\1&-1&1\end{bmatrix},B=\begin{bmatrix}1&1&-1\\2&-1&0\\1&0&1\end{bmatrix}.$$

试计算

(1)$3\boldsymbol{AB}-2\boldsymbol{A}$；　　(2)$\boldsymbol{AB}^{\mathrm{T}}+\boldsymbol{A}^{\mathrm{T}}\boldsymbol{B}$.

2.求矩阵 $\boldsymbol{X}$,使得 $\boldsymbol{X}+\boldsymbol{A}=\boldsymbol{B}$ 成立,其中

$$\boldsymbol{A}=\begin{bmatrix}2&1&1&0\\3&1&2&-1\\-1&0&1&2\end{bmatrix},\boldsymbol{B}=\begin{bmatrix}1&-1&3&-1\\3&0&1&2\\1&1&-2&-1\end{bmatrix}.$$

3.计算下列各题.

(1)$(-3,2,1)\begin{bmatrix}-1\\2\\-1\end{bmatrix}$；　　(2)$\begin{bmatrix}2\\-1\\3\end{bmatrix}(1,-2)$；

(3)$\begin{bmatrix}3&1&1\\2&1&2\\1&2&3\end{bmatrix}\begin{bmatrix}1&1\\1&-1\\1&0\end{bmatrix}$；

(4)$\begin{bmatrix}1&2&3\\-1&2&1\\1&-3&2\end{bmatrix}\begin{bmatrix}1&2&4\\2&-4&1\\-1&1&0\end{bmatrix}+\begin{bmatrix}2&4&5\\5&1&-1\\3&-2&7\end{bmatrix}$.

4.已知

(1)$f(x)=x^2-5x+3,\boldsymbol{A}=\begin{pmatrix}2&-1\\-3&3\end{pmatrix}$；

(2)$f(x)=\begin{vmatrix}x-1&x&0\\0&x-1&-3\\1&1&1\end{vmatrix},\boldsymbol{A}=\begin{pmatrix}0&1\\3&-2\end{pmatrix}$.

求 $f(\boldsymbol{A})$.

5.求与矩阵 $\boldsymbol{A}$ 可交换的矩阵.

$$\boldsymbol{A}=\begin{bmatrix}0&1&0\\0&0&1\\1&0&0\end{bmatrix}.$$

6.设

$$\boldsymbol{A}=\begin{bmatrix}a_1&&&\\&a_2&&\\&&\ddots&\\&&&a_n\end{bmatrix},$$其中 $a_i\neq a_j(i\neq j,i,j=1,2,\cdots,n)$.试

证与 $\boldsymbol{A}$ 可交换的矩阵只能是对角矩阵.

7. n 阶方阵 $\boldsymbol{A},\boldsymbol{B}$ 满足什么条件时,下列等式成立,并证明之.

(1) $(\boldsymbol{A}+\boldsymbol{B})^2=\boldsymbol{A}^2+2\boldsymbol{AB}+\boldsymbol{B}^2$;

(2) $(\boldsymbol{A}+\boldsymbol{B})(\boldsymbol{A}-\boldsymbol{B})=\boldsymbol{A}^2-\boldsymbol{B}^2$;

(3) $(\boldsymbol{AB})^m=\boldsymbol{A}^m\boldsymbol{B}^m$($m$ 为正整数).

8. 将矩阵适当分块后进行计算.

(1) $\begin{bmatrix}-2&3&0&0\\1&2&0&0\\0&0&1&2\\0&0&2&5\end{bmatrix}\begin{bmatrix}1&2&0&0\\3&2&0&0\\0&0&2&1\\0&0&3&4\end{bmatrix}$;

(2) $\begin{bmatrix}1&2&1&0\\2&5&0&1\\0&0&2&1\\0&0&0&3\end{bmatrix}\begin{bmatrix}1&0&3&1\\0&1&2&-1\\0&0&-2&3\\0&0&0&-3\end{bmatrix}$;

(3) $\begin{bmatrix}1&-1&0&0\\2&3&0&0\\0&1&0&0\\0&0&1&4\end{bmatrix}\begin{bmatrix}1&0&0&0\\-2&0&0&0\\0&3&2&1\\0&4&3&4\end{bmatrix}$.

9. 求下列矩阵的逆矩阵.

(1) $\boldsymbol{A}=\begin{pmatrix}3&2\\8&5\end{pmatrix}$;

(2) $\boldsymbol{A}=\begin{pmatrix}\cos\theta&-\sin\theta\\\sin\theta&\cos\theta\end{pmatrix}$;

(3) $\boldsymbol{A}=\begin{bmatrix}2&1&1\\3&1&2\\1&-1&0\end{bmatrix}$;

(4) $\boldsymbol{A}=\begin{bmatrix}1&2&2\\2&1&-2\\2&-2&1\end{bmatrix}$;

(5) $\boldsymbol{A}=\begin{bmatrix}1&2&3&4\\0&1&2&3\\0&0&1&2\\0&0&0&1\end{bmatrix}$;

(6) $\boldsymbol{A}=\begin{bmatrix}1&1&\cdots&1&1\\0&1&\cdots&1&1\\\vdots&\vdots&&\vdots&\vdots\\0&0&\cdots&1&1\\0&0&\cdots&0&1\end{bmatrix}$;

(7) $\boldsymbol{A}=\begin{bmatrix}7&2&0&0\\3&1&0&0\\0&0&5&2\\0&0&8&3\end{bmatrix}$;　　(8) $\boldsymbol{A}=\begin{bmatrix}0&0&0&1&2\\0&0&0&2&3\\1&1&0&0&0\\0&1&1&0&0\\0&0&1&0&0\end{bmatrix}$;

(9) $\boldsymbol{A}=\begin{bmatrix}0&a_1&0&\cdots&0\\0&0&a_2&\cdots&0\\\vdots&\vdots&\vdots&&\vdots\\0&0&0&\cdots&a_{n-1}\\a_n&0&0&\cdots&0\end{bmatrix}$.

10. 设 $\boldsymbol{A}$ 为 n 阶方阵,并且 $\boldsymbol{A}^k=\boldsymbol{O}$. 试证 $\boldsymbol{E}-\boldsymbol{A}$ 可逆,并且

$$(\boldsymbol{E}-\boldsymbol{A})^{-1}=\boldsymbol{E}+\boldsymbol{A}+\boldsymbol{A}^2+\cdots+\boldsymbol{A}^{k-1}.$$

11. 设 $\boldsymbol{A}$ 为 n 阶方阵,且满足 $\boldsymbol{A}^2+2\boldsymbol{A}-3\boldsymbol{E}=\boldsymbol{O}$. 证明

(1) $\boldsymbol{A}$ 可逆,并求 $\boldsymbol{A}^{-1}$;

(2) $\boldsymbol{A}-2\boldsymbol{E}$ 可逆,并求 $(\boldsymbol{A}-2\boldsymbol{E})^{-1}$.

12. 在什么情况下矩阵 $k\boldsymbol{E}$ 可逆,其中 k 为常数,$\boldsymbol{E}$ 为 n 阶单位矩阵. 当 $k\boldsymbol{E}$ 可逆时,求出 $(k\boldsymbol{E})^{-1}$. 矩阵

$$\boldsymbol{A}=\begin{bmatrix}a_1&&&\\&a_2&&\\&&\ddots&\\&&&a_n\end{bmatrix}$$

满足什么条件时可逆;当 $\boldsymbol{A}$ 可逆时,求出 $\boldsymbol{A}^{-1}$.

13. 如果 $\boldsymbol{A}$ 与 $\boldsymbol{B}$ 可交换,并且 $\boldsymbol{A}$ 可逆,试证 $\boldsymbol{A}^{-1}$ 与 $\boldsymbol{B}$ 也可交换.

14. 求满足下列条件的矩阵 $\boldsymbol{X}$.

(1) $\begin{bmatrix}2&5\\1&2\end{bmatrix}\boldsymbol{X}=\begin{bmatrix}4&-6\\2&1\end{bmatrix}$;

(2) $\boldsymbol{X}\begin{bmatrix}2&1&-1\\2&1&0\\1&-1&1\end{bmatrix}=\begin{bmatrix}1&-1&3\\4&3&2\end{bmatrix}$.

15. 已知方阵 $\boldsymbol{B}$ 满足 $\boldsymbol{AB}=\boldsymbol{A}+\boldsymbol{B}$,求矩阵 $\boldsymbol{B}$,其中

$$A=\begin{bmatrix}1&2&1\\3&4&2\\1&2&2\end{bmatrix}.$$

16. 已知

$$A=\begin{bmatrix}1&1&-1\\0&1&1\\0&0&-1\end{bmatrix},$$且矩阵 B 满足 $A^2-AB=E$，求矩阵 B.

17. 设 A 是 n 阶方阵，B 是 $n\times r$ 矩阵，且 $r(B)=n$. 试证

(1)如果 $AB=O$，那么 $A=O$；

(2)如果 $AB=B$，那么 $A=E$.

18. 设 A,B 是两个 n 阶反对称矩阵，则

(1)A^2 是对称矩阵；

(2)当 $AB=BA$ 时，AB 是对称矩阵.

19. 证明

(1)非奇异对称(反对称)矩阵 A 的逆矩阵仍是对称(反对称)矩阵；

(2)奇数阶反对称矩阵必不可逆.

20. 设 n 阶方阵 A 可逆，将 A 的第 i 行与第 j 行元素交换后得到矩阵 B.

(1)证明 B 可逆； (2)求 AB^{-1}.

21. 求下列矩阵的秩.

(1)$A=\begin{bmatrix}2&0&1&1\\0&-2&-1&-1\\1&-1&0&0\\-1&-1&0&1\end{bmatrix}$； (2)$A=\begin{bmatrix}1&-2&3&-1\\5&-9&11&-5\\3&-5&5&-3\end{bmatrix}$；

(3)$A=\begin{bmatrix}1&-2&3&-4\\0&1&-1&-1\\1&3&0&-3\\0&-7&3&2\end{bmatrix}$； (4)$A=\begin{bmatrix}1&0&1&0&0\\1&1&0&0&1\\0&1&1&0&0\\0&0&1&1&0\\0&0&0&0&1\end{bmatrix}$.

22. 设

$$\boldsymbol{A}=\begin{bmatrix} a_{11} & a_{12} & \cdots & a_{1n} \\ a_{21} & a_{22} & \cdots & a_{2n} \\ \vdots & \vdots & & \vdots \\ a_{n1} & a_{n2} & \cdots & a_{nn} \end{bmatrix}$$

为 n 阶非零实矩阵，若 $a_{ij}=A_{ij}$，其中 A_{ij} 为元素 a_{ij} 的代数余子式$(i,j=1,2,\cdots,n)$，证明 $r(\boldsymbol{A})=n$.

23. 设 $\boldsymbol{A}$ 为二阶方阵，并且 $\boldsymbol{A}^2=\boldsymbol{E}$，$\boldsymbol{A}\neq\pm\boldsymbol{E}$，证明

$$r(\boldsymbol{A}+\boldsymbol{E})=r(\boldsymbol{A}-\boldsymbol{E})=1.$$

24. 设 $\boldsymbol{A}$ 为 $m\times n$ 矩阵，且 $m<n$. 证明 $|\boldsymbol{A}^{\mathrm{T}}\boldsymbol{A}|=0$.

第 3 章　n 维向量及向量空间

n 维向量及向量空间不仅是线性代数中的基本内容，而且在物理学、力学及其他自然科学中也有广泛的应用.

3.1　n 维向量组的线性相关性

3.1.1　n 维向量的概念

定义 3.1　由 n 个数组成的一个有序数组 $\boldsymbol{\alpha}=(a_1,a_2,\cdots,a_n)$称为一个 n 维向量，其中 $a_i(i=1,2,\cdots,n)$为向量 $\boldsymbol{\alpha}$ 的第 i 个分量(或第 i 个坐标). 分量是实数的向量称为实向量，分量是复数的向量称为复向量. 本章只讨论实向量.

若向量写成一行　$\boldsymbol{\alpha}=(a_1,a_2,\cdots,a_n)$，称为 n 维行向量.

若向量写成一列　$\boldsymbol{\alpha}=\begin{bmatrix}a_1\\a_2\\\vdots\\a_n\end{bmatrix}$，称为 n 维列向量.

实际上向量就是一行 n 列的行矩阵，或是 n 行一列的列矩阵.

例 1　在直角坐标系中，平面上的点，或空间中的点的坐标分别是有序数组 $M(x,y)$，或 $N(x,y,z)$，于是矢量$\overrightarrow{OM}=\{x,y\}$或$\overrightarrow{ON}=\{x,y,z\}$分别是二维、三维行向量.

例 2　n 元线性方程组的解 $x_1=a_1,x_2=a_2,\cdots,x_n=a_n$，按未知量的顺序构成一个 n 维列向量

$$X=\begin{bmatrix}a_1\\a_2\\\vdots\\a_n\end{bmatrix},$$

称为线性方程组的解向量.

例 3 $m\times n$ 矩阵

$$A=\begin{bmatrix}a_{11}&a_{12}&\cdots&a_{1n}\\a_{21}&a_{22}&\cdots&a_{2n}\\\cdots\cdots&&&\\a_{m1}&a_{m2}&\cdots&a_{mn}\end{bmatrix},$$

$\boldsymbol{A}$ 的每一行$(a_{i1},a_{i2},\cdots,a_{in})(i=1,2,\cdots,m)$是一个 n 维行向量.

$\boldsymbol{A}$ 的每一列$\begin{bmatrix}a_{1j}\\a_{2j}\\\vdots\\a_{mj}\end{bmatrix}(j=1,2,\cdots,n)$是一个 m 维列向量.

分量都是零的向量称为零向量,记作 $\boldsymbol{O}$.

称向量$(-a_1,-a_2,\cdots,-a_m)$为向量 $\boldsymbol{\alpha}=(a_1,a_2,\cdots,a_n)$的负向量,记作 $-\boldsymbol{\alpha}$,即 $-\boldsymbol{\alpha}=(-a_1,-a_2,\cdots,-a_n)$.

设两个 n 维向量 $\boldsymbol{\alpha}=(a_1,a_2,\cdots,a_n)$,$\boldsymbol{\beta}=(b_1,b_2,\cdots,b_n)$,若 $a_i=b_i(i=1,2,\cdots,n)$,则称向量 $\boldsymbol{\alpha}$ 与 $\boldsymbol{\beta}$ 相等,记作 $\boldsymbol{\alpha}=\boldsymbol{\beta}$.

3.1.2 n 维向量的线性运算

定义 3.2 设 n 维向量 $\boldsymbol{\alpha}=(a_1,a_2,\cdots,a_n)$,$\boldsymbol{\beta}=(b_1,b_2,\cdots,b_n)$,及常数 k,则定义

$$\boldsymbol{\alpha}+\boldsymbol{\beta}=(a_1+b_1,a_2+b_2,\cdots,a_n+b_n)$$

为向量 $\boldsymbol{\alpha}$ 与 $\boldsymbol{\beta}$ 的和;

$$k\boldsymbol{\alpha}=(ka_1,ka_2,\cdots,ka_n),$$

为常数 k 与向量 $\boldsymbol{\alpha}$ 的数乘；

$$\boldsymbol{\alpha}+(-\boldsymbol{\beta})=\boldsymbol{\alpha}-\boldsymbol{\beta}$$

为向量的减法.

向量的和与数乘运算统称为向量的线性运算. 由定义 3.2 可得到向量的线性运算满足以下运算规律：

(1) $\boldsymbol{\alpha}+\boldsymbol{\beta}=\boldsymbol{\beta}+\boldsymbol{\alpha}$，交换律；

(2) $(\boldsymbol{\alpha}+\boldsymbol{\beta})+\boldsymbol{\gamma}=\boldsymbol{\alpha}+(\boldsymbol{\beta}+\boldsymbol{\gamma})$，结合律；

(3) $\boldsymbol{\alpha}+\boldsymbol{O}=\boldsymbol{\alpha}$；

(4) $\boldsymbol{\alpha}+(-\boldsymbol{\alpha})=\boldsymbol{O}$；

(5) $k(\boldsymbol{\alpha}+\boldsymbol{\beta})=k\boldsymbol{\alpha}+k\boldsymbol{\beta}$，分配律；

(6) $(k+l)\boldsymbol{\alpha}=k\boldsymbol{\alpha}+l\boldsymbol{\alpha}$，分配律；

(7) $(kl)\boldsymbol{\alpha}=k(l\boldsymbol{\alpha})=l(k\boldsymbol{\alpha})$，结合律；

(8) $1\boldsymbol{\alpha}=\boldsymbol{\alpha}$.

其中 $\boldsymbol{\alpha},\boldsymbol{\beta},\boldsymbol{\gamma}$ 为任意 n 维向量，而 k,l 为任意常数.

3.1.3　线性组合、线性相关、线性无关的概念

定义 3.3　设 n 维向量组 $\boldsymbol{\alpha}_1,\boldsymbol{\alpha}_2,\cdots,\boldsymbol{\alpha}_m$ 及 $\boldsymbol{\alpha}$，若存在一组数 $k_1,k_2,\cdots,k_m$ 使得

$$\boldsymbol{\alpha}=k_1\boldsymbol{\alpha}_1+k_2\boldsymbol{\alpha}_2+\cdots+k_m\boldsymbol{\alpha}_m,$$

则称向量 $\boldsymbol{\alpha}$ 是向量组 $\boldsymbol{\alpha}_1,\boldsymbol{\alpha}_2,\cdots,\boldsymbol{\alpha}_m$ 的一个线性组合，或称向量 $\boldsymbol{\alpha}$ 可由向量组 $\boldsymbol{\alpha}_1,\boldsymbol{\alpha}_2,\cdots,\boldsymbol{\alpha}_m$ 线性表示.

例如，向量组 $\boldsymbol{\alpha}_1=(1,2,1)$，$\boldsymbol{\alpha}_2=(0,-1,1)$ 及 $\boldsymbol{\alpha}=(1,1,2)$，有 $\boldsymbol{\alpha}=\boldsymbol{\alpha}_1+\boldsymbol{\alpha}_2$，则称 $\boldsymbol{\alpha}$ 可由 $\boldsymbol{\alpha}_1,\boldsymbol{\alpha}_2$ 线性表示，或称 $\boldsymbol{\alpha}$ 是 $\boldsymbol{\alpha}_1,\boldsymbol{\alpha}_2$ 的一个线性组合.

显然 n 维零向量可被任何一组 n 维向量线性表示.

称向量组

$$\boldsymbol{\varepsilon}_1=(1,0,0,\cdots,0),$$

$$\boldsymbol{\varepsilon}_2=(0,1,0,\cdots,0),$$

$$\cdots\cdots$$

$$\boldsymbol{\varepsilon}_n=(0,0,0,\cdots,1),$$

为 n 维单位向量组.

由于任一个 n 维向量 $\boldsymbol{\alpha}$ 都有

$$\boldsymbol{\alpha}=(a_1,a_2,\cdots,a_n)=a_1\boldsymbol{\varepsilon}_1+a_2\boldsymbol{\varepsilon}_2+\cdots+a_n\boldsymbol{\varepsilon}_n,$$

这就表明任一个 n 维向量 $\boldsymbol{\alpha}$ 都可以由 n 维单位向量组线性表示.

定义 3.4 设 n 维向量组 $\boldsymbol{\alpha}_1,\boldsymbol{\alpha}_2,\cdots,\boldsymbol{\alpha}_m$,若存在一组不全为零的数 $k_1,k_2,\cdots,k_m$,使得

$$k_1\boldsymbol{\alpha}_1+k_2\boldsymbol{\alpha}_2+\cdots+k_m\boldsymbol{\alpha}_m=\boldsymbol{O},$$

则称向量组 $\boldsymbol{\alpha}_1,\boldsymbol{\alpha}_2,\cdots,\boldsymbol{\alpha}_m$ 线性相关.否则,称向量 $\boldsymbol{\alpha}_1,\boldsymbol{\alpha}_2,\cdots,\boldsymbol{\alpha}_m$ 线性无关.

例 4 三维向量组 $\boldsymbol{\alpha}_1=(1,-2,1)$,$\boldsymbol{\alpha}_2=(0,1,2)$,$\boldsymbol{\alpha}_3=(2,-3,4)$,$\boldsymbol{\alpha}_4=(3,2,1)$,有关系式

$$2\boldsymbol{\alpha}_1+\boldsymbol{\alpha}_2-\boldsymbol{\alpha}_3+0\boldsymbol{\alpha}_4=\boldsymbol{O}$$

成立,按定义 3.4,可知向量组 $\boldsymbol{\alpha}_1,\boldsymbol{\alpha}_2,\boldsymbol{\alpha}_3,\boldsymbol{\alpha}_4$ 线性相关.

例 5 判定 n 维单位向量组

$$\boldsymbol{\varepsilon}_1=(1,0,0,\cdots,0),$$

$$\boldsymbol{\varepsilon}_2=(0,1,0,\cdots,0),$$

$$\cdots\cdots$$

$$\boldsymbol{\varepsilon}_n=(0,0,0,\cdots,1)$$

的线性相关性.

解 令 $k_1\boldsymbol{\varepsilon}_1+k_2\boldsymbol{\varepsilon}_2+\cdots+k_n\boldsymbol{\varepsilon}_n=\boldsymbol{O}$,

即 $$k_1(1,0,0,\cdots,0)+k_2(0,1,0,\cdots,0)+\cdots+k_n(0,0,0,\cdots,1)=(0,0,0,\cdots,0),$$

所以

$$(k_1,k_2,\cdots,k_n)=(0,0,0,\cdots,0).$$

因此,只有 $k_1=k_2=\cdots=k_n=0$,由定义 3.4 可知 n 维单位向量组

$\boldsymbol{\varepsilon}_1,\boldsymbol{\varepsilon}_2,\cdots,\boldsymbol{\varepsilon}_n$ 线性无关.

例 6 讨论向量组

$$\boldsymbol{\alpha}_1=\begin{bmatrix}1\\0\\1\end{bmatrix},\boldsymbol{\alpha}_2=\begin{bmatrix}2\\3\\1\end{bmatrix},\boldsymbol{\alpha}_3=\begin{bmatrix}4\\3\\3\end{bmatrix}$$

的线性相关性.

解 令 $k_1\boldsymbol{\alpha}_1+k_2\boldsymbol{\alpha}_2+k_3\boldsymbol{\alpha}_3=\boldsymbol{O}$,

即
$$k_1\begin{bmatrix}1\\0\\1\end{bmatrix}+k_2\begin{bmatrix}2\\3\\1\end{bmatrix}+k_3\begin{bmatrix}4\\3\\3\end{bmatrix}=\begin{bmatrix}0\\0\\0\end{bmatrix},$$

所以

$$\begin{bmatrix}k_1+2k_2+4k_3\\3k_2+3k_3\\k_1+k_2+3k_3\end{bmatrix}=\begin{bmatrix}0\\0\\0\end{bmatrix}.$$

因此

$$\begin{cases}k_1+2k_2+4k_3=0,\\3k_2+3k_3=0,\\k_1+k_2+3k_3=0,\end{cases}$$

解得

$$\begin{cases}k_1=-2k_3,\\k_2=-k_3.\end{cases}$$

由于 k_3 可以任意取值,所以方程组有非零解,即有不全为零的数 k_1,k_2,k_3 使得

$$k_1\boldsymbol{\alpha}_1+k_2\boldsymbol{\alpha}_2+k_3\boldsymbol{\alpha}_3=\boldsymbol{O},$$

由定义 3.4,可知向量组 $\boldsymbol{\alpha}_1,\boldsymbol{\alpha}_2,\boldsymbol{\alpha}_3$ 线性相关.

例 7 设向量组 $\boldsymbol{\alpha}_1,\boldsymbol{\alpha}_2,\boldsymbol{\alpha}_3$ 线性无关,试判定向量组

$$\boldsymbol{\beta}_1=\boldsymbol{\alpha}_1+2\boldsymbol{\alpha}_2+3\boldsymbol{\alpha}_3,$$

$$\boldsymbol{\beta}_2=\boldsymbol{\alpha}_2+2\boldsymbol{\alpha}_3,$$
$$\boldsymbol{\beta}_3=-\boldsymbol{\alpha}_2+2\boldsymbol{\alpha}_3$$

的线性相关性.

解 令 $k_1\boldsymbol{\beta}_1+k_2\boldsymbol{\beta}_2+k_3\boldsymbol{\beta}_3=\boldsymbol{O}$,

代入已知条件,有

$$k_1(\boldsymbol{\alpha}_1+2\boldsymbol{\alpha}_2+3\boldsymbol{\alpha}_3)+k_2(\boldsymbol{\alpha}_2+2\boldsymbol{\alpha}_3)+k_3(-\boldsymbol{\alpha}_2+2\boldsymbol{\alpha}_3)=\boldsymbol{O},$$

整理得

$$k_1\boldsymbol{\alpha}_1+(2k_1+k_2-k_3)\boldsymbol{\alpha}_2+(3k_1+2k_2+2k_3)\boldsymbol{\alpha}_3=\boldsymbol{O},$$

因为 $\boldsymbol{\alpha}_1,\boldsymbol{\alpha}_2,\boldsymbol{\alpha}_3$ 线性无关,因此只有

$$\begin{cases}k_1=0,\\2k_1+k_2-k_3=0,\\3k_1+2k_2+2k_3=0.\end{cases}$$

由于方程组的系数行列式

$$\begin{vmatrix}1&0&0\\2&1&-1\\3&2&2\end{vmatrix}=4\neq0,$$

所以只有 $k_1=k_2=k_3=0$,因此向量组 $\boldsymbol{\beta}_1,\boldsymbol{\beta}_2,\boldsymbol{\beta}_3$ 线性无关.

由定义3.4,可得出以下结论.

(1)仅含一个向量 $\boldsymbol{\alpha}$ 的向量组,若 $\boldsymbol{\alpha}\neq\boldsymbol{O}$,则线性无关.这是因为欲使 $k\boldsymbol{\alpha}=\boldsymbol{O}$,只有 $k=0$.

若 $\boldsymbol{\alpha}=\boldsymbol{O}$,则线性相关.这是因为对于任何 $k\neq0$,都有 $k\boldsymbol{O}=\boldsymbol{O}$.

(2)任何含有零向量的向量组必线性相关.事实上,若 $\boldsymbol{\alpha}_1=\boldsymbol{O}$,则有

$$1\boldsymbol{\alpha}_1+0\boldsymbol{\alpha}_2+\cdots+0\boldsymbol{\alpha}_m=\boldsymbol{O},$$

由于1,0,…,0不全为零,所以向量组 $\boldsymbol{\alpha}_1,\boldsymbol{\alpha}_2,\cdots,\boldsymbol{\alpha}_m$ 线性相关.

(3)若向量组 $\boldsymbol{\alpha}_1,\boldsymbol{\alpha}_2,\cdots,\boldsymbol{\alpha}_m$ 中有某个部分组线性相关,则向

量组 $\boldsymbol{\alpha}_1,\boldsymbol{\alpha}_2,\cdots,\boldsymbol{\alpha}_m$ 必线性相关.

事实上,不妨设 $\boldsymbol{\alpha}_1,\boldsymbol{\alpha}_2,\cdots,\boldsymbol{\alpha}_s(s<m)$是向量组 $\boldsymbol{\alpha}_1,\boldsymbol{\alpha}_2,\cdots,\boldsymbol{\alpha}_s,\cdots,\boldsymbol{\alpha}_m$ 的一个部分组,且线性相关,由定义,有一组不全为零的数 $k_1,k_2,\cdots,k_s$ 使得

$$k_1\boldsymbol{\alpha}_1+k_2\boldsymbol{\alpha}_2+\cdots+k_s\boldsymbol{\alpha}_s=\boldsymbol{O}.$$

从而有

$$k_1\boldsymbol{\alpha}_1+k_2\boldsymbol{\alpha}_2+\cdots+k_s\boldsymbol{\alpha}_s+0\boldsymbol{\alpha}_{s+1}+\cdots+0\boldsymbol{\alpha}_m=\boldsymbol{O},$$

由于 $k_1,k_2,\cdots,k_s,0,\cdots,0$ 不全为零,因此 $\boldsymbol{\alpha}_1,\boldsymbol{\alpha}_2,\cdots,\boldsymbol{\alpha}_m$ 线性相关.

(4)若向量组 $\boldsymbol{\alpha}_1,\boldsymbol{\alpha}_2,\cdots,\boldsymbol{\alpha}_m$ 线性无关,则它的任何一个部分组必线性无关.

事实上,设 $\boldsymbol{\alpha}_1,\boldsymbol{\alpha}_2,\cdots,\boldsymbol{\alpha}_s(s<m)$是线性无关向量组 $\boldsymbol{\alpha}_1,\boldsymbol{\alpha}_2,\cdots,\boldsymbol{\alpha}_s,\cdots,\boldsymbol{\alpha}_m$ 的一个部分组,

假若 $\boldsymbol{\alpha}_1,\boldsymbol{\alpha}_2,\cdots,\boldsymbol{\alpha}_s$ 线性相关,由(3)可知,$\boldsymbol{\alpha}_1,\boldsymbol{\alpha}_2,\cdots,\boldsymbol{\alpha}_s,\cdots,\boldsymbol{\alpha}_m$ 必线性相关,与题没矛盾.因此,向量组 $\boldsymbol{\alpha}_1,\boldsymbol{\alpha}_2,\cdots,\boldsymbol{\alpha}_m$ 的部分组 $\boldsymbol{\alpha}_1,\boldsymbol{\alpha}_2,\cdots,\boldsymbol{\alpha}_s$ 线性无关.

3.1.4 向量组线性相关性的有关定理

定理 3.1 向量组 $\boldsymbol{\alpha}_1,\boldsymbol{\alpha}_2,\cdots,\boldsymbol{\alpha}_m(m\geqslant 2)$线性相关的充分必要条件是该向量组中至少有一个向量可由其余 $m-1$ 个向量线性表示.

证 先证必要性.设 $\boldsymbol{\alpha}_1,\boldsymbol{\alpha}_2,\cdots,\boldsymbol{\alpha}_m$ 线性相关,所以有不全为零的数 $k_1,k_2,\cdots,k_m$,使得

$$k_1\boldsymbol{\alpha}_1+k_2\boldsymbol{\alpha}_2+\cdots+k_m\boldsymbol{\alpha}_m=\boldsymbol{O}.$$

不妨设 $k_i\neq 0(1\leqslant i\leqslant m)$,则有

$$\boldsymbol{\alpha}_i=-\frac{k_1}{k_i}\boldsymbol{\alpha}_1-\cdots-\frac{k_{i-1}}{k_i}\boldsymbol{\alpha}_{i-1}-\frac{k_{i+1}}{k_i}\boldsymbol{\alpha}_{i+1}-\cdots-\frac{k_m}{k_i}\boldsymbol{\alpha}_m.$$

即 $\boldsymbol{\alpha}_i$ 可由其余 $m-1$ 个向量线性表示.

再证充分性. 设向量组 $\boldsymbol{\alpha}_1,\boldsymbol{\alpha}_2,\cdots,\boldsymbol{\alpha}_m$ 中有某个向量 $\boldsymbol{\alpha}_j(1\leqslant j\leqslant m)$ 可由该向量组的其余 $m-1$ 个向量线性表示, 即有常数 $k_1, k_2,\cdots,k_{j-1},k_{j+1},\cdots,k_m$, 使得

$$\boldsymbol{\alpha}_j=k_1\boldsymbol{\alpha}_1+\cdots+k_{j-1}\boldsymbol{\alpha}_{j-1}+k_{j+1}\boldsymbol{\alpha}_{j+1}+\cdots+k_m\boldsymbol{\alpha}_m,$$

于是有

$$k_1\boldsymbol{\alpha}_1+\cdots+k_{j-1}\boldsymbol{\alpha}_{j-1}+(-1)\boldsymbol{\alpha}_j+k_{j+1}\boldsymbol{\alpha}_{j+1}+\cdots+k_m\boldsymbol{\alpha}_m=\boldsymbol{O}.$$

由于常数 $k_1,\cdots,k_{j-1},-1,k_{j+1},\cdots,k_m$ 不全为 0, 由定义可知向量组 $\boldsymbol{\alpha}_1,\boldsymbol{\alpha}_2,\cdots,\boldsymbol{\alpha}_m$ 线性相关.

定理 3.2 设向量组 $\boldsymbol{\alpha}_1,\boldsymbol{\alpha}_2,\cdots,\boldsymbol{\alpha}_m$ 线性无关, 而向量组 $\boldsymbol{\alpha}_1,\boldsymbol{\alpha}_2,\cdots,\boldsymbol{\alpha}_m,\boldsymbol{\beta}$ 线性相关, 则向量 $\boldsymbol{\beta}$ 可由向量组 $\boldsymbol{\alpha}_1,\boldsymbol{\alpha}_2,\cdots,\boldsymbol{\alpha}_m$ 线性表示, 并且表达式唯一.

证 由题设, 向量组 $\boldsymbol{\alpha}_1,\boldsymbol{\alpha}_2,\cdots,\boldsymbol{\alpha}_m,\boldsymbol{\beta}$ 线性相关, 所以存在一组不全为零的数 $k_1,k_2,\cdots,k_m,k$ 使得

$$k_1\boldsymbol{\alpha}_1+k_2\boldsymbol{\alpha}_2+\cdots+k_m\boldsymbol{\alpha}_m+k\boldsymbol{\beta}=\boldsymbol{O},$$

则必有 $k\neq0$. 因为, 假若 $k=0$, 则有 $k_1,k_2,\cdots,k_m$ 不全为零, 使得

$$k_1\boldsymbol{\alpha}_1+k_2\boldsymbol{\alpha}_2+\cdots+k_m\boldsymbol{\alpha}_m=\boldsymbol{O},$$

这与题设向量组 $\boldsymbol{\alpha}_1,\boldsymbol{\alpha}_2,\cdots,\boldsymbol{\alpha}_m$ 线性无关矛盾. 因此有

$$\boldsymbol{\beta}=-\frac{k_1}{k}\boldsymbol{\alpha}_1-\frac{k_2}{k}\boldsymbol{\alpha}_2-\cdots-\frac{k_m}{k}\boldsymbol{\alpha}_m,$$

即 $\boldsymbol{\beta}$ 可由 $\boldsymbol{\alpha}_1,\boldsymbol{\alpha}_2,\cdots,\boldsymbol{\alpha}_m$ 线性表示.

下面证明 $\boldsymbol{\beta}$ 的表达式唯一.

设 $\boldsymbol{\beta}$ 有两个表达式, 为

$$\boldsymbol{\beta}=t_1\boldsymbol{\alpha}_1+t_2\boldsymbol{\alpha}_2+\cdots+t_m\boldsymbol{\alpha}_m, \tag{1}$$

$$\boldsymbol{\beta}=l_1\boldsymbol{\alpha}_1+l_2\boldsymbol{\alpha}_2+\cdots+l_m\boldsymbol{\alpha}_m, \tag{2}$$

其中某个 $t_i\neq l_i(1\leqslant i\leqslant m)$.

用式(1)减去式(2), 可得

$$(t_1-l_1)\boldsymbol{\alpha}_1+(t_2-l_2)\boldsymbol{\alpha}_2+\cdots+(t_i-l_i)\boldsymbol{\alpha}_i+\cdots+(t_m-l_m)\boldsymbol{\alpha}_m=\boldsymbol{O},$$

由于　$t_i \neq l_i$,

所以有　$t_i - l_i \neq 0$,

因此 $\boldsymbol{\alpha}_1, \boldsymbol{\alpha}_2, \cdots, \boldsymbol{\alpha}_m$ 线性相关,与题设 $\boldsymbol{\alpha}_1, \boldsymbol{\alpha}_2, \cdots, \boldsymbol{\alpha}_m$ 线性无关矛盾,因此必有

$$t_i = l_i (i = 1, 2, \cdots, m).$$

即 $\boldsymbol{\beta}$ 由 $\boldsymbol{\alpha}_1, \boldsymbol{\alpha}_2, \cdots, \boldsymbol{\alpha}_m$ 线性表示的表达式唯一.

定理 3.3　设

$$\boldsymbol{A}_{m \times n} = \begin{bmatrix} a_{11} & a_{12} & \cdots & a_{1n} \\ a_{21} & a_{22} & \cdots & a_{2n} \\ \vdots & \vdots & & \vdots \\ a_{m1} & a_{m2} & \cdots & a_{mn} \end{bmatrix} = \begin{bmatrix} \boldsymbol{\alpha}_1 \\ \boldsymbol{\alpha}_2 \\ \vdots \\ \boldsymbol{\alpha}_m \end{bmatrix} = (\boldsymbol{\beta}_1, \boldsymbol{\beta}_2, \cdots, \boldsymbol{\beta}_n),$$

则

(1) $\boldsymbol{\alpha}_1, \boldsymbol{\alpha}_2, \cdots, \boldsymbol{\alpha}_m$ 线性相关的充分必要条件是 $r(\boldsymbol{A}) < m$;

(2) $\boldsymbol{\beta}_1, \boldsymbol{\beta}_2, \cdots, \boldsymbol{\beta}_n$ 线性相关的充分必要条件是 $r(\boldsymbol{A}) < n$.

证　仅证(1)的情形.

若 $\boldsymbol{A} = \boldsymbol{O}$,则定理 3.3 显然成立.

若 $\boldsymbol{A} \neq \boldsymbol{O}$,先证必要性.

$$\boldsymbol{A} = \begin{bmatrix} a_{11} & a_{12} & \cdots & a_{1n} \\ a_{21} & a_{22} & \cdots & a_{2n} \\ \vdots & \vdots & & \vdots \\ a_{m1} & a_{m2} & \cdots & a_{mn} \end{bmatrix} = \begin{bmatrix} \boldsymbol{\alpha}_1 \\ \boldsymbol{\alpha}_2 \\ \vdots \\ \boldsymbol{\alpha}_m \end{bmatrix},$$

由于 $\boldsymbol{\alpha}_1, \boldsymbol{\alpha}_2, \cdots, \boldsymbol{\alpha}_m$ 线性相关,则必有某个 $\boldsymbol{\alpha}_i (1 \leqslant i \leqslant m)$ 可由其余 $m-1$ 个向量线性表示,不妨设

$$\boldsymbol{\alpha}_m = k_1 \boldsymbol{\alpha}_1 + k_2 \boldsymbol{\alpha}_2 + \cdots + k_{m-1} \boldsymbol{\alpha}_{m-1}.$$

将 $\boldsymbol{A}$ 进行初等行变换,有

$$A=\begin{pmatrix}\boldsymbol{\alpha}_1\\ \boldsymbol{\alpha}_2\\ \vdots\\ \boldsymbol{\alpha}_{m-1}\\ \boldsymbol{\alpha}_m\end{pmatrix}=\begin{pmatrix}\boldsymbol{\alpha}_1\\ \boldsymbol{\alpha}_2\\ \vdots\\ \boldsymbol{\alpha}_{m-1}\\ k_1\boldsymbol{\alpha}_1+k_2\boldsymbol{\alpha}_2+\cdots+k_{m-1}\boldsymbol{\alpha}_{m-1}\end{pmatrix}$$

$$\xrightarrow{[m\text{ 行}+\sum\limits_{i=1}^{m-1}i\text{ 行}\times(-k_i)]}\begin{pmatrix}\boldsymbol{\alpha}_1\\ \boldsymbol{\alpha}_2\\ \vdots\\ \boldsymbol{\alpha}_{m-1}\\ \boldsymbol{O}\end{pmatrix}.$$

由于初等变换不改变矩阵 $\boldsymbol{A}$ 的秩,所以

$$r(\boldsymbol{A})<m.$$

再证充分性.假设 $r(\boldsymbol{A})=r<m$,则存在 m 阶可逆矩阵 $\boldsymbol{P}$,n 阶可逆矩阵 $\boldsymbol{Q}$,使得

$$\boldsymbol{PAQ}=\begin{pmatrix}\boldsymbol{E}_r & \boldsymbol{O}\\ \boldsymbol{O} & \boldsymbol{O}\end{pmatrix}_{m\times n},$$

即有

$$\boldsymbol{PA}=\begin{pmatrix}\boldsymbol{E}_r & \boldsymbol{O}\\ \boldsymbol{O} & \boldsymbol{O}\end{pmatrix}\boldsymbol{Q}^{-1}.$$

记

$$\boldsymbol{P}=\begin{pmatrix}p_{11} & p_{12} & \cdots & p_{1m}\\ p_{21} & p_{22} & \cdots & p_{2m}\\ \vdots & \vdots & & \vdots\\ p_{m1} & p_{m2} & \cdots & p_{mm}\end{pmatrix},\boldsymbol{Q}^{-1}=\begin{pmatrix}\boldsymbol{Q}_1\\ \boldsymbol{Q}_2\\ \vdots\\ \boldsymbol{Q}_n\end{pmatrix},$$

有

$$\boldsymbol{PA}=\begin{bmatrix}p_{11}&p_{12}&\cdots&p_{1m}\\p_{21}&p_{22}&\cdots&p_{2m}\\\vdots&\vdots&&\vdots\\p_{m1}&p_{m2}&\cdots&p_{mm}\end{bmatrix}\begin{bmatrix}\boldsymbol{\alpha}_1\\\boldsymbol{\alpha}_2\\\vdots\\\boldsymbol{\alpha}_m\end{bmatrix}$$

$$=\begin{bmatrix}p_{11}\boldsymbol{\alpha}_1+p_{12}\boldsymbol{\alpha}_2+\cdots+p_{1m}\boldsymbol{\alpha}_m\\p_{21}\boldsymbol{\alpha}_1+p_{22}\boldsymbol{\alpha}_2+\cdots+p_{2m}\boldsymbol{\alpha}_m\\\cdots\cdots\\p_{m1}\boldsymbol{\alpha}_1+p_{m2}\boldsymbol{\alpha}_2+\cdots+p_{mm}\boldsymbol{\alpha}_m\end{bmatrix},$$

$$\begin{pmatrix}\boldsymbol{E}_r&\boldsymbol{O}\\\boldsymbol{O}&\boldsymbol{O}\end{pmatrix}\boldsymbol{Q}^{-1}=\begin{bmatrix}1&0&\cdots&0&0&\cdots&0\\0&1&\cdots&0&0&\cdots&0\\\vdots&\vdots&&\vdots&\vdots&&\vdots\\0&0&\cdots&1&0&\cdots&0\\0&0&\cdots&0&0&\cdots&0\\\vdots&\vdots&&\vdots&\vdots&&\vdots\\0&0&\cdots&0&0&\cdots&0\end{bmatrix}\begin{bmatrix}\boldsymbol{Q}_1\\\boldsymbol{Q}_2\\\vdots\\\boldsymbol{Q}_r\\\boldsymbol{Q}_{r+1}\\\vdots\\\boldsymbol{Q}_n\end{bmatrix}=\begin{bmatrix}\boldsymbol{Q}_1\\\boldsymbol{Q}_2\\\vdots\\\boldsymbol{Q}_r\\\boldsymbol{O}\\\vdots\\\boldsymbol{O}\end{bmatrix}.$$

比较等式两端的最后一行，有

$$p_{m1}\boldsymbol{\alpha}_1+p_{m2}\boldsymbol{\alpha}_2+\cdots+p_{mm}\boldsymbol{\alpha}_m=\boldsymbol{O}.$$

由于矩阵 $\boldsymbol{P}$ 可逆，因此它的最后一行元素 $p_{m1},p_{m2},\cdots,p_{mm}$ 不全为 0，所以 $\boldsymbol{A}$ 的 m 个行向量 $\boldsymbol{\alpha}_1,\boldsymbol{\alpha}_2,\cdots,\boldsymbol{\alpha}_m$ 线性相关.

同理可证(2)的情形.

推论 1　$m\times n$ 矩阵 $\boldsymbol{A}$ 的 m 个行向量线性无关的充分必要条件是 $r(\boldsymbol{A})=m$.

$m\times n$ 矩阵 $\boldsymbol{A}$ 的 n 个列向量线性无关的充分必要条件是 $r(\boldsymbol{A})=n$.

该推论由定理 3.3 反证即可.

推论 2　任意 $m(m>n)$ 个 n 维向量必线性相关.

事实上，由于以这 m 个 n 维向量为行作成的矩阵 $\boldsymbol{A}_{m\times n}$，有

$r(\boldsymbol{A}) \leqslant n < m$,由定理 3,可知这 m 个 n 维行向量必线性相关.

推论 3 n 个 n 维向量

$$\boldsymbol{\alpha}_1 = (a_{11}, a_{12}, \cdots, a_{1n}),$$
$$\boldsymbol{\alpha}_2 = (a_{21}, a_{22}, \cdots, a_{2n}),$$
$$\cdots\cdots$$
$$\boldsymbol{\alpha}_n = (a_{n1}, a_{n2}, \cdots, a_{nn})$$

线性无关的充分必要条件是

$$\begin{vmatrix} a_{11} & a_{12} & \cdots & a_{1n} \\ a_{21} & a_{22} & \cdots & a_{2n} \\ \vdots & \vdots & & \vdots \\ a_{n1} & a_{n2} & \cdots & a_{nn} \end{vmatrix} \neq 0.$$

例 8 判断下列向量组的线性相关性.

(1) $\boldsymbol{\alpha}_1 = (7,0,0,0)$, $\boldsymbol{\alpha}_2 = (-1,3,4,0)$, $\boldsymbol{\alpha}_3 = (1,0,1,1)$, $\boldsymbol{\alpha}_4 = (0,0,1,1,)$;

(2) $\boldsymbol{\alpha}_1 = (3,1,-2)$, $\boldsymbol{\alpha}_2 = (0,0,0)$, $\boldsymbol{\alpha}_3 = (5,2,-3)$;

(3) $\boldsymbol{\alpha}_1 = (1,2,3)$, $\boldsymbol{\alpha}_2 = (2,3,4)$, $\boldsymbol{\alpha}_3 = (1,4,3)$, $\boldsymbol{\alpha}_4 = (1,1,1)$;

(4) $\boldsymbol{\alpha}_1 = (1,0,0)$, $\boldsymbol{\alpha}_2 = (1,1,0)$, $\boldsymbol{\alpha}_3 = (5,0,3)$;

(5) $\boldsymbol{\alpha}_1 = (1, t_1, t_1^2, t_1^3)$, $\boldsymbol{\alpha}_2 = (1, t_2, t_2^2, t_2^3)$, $\boldsymbol{\alpha}_3 = (1, t_3, t_3^2, t_3^3)$, $\boldsymbol{\alpha}_4 = (1, t_4, t_4^2, t_4^3)$.

解 (1)**解法 1** 因为 $\boldsymbol{\alpha}_1 = 7\boldsymbol{\alpha}_3 - 7\boldsymbol{\alpha}_4$,所以 $\boldsymbol{\alpha}_1, \boldsymbol{\alpha}_3, \boldsymbol{\alpha}_4$ 线性相关,从而 $\boldsymbol{\alpha}_1, \boldsymbol{\alpha}_2, \boldsymbol{\alpha}_3, \boldsymbol{\alpha}_4$ 线性相关.

解法 2

$$\boldsymbol{A} = \begin{bmatrix} \boldsymbol{\alpha}_1 \\ \boldsymbol{\alpha}_2 \\ \boldsymbol{\alpha}_3 \\ \boldsymbol{\alpha}_4 \end{bmatrix} = \begin{bmatrix} 7 & 0 & 0 & 0 \\ -1 & 3 & 4 & 0 \\ 1 & 0 & 1 & 1 \\ 0 & 0 & 1 & 1 \end{bmatrix} \longrightarrow \begin{bmatrix} 1 & 0 & 0 & 0 \\ 0 & 3 & 4 & 0 \\ 0 & 0 & 1 & 1 \\ 0 & 0 & 1 & 1 \end{bmatrix} \longrightarrow \begin{bmatrix} 1 & 0 & 0 & 0 \\ 0 & 3 & 4 & 0 \\ 0 & 0 & 1 & 1 \\ 0 & 0 & 0 & 0 \end{bmatrix},$$

因为

$$r(\mathbf{A})=3<4,$$

所以，$\boldsymbol{\alpha}_1,\boldsymbol{\alpha}_2,\boldsymbol{\alpha}_3,\boldsymbol{\alpha}_4$ 线性相关.

(2)由于向量组中含有零向量，所以该向量组必线性相关.

(3)4 个三维向量必线性相关.

(4)由于

$$\begin{vmatrix}1&0&0\\1&1&0\\5&0&3\end{vmatrix}=3\neq 0,$$

所以向量组 $\boldsymbol{\alpha}_1,\boldsymbol{\alpha}_2,\boldsymbol{\alpha}_3$ 线性无关.

(5)由于

$$D=\begin{vmatrix}1&t_1&t_1^2&t_1^3\\1&t_2&t_2^2&t_2^3\\1&t_3&t_3^2&t_3^3\\1&t_4&t_4^2&t_4^3\end{vmatrix}=\prod_{1\leqslant j<i\leqslant 4}(t_i-t_j).$$

当 $t_i\neq t_j\,(i\neq j,i,j=1,2,3,4)$ 时，$D\neq 0$，此时，向量组 $\boldsymbol{\alpha}_1,\boldsymbol{\alpha}_2,\boldsymbol{\alpha}_3,\boldsymbol{\alpha}_4$ 线性无关.

当 t_1,t_2,t_3,t_4 中至少有两个相同时，$D=0$，此时，向量组 $\boldsymbol{\alpha}_1,\boldsymbol{\alpha}_2,\boldsymbol{\alpha}_3,\boldsymbol{\alpha}_4$ 线性相关.

例 9 设 n 维向量组 $\alpha_1,\alpha_2,\alpha_3$ 线性无关，而向量组

$$\boldsymbol{\beta}_1=\boldsymbol{\alpha}_1+\boldsymbol{\alpha}_2+\boldsymbol{\alpha}_3,$$

$$\boldsymbol{\beta}_2=\boldsymbol{\alpha}_1+m\boldsymbol{\alpha}_2+\boldsymbol{\alpha}_3,$$

$$\boldsymbol{\beta}_3=\boldsymbol{\alpha}_2+l\boldsymbol{\alpha}_3.$$

问当 m,l 为何值时，向量组 $\boldsymbol{\beta}_1,\boldsymbol{\beta}_2,\boldsymbol{\beta}_3$ 线性相关；当 m,l 为何值时，向量组 $\boldsymbol{\beta}_1,\boldsymbol{\beta}_2,\boldsymbol{\beta}_3$ 线性无关.

解 令

$$B=\begin{bmatrix}\beta_1\\\beta_2\\\beta_3\end{bmatrix}=\begin{bmatrix}1&1&1\\1&m&1\\0&1&l\end{bmatrix}\begin{bmatrix}\alpha_1\\\alpha_2\\\alpha_3\end{bmatrix}.$$

记

$$C=\begin{bmatrix}1&1&1\\1&m&1\\0&1&l\end{bmatrix},A=\begin{bmatrix}\alpha_1\\\alpha_2\\\alpha_3\end{bmatrix},$$

所以有

$$B=CA.$$

因为 $\alpha_1,\alpha_2,\alpha_3$ 线性无关,所以 $r(A)=3$.

又因为

$$|C|=\begin{vmatrix}1&1&1\\1&m&1\\0&1&l\end{vmatrix}=\begin{vmatrix}1&1&1\\0&m-1&0\\0&1&l\end{vmatrix}=(m-1)l,$$

当 $(m-1)l\neq0$,即 $m\neq1$ 且 $l\neq0$ 时,C 可逆,所以

$$r(B)=r(CA)=r(A)=3,$$

则 β_1,β_2,β_3 线性无关.

当 $m=1$ 或 $l=0$ 时,$|C|=0$,$r(C)<3$,

所以

$$r(B)=r(CA)\leqslant r(C)<3,$$

则 β_1,β_2,β_3 线性相关.

例 10 设向量组

$$\begin{aligned}&\alpha_1=(a_{11},a_{12},\cdots,a_{1n}),\\&\alpha_2=(a_{21},a_{22},\cdots,a_{2n}),\\&\cdots\cdots\\&\alpha_m=(a_{m1},a_{m2},\cdots,a_{mn})\end{aligned}\qquad(3)$$

线性无关,证明将每一个向量增加若干分量后所得的向量组

$$
\begin{aligned}
\boldsymbol{\beta}_1 &= (a_{11}, a_{12}, \cdots, a_{1n}, a_{1\,n+1}, \cdots, a_{1\,n+s}), \\
\boldsymbol{\beta}_2 &= (a_{21}, a_{22}, \cdots, a_{2n}, a_{2\,n+1}, \cdots, a_{2\,n+s}), \\
&\cdots\cdots \\
\boldsymbol{\beta}_m &= (a_{m1}, a_{m2}, \cdots, a_{mn}, a_{mn+1}, \cdots, a_{mn+s})
\end{aligned} \tag{4}
$$

也线性无关.反之,若向量组(4)线性相关,则向量组(3)也线性相关.

证 令

$$
\boldsymbol{A} = \begin{bmatrix} \boldsymbol{\alpha}_1 \\ \boldsymbol{\alpha}_2 \\ \vdots \\ \boldsymbol{\alpha}_m \end{bmatrix}, \boldsymbol{B} = \begin{bmatrix} \boldsymbol{\beta}_1 \\ \boldsymbol{\beta}_2 \\ \vdots \\ \boldsymbol{\beta}_m \end{bmatrix},
$$

因为 $\boldsymbol{\alpha}_1, \boldsymbol{\alpha}_2, \cdots, \boldsymbol{\alpha}_m$ 线性无关,所以 $r(\boldsymbol{A}) = m$.

由于

$$
r(\boldsymbol{A}) \leqslant r(\boldsymbol{B}) \leqslant \min\{m, n+s\} \leqslant m,
$$

所以

$$
r(\boldsymbol{B}) = m.
$$

因此 $\boldsymbol{\beta}_1, \boldsymbol{\beta}_2, \cdots, \boldsymbol{\beta}_m$ 线性无关.

反之,已知(4)线性相关(用反证法证明之),假若 $\boldsymbol{\alpha}_1, \boldsymbol{\alpha}_2, \cdots, \boldsymbol{\alpha}_m$ 线性无关,由上述结论可知 $\boldsymbol{\beta}_1, \boldsymbol{\beta}_2, \cdots, \boldsymbol{\beta}_m$ 线性无关.与题设 $\boldsymbol{\beta}_1, \boldsymbol{\beta}_2, \cdots, \boldsymbol{\beta}_m$ 线性相关矛盾,故 $\boldsymbol{\alpha}_1, \boldsymbol{\alpha}_2, \cdots, \boldsymbol{\alpha}_m$ 线性相关.

3.2 向量组的秩

3.2.1 等价向量组

定义 3.5 设向量组(Ⅰ)$\boldsymbol{\alpha}_1, \boldsymbol{\alpha}_2, \cdots, \boldsymbol{\alpha}_m$;(Ⅱ)$\boldsymbol{\beta}_1, \boldsymbol{\beta}_2, \cdots, \boldsymbol{\beta}_s$.若向量组(Ⅰ)中的每一个 $\boldsymbol{\alpha}_i\,(i = 1, 2, \cdots, m)$都可由向量组(Ⅱ)线性表示,则称向量组(Ⅰ)可由向量组(Ⅱ)线性表示.

若向量组(Ⅰ)与向量组(Ⅱ)可以互相线性表示,则称向量组

(Ⅰ)与向量组(Ⅱ)等价.

等价是两个向量组之间的一种关系,易证向量组之间的等价关系具有如下性质.

(1)反身性.每一向量组与其自身等价.

(2)对称性.若向量组(Ⅰ)与向量组(Ⅱ)等价,则向量组(Ⅱ)与向量组(Ⅰ)等价.

(3)传递性.若向量组(Ⅰ)与向量组(Ⅱ)等价,向量组(Ⅱ)与向量组(Ⅲ)$\boldsymbol{\gamma}_1,\boldsymbol{\gamma}_2,\cdots,\boldsymbol{\gamma}_t$ 等价,则向量组(Ⅰ)与向量组(Ⅲ)等价.

定理 3.4 若向量组 $\boldsymbol{\alpha}_1,\boldsymbol{\alpha}_2,\cdots,\boldsymbol{\alpha}_r$ 线性无关,且可由向量组 $\boldsymbol{\beta}_1,\boldsymbol{\beta}_2,\cdots,\boldsymbol{\beta}_s$ 线性表示,则 $r\leqslant s$.

证 由题设知向量组 $\boldsymbol{\alpha}_1,\boldsymbol{\alpha}_2,\cdots,\boldsymbol{\alpha}_r$ 可由向量组 $\boldsymbol{\beta}_1,\boldsymbol{\beta}_2,\cdots,\boldsymbol{\beta}_s$ 线性表示,则有

$$\begin{cases}\boldsymbol{\alpha}_1=a_{11}\boldsymbol{\beta}_1+a_{12}\boldsymbol{\beta}_2+\cdots+a_{1s}\boldsymbol{\beta}_s,\\ \boldsymbol{\alpha}_2=a_{21}\boldsymbol{\beta}_1+a_{22}\boldsymbol{\beta}_2+\cdots+a_{2s}\boldsymbol{\beta}_s,\\ \qquad\qquad\cdots\cdots\\ \boldsymbol{\alpha}_r=a_{r1}\boldsymbol{\beta}_1+a_{r2}\boldsymbol{\beta}_2+\cdots+a_{rs}\boldsymbol{\beta}_s.\end{cases}$$

设 $\boldsymbol{\alpha}_i(i=1,2,\cdots,r),\boldsymbol{\beta}_j(j=1,2,\cdots,s)$为 n 维行向量(同理可证列向量的情况),则上式可表示为

$$\boldsymbol{A}=\begin{bmatrix}\boldsymbol{\alpha}_1\\ \boldsymbol{\alpha}_2\\ \vdots\\ \boldsymbol{\alpha}_r\end{bmatrix}=\begin{bmatrix}a_{11}&a_{12}&\cdots&a_{1s}\\ a_{21}&a_{22}&\cdots&a_{2s}\\ \vdots&\vdots&&\vdots\\ a_{r1}&a_{r2}&\cdots&a_{rs}\end{bmatrix}\begin{bmatrix}\boldsymbol{\beta}_1\\ \boldsymbol{\beta}_2\\ \vdots\\ \boldsymbol{\beta}_s\end{bmatrix}.$$

记

$$\boldsymbol{P}=\begin{bmatrix}a_{11}&a_{12}&\cdots&a_{1s}\\ a_{21}&a_{22}&\cdots&a_{2s}\\ \vdots&\vdots&&\vdots\\ a_{r1}&a_{r2}&\cdots&a_{rs}\end{bmatrix},\boldsymbol{B}=\begin{bmatrix}\boldsymbol{\beta}_1\\ \boldsymbol{\beta}_2\\ \vdots\\ \boldsymbol{\beta}_s\end{bmatrix},$$

则

$$A = PB.$$

由于向量组 $\boldsymbol{\alpha}_1,\boldsymbol{\alpha}_2,\cdots,\boldsymbol{\alpha}_r$ 线性无关,由定理 3.3 的推论 1 可知,$r(\boldsymbol{A})=r$,因为 $\boldsymbol{B}$ 是 $s\times n$ 矩阵,所以 $r(\boldsymbol{B})\leqslant s$,又 $r(\boldsymbol{PB})\leqslant \min\{r(\boldsymbol{P}),r(\boldsymbol{B})\}$,因此有

$$r=r(\boldsymbol{A})=r(\boldsymbol{PB})\leqslant r(\boldsymbol{B})\leqslant s.$$

推论 等价的两个线性无关的向量组所含向量的个数相同.

3.2.2 极大线性无关部分组

定义 3.6 设 $\boldsymbol{\alpha}_{i_1},\boldsymbol{\alpha}_{i_2},\cdots,\boldsymbol{\alpha}_{i_r}$ 是向量组(Ⅰ)$\boldsymbol{\alpha}_1,\boldsymbol{\alpha}_2,\cdots,\boldsymbol{\alpha}_m$ 的一个部分组,且满足

(1)$\boldsymbol{\alpha}_{i_1},\boldsymbol{\alpha}_{i_2},\cdots,\boldsymbol{\alpha}_{i_r}$ 线性无关;

(2)任意的 $\boldsymbol{\alpha}\in$(Ⅰ),必有 $\boldsymbol{\alpha}_{i_1},\boldsymbol{\alpha}_{i_2},\cdots,\boldsymbol{\alpha}_{i_r},\boldsymbol{\alpha}$ 线性相关,则 $\boldsymbol{\alpha}_{i_1},\boldsymbol{\alpha}_{i_2},\cdots,\boldsymbol{\alpha}_{i_r}$ 是向量组(Ⅰ)$\boldsymbol{\alpha}_1,\boldsymbol{\alpha}_2,\cdots,\boldsymbol{\alpha}_m$ 的一个极大线性无关部分组.简称极大无关组.

由极大无关组的定义可知,任意一个非零向量组必有极大无关组,而线性无关的向量组的极大无关组为其本身.

例如,向量组(Ⅰ)

$$\boldsymbol{\alpha}_1=\begin{bmatrix}1\\1\\1\end{bmatrix},\boldsymbol{\alpha}_2=\begin{bmatrix}0\\1\\1\end{bmatrix},\boldsymbol{\alpha}_3=\begin{bmatrix}1\\2\\2\end{bmatrix}.$$

由于向量组(Ⅰ)的部分组 $\boldsymbol{\alpha}_1,\boldsymbol{\alpha}_2$ 线性无关,而 $\boldsymbol{\alpha}_3=\boldsymbol{\alpha}_1+\boldsymbol{\alpha}_2$,所以 $\boldsymbol{\alpha}_1,\boldsymbol{\alpha}_2$ 是向量组(Ⅰ)的一个极大无关部分组.

同理 $\boldsymbol{\alpha}_1,\boldsymbol{\alpha}_3$ 或 $\boldsymbol{\alpha}_2,\boldsymbol{\alpha}_3$ 也都是向量组(Ⅰ)的一个极大无关部分组.

上例表明,若向量组是线性相关的,它的极大无关部分组不唯一.

由向量组等价的定义、等价向量组的性质及极大无关部分组

的定义,可以有以下结论:

(1)向量组与其任一个极大线性无关部分组等价;

(2)同一个向量组的任意两个极大无关部分组等价,从而向量组的任意两个极大无关部分组所含向量的个数相同;

(3)等价向量组的极大线性无关部分组等价,从而它们的极大线性无关部分组所含向量的个数相同.

3.2.3 向量组的秩

定义 3.7 向量组(Ⅰ)$\boldsymbol{\alpha}_1,\boldsymbol{\alpha}_2,\cdots,\boldsymbol{\alpha}_m$ 的极大线性无关部分组中所含向量的个数,称为向量组(Ⅰ)的秩,记作 R(Ⅰ).

由秩的定义及上面的结论 3 可知,等价向量组的秩相同.

定理 3.5 若向量组(Ⅰ)$\boldsymbol{\alpha}_1,\boldsymbol{\alpha}_2,\cdots,\boldsymbol{\alpha}_m$,可由向量组(Ⅱ)$\boldsymbol{\beta}_1,\boldsymbol{\beta}_2,\cdots,\boldsymbol{\beta}_s$ 线性表示,则 R(Ⅰ)$\leqslant R$(Ⅱ).

证 设向量组(Ⅰ)的任一个极大线性无关部分组为(Ⅲ)$\boldsymbol{\alpha}_{i_1},\boldsymbol{\alpha}_{i_2},\cdots,\boldsymbol{\alpha}_{i_{r_1}}$;向量组(Ⅱ)的任一个极大线性无关部分组为(Ⅳ)$\boldsymbol{\beta}_{j_1},\boldsymbol{\beta}_{j_2},\cdots,\boldsymbol{\beta}_{j_{r_2}}$,则向量组(Ⅰ)与(Ⅲ)互相线性表示;向量组(Ⅱ)与(Ⅳ)互相线性表示.

由题设,(Ⅰ)可由(Ⅱ)线性表示,则有(Ⅲ)可由(Ⅳ)线性表示.

由于向量组(Ⅲ)线性无关,又有(Ⅲ)可由(Ⅳ)线性表示,由定理 3.4 可知,

$$r_1\leqslant r_2,$$

即

$$R(\text{Ⅰ})\leqslant R(\text{Ⅱ}).$$

推论 若向量组(Ⅰ)与(Ⅱ)等价,则 R(Ⅰ)$=R$(Ⅱ).

定理 3.6 矩阵 $\boldsymbol{A}$ 的秩与矩阵 $\boldsymbol{A}$ 的行(列)向量组的秩相等.

证 只证矩阵 $\boldsymbol{A}$ 的秩与矩阵 $\boldsymbol{A}$ 的行向量组的秩相等的情形.

设

$$A=\begin{bmatrix} a_{11} & a_{12} & \cdots & a_{1n} \\ a_{21} & a_{22} & \cdots & a_{2n} \\ \vdots & \vdots & & \vdots \\ a_{m1} & a_{m2} & \cdots & a_{mn} \end{bmatrix}=\begin{bmatrix} \boldsymbol{\alpha}_1 \\ \boldsymbol{\alpha}_2 \\ \vdots \\ \boldsymbol{\alpha}_m \end{bmatrix}.$$

向量组(Ⅰ)为 $\boldsymbol{\alpha}_1,\boldsymbol{\alpha}_2,\cdots,\boldsymbol{\alpha}_m$,其中

$$\boldsymbol{\alpha}_i=(a_{i1},a_{i2},\cdots,a_{in})\ (i=1,2,\cdots,m).$$

若 $R(\text{Ⅰ})=m$,可知 $\boldsymbol{\alpha}_1,\boldsymbol{\alpha}_2,\cdots,\boldsymbol{\alpha}_m$ 线性无关.所以

$$r(A)=m=R(\text{Ⅰ}).$$

若 $R(\text{Ⅰ})=r<m$,取(Ⅰ)的一个极大线性无关部分组 $\boldsymbol{\alpha}_{i_1}$, $\boldsymbol{\alpha}_{i_2},\cdots,\boldsymbol{\alpha}_{i_r}$,则矩阵

$$A_1=\begin{bmatrix} \boldsymbol{\alpha}_{i_1} \\ \boldsymbol{\alpha}_{i_2} \\ \vdots \\ \boldsymbol{\alpha}_{i_r} \end{bmatrix}$$

中必有不等于零的 r 阶子式,即 A 中必有不等于零的 r 阶子式.

由于任意 $r+1$ 个向量 $\boldsymbol{\alpha}_{i_1},\boldsymbol{\alpha}_{i_2},\cdots,\boldsymbol{\alpha}_{i_r},\boldsymbol{\alpha}_{i_{r+1}}$ 都线性相关,所以 A 中所有的 $r+1$ 阶子式均为零.因此

$$r(A)=r=R(\text{Ⅰ}).$$

同理可证矩阵 A 的秩等于 A 的列向量组的秩.

称矩阵 A 的行(列)向量组的秩为矩阵 A 的行(列)秩.

由定理 3.6 可知,矩阵 A 的行秩 $=r(A)=$ 矩阵 A 的列秩.

例 1 设向量 $\boldsymbol{\alpha}_1,\boldsymbol{\alpha}_2,\cdots,\boldsymbol{\alpha}_m$ 的秩为 r.证明 $\boldsymbol{\alpha}_1,\boldsymbol{\alpha}_2,\cdots,\boldsymbol{\alpha}_m$ 中任意 r 个线性无关的向量都是它的一个极大线性无关部分组.

证 设向量组(Ⅰ)$\boldsymbol{\alpha}_1,\boldsymbol{\alpha}_2,\cdots,\boldsymbol{\alpha}_m$ 中任意 r 个线性无关的向量为 $\boldsymbol{\alpha}_{i_1},\boldsymbol{\alpha}_{i_2},\cdots,\boldsymbol{\alpha}_{i_r}$.

下面证明(Ⅰ)中任一个向量可由 $\boldsymbol{\alpha}_{i_1},\boldsymbol{\alpha}_{i_2},\cdots,\boldsymbol{\alpha}_{i_r}$ 线性表示.

反证法:假若(Ⅰ)中有某个 $\boldsymbol{\alpha}_j(1\leqslant j\leqslant m)$不能由 $\boldsymbol{\alpha}_{i_1},\boldsymbol{\alpha}_{i_2},\cdots,\boldsymbol{\alpha}_{i_r}$ 线性表示.令

$$k_1\boldsymbol{\alpha}_{i_1}+k_2\boldsymbol{\alpha}_{i_2}+\cdots+k_r\boldsymbol{\alpha}_{i_r}+k\boldsymbol{\alpha}_j=\boldsymbol{O},$$

则必有 $k=0$(假若 $k\neq 0$,则有 $\boldsymbol{\alpha}_j=-\frac{k_1}{k}\boldsymbol{\alpha}_{i_1}-\frac{k_2}{k}\boldsymbol{\alpha}_{i_2}-\cdots-\frac{k_r}{k}\boldsymbol{\alpha}_{i_r}$,表明 $\boldsymbol{\alpha}_j$ 可由 $\boldsymbol{\alpha}_{i_1},\boldsymbol{\alpha}_{i_2},\cdots,\boldsymbol{\alpha}_{i_r}$ 线性表示,与题设矛盾).又因为 $\boldsymbol{\alpha}_{i_1},\boldsymbol{\alpha}_{i_2},\cdots,\boldsymbol{\alpha}_{i_r}$ 线性无关,所以只有

$$k_1=k_2=\cdots=k_r=0.$$

因此 $\boldsymbol{\alpha}_{i_1},\boldsymbol{\alpha}_{i_2},\cdots,\boldsymbol{\alpha}_{i_r},\boldsymbol{\alpha}_j$ 线性无关,所以 $R(\text{Ⅰ})\geqslant r+1$,与 $R(\text{Ⅰ})=r$ 矛盾.因此向量组(Ⅰ)中任意向量都可由 $\boldsymbol{\alpha}_{i_1},\boldsymbol{\alpha}_{i_2},\cdots,\boldsymbol{\alpha}_{i_r}$ 线性表示,亦即 $\boldsymbol{\alpha}_{i_1},\boldsymbol{\alpha}_{i_2},\cdots,\boldsymbol{\alpha}_{i_r}$ 为向量组(Ⅰ)的一个极大无关组.

例 2 求向量组

$$\boldsymbol{\alpha}_1=(2,0,2,2),\boldsymbol{\alpha}_2=(-2,-2,0,1),$$
$$\boldsymbol{\alpha}_3=(1,-1,0,2),\boldsymbol{\alpha}_4=(0,-2,2,3)$$

的秩,并求出它的一个极大无关组.

解 设

$$\boldsymbol{A}=\begin{bmatrix}2&0&2&2\\-2&-2&0&1\\1&-1&0&2\\0&-2&2&3\end{bmatrix}\begin{matrix}\boldsymbol{\alpha}_1\\\boldsymbol{\alpha}_2\\\boldsymbol{\alpha}_3\\\boldsymbol{\alpha}_4\end{matrix}\longrightarrow\begin{bmatrix}1&-1&0&2\\2&0&2&2\\-2&-2&0&1\\0&-2&2&3\end{bmatrix}\begin{matrix}\boldsymbol{\alpha}_3\\\boldsymbol{\alpha}_1\\\boldsymbol{\alpha}_2\\\boldsymbol{\alpha}_4\end{matrix}$$

$$\longrightarrow\begin{bmatrix}1&-1&0&2\\0&2&2&-2\\0&-2&2&3\\0&-2&2&3\end{bmatrix}\begin{matrix}\boldsymbol{\alpha}_3\\\boldsymbol{\alpha}_1-2\boldsymbol{\alpha}_3\\\boldsymbol{\alpha}_2+\boldsymbol{\alpha}_1\\\boldsymbol{\alpha}_4\end{matrix}$$

$$\longrightarrow\begin{bmatrix}1 & -1 & 0 & 2\\0 & 2 & 2 & -2\\0 & 0 & 4 & 1\\0 & 0 & 0 & 0\end{bmatrix}\begin{matrix}\boldsymbol{\alpha}_3\\\boldsymbol{\alpha}_1-2\boldsymbol{\alpha}_3\\\boldsymbol{\alpha}_2+2\boldsymbol{\alpha}_1-2\boldsymbol{\alpha}_3\\\boldsymbol{\alpha}_4-\boldsymbol{\alpha}_1-\boldsymbol{\alpha}_2\end{matrix}.$$

由于 $r(\mathbf{A})=3$,所以向量组 $\boldsymbol{\alpha}_1,\boldsymbol{\alpha}_2,\boldsymbol{\alpha}_3,\boldsymbol{\alpha}_4$ 的秩为 3. 它的极大线性无关部分组中含 3 个向量.

因为 $\boldsymbol{\alpha}_1,\boldsymbol{\alpha}_2,\boldsymbol{\alpha}_3$ 线性无关,因此 $\boldsymbol{\alpha}_1,\boldsymbol{\alpha}_2,\boldsymbol{\alpha}_3$ 为它的一个极大线性无关部分组.

3.3 向量空间

3.3.1 向量空间的概念

定义 3.8 设 $\mathbf{V}$ 为 n 维向量的集合,若集合 $\mathbf{V}$ 非空,且集合 $\mathbf{V}$ 对于向量的加法及数与向量的乘法两种运算封闭,则称集合 $\mathbf{V}$ 为向量空间.

所谓对两种运算封闭,是指若对于任意的 $\boldsymbol{\alpha},\boldsymbol{\beta}\in\mathbf{V}$,有 $\boldsymbol{\alpha}+\boldsymbol{\beta}\in\mathbf{V}$;对于任意 $\boldsymbol{\alpha}\in\mathbf{V}$,任意常数 $k\in\mathbf{R}$,有 $k\boldsymbol{\alpha}\in\mathbf{V}$,则称 $\mathbf{V}$ 对于向量加法及数乘运算封闭.

例 1 三维实向量的全体 $\mathbf{R}^3$ 就是一个向量空间.

这是因为,显然 $\mathbf{R}^3$ 非空. 对于任意 $\boldsymbol{\alpha}=\begin{bmatrix}a_1\\a_2\\a_3\end{bmatrix}$;$\boldsymbol{\beta}=\begin{bmatrix}b_1\\b_2\\b_3\end{bmatrix}\in\mathbf{R}^3$,

则有

$$\boldsymbol{\alpha}+\boldsymbol{\beta}=\begin{bmatrix}a_1+b_1\\a_2+b_2\\a_3+b_3\end{bmatrix}\in\mathbf{R}^3;$$

任意 $k\in\mathbf{R}$,任意 $\boldsymbol{\alpha}\in\mathbf{R}^3$,则有

$$k\boldsymbol{\alpha}=\begin{bmatrix}ka_1\\ka_2\\ka_3\end{bmatrix}\in\mathbf{R}^3.$$

即 $\mathbf{R}^3$ 对于向量的加法及数与向量的乘法封闭,所以 $\mathbf{R}^3$ 是一个向量空间,记作 $\mathbf{R}^3$.

同理,全体 n 维实向量构成向量空间,记作 $\mathbf{R}^n$.

例 2 集合

$$\mathbf{V}_1=\left\{\boldsymbol{X}=\begin{bmatrix}0\\x_2\\\vdots\\x_n\end{bmatrix}\middle|\begin{array}{l}x_i\in\mathbf{R},\\i=2,\cdots,n\end{array}\right\}$$

是一个向量空间.

这是因为

$$\boldsymbol{O}=\begin{bmatrix}0\\0\\\vdots\\0\end{bmatrix}\in\mathbf{V}_1,$$

所以 $\mathbf{V}_1$ 非空. $\mathbf{V}_1$ 中任意向量

$$\boldsymbol{\alpha}=\begin{bmatrix}0\\a_2\\\vdots\\a_n\end{bmatrix},\quad\boldsymbol{\beta}=\begin{bmatrix}0\\b_2\\\vdots\\b_n\end{bmatrix},$$

则有

$$\boldsymbol{\alpha}+\boldsymbol{\beta}=\begin{bmatrix}0\\a_2+b_2\\\vdots\\a_n+b_n\end{bmatrix}\in\mathbf{V}_1;$$

任意常数 $k\in\mathbf{R}$,则有

$$k\boldsymbol{\alpha}=\begin{bmatrix}0\\ka_2\\\vdots\\ka_n\end{bmatrix}\in\mathbf{V}_1.$$

例 3 集合 $\mathbf{V}_2=\left\{\boldsymbol{X}=\begin{bmatrix}1\\x_2\\\vdots\\x_n\end{bmatrix}\middle|\begin{array}{l}x_i\in\mathbf{R}\\i=2,\cdots,n\end{array}\right\}$不是向量空间.

这是因为对于任意 $\mathbf{V}_2$ 中的向量

$$\boldsymbol{\alpha}=\begin{bmatrix}1\\a_2\\\vdots\\a_n\end{bmatrix},\boldsymbol{\beta}=\begin{bmatrix}1\\b_2\\\vdots\\b_n\end{bmatrix},\text{有 }\boldsymbol{\alpha}+\boldsymbol{\beta}=\begin{bmatrix}2\\a_2+b_2\\\vdots\\a_n+b_n\end{bmatrix}\overline{\in}\mathbf{V}_2,$$

即 $\mathbf{V}_2$ 对向量的加法运算不封闭.

例 4 设 $\boldsymbol{\alpha}_1,\boldsymbol{\alpha}_2$ 为已知的两个 n 维向量,集合 $\mathbf{V}=\{\boldsymbol{X}=k_1\boldsymbol{\alpha}_1+k_2\boldsymbol{\alpha}_2\mid k_1,k_2\in\mathbf{R}\}$是一个向量空间.

这是因为 $\boldsymbol{\alpha}_1\in\mathbf{V}$,所以 $\mathbf{V}$ 非空.

对于 $\mathbf{V}$ 中任意向量 $\boldsymbol{X}_1=k_1\boldsymbol{\alpha}_1+k_2\boldsymbol{\alpha}_2$;$\boldsymbol{X}_2=l_1\boldsymbol{\alpha}_1+l_2\boldsymbol{\alpha}_2$.有

$$\boldsymbol{X}_1+\boldsymbol{X}_2=(k_1+l_1)\boldsymbol{\alpha}_1+(k_2+l_2)\boldsymbol{\alpha}_2\quad\in\mathbf{V};$$

任意 $\lambda\in\mathbf{R}$,有

$$\lambda\boldsymbol{X}_1=(k_1\lambda)\boldsymbol{\alpha}_1+(k_2\lambda)\boldsymbol{\alpha}_2\quad\in\mathbf{V}.$$

称这个向量空间 $\mathbf{V}$ 为由向量组 $\boldsymbol{\alpha}_1,\boldsymbol{\alpha}_2$ 生成的向量空间.

一般地,由向量组 $\boldsymbol{\alpha}_1,\boldsymbol{\alpha}_2,\cdots,\boldsymbol{\alpha}_m$ 生成的向量空间为

$$\mathbf{V}=\left\{\boldsymbol{X}=k_1\boldsymbol{\alpha}_1+k_2\boldsymbol{\alpha}_2+\cdots+k_m\boldsymbol{\alpha}_m\middle|\begin{array}{l}k_i\in\mathbf{R}\\i=1,2,\cdots,m\end{array}\right\},$$

记作 $L(\boldsymbol{\alpha}_1,\boldsymbol{\alpha}_2,\cdots,\boldsymbol{\alpha}_m)$.

例 5 设向量组(Ⅰ)$\boldsymbol{\alpha}_1,\boldsymbol{\alpha}_2,\cdots,\boldsymbol{\alpha}_m$ 与向量组(Ⅱ)$\boldsymbol{\beta}_1,\boldsymbol{\beta}_2,\cdots,\boldsymbol{\beta}_s$ 等价,则 $L(\boldsymbol{\alpha}_1,\boldsymbol{\alpha}_2,\cdots,\boldsymbol{\alpha}_m)=L(\boldsymbol{\beta}_1,\boldsymbol{\beta}_2,\cdots,\boldsymbol{\beta}_s)$.

证 设任意 $\boldsymbol{X}_1\in L(\boldsymbol{\alpha}_1,\boldsymbol{\alpha}_2,\cdots,\boldsymbol{\alpha}_m)$,则 $\boldsymbol{X}_1$ 可由向量组 $\boldsymbol{\alpha}_1,\boldsymbol{\alpha}_2,\cdots,\boldsymbol{\alpha}_m$ 线性表示.又因为向量组(Ⅰ)可由(Ⅱ)线性表示.所以 $\boldsymbol{X}_1$ 可由(Ⅱ)线性表示,因此

$$\boldsymbol{X}_1\in L(\boldsymbol{\beta}_1,\boldsymbol{\beta}_2,\cdots,\boldsymbol{\beta}_s).$$

这就表明

$$L(\boldsymbol{\alpha}_1,\boldsymbol{\alpha}_2,\cdots,\boldsymbol{\alpha}_m)\subset L(\boldsymbol{\beta}_1,\boldsymbol{\beta}_2,\cdots,\boldsymbol{\beta}_s).$$

同理可证,任意 $\boldsymbol{X}_2\in L(\boldsymbol{\beta}_1,\boldsymbol{\beta}_2,\cdots,\boldsymbol{\beta}_s)$,则 $\boldsymbol{X}_2\in L(\boldsymbol{\alpha}_1,\boldsymbol{\alpha}_2,\cdots,\boldsymbol{\alpha}_m)$.所以

$$L(\boldsymbol{\beta}_1,\boldsymbol{\beta}_2,\cdots,\boldsymbol{\beta}_s)\subset L(\boldsymbol{\alpha}_1,\boldsymbol{\alpha}_2,\cdots,\boldsymbol{\alpha}_m).$$

因此

$$L(\boldsymbol{\alpha}_1,\boldsymbol{\alpha}_2,\cdots,\boldsymbol{\alpha}_m)=L(\boldsymbol{\beta}_1,\boldsymbol{\beta}_2,\cdots,\boldsymbol{\beta}_s).$$

定义 3.9 设有向量空间 $\mathbf{V}_1$ 及 $\mathbf{V}_2$,若 $\mathbf{V}_1\subset\mathbf{V}_2$ 则称 $\mathbf{V}_1$ 是 $\mathbf{V}_2$ 的一个子空间,记作 $\mathbf{V}_1<\mathbf{V}_2$.

任何由 n 维向量所组成的向量空间 $\mathbf{V}$ 总有 $\mathbf{V}\subset\mathbf{R}^n$,所以这样的向量空间总是 $\mathbf{R}^n$ 的子空间.

显然,对于 $\boldsymbol{\alpha}_1,\boldsymbol{\alpha}_2,\cdots,\boldsymbol{\alpha}_m\in\mathbf{R}^n$,则 $L(\boldsymbol{\alpha}_1,\boldsymbol{\alpha}_2,\cdots,\boldsymbol{\alpha}_m)$是 $\mathbf{R}^n$ 的子空间.

称只由零向量组成的零子空间$\{\boldsymbol{O}\}$与 $\mathbf{R}^n$ 自身为 $\mathbf{R}^n$ 的两个平凡子空间.除平凡子空间外的其他子空间称为 $\mathbf{R}^n$ 的非平凡子空间.

3.3.2 基、维数与坐标

定义 3.10 设 $\mathbf{V}$ 是向量空间,若 $\mathbf{V}$ 中的向量 $\boldsymbol{\alpha}_1,\boldsymbol{\alpha}_2,\cdots,\boldsymbol{\alpha}_r$ 满足

(1)$\boldsymbol{\alpha}_1,\boldsymbol{\alpha}_2,\cdots,\boldsymbol{\alpha}_r$ 线性无关;

(2) $\boldsymbol{V}$ 中任一个向量 $\boldsymbol{\alpha}$ 都可由 $\boldsymbol{\alpha}_1,\boldsymbol{\alpha}_2,\cdots,\boldsymbol{\alpha}_r$ 线性表示,则称向量组 $\boldsymbol{\alpha}_1,\boldsymbol{\alpha}_2,\cdots,\boldsymbol{\alpha}_r$ 为向量空间 $\boldsymbol{V}$ 的一组基,并称数 r 为向量空间 $\boldsymbol{V}$ 的维数,记作 $\dim\boldsymbol{V}=r$. 称 $\boldsymbol{V}$ 为 r 维向量空间,记作 $\boldsymbol{V}_r$.

只含零向量的空间 $\boldsymbol{V}_0$ 没有基,则 $\boldsymbol{V}_0$ 的维数为 0,即零空间没有基,则零空间的维数为 0.

若把向量空间 $\boldsymbol{V}$ 看作一个向量组,可知 $\boldsymbol{V}$ 的基就是该向量组的一个极大线性无关部分组,$\dim\boldsymbol{V}$ 就是向量组的秩.

当 $\dim\boldsymbol{V}=r$ 时,$\boldsymbol{V}$ 中任意 r 个线性无关的向量都是 $\boldsymbol{V}$ 的一组基. 所以 n 维向量空间 $\mathbf{R}^n$ 中任何 n 个线性无关的向量都是它的一组基. 因此

$$\dim \mathbf{R}^n = n,$$

称 $\mathbf{R}^n$ 为 n 维向量空间,易知 $\boldsymbol{\varepsilon}_1,\boldsymbol{\varepsilon}_2,\cdots,\boldsymbol{\varepsilon}_n$ 是 $\mathbf{R}^n$ 的一组基.

在例 2 中,取

$$\boldsymbol{\varepsilon}_2=\begin{bmatrix}0\\1\\0\\\vdots\\0\end{bmatrix},\boldsymbol{\varepsilon}_3=\begin{bmatrix}0\\0\\1\\\vdots\\0\end{bmatrix},\cdots,\boldsymbol{\varepsilon}_n=\begin{bmatrix}0\\0\\0\\\vdots\\1\end{bmatrix}.$$

由基的定义可知,$\boldsymbol{\varepsilon}_2,\boldsymbol{\varepsilon}_3,\cdots,\boldsymbol{\varepsilon}_n$ 是 $\boldsymbol{V}_1$ 的一组基,所以

$$\dim\boldsymbol{V}_1=n-1.$$

在由向量组 $\boldsymbol{\alpha}_1,\boldsymbol{\alpha}_2,\cdots,\boldsymbol{\alpha}_m$ 生成的向量空间 $\boldsymbol{L}(\boldsymbol{\alpha}_1,\boldsymbol{\alpha}_2,\cdots,\boldsymbol{\alpha}_m)$ 中,显然 $\boldsymbol{\alpha}_1,\boldsymbol{\alpha}_2,\cdots,\boldsymbol{\alpha}_m$ 的一个极大无关组是 $\boldsymbol{L}(\boldsymbol{\alpha}_1,\boldsymbol{\alpha}_2,\cdots,\boldsymbol{\alpha}_m)$ 的一组基. 所以

$$\dim \boldsymbol{L}(\boldsymbol{\alpha}_1,\boldsymbol{\alpha}_2,\cdots,\boldsymbol{\alpha}_m)=R(\boldsymbol{\alpha}_1,\boldsymbol{\alpha}_2,\cdots,\boldsymbol{\alpha}_m).$$

若向量空间 $\boldsymbol{V}<\mathbf{R}^n$,则 $\dim\boldsymbol{V}\leqslant\dim\mathbf{R}^n$,并且当 $\dim\boldsymbol{V}=n$ 时,$\boldsymbol{V}=\mathbf{R}^n$.

定义 3.11 设 $\boldsymbol{\alpha}_1,\boldsymbol{\alpha}_2,\cdots,\boldsymbol{\alpha}_r$ 是向量空间 $\boldsymbol{V}_r$ 的一组基,任意

$\boldsymbol{\alpha}\in \boldsymbol{V}_r$,有 $\boldsymbol{\alpha}=x_1\boldsymbol{\alpha}_1+x_2\boldsymbol{\alpha}_2+\cdots+x_r\boldsymbol{\alpha}_r$.则称有序数组 $x_1,x_2,\cdots,x_r$ 为向量 $\boldsymbol{\alpha}$ 在基 $\boldsymbol{\alpha}_1,\boldsymbol{\alpha}_2,\cdots,\boldsymbol{\alpha}_r$ 下的坐标.由 $\boldsymbol{\alpha}$ 的表达式唯一,可知向量 $\boldsymbol{\alpha}$ 在基 $\boldsymbol{\alpha}_1,\boldsymbol{\alpha}_2,\cdots,\boldsymbol{\alpha}_r$ 下的坐标唯一,记作 $(x_1,x_2,\cdots,x_r)$ 或 $\begin{bmatrix}x_1\\x_2\\\vdots\\x_r\end{bmatrix}$.

3.3.3 基变换公式与坐标变换公式

设 r 维向量空间 $\boldsymbol{V}_r$ 的两组基为

$$\boldsymbol{\alpha}_1,\boldsymbol{\alpha}_2,\cdots,\boldsymbol{\alpha}_r \text{ 及 } \boldsymbol{\beta}_1,\boldsymbol{\beta}_2,\cdots,\boldsymbol{\beta}_r.$$

由于 $\boldsymbol{\alpha}_1,\boldsymbol{\alpha}_2,\cdots,\boldsymbol{\alpha}_r$ 是 $\boldsymbol{V}_r$ 的一组基,所以有

$$\begin{cases}\boldsymbol{\beta}_1=t_{11}\boldsymbol{\alpha}_1+t_{21}\boldsymbol{\alpha}_2+\cdots+t_{r1}\boldsymbol{\alpha}_r,\\ \boldsymbol{\beta}_2=t_{12}\boldsymbol{\alpha}_1+t_{22}\boldsymbol{\alpha}_2+\cdots+t_{r2}\boldsymbol{\alpha}_r,\\ \qquad\qquad\cdots\cdots\\ \boldsymbol{\beta}_r=t_{1r}\boldsymbol{\alpha}_1+t_{2r}\boldsymbol{\alpha}_2+\cdots+t_{rr}\boldsymbol{\alpha}_r.\end{cases}$$

将 $\boldsymbol{\alpha}_i,\boldsymbol{\beta}_j(i,j=1,2,\cdots,r)$看作 n 维列向量,则由矩阵的乘法有

$$(\boldsymbol{\beta}_1,\boldsymbol{\beta}_2,\cdots,\boldsymbol{\beta}_r)=(\boldsymbol{\alpha}_1,\boldsymbol{\alpha}_2,\cdots,\boldsymbol{\alpha}_r)\begin{bmatrix}t_{11}&t_{12}&\cdots&t_{1r}\\t_{21}&t_{22}&\cdots&t_{2r}\\\vdots&\vdots&&\vdots\\t_{r1}&t_{r2}&\cdots&t_{rr}\end{bmatrix}.$$

令

$$\boldsymbol{T}=(t_{ij})_{r\times r},$$

则有

$$(\boldsymbol{\beta}_1,\boldsymbol{\beta}_2,\cdots,\boldsymbol{\beta}_r)=(\boldsymbol{\alpha}_1,\boldsymbol{\alpha}_2,\cdots,\boldsymbol{\alpha}_r)\boldsymbol{T}.$$

称上式为由基 $\boldsymbol{\alpha}_1,\boldsymbol{\alpha}_2,\cdots,\boldsymbol{\alpha}_r$ 到基 $\boldsymbol{\beta}_1,\boldsymbol{\beta}_2,\cdots,\boldsymbol{\beta}_r$ 的基变换公式,并称矩阵 $\boldsymbol{T}$ 为由基 $\boldsymbol{\alpha}_1,\boldsymbol{\alpha}_2,\cdots,\boldsymbol{\alpha}_r$ 到基 $\boldsymbol{\beta}_1,\boldsymbol{\beta}_2,\cdots,\boldsymbol{\beta}_r$ 的过渡矩阵.

定理 3.7 在 r 维向量空间 $\boldsymbol{V}_r$ 中给定一组基 $\boldsymbol{\alpha}_1,\boldsymbol{\alpha}_2,\cdots,\boldsymbol{\alpha}_r$；$\boldsymbol{T}=(t_{ij})$是一个 r 阶方阵，并且 $\boldsymbol{V}_r$ 中向量组 $\boldsymbol{\beta}_1,\boldsymbol{\beta}_2,\cdots,\boldsymbol{\beta}_r$ 满足

$$(\boldsymbol{\beta}_1,\boldsymbol{\beta}_2,\cdots,\boldsymbol{\beta}_r)=(\boldsymbol{\alpha}_1,\boldsymbol{\alpha}_2,\cdots,\boldsymbol{\alpha}_r)\boldsymbol{T},$$

则

(1)若 $\boldsymbol{\beta}_1,\boldsymbol{\beta}_2,\cdots,\boldsymbol{\beta}_r$ 是 $\boldsymbol{V}_r$ 的一组基，则过渡矩阵 $\boldsymbol{T}$ 可逆；

(2)若 $\boldsymbol{T}$ 是可逆方阵，则 $\boldsymbol{\beta}_1,\boldsymbol{\beta}_2,\cdots,\boldsymbol{\beta}_r$ 也是 $\boldsymbol{V}_r$ 的一组基.

证 由$(\boldsymbol{\beta}_1,\boldsymbol{\beta}_2,\cdots,\boldsymbol{\beta}_r)=(\boldsymbol{\alpha}_1,\boldsymbol{\alpha}_2,\cdots,\boldsymbol{\alpha}_r)\boldsymbol{T}$,

令

$$(\boldsymbol{\beta}_1,\boldsymbol{\beta}_2,\cdots,\boldsymbol{\beta}_r)=\boldsymbol{B},\quad (\boldsymbol{\alpha}_1,\boldsymbol{\alpha}_2,\cdots,\boldsymbol{\alpha}_r)=\boldsymbol{A},$$

则

$$\boldsymbol{B}=\boldsymbol{AT},$$

有 $$r(\boldsymbol{B})=r(\boldsymbol{AT})\leqslant r(\boldsymbol{T}).$$

(1)因为 $\boldsymbol{\beta}_1,\boldsymbol{\beta}_2,\cdots,\boldsymbol{\beta}_r$ 是 $\boldsymbol{V}_r$ 的一组基，所以 $\boldsymbol{\beta}_1,\boldsymbol{\beta}_2,\cdots,\boldsymbol{\beta}_r$ 线性无关，从而有

$$r(\boldsymbol{B})=r,$$

又知 $\boldsymbol{T}$ 为 r 阶方阵，所以 $r(\boldsymbol{T})\leqslant r$，因此有

$$r=r(\boldsymbol{B})\leqslant r(\boldsymbol{T})\leqslant r,$$

即有

$$r(\boldsymbol{T})=r,$$

故 $\boldsymbol{T}$ 可逆.

(2)由矩阵 $\boldsymbol{T}$ 可逆，又 $\boldsymbol{\alpha}_1,\boldsymbol{\alpha}_2,\cdots,\boldsymbol{\alpha}_r$ 是 $\boldsymbol{V}_r$ 的一组基，所以 $\boldsymbol{\alpha}_1,\boldsymbol{\alpha}_2,\cdots,\boldsymbol{\alpha}_r$ 线性无关. 故 $r(\boldsymbol{A})=r$. 所以

$$r(\boldsymbol{B})=r(\boldsymbol{AT})=r(\boldsymbol{A})=r,$$

故 $\boldsymbol{\beta}_1,\boldsymbol{\beta}_2,\cdots,\boldsymbol{\beta}_r$ 线性无关. 又知 $\boldsymbol{V}_r$ 是 r 维向量空间，从而 $\boldsymbol{\beta}_1,\boldsymbol{\beta}_2,\cdots,\boldsymbol{\beta}_r$ 是 $\boldsymbol{V}_r$ 的一组基.

定理 3.8 设(Ⅰ)$\boldsymbol{\alpha}_1,\boldsymbol{\alpha}_2,\cdots,\boldsymbol{\alpha}_r$；(Ⅱ)$\boldsymbol{\beta}_1,\boldsymbol{\beta}_2,\cdots,\boldsymbol{\beta}_r$ 是向量空间 $\boldsymbol{V}_r$ 的两组基，并且

$$(\boldsymbol{\beta}_1,\boldsymbol{\beta}_2,\cdots,\boldsymbol{\beta}_r)=(\boldsymbol{\alpha}_1,\boldsymbol{\alpha}_2,\cdots,\boldsymbol{\alpha}_r)\boldsymbol{T},$$

$\boldsymbol{V}_r$ 中任一向量 $\boldsymbol{\alpha}$ 在第(Ⅰ)、(Ⅱ)组基下的坐标分别为$(x_1,x_2,\cdots,x_r)^{\mathrm{T}}$ 及$(y_1,y_2,\cdots,y_r)^{\mathrm{T}}$,则有

$$\begin{bmatrix}x_1\\x_2\\\vdots\\x_r\end{bmatrix}=\boldsymbol{T}\begin{bmatrix}y_1\\y_2\\\vdots\\y_r\end{bmatrix}.$$

证 由题设有

$$\boldsymbol{\alpha}=x_1\boldsymbol{\alpha}_1+x_2\boldsymbol{\alpha}_2+\cdots+x_r\boldsymbol{\alpha}_r=(\boldsymbol{\alpha}_1,\boldsymbol{\alpha}_2,\cdots,\boldsymbol{\alpha}_r)\begin{bmatrix}x_1\\x_2\\\vdots\\x_r\end{bmatrix},$$

及

$$\boldsymbol{\alpha}=y_1\boldsymbol{\beta}_1+y_2\boldsymbol{\beta}_2+\cdots+y_r\boldsymbol{\beta}_r=(\boldsymbol{\beta}_1,\boldsymbol{\beta}_2,\cdots,\boldsymbol{\beta}_r)\begin{bmatrix}y_1\\y_2\\\vdots\\y_r\end{bmatrix},$$

由于

$$(\boldsymbol{\beta}_1,\boldsymbol{\beta}_2,\cdots,\boldsymbol{\beta}_r)=(\boldsymbol{\alpha}_1,\boldsymbol{\alpha}_2,\cdots,\boldsymbol{\alpha}_r)\boldsymbol{T},$$

所以

$$\boldsymbol{\alpha}=(\boldsymbol{\alpha}_1,\boldsymbol{\alpha}_2,\cdots,\boldsymbol{\alpha}_r)\begin{bmatrix}x_1\\x_2\\\vdots\\x_r\end{bmatrix}=(\boldsymbol{\alpha}_1,\boldsymbol{\alpha}_2,\cdots,\boldsymbol{\alpha}_r)\boldsymbol{T}\begin{bmatrix}y_1\\y_2\\\vdots\\y_r\end{bmatrix}.$$

因为向量 $\boldsymbol{\alpha}$ 在基$\boldsymbol{\alpha}_1,\boldsymbol{\alpha}_2,\cdots,\boldsymbol{\alpha}_r$ 下的坐标是唯一的,所以

$$\begin{pmatrix} x_1 \\ x_2 \\ \vdots \\ x_r \end{pmatrix} = \boldsymbol{T} \begin{pmatrix} y_1 \\ y_2 \\ \vdots \\ y_r \end{pmatrix}. \tag{1}$$

式(1)表示同一向量 $\boldsymbol{\alpha}$ 在两组不同基下的坐标之间的关系，通常称式(1)为坐标变换公式.

例 6 设 $\mathbf{R}^3$ 的两组基

$$\boldsymbol{\alpha}_1 = \begin{pmatrix} 1 \\ 1 \\ 1 \end{pmatrix}, \boldsymbol{\alpha}_2 = \begin{pmatrix} 0 \\ 1 \\ 1 \end{pmatrix}, \boldsymbol{\alpha}_3 = \begin{pmatrix} 0 \\ 0 \\ 1 \end{pmatrix}$$

与

$$\boldsymbol{\beta}_1 = \begin{pmatrix} 1 \\ 1 \\ 1 \end{pmatrix}, \boldsymbol{\beta}_2 = \begin{pmatrix} 2 \\ 3 \\ 3 \end{pmatrix}, \boldsymbol{\beta}_3 = \begin{pmatrix} 0 \\ 1 \\ 2 \end{pmatrix}.$$

(1)求由基 $\boldsymbol{\alpha}_1, \boldsymbol{\alpha}_2, \boldsymbol{\alpha}_3$ 到基 $\boldsymbol{\beta}_1, \boldsymbol{\beta}_2, \boldsymbol{\beta}_3$ 的过渡矩阵；

(2)求由基 $\boldsymbol{\beta}_1, \boldsymbol{\beta}_2, \boldsymbol{\beta}_3$ 到基 $\boldsymbol{\alpha}_1, \boldsymbol{\alpha}_2, \boldsymbol{\alpha}_3$ 的过渡矩阵；

(3)设 $\mathbf{R}^3$ 中一向量为 $\boldsymbol{\alpha} = \boldsymbol{\alpha}_1 - \boldsymbol{\alpha}_2 + \boldsymbol{\alpha}_3$，求 $\boldsymbol{\alpha}$ 在基 $\boldsymbol{\beta}_1, \boldsymbol{\beta}_2, \boldsymbol{\beta}_3$ 下的坐标；

(4)设 $\mathbf{R}^3$ 中一向量 $\boldsymbol{\beta} = \begin{pmatrix} 2 \\ 3 \\ 4 \end{pmatrix}$，求 $\boldsymbol{\beta}$ 在基 $\boldsymbol{\alpha}_1, \boldsymbol{\alpha}_2, \boldsymbol{\alpha}_3$ 及 $\boldsymbol{\beta}_1, \boldsymbol{\beta}_2, \boldsymbol{\beta}_3$ 下的坐标.

解 (1)由于 $(\boldsymbol{\beta}_1, \boldsymbol{\beta}_2, \boldsymbol{\beta}_3) = (\boldsymbol{\alpha}_1, \boldsymbol{\alpha}_2, \boldsymbol{\alpha}_3)\boldsymbol{T}$，

而

$$|\boldsymbol{\alpha}_1, \boldsymbol{\alpha}_2, \boldsymbol{\alpha}_3| = \begin{vmatrix} 1 & 0 & 0 \\ 1 & 1 & 0 \\ 1 & 1 & 1 \end{vmatrix} = 1 \neq 0,$$

所以

$$\boldsymbol{T}=(\boldsymbol{\alpha}_1,\boldsymbol{\alpha}_2,\boldsymbol{\alpha}_3)^{-1}(\boldsymbol{\beta}_1,\boldsymbol{\beta}_2,\boldsymbol{\beta}_3)$$
$$=\begin{bmatrix}1&0&0\\-1&1&0\\0&-1&1\end{bmatrix}\begin{bmatrix}1&2&0\\1&3&1\\1&3&2\end{bmatrix}=\begin{bmatrix}1&2&0\\0&1&1\\0&0&1\end{bmatrix}.$$

(2)由于$(\boldsymbol{\beta}_1,\boldsymbol{\beta}_2,\boldsymbol{\beta}_3)=(\boldsymbol{\alpha}_1,\boldsymbol{\alpha}_2,\boldsymbol{\alpha}_3)\boldsymbol{T}$,
所以

$$(\boldsymbol{\alpha}_1,\boldsymbol{\alpha}_2,\boldsymbol{\alpha}_3)=(\boldsymbol{\beta}_1,\boldsymbol{\beta}_2,\boldsymbol{\beta}_3)\boldsymbol{T}^{-1},$$

即基 $\boldsymbol{\beta}_1,\boldsymbol{\beta}_2,\boldsymbol{\beta}_3$ 到基 $\boldsymbol{\alpha}_1,\boldsymbol{\alpha}_2,\boldsymbol{\alpha}_3$ 的过渡矩阵为 $\boldsymbol{T}^{-1}$,有

$$\boldsymbol{T}^{-1}=\begin{bmatrix}1&-2&2\\0&1&-1\\0&0&1\end{bmatrix}.$$

(3)由题设

$$\boldsymbol{\alpha}=(\boldsymbol{\alpha}_1,\boldsymbol{\alpha}_2,\boldsymbol{\alpha}_3)\begin{bmatrix}1\\-1\\1\end{bmatrix},$$

所以 $\boldsymbol{\alpha}$ 在基$\boldsymbol{\beta}_1,\boldsymbol{\beta}_2,\boldsymbol{\beta}_3$ 下的坐标为

$$\begin{bmatrix}y_1\\y_2\\y_3\end{bmatrix}=\boldsymbol{T}^{-1}\begin{bmatrix}x_1\\x_2\\x_3\end{bmatrix}=\begin{bmatrix}1&-2&2\\0&1&-1\\0&0&1\end{bmatrix}\begin{bmatrix}1\\-1\\1\end{bmatrix}=\begin{bmatrix}5\\-2\\1\end{bmatrix},$$

因此 $\boldsymbol{\alpha}=5\boldsymbol{\beta}_1-2\boldsymbol{\beta}_2+\boldsymbol{\beta}_3$.

(4)设 $\boldsymbol{\beta}=x_1\boldsymbol{\alpha}_1+x_2\boldsymbol{\alpha}_2+x_3\boldsymbol{\alpha}_3=(\boldsymbol{\alpha}_1,\boldsymbol{\alpha}_2,\boldsymbol{\alpha}_3)\begin{bmatrix}x_1\\x_2\\x_3\end{bmatrix}$,

由于 $\boldsymbol{\beta}=y_1\boldsymbol{\beta}_1+y_2\boldsymbol{\beta}_2+y_3\boldsymbol{\beta}_3=(\boldsymbol{\beta}_1,\boldsymbol{\beta}_2,\boldsymbol{\beta}_3)\begin{bmatrix}y_1\\y_2\\y_3\end{bmatrix}$.

$$(\boldsymbol{\alpha}_1,\boldsymbol{\alpha}_2,\boldsymbol{\alpha}_3)\begin{bmatrix}x_1\\x_2\\x_3\end{bmatrix}=\begin{bmatrix}2\\3\\4\end{bmatrix},$$

因此

$$\begin{bmatrix}x_1\\x_2\\x_3\end{bmatrix}=(\boldsymbol{\alpha}_1,\boldsymbol{\alpha}_2,\boldsymbol{\alpha}_3)^{-1}\begin{bmatrix}2\\3\\4\end{bmatrix}=\begin{bmatrix}1&0&0\\-1&1&0\\0&-1&1\end{bmatrix}\begin{bmatrix}2\\3\\4\end{bmatrix}=\begin{bmatrix}2\\1\\1\end{bmatrix},$$

$$\begin{bmatrix}y_1\\y_2\\y_3\end{bmatrix}=\boldsymbol{T}^{-1}\begin{bmatrix}x_1\\x_2\\x_3\end{bmatrix}=\begin{bmatrix}1&-2&2\\0&1&-1\\0&0&1\end{bmatrix}\begin{bmatrix}2\\1\\1\end{bmatrix}=\begin{bmatrix}2\\0\\1\end{bmatrix}.$$

或 $$\boldsymbol{\beta}=y_1\boldsymbol{\beta}_1+y_2\boldsymbol{\beta}_2+y_3\boldsymbol{\beta}_3=(\boldsymbol{\beta}_1,\boldsymbol{\beta}_2,\boldsymbol{\beta}_3)\begin{bmatrix}y_1\\y_2\\y_3\end{bmatrix}=\begin{bmatrix}2\\3\\4\end{bmatrix},$$

$$(\boldsymbol{\beta}_1,\boldsymbol{\beta}_2,\boldsymbol{\beta}_3)=\begin{bmatrix}1&2&0\\1&3&1\\1&3&2\end{bmatrix},$$

所以

$$\begin{bmatrix}y_1\\y_2\\y_3\end{bmatrix}=(\boldsymbol{\beta}_1,\boldsymbol{\beta}_2,\boldsymbol{\beta}_3)^{-1}\begin{bmatrix}2\\3\\4\end{bmatrix}=\begin{bmatrix}3&-4&2\\-1&2&-1\\0&-1&1\end{bmatrix}\begin{bmatrix}2\\3\\4\end{bmatrix}=\begin{bmatrix}2\\0\\1\end{bmatrix}.$$

故 $\boldsymbol{\beta}$ 在基 $\boldsymbol{\alpha}_1,\boldsymbol{\alpha}_2,\boldsymbol{\alpha}_3$ 下的坐标为 $\begin{bmatrix}2\\1\\1\end{bmatrix}$，$\boldsymbol{\beta}$ 在基 $\boldsymbol{\beta}_1,\boldsymbol{\beta}_2,\boldsymbol{\beta}_3$ 下的坐标为 $\begin{bmatrix}2\\0\\1\end{bmatrix}$.

例 7 设 $\boldsymbol{\alpha}_1,\boldsymbol{\alpha}_2,\boldsymbol{\alpha}_3$ 是向量空间 $\mathbf{V}_3$ 的一组基,又

$$\boldsymbol{\beta}_1=\boldsymbol{\alpha}_1+2\boldsymbol{\alpha}_2-\boldsymbol{\alpha}_3,$$
$$\boldsymbol{\beta}_2=\boldsymbol{\alpha}_1-\boldsymbol{\alpha}_2+\boldsymbol{\alpha}_3,$$
$$\boldsymbol{\beta}_3=\boldsymbol{\alpha}_2+2\boldsymbol{\alpha}_3,$$

证明 $\boldsymbol{\beta}_1,\boldsymbol{\beta}_2,\boldsymbol{\beta}_3$ 也是 $\boldsymbol{V}_3$ 的一组基.

证 由题设有

$$(\boldsymbol{\beta}_1,\boldsymbol{\beta}_2,\boldsymbol{\beta}_3)=(\boldsymbol{\alpha}_1,\boldsymbol{\alpha}_2,\boldsymbol{\alpha}_3)\begin{bmatrix}1&1&0\\2&-1&1\\-1&1&2\end{bmatrix},$$

由于

$$\begin{vmatrix}1&1&0\\2&-1&1\\-1&1&2\end{vmatrix}=\begin{vmatrix}1&0&0\\2&-3&1\\-1&2&2\end{vmatrix}=-8\neq0,$$

所以矩阵

$$\boldsymbol{T}=\begin{bmatrix}1&1&0\\2&-1&1\\-1&1&2\end{bmatrix}$$

可逆. 又因为 $\boldsymbol{\alpha}_1,\boldsymbol{\alpha}_2,\boldsymbol{\alpha}_3$ 是 $\boldsymbol{V}_3$ 的一组基,所以 $\boldsymbol{\beta}_1,\boldsymbol{\beta}_2,\boldsymbol{\beta}_3$ 也是 $\boldsymbol{V}_3$ 的一组基.

习 题 3

1. 判断下列论断是否正确.

(1)若当数 $k_1=k_2=\cdots=k_m=0$ 时,有

$$k_1\boldsymbol{\alpha}_1+k_2\boldsymbol{\alpha}_2+\cdots+k_m\boldsymbol{\alpha}_m=\boldsymbol{O},$$

则向量组 $\boldsymbol{\alpha}_1,\boldsymbol{\alpha}_2,\cdots,\boldsymbol{\alpha}_m$ 线性无关;

(2)若有 m 个不全为零的数 $k_1,k_2,\cdots,k_m$,使得

$$k_1\boldsymbol{\alpha}_1+k_2\boldsymbol{\alpha}_2+\cdots+k_m\boldsymbol{\alpha}_m\neq\boldsymbol{O},$$

则向量组 $\boldsymbol{\alpha}_1,\boldsymbol{\alpha}_2,\cdots,\boldsymbol{\alpha}_m$ 线性无关;

(3)若向量组 $\boldsymbol{\alpha}_1,\boldsymbol{\alpha}_2,\cdots,\boldsymbol{\alpha}_m$ 线性相关,则 $\boldsymbol{\alpha}_1$ 可由其余向量线性表示;

(4)设向量组(Ⅰ)$\boldsymbol{\alpha}_1,\boldsymbol{\alpha}_2,\cdots,\boldsymbol{\alpha}_r$,(Ⅱ)$\boldsymbol{\alpha}_1,\boldsymbol{\alpha}_2,\cdots,\boldsymbol{\alpha}_r,\boldsymbol{\alpha}_{r+1},\cdots,\boldsymbol{\alpha}_m$,若向量组(Ⅰ)线性无关,则向量组(Ⅱ)也线性无关;

(5)若向量组 $\boldsymbol{\alpha}_1,\boldsymbol{\alpha}_2,\cdots,\boldsymbol{\alpha}_m,\boldsymbol{\beta}$ 线性无关,则 $\boldsymbol{\beta}$ 不能由 $\boldsymbol{\alpha}_1,\boldsymbol{\alpha}_2,\cdots,\boldsymbol{\alpha}_m$ 线性表示;

(6)若 $\boldsymbol{\beta}$ 不能由 $\boldsymbol{\alpha}_1,\boldsymbol{\alpha}_2,\cdots,\boldsymbol{\alpha}_m$ 线性表示,则向量组 $\boldsymbol{\alpha}_1,\boldsymbol{\alpha}_2,\cdots,\boldsymbol{\alpha}_m,\boldsymbol{\beta}$ 线性无关.

(7)若向量组 $\boldsymbol{\alpha}_1,\boldsymbol{\alpha}_2,\cdots,\boldsymbol{\alpha}_m$ 线性无关,且 $\boldsymbol{\alpha}_{m+1}$不能由 $\boldsymbol{\alpha}_1,\boldsymbol{\alpha}_2,\cdots,\boldsymbol{\alpha}_m$ 线性表示,则向量组 $\boldsymbol{\alpha}_1,\boldsymbol{\alpha}_2,\cdots,\boldsymbol{\alpha}_m,\boldsymbol{\alpha}_{m+1}$必线性无关.

2.设 $3(\boldsymbol{\alpha}_1-\boldsymbol{\alpha})+2(\boldsymbol{\alpha}_2+\boldsymbol{\alpha})=5(\boldsymbol{\alpha}_3+\boldsymbol{\alpha})$,其中

$$\boldsymbol{\alpha}_1=\begin{pmatrix}2\\5\\1\\3\end{pmatrix},\boldsymbol{\alpha}_2=\begin{pmatrix}10\\1\\5\\10\end{pmatrix},\boldsymbol{\alpha}_3=\begin{pmatrix}4\\1\\-1\\1\end{pmatrix},$$

求向量 $\boldsymbol{\alpha}$.

3.设向量组 $\boldsymbol{\alpha}_1,\boldsymbol{\alpha}_2,\boldsymbol{\alpha}_3$ 线性无关,而向量组

$$\boldsymbol{\beta}_1=\boldsymbol{\alpha}_1+\boldsymbol{\alpha}_2,$$
$$\boldsymbol{\beta}_2=\boldsymbol{\alpha}_1-\boldsymbol{\alpha}_2+\boldsymbol{\alpha}_3,$$
$$\boldsymbol{\beta}_3=\boldsymbol{\alpha}_1-2\boldsymbol{\alpha}_3.$$

试判别向量组 $\boldsymbol{\beta}_1,\boldsymbol{\beta}_2,\boldsymbol{\beta}_3$ 的线性相关性.

4.设向量组 $\boldsymbol{\alpha}_1,\boldsymbol{\alpha}_2,\boldsymbol{\alpha}_3$ 线性相关,向量组 $\boldsymbol{\alpha}_2,\boldsymbol{\alpha}_3,\boldsymbol{\alpha}_4$ 线性无关.

(1)$\boldsymbol{\alpha}_1$ 能否由 $\boldsymbol{\alpha}_2,\boldsymbol{\alpha}_3$ 线性表示?证明你的结论;

(2)$\boldsymbol{\alpha}_4$ 能否由 $\boldsymbol{\alpha}_1,\boldsymbol{\alpha}_2,\boldsymbol{\alpha}_3$ 线性表示?证明你的结论.

5.判断下列向量组的线性相关性,并说明理由.

(1)$\boldsymbol{\alpha}_1=(1,1,1),\boldsymbol{\alpha}_2=(3,4,2),\boldsymbol{\alpha}_3=(1,2,7),\boldsymbol{\alpha}_4=(5,-1,0)$;

(2)$\boldsymbol{\alpha}_1=(1,1,1),\boldsymbol{\alpha}_2=(2,3,2),\boldsymbol{\alpha}_3=(2,-1,3)$;

(3)$\boldsymbol{\alpha}_1=(2,2,7,-1),\boldsymbol{\alpha}_2=(3,-1,2,4),\boldsymbol{\alpha}_3=(1,1,3,1)$;

(4)$\boldsymbol{\alpha}_1=(1,-2,1,1),\boldsymbol{\alpha}_2=(2,-3,4,5),\boldsymbol{\alpha}_3=(1,-3,-1,-2)$.

6.已知向量组

$$\boldsymbol{\alpha}_1=(1,2,3),\boldsymbol{\alpha}_2=(3,-1,2),\boldsymbol{\alpha}_3=(2,3,c).$$

问 c 取何值时 $\boldsymbol{\alpha}_1,\boldsymbol{\alpha}_2,\boldsymbol{\alpha}_3$ 线性无关；c 取何值时线性相关.

7.设向量组 $\boldsymbol{\alpha}_1,\boldsymbol{\alpha}_2,\boldsymbol{\alpha}_3$ 线性无关，证明向量组 $\boldsymbol{\alpha}_1+\boldsymbol{\alpha}_2,\boldsymbol{\alpha}_2+\boldsymbol{\alpha}_3,\boldsymbol{\alpha}_3+\boldsymbol{\alpha}_1$ 也线性无关.

8.设向量组 $\boldsymbol{\alpha}_1,\boldsymbol{\alpha}_2,\boldsymbol{\alpha}_3,\boldsymbol{\alpha}_4$ 线性无关，判断向量组 $\boldsymbol{\alpha}_1+\boldsymbol{\alpha}_2,\boldsymbol{\alpha}_2+\boldsymbol{\alpha}_3,\boldsymbol{\alpha}_3+\boldsymbol{\alpha}_4,\boldsymbol{\alpha}_4+\boldsymbol{\alpha}_1$ 的线性相关性并证明之.

9.若 n 维向量组 $\boldsymbol{\alpha}_1,\boldsymbol{\alpha}_2,\cdots,\boldsymbol{\alpha}_s$ 线性无关，证明

$$\boldsymbol{\beta}_1=\boldsymbol{\alpha}_1+\lambda_1\boldsymbol{\alpha}_s,$$
$$\boldsymbol{\beta}_2=\boldsymbol{\alpha}_2+\lambda_2\boldsymbol{\alpha}_s,$$
$$\cdots\cdots$$
$$\boldsymbol{\beta}_{s-1}=\boldsymbol{\alpha}_{s-1}+\lambda_{s-1}\boldsymbol{\alpha}_s$$

也线性无关.

10.设向量组 $\boldsymbol{\alpha}_1,\boldsymbol{\alpha}_2,\cdots,\boldsymbol{\alpha}_n$ 线性无关，若向量

$$\boldsymbol{\beta}=k_1\boldsymbol{\alpha}_1+k_2\boldsymbol{\alpha}_2+\cdots+k_n\boldsymbol{\alpha}_n,$$

且 $k_i\neq 0(i=1,2,\cdots,n)$，证明向量组

$$\boldsymbol{\alpha}_1,\cdots,\boldsymbol{\alpha}_{i-1},\boldsymbol{\beta},\boldsymbol{\alpha}_{i+1},\cdots,\boldsymbol{\alpha}_n$$

线性无关，其中 $i=1,2,\cdots,n$.

11.证明向量组 $\boldsymbol{\alpha}_1,\boldsymbol{\alpha}_2,\cdots,\boldsymbol{\alpha}_s$(其中 $\boldsymbol{\alpha}_1\neq 0$)线性相关的充分必要条件是至少有一个 $\boldsymbol{\alpha}_i(1<i\leqslant s)$ 可被 $\boldsymbol{\alpha}_1,\boldsymbol{\alpha}_2,\cdots,\boldsymbol{\alpha}_{i-1}$ 线性表示.

12.求下列向量组的秩，并求出它的一个极大线性无关部分组.

(1) $\boldsymbol{\alpha}_1=(1,-1,2,4)$,

$\boldsymbol{\alpha}_2=(0,3,1,2)$,

$\boldsymbol{\alpha}_3=(3,0,7,14)$,

$\boldsymbol{\alpha}_4=(1,-1,2,0)$;

(2) $\boldsymbol{\alpha}_1=(6,4,1,-1,2)$,

$\boldsymbol{\alpha}_2=(1,0,2,3,-4)$,

$\boldsymbol{\alpha}_3=(1,4,-9,-16,22)$,

$\boldsymbol{\alpha}_4=(7,1,0,-1,3)$.

13.设 n 维单位向量组 $\boldsymbol{\varepsilon}_1,\boldsymbol{\varepsilon}_2,\cdots,\boldsymbol{\varepsilon}_n$ 可以被 n 维向量组 $\boldsymbol{\alpha}_1,\boldsymbol{\alpha}_2,\cdots,\boldsymbol{\alpha}_n$ 线性表示，证明向量组 $\boldsymbol{\alpha}_1,\boldsymbol{\alpha}_2,\cdots,\boldsymbol{\alpha}_n$ 线性无关.

14.设秩为 r 的向量组 $\boldsymbol{\alpha}_1,\boldsymbol{\alpha}_2,\cdots,\boldsymbol{\alpha}_m$ 中的每一个向量都可以被它的一个部分组 $\boldsymbol{\alpha}_{i_1},\boldsymbol{\alpha}_{i_2},\cdots,\boldsymbol{\alpha}_{i_r}$ 线性表示. 证明 $\boldsymbol{\alpha}_{i_1},\alpha_{i_2},\cdots,\boldsymbol{\alpha}_{i_r}$ 是向量组 $\boldsymbol{\alpha}_1,\boldsymbol{\alpha}_2,$

$\cdots,\boldsymbol{\alpha}_m$ 的一个极大线性无关部分组.

15. 在向量空间 $\mathbf{R}^3$ 中求向量 $\boldsymbol{\beta}=\begin{bmatrix}3\\7\\1\end{bmatrix}$ 在基 $\boldsymbol{\alpha}_1=\begin{bmatrix}1\\3\\5\end{bmatrix},\boldsymbol{\alpha}_2=\begin{bmatrix}6\\3\\2\end{bmatrix},\boldsymbol{\alpha}_3=\begin{bmatrix}3\\1\\0\end{bmatrix}$ 下的坐标.

16. 在 $\mathbf{R}^3$ 中,取定两组基

$$(\text{I})\ \boldsymbol{\alpha}_1=\begin{bmatrix}1\\2\\1\end{bmatrix},\boldsymbol{\alpha}_2=\begin{bmatrix}2\\3\\3\end{bmatrix},\boldsymbol{\alpha}_3=\begin{bmatrix}3\\7\\1\end{bmatrix};$$

$$(\text{II})\ \boldsymbol{\beta}_1=\begin{bmatrix}3\\1\\4\end{bmatrix},\boldsymbol{\beta}_2=\begin{bmatrix}5\\2\\1\end{bmatrix},\boldsymbol{\beta}_3=\begin{bmatrix}1\\1\\-6\end{bmatrix}.$$

求由基(Ⅰ)到基(Ⅱ)的过渡矩阵.

17. 设 $\boldsymbol{\alpha}_1,\boldsymbol{\alpha}_2,\boldsymbol{\alpha}_3,\boldsymbol{\alpha}_4$ 为向量空间 $\mathbf{R}^4$ 的一组基,证明

$$\begin{aligned}\boldsymbol{\beta}_1&=\boldsymbol{\alpha}_1+\boldsymbol{\alpha}_2+\boldsymbol{\alpha}_3+\boldsymbol{\alpha}_4,\\ \boldsymbol{\beta}_2&=\boldsymbol{\alpha}_1-\boldsymbol{\alpha}_2+\boldsymbol{\alpha}_3-\boldsymbol{\alpha}_4,\\ \boldsymbol{\beta}_3&=\boldsymbol{\alpha}_1+\boldsymbol{\alpha}_2-\boldsymbol{\alpha}_3-\boldsymbol{\alpha}_4,\\ \boldsymbol{\beta}_4&=\boldsymbol{\alpha}_1-\boldsymbol{\alpha}_2-\boldsymbol{\alpha}_3+\boldsymbol{\alpha}_4\end{aligned}$$

也是 $\mathbf{R}^4$ 的一组基.

第 4 章　线性方程组

线性方程组是线性代数中重要的内容之一，它也是自然科学和社会科学各个领域内应用最多的数学内容. 很多线性系统的研究最后往往都要归结到线性方程组的求解问题，而且非线性系统有时也近似地简化成线性系统处理. 所以学好线性方程组理论对今后的专业课学习及实际应用都是非常重要的.

4.1　线性方程组的一般概念

n 个未知量的线性方程组的一般形式为

$$\begin{cases} a_{11}x_1 + a_{12}x_2 + \cdots + a_{1n}x_n = b_1, \\ a_{21}x_1 + a_{22}x_2 + \cdots + a_{2n}x_n = b_2, \\ \qquad\qquad \cdots\cdots \\ a_{m1}x_1 + a_{m2}x_2 + \cdots + a_{mn}x_n = b_m. \end{cases} \tag{1}$$

方程组(1)的矩阵形式为

$$\boldsymbol{AX} = \boldsymbol{\beta},$$

其中系数矩阵为

$$\boldsymbol{A} = \begin{bmatrix} a_{11} & a_{12} & \cdots & a_{1n} \\ a_{21} & a_{22} & \cdots & a_{2n} \\ \vdots & \vdots & & \vdots \\ a_{m1} & a_{m2} & \cdots & a_{mn} \end{bmatrix}, \boldsymbol{X} = \begin{bmatrix} x_1 \\ x_2 \\ \vdots \\ x_n \end{bmatrix}, \boldsymbol{\beta} = \begin{bmatrix} b_1 \\ b_2 \\ \vdots \\ b_m \end{bmatrix}.$$

称 $\overline{\mathbf{A}} = \begin{bmatrix} a_{11} & a_{12} & \cdots & a_{1n} & b_1 \\ a_{21} & a_{22} & \cdots & a_{2n} & b_2 \\ \vdots & \vdots & & \vdots & \vdots \\ a_{m1} & a_{m2} & \cdots & a_{mn} & b_n \end{bmatrix}$ 为增广矩阵.

如果记系数矩阵为 $\boldsymbol{A}=(\boldsymbol{\alpha}_1,\boldsymbol{\alpha}_2,\cdots,\boldsymbol{\alpha}_n)$,方程组(1)的增广矩阵为 $\overline{\boldsymbol{A}}=(\boldsymbol{A}\mid\boldsymbol{\beta})=(\boldsymbol{\alpha}_1,\boldsymbol{\alpha}_2,\cdots,\boldsymbol{\alpha}_n,\boldsymbol{\beta})$,则方程组(1)的向量形式为

$$x_1\boldsymbol{\alpha}_1+x_2\boldsymbol{\alpha}_2+\cdots+x_n\boldsymbol{\alpha}_n=\boldsymbol{\beta}.$$

对于线性方程组(1),需要解决三个问题:

(1)方程组(1)是否有解(有解的条件)?

(2)当方程组(1)有解时,它有多少解?如何求解?

(3)当方程组(1)的解不唯一时,解的结构是怎样的?

换句话,即是对于方程组的向量形式需要解决以下问题:

(1)$\boldsymbol{\beta}$ 能否由向量组 $\boldsymbol{\alpha}_1,\boldsymbol{\alpha}_2,\cdots,\boldsymbol{\alpha}_n$ 线性表出?

(2)如果 $\boldsymbol{\beta}$ 能由向量组 $\boldsymbol{\alpha}_1,\boldsymbol{\alpha}_2,\cdots,\boldsymbol{\alpha}_n$ 线性表出,其表达形式是否唯一?

(3)如果 $\boldsymbol{\beta}$ 能由向量组 $\boldsymbol{\alpha}_1,\boldsymbol{\alpha}_2,\cdots,\boldsymbol{\alpha}_n$ 线性表出,且表达形式不唯一,那么一般表达式是什么?

因为线性方程组 $\boldsymbol{AX}=\boldsymbol{\beta}$ 与它的增广矩阵 $\overline{\boldsymbol{A}}$ 是一一对应的,所以要讨论方程组 $\boldsymbol{AX}=\boldsymbol{\beta}$,只需讨论它的增广矩阵 $\overline{\boldsymbol{A}}=(\boldsymbol{\alpha}_1,\boldsymbol{\alpha}_2,\cdots,\boldsymbol{\alpha}_n,\boldsymbol{\beta})$.

如果 $\begin{cases}x_1=x_1^0,\\x_2=x_2^0,\\\vdots\\x_n=x_n^0\end{cases}$ 是方程组 $\boldsymbol{AX}=\boldsymbol{\beta}$ 的一组解,则 n 维列向量 $\boldsymbol{X}=\begin{bmatrix}x_1^0\\x_2^0\\\vdots\\x_n^0\end{bmatrix}$ 必满足 $\boldsymbol{AX}=\boldsymbol{\beta}$,称 $\boldsymbol{X}=\begin{bmatrix}x_1^0\\x_2^0\\\vdots\\x_n^0\end{bmatrix}$ 为方程组 $\boldsymbol{AX}=\boldsymbol{\beta}$ 的一个解向量.

4.2 解线性方程组

4.2.1 线性方程组有解的充分必要条件

设线性方程组

$$\begin{cases} a_{11}x_1 + a_{12}x_2 + \cdots + a_{1n}x_n = b_1, \\ a_{21}x_1 + a_{22}x_2 + \cdots + a_{2n}x_n = b_2, \\ \cdots\cdots \\ a_{m1}x_1 + a_{m2}x_2 + \cdots + a_{mn}x_n = b_m \end{cases} \tag{1}$$

的系数矩阵 $\boldsymbol{A} = \begin{bmatrix} a_{11} & a_{12} & \cdots & a_{1n} \\ a_{21} & a_{22} & \cdots & a_{2n} \\ \vdots & \vdots & & \vdots \\ a_{m1} & a_{m2} & \cdots & a_{mn} \end{bmatrix} = (\boldsymbol{\alpha}_1, \boldsymbol{\alpha}_2, \cdots, \boldsymbol{\alpha}_n)$，

增广矩阵 $\overline{\boldsymbol{A}} = \left[\begin{array}{cccc|c} a_{11} & a_{12} & \cdots & a_{1n} & b_1 \\ a_{21} & a_{22} & \cdots & a_{2n} & b_2 \\ \vdots & \vdots & & \vdots & \vdots \\ a_{m1} & a_{m2} & \cdots & a_{mn} & b_m \end{array}\right] = (\boldsymbol{\alpha}_1, \boldsymbol{\alpha}_2, \cdots, \boldsymbol{\alpha}_n, \boldsymbol{\beta})$.

定理 4.1 线性方程组 $\boldsymbol{AX} = \boldsymbol{\beta}$ 有解的充分必要条件是 $r(\boldsymbol{A}) = r(\overline{\boldsymbol{A}})$.

证 先证必要性.

如果线性方程组 $\boldsymbol{AX} = \boldsymbol{\beta}$ 有解，即 $\boldsymbol{\beta}$ 可由 $\boldsymbol{\alpha}_1, \boldsymbol{\alpha}_2, \cdots, \boldsymbol{\alpha}_n$ 线性表出，所以向量组

$$(\text{Ⅰ})\ \boldsymbol{\alpha}_1, \boldsymbol{\alpha}_2, \cdots, \boldsymbol{\alpha}_n$$

与

$$(\text{Ⅱ})\ \boldsymbol{\alpha}_1, \boldsymbol{\alpha}_2, \cdots, \boldsymbol{\alpha}_n, \boldsymbol{\beta}$$

等价. 从而 $R(\text{Ⅰ}) = R(\text{Ⅱ})$. 即 $r(\boldsymbol{A}) = r(\overline{\boldsymbol{A}})$.

再证充分性.

如果 $r(\boldsymbol{A}) = r(\overline{\boldsymbol{A}}) = r$，即 $R(\text{Ⅰ}) = R(\text{Ⅱ}) = r$.

因为 $R(\mathrm{I})=r$,不妨设(Ⅲ)$\boldsymbol{\alpha}_{i_1},\boldsymbol{\alpha}_{i_2},\cdots,\boldsymbol{\alpha}_{i_r}$ 是(Ⅰ)的一个极大无关部分组.显然(Ⅲ)也是(Ⅱ)的一个极大无关部分组.

由极大无关部分组的性质知,(Ⅰ)与(Ⅱ)等价.所以 $\boldsymbol{\beta}$ 可由 $\boldsymbol{\alpha}_1,\boldsymbol{\alpha}_2,\cdots,\boldsymbol{\alpha}_n$ 线性表出,即线性方程组 $\boldsymbol{AX}=\boldsymbol{\beta}$ 有解.

由定理 4.1 可得出:

线性方程组 $\boldsymbol{AX}=\boldsymbol{\beta}$ 无解的充分必要条件是 $r(\boldsymbol{A})\neq r(\overline{\boldsymbol{A}})$.

4.2.2 线性方程组的初等变换

定义 4.1 (1)互换方程组中两个方程的位置;

(2)用一个非零常数 k 乘方程组中某一个方程;

(3)把方程组中一个方程的 l 倍加到另一个方程上去.

称为线性方程组的初等变换.

由初等代数知识可知,线性方程组 $\boldsymbol{AX}=\boldsymbol{\beta}$ 经过初等变换后得到同解方程组 $\boldsymbol{BX}=\boldsymbol{\gamma}$.

由于线性方程组与它的增广矩阵一一对应,所以由线性方程组 $\boldsymbol{AX}=\boldsymbol{\beta}$ 经过初等变换得到同解方程组 $\boldsymbol{BX}=\boldsymbol{\gamma}$,这就相当于

$$\overline{\boldsymbol{A}}=(\boldsymbol{A}\mid\boldsymbol{\beta})\xrightarrow{\text{初等行变换}}\overline{\boldsymbol{B}}=(\boldsymbol{B}\mid\boldsymbol{\gamma}).$$

4.2.3 解线性方程组

设
$$\begin{cases}a_{11}x_1+a_{12}x_2+\cdots+a_{1n}x_n=b_1,\\ a_{21}x_1+a_{22}x_2+\cdots+a_{2n}x_n=b_2,\\ \qquad\cdots\cdots\\ a_{m1}x_1+a_{m2}x_2+\cdots+a_{mn}x_n=b_m,\end{cases}\tag{2}$$

即 $\boldsymbol{AX}=\boldsymbol{\beta}$.

如果 $r(\boldsymbol{A})=r(\overline{\boldsymbol{A}})=r$,必有

$$\overline{\boldsymbol{A}}=\left[\begin{array}{cccc|c}a_{11}&a_{12}&\cdots&a_{1n}&b_1\\ a_{21}&a_{22}&\cdots&a_{2n}&b_2\\ \vdots&\vdots&&\vdots&\vdots\\ a_{m1}&a_{m2}&\cdots&a_{mn}&b_m\end{array}\right]$$

$$\xrightarrow{\text{初等行变换}}\left[\begin{array}{cccc|c} b_{11} & b_{12} & \cdots & b_{1n} & c_1 \\ b_{21} & b_{22} & \cdots & b_{2n} & c_2 \\ \vdots & \vdots & & \vdots & \vdots \\ b_{r1} & b_{r2} & \cdots & b_{rn} & c_r \\ 0 & 0 & \cdots & 0 & 0 \\ \vdots & \vdots & & \vdots & \vdots \\ 0 & 0 & \cdots & 0 & 0 \end{array}\right],$$

于是得到同解方程组

$$\begin{cases} b_{11}x_1 + b_{12}x_2 + \cdots + b_{1n}x_n = c_1, \\ b_{21}x_2 + b_{22}x_2 + \cdots + b_{2n}x_n = c_2, \\ \cdots\cdots \\ b_{r1}x_1 + b_{r2}x_2 + \cdots + b_{rn}x_n = c_r. \end{cases} \tag{3}$$

(1)当 $r(\boldsymbol{A})=r(\overline{\boldsymbol{A}})=r=n$ 时,由克拉默法则知,线性方程组(3)有唯一解 $\boldsymbol{X}_1=\begin{bmatrix} x_1^0 \\ x_2^0 \\ \vdots \\ x_n^0 \end{bmatrix}$,即线性方程组(1)有唯一解 $\boldsymbol{X}_1$.

(2)当 $r(\boldsymbol{A})=r(\overline{\boldsymbol{A}})=r<n$ 时,如果 $x_1,x_2,\cdots,x_r$ 的系数行列式

$$\begin{vmatrix} b_{11} & b_{12} & \cdots & b_{1r} \\ b_{21} & b_{22} & \cdots & b_{2r} \\ \vdots & \vdots & & \vdots \\ b_{r1} & b_{r2} & \cdots & b_{rr} \end{vmatrix} \neq 0,$$

则方程组(3)改写为同解方程组

$$
\begin{cases}
b_{11}x_1 + b_{12}x_2 + \cdots + b_{1r}x_r = c_1 - b_{1r+1}x_{r+1} \cdots - b_{1n}x_n, \\
b_{21}x_1 + b_{22}x_2 + \cdots + b_{2r}x_r = c_2 - b_{2r+1}x_{r+1} \cdots - b_{2n}x_n, \\
\cdots\cdots \\
b_{r1}x_1 + b_{r2}x_2 + \cdots + b_{rr}x_r = c_r - b_{rr+1}x_{r+1} \cdots - b_{rn}x_n.
\end{cases} \tag{4}
$$

对于任意取定的

$$
\begin{cases}
x_{r+1} = x_{r+1}^0, \\
x_{r+2} = x_{r+2}^0, \\
\cdots\cdots \\
x_n = x_n^0,
\end{cases}
$$

代入方程组(4),由克拉默法则知方程组(4)有唯一解 $\begin{cases} x_1 = x_1^0, \\ x_2 = x_2^0, \\ \cdots\cdots \\ x_r = x_r^0, \end{cases}$

则 $\boldsymbol{X}_0 = \begin{bmatrix} x_1^0 \\ x_2^0 \\ \vdots \\ x_r^0 \\ x_{r+1}^0 \\ \vdots \\ x_n^0 \end{bmatrix}$ 为线性方程组(4)的一个解,所以 $\boldsymbol{X}_0$ 为线性方程组(2)的一个解.

因为 $x_{r+1}, x_{r+2}, \cdots, x_n$ 可以任意取值,所以称 $x_{r+1}, x_{r+2}, \cdots, x_n$ 为自由未知量,因此当 $r(\boldsymbol{A}) = r(\overline{\boldsymbol{A}}) = r < n$ 时,线性方程组(2)有无穷多解.

在第 2 章中,利用矩阵的初等行变换可以将任意一个非零矩阵 $\boldsymbol{P}$ 化为阶梯形矩阵$\boldsymbol{Q}$.如果 $\boldsymbol{Q}$ 中每一个非零行上的首非零元素为 1,且这个元素 1 所在的列上其他元素都为零,称这个特殊的阶梯形矩阵 $\boldsymbol{Q}$ 为行最简形矩阵.

例如

$$\boldsymbol{P}=\begin{bmatrix}1&1&-1&5&3\\2&3&-4&13&8\\3&4&-5&18&11\end{bmatrix}\longrightarrow\begin{bmatrix}1&1&-1&5&3\\0&1&-2&3&2\\0&0&0&0&0\end{bmatrix}$$

$$\longrightarrow\begin{bmatrix}1&0&1&2&1\\0&1&-2&3&2\\0&0&0&0&0\end{bmatrix}=\boldsymbol{Q},$$

则 $\boldsymbol{Q}$ 为一个行最简形矩阵.

在解线性方程组 $\boldsymbol{AX}=\boldsymbol{\beta}$ 时,首先将它的增广矩阵 $\overline{\boldsymbol{A}}$ 利用初等行变换化为行最简形矩阵,再求同解方程组的解.

例 1 求解线性方程组

$$\begin{cases}2x_1-x_2+x_3-x_4=1,\\2x_1-x_2-3x_4=2,\\3x_1-x_3+x_4=-3,\\2x_1+2x_2-2x_3+5x_4=-6.\end{cases}$$

解 首先将线性方程组的增广矩阵 $\overline{\boldsymbol{A}}$ 利用初等行变换化为行最简形矩阵.

$$\overline{\boldsymbol{A}}=\left[\begin{array}{cccc|c}2&-1&1&-1&1\\2&-1&0&-3&2\\3&0&-1&1&-3\\2&2&-2&5&-6\end{array}\right]$$

$$\longrightarrow\left[\begin{array}{cccc|c}2&-1&1&-1&1\\0&0&-1&-2&1\\1&1&-2&2&-4\\0&3&-3&6&-7\end{array}\right]\longrightarrow\left[\begin{array}{cccc|c}1&1&-2&2&-4\\0&3&-3&6&-7\\0&0&1&2&-1\\0&-3&5&-5&9\end{array}\right]$$

$$
\longrightarrow\left[\begin{array}{cccc|c}1&1&-2&2&-4\\0&3&-3&6&-7\\0&0&1&2&-1\\0&0&0&-3&4\end{array}\right]\longrightarrow\left[\begin{array}{cccc|c}1&0&0&0&0\\0&1&0&0&2\\0&0&1&0&\frac{5}{3}\\0&0&0&1&-\frac{4}{3}\end{array}\right],
$$

因为 $r(\mathbf{A})=r(\overline{\mathbf{A}})=4$,所以线性方程组有唯一解,且

$$
\begin{cases}x_1=0,\\x_2=2,\\x_3=\frac{5}{3},\\x_4=-\frac{4}{3}.\end{cases}\quad 即\ \mathbf{X}_1=\begin{bmatrix}0\\2\\\frac{5}{3}\\-\frac{4}{3}\end{bmatrix}\text{为线性方程组的唯一解向量.}
$$

例 2 求解线性方程组

$$
\begin{cases}x_1-2x_2+3x_3-x_4=1,\\3x_1-5x_2+5x_3-3x_4=2,\\2x_1-3x_2+2x_3-2x_4=1.\end{cases}
$$

解 对其增广矩阵 $\overline{\mathbf{A}}$ 进行初等行变换化为行最简形矩阵

$$
\overline{\mathbf{A}}=\left[\begin{array}{cccc|c}1&-2&3&-1&1\\3&-5&5&-3&2\\2&-3&2&-2&1\end{array}\right]\longrightarrow\left[\begin{array}{cccc|c}1&-2&3&-1&1\\0&1&-4&0&-1\\0&1&-4&0&-1\end{array}\right]
$$

$$
\longrightarrow\left[\begin{array}{cccc|c}1&-2&3&-1&1\\0&1&-4&0&-1\\0&0&0&0&0\end{array}\right]\longrightarrow\left[\begin{array}{cccc|c}1&0&-5&-1&-1\\0&1&-4&0&-1\\0&0&0&0&0\end{array}\right],
$$

因为 $r(\mathbf{A})=r(\overline{\mathbf{A}})=2<4$,所以线性方程组有无穷多解.且同解方程组为

$$
\begin{cases}x_1-5x_3-x_4=-1,\\x_2-4x_3=-1.\end{cases}
$$

由于 $x_1 x_2$ 的系数行列式 $\begin{vmatrix}1 & 0\\0 & 1\end{vmatrix} \neq 0$,所以选取 x_3, x_4 为自由未知量,同解方程组改写为

$$\begin{cases}x_1 = -1 + 5x_3 + x_4,\\x_2 = -1 + 4x_3,\end{cases}$$

则线性方程组的全部解为

$$\begin{cases}x_1 = -1 + 5x_3 + x_4,\\x_2 = -1 + 4x_3,\\x_3 = x_3,\\x_4 = x_4.\end{cases}$$

其中 x_3, x_4 为任意常数.

线性方程组的全部解向量(通解)为

$$\boldsymbol{X} = \begin{bmatrix}-1\\-1\\0\\0\end{bmatrix} + x_3\begin{bmatrix}5\\4\\1\\0\end{bmatrix} + x_4\begin{bmatrix}1\\0\\0\\1\end{bmatrix},$$

其中 x_3, x_4 为任意常数.

例 3 求解线性方程组

$$\begin{cases}x_1 + x_2 + x_3 + x_4 = 0,\\x_2 + 2x_3 + 2x_4 = 0,\\3x_1 + 2x_2 + x_3 + x_4 = 0.\end{cases}$$

解 对其增广矩阵 $\overline{\boldsymbol{A}} = (\boldsymbol{A} \mid \boldsymbol{O})$进行初等行变换化为行最简形矩阵.

$$\overline{\boldsymbol{A}} = \left[\begin{array}{cccc|c}1 & 1 & 1 & 1 & 0\\0 & 1 & 2 & 2 & 0\\3 & 2 & 1 & 1 & 0\end{array}\right] \longrightarrow \left[\begin{array}{cccc|c}1 & 1 & 1 & 1 & 0\\0 & 1 & 2 & 2 & 0\\0 & 0 & 0 & 0 & 0\end{array}\right]$$

$$\longrightarrow\left[\begin{array}{cccc|c}1 & 0 & -1 & -1 & 0\\0 & 1 & 2 & 2 & 0\\0 & 0 & 0 & 0 & 0\end{array}\right],$$

因为 $r(\mathbf{A})=r(\overline{\mathbf{A}})=2<4$,所以线性方程组有无穷多解,且同解方程组为

$$\begin{cases}x_1-x_3-x_4=0,\\x_2+2x_3+2x_4=0.\end{cases}$$

由于 x_1,x_2 的系数行列式 $\begin{vmatrix}1 & 0\\0 & 1\end{vmatrix}\neq 0$,所以选取 x_3,x_4 为自由未知量,同解方程组改写为

$$\begin{cases}x_1=x_3+x_4,\\x_2=-2x_3-2x_4.\end{cases}$$

即线性方程组的全部解为

$$\begin{cases}x_1=x_3+x_4,\\x_2=-2x_3-2x_4,\\x_3=x_3,\\x_4=x_4.\end{cases}$$

其中 x_3,x_4 为任意常数.

或线性方程组的全部解向量(通解)为

$$\boldsymbol{X}=x_3\begin{bmatrix}1\\-2\\1\\0\end{bmatrix}+x_4\begin{bmatrix}1\\-2\\0\\1\end{bmatrix},\text{其中 } x_3,x_4 \text{ 为任意常数.}$$

例 4 讨论 λ 取何值时,线性方程组

$$\begin{cases}x_1+x_3=\lambda,\\4x_1+x_2+2x_3=\lambda+2,\\6x_1+x_2+4x_3=2\lambda+3\end{cases}$$

有解？并求出它的全部解.

解 对其增广矩阵 $\overline{A}$ 进行初等行变换化为行最简形矩阵.

$$\overline{\boldsymbol{A}}=\left[\begin{array}{ccc|c}1&0&1&\lambda\\4&1&2&\lambda+2\\6&1&4&2\lambda+3\end{array}\right]\longrightarrow\left[\begin{array}{ccc|c}1&0&1&\lambda\\0&1&-2&2-3\lambda\\0&1&-2&3-4\lambda\end{array}\right]$$

$$\longrightarrow\left[\begin{array}{ccc|c}1&0&1&\lambda\\0&1&-2&2-3\lambda\\0&0&0&1-\lambda\end{array}\right].$$

当 $\lambda=1$ 时，$r(\boldsymbol{A})=r(\overline{\boldsymbol{A}})=2<3$，线性方程组有解，且有无穷多解.

同解方程组为

$$\begin{cases}x_1+x_3=1,\\x_2-2x_3=-1.\end{cases}$$

由于 x_1,x_2 的系数行列式 $\begin{vmatrix}1&0\\0&1\end{vmatrix}\neq0$，所以选取 x_3 为自由未知量，同解方程组改写为

$$\begin{cases}x_1=1-x_3,\\x_2=-1+2x_3,\end{cases}$$

则线性方程组的全部解为

$$\begin{cases}x_1=1-x_3,\\x_2=-1+2x_3,\\x_3=x_3,\end{cases}$$

其中 x_3 为任意常数.

或线性方程组的全部解向量为

$$\boldsymbol{X}=\begin{bmatrix}1\\-1\\0\end{bmatrix}+x_3\begin{bmatrix}-1\\2\\1\end{bmatrix}，\text{其中 } x_3 \text{ 为任意常数.}$$

例 5 讨论 a,b 取何值时,线性方程组

$$\begin{cases}ax_1+x_2+x_3=4,\\x_1+bx_2+x_3=3,\\x_1+2bx_2+x_3=4\end{cases}\tag{5}$$

有唯一解? 无解? 有无穷多解? 并在有无穷多解时,求出它的全部解.

解 因为所给的线性方程组中方程的个数等于未知量的个数,所以线性方程组系数行列式

$$D=\begin{vmatrix}a&1&1\\1&b&1\\1&2b&1\end{vmatrix}=b(1-a).$$

(1)当 $b\neq0$ 且 $a\neq1$ 时,$D\neq0$,由克拉默法则知,线性方程组(5)有唯一解.

(2)当 $b=0$ 时,线性方程组(1)为

$$\begin{cases}ax_1+x_2+x_3=4,\\x_1+x_3=3,\\x_1+x_3=4.\end{cases}$$

显然,a 取任意实数,该方程组都无解,即当 $b=0$ 时,a 取任意数,线性方程组(5)都无解.

(3)当 $a=1$ 时,线性方程组(5)为

$$\begin{cases}x_1+x_2+x_3=4,\\x_1+bx_2+x_3=3,\\x_1+2bx_2+x_3=4.\end{cases}\tag{6}$$

对于线性方程组(6)的增广矩阵 $\overline{\boldsymbol{B}}$ 进行初等行变换化为行最简形矩阵

$$\overline{\boldsymbol{B}}=\left[\begin{array}{ccc|c}1&1&1&4\\1&b&1&3\\1&2b&1&4\end{array}\right]\longrightarrow\left[\begin{array}{ccc|c}1&0&1&2\\0&1&0&2\\0&0&0&1-2b\end{array}\right].$$

如果 $b\neq\frac{1}{2}$，方程组(6)无解，即当 $a=1$ 且 $b\neq\frac{1}{2}$ 时，线性方程组(5)无解.

如果 $b=\frac{1}{2}$，对于方程组(6)，$r(\boldsymbol{B})=r(\overline{\boldsymbol{B}})=2<3$，方程组(6)有无穷多解，即当 $a=1$ 且 $b=\frac{1}{2}$ 时，线性方程组(5)有无穷多解，且同解方程组为

$$\begin{cases} x_1+x_3=2, \\ x_2=2. \end{cases}$$

选取 x_3 为自由未知量，同解方程组改写为

$$\begin{cases} x_1=2-x_3, \\ x_2=2, \end{cases}$$

则线性方程组(5)的全部解为

$$\begin{cases} x_1=2-x_3, \\ x_2=2, \\ x_3=x_3, \end{cases}$$

其中 x_3 为任意常数.

或线性方程组(5)的全部解向量为

$$\boldsymbol{X}=\begin{bmatrix}2\\2\\0\end{bmatrix}+x_3\begin{bmatrix}-1\\0\\1\end{bmatrix},$$

其中 x_3 为任意常数.

4.3 齐次线性方程组解的结构

常数项 $b_i=0(i=1,2,\cdots,m)$ 的线性方程组为齐次线性方程组，它的一般形式为

$$\begin{cases} a_{11}x_1 + a_{12}x_2 + \cdots + a_{1n}x_n = 0, \\ a_{21}x_1 + a_{22}x_2 + \cdots + a_{2n}x_n = 0, \\ \qquad \cdots\cdots \\ a_{m1}x_1 + a_{m2}x_2 + \cdots + a_{mn}x_n = 0. \end{cases} \tag{1}$$

方程组(1)的矩阵形式为

$$\boldsymbol{AX} = \boldsymbol{O}.$$

其中

$$\boldsymbol{A} = \begin{bmatrix} a_{11} & a_{12} & \cdots & a_{1n} \\ a_{21} & a_{22} & \cdots & a_{2n} \\ \vdots & \vdots & & \vdots \\ a_{m1} & a_{m2} & \cdots & a_{mn} \end{bmatrix}, \quad \boldsymbol{X} = \begin{bmatrix} x_1 \\ x_2 \\ \vdots \\ x_n \end{bmatrix}, \quad \boldsymbol{O} = \begin{bmatrix} 0 \\ 0 \\ \vdots \\ 0 \end{bmatrix}.$$

如果记 $\boldsymbol{A} = (\boldsymbol{\alpha}_1, \boldsymbol{\alpha}_2, \cdots, \boldsymbol{\alpha}_n)$,则方程组(1)的向量形式为

$$x_1\boldsymbol{\alpha}_1 + x_2\boldsymbol{\alpha}_2 + \cdots + x_n\boldsymbol{\alpha}_n = \boldsymbol{O}.$$

因为齐次线性方程组恒有 $r(\boldsymbol{A}) = r(\overline{\boldsymbol{A}})$,故齐次线性方程组必有解.显然 $x_1 = 0, x_2 = 0, \cdots, x_n = 0$ 满足齐次线性方程组,即 $\boldsymbol{O} = \begin{bmatrix} 0 \\ 0 \\ \vdots \\ 0 \end{bmatrix}$ 是齐次线性方程组 $\boldsymbol{AX} = \boldsymbol{O}$ 的零解.

由 4.2 中的讨论可知,对于 n 元齐次线性方程组 $\boldsymbol{AX} = \boldsymbol{O}$,有如下结论:

当 $r(\boldsymbol{A}) = n$ 时,方程组 $\boldsymbol{AX} = \boldsymbol{O}$ 只有唯一零解;

当 $r(\boldsymbol{A}) = r < n$ 时,方程组 $\boldsymbol{AX} = \boldsymbol{O}$ 有无穷多解,因此必有非零解.

4.3.1 齐次线性方程组解的性质

性质 1 如果 $\boldsymbol{X}_1, \boldsymbol{X}_2$ 分别是 $\boldsymbol{AX} = \boldsymbol{O}$ 的解向量,则 $\boldsymbol{X}_1 + \boldsymbol{X}_2$ 也是 $\boldsymbol{AX} = \boldsymbol{O}$ 的解向量.

证 因为 $\boldsymbol{AX}_1=\boldsymbol{O}, \boldsymbol{AX}_2=\boldsymbol{O}$,所以 $\boldsymbol{A}(\boldsymbol{X}_1+\boldsymbol{X}_2)=\boldsymbol{AX}_1+\boldsymbol{AX}_2=\boldsymbol{O}+\boldsymbol{O}=\boldsymbol{O}$,即 $\boldsymbol{X}_1+\boldsymbol{X}_2$ 是 $\boldsymbol{AX}=\boldsymbol{O}$ 的解向量.

性质 2 如果 $\boldsymbol{X}_1$ 是 $\boldsymbol{AX}=\boldsymbol{O}$ 的解向量,对于任意常数 k,则 $k\boldsymbol{X}_1$ 也是 $\boldsymbol{AX}=\boldsymbol{O}$ 的解向量.

证 因为 $\boldsymbol{AX}_1=\boldsymbol{O}$,所以 $\boldsymbol{A}(k\boldsymbol{X}_1)=k\boldsymbol{AX}_1=k\boldsymbol{O}=\boldsymbol{O}$,即 $k\boldsymbol{X}_1$ 也是 $\boldsymbol{AX}=\boldsymbol{O}$ 的解向量.

由性质 1,2 可知:如果 $\boldsymbol{X}_1,\boldsymbol{X}_2,\cdots,\boldsymbol{X}_t$ 分别是 $\boldsymbol{AX}=\boldsymbol{O}$ 的解向量,对于任意常数 $k_1,k_2,\cdots,k_t$,则 $k_1\boldsymbol{X}_1+k_2\boldsymbol{X}_2+\cdots+k_t\boldsymbol{X}_t$ 也是 $\boldsymbol{AX}=\boldsymbol{O}$ 的解向量.

由第 3 章向量空间的知识可知:n 元齐次线性方程组 $\boldsymbol{AX}=\boldsymbol{O}$ 的解集合 $\boldsymbol{V}$ 是向量空间 $\mathbf{R}^n$ 的一个子空间,我们称它为 $\boldsymbol{AX}=\boldsymbol{O}$ 的解空间.

4.3.2 齐次线性方程组的基础解系

定义 4.2 设 $\boldsymbol{\eta}_1,\boldsymbol{\eta}_2,\cdots,\boldsymbol{\eta}_t$ 是 $\boldsymbol{AX}=\boldsymbol{O}$ 的解向量,并且满足:

(1) $\boldsymbol{\eta}_1,\boldsymbol{\eta}_2,\cdots,\boldsymbol{\eta}_t$ 线性无关;

(2) $\boldsymbol{AX}=\boldsymbol{O}$ 的任意解向量 $\boldsymbol{\eta}$ 都可由 $\boldsymbol{\eta}_1,\boldsymbol{\eta}_2,\cdots,\boldsymbol{\eta}_t$ 线性表出.

则称 $\boldsymbol{\eta}_1,\boldsymbol{\eta}_2,\cdots,\boldsymbol{\eta}_t$ 是 $\boldsymbol{AX}=\boldsymbol{O}$ 的一个基础解系.

由以上定义可知,$\boldsymbol{AX}=\boldsymbol{O}$ 的一个基础解系 $\boldsymbol{\eta}_1,\boldsymbol{\eta}_2,\cdots,\boldsymbol{\eta}_t$ 就是 $\boldsymbol{AX}=\boldsymbol{O}$ 的解向量组的一个极大无关部分组,也就是 $\boldsymbol{AX}=\boldsymbol{O}$ 的解空间 $\boldsymbol{V}$ 的一组基.

如果齐次线性方程组 $\boldsymbol{AX}=\boldsymbol{O}$ 的一个基础解系为 $\boldsymbol{\eta}_1,\boldsymbol{\eta}_2,\cdots,\boldsymbol{\eta}_t$,那么 $\boldsymbol{AX}=\boldsymbol{O}$ 的全部解(通解) $\boldsymbol{\eta}$ 为

$$\boldsymbol{\eta}=k_1\boldsymbol{\eta}_1+k_2\boldsymbol{\eta}_2+\cdots+k_t\boldsymbol{\eta}_t,$$

其中 $k_1,k_2,\cdots,k_t$ 为任意常数.

对于 n 元齐次线性方程组 $\boldsymbol{AX}=\boldsymbol{O}$,当 $r(\boldsymbol{A})=n$ 时,$\boldsymbol{AX}=\boldsymbol{O}$ 只有唯一零解,即 $\boldsymbol{AX}=\boldsymbol{O}$ 的解空间 $\boldsymbol{V}=\{\boldsymbol{O}\}$,因为空间 $\{\boldsymbol{O}\}$ 没有基,故 $\boldsymbol{AX}=\boldsymbol{O}$ 没有基础解系;当 $r(\boldsymbol{A})=r<n$ 时,$\boldsymbol{AX}=\boldsymbol{O}$ 有无

穷多解,即 $\boldsymbol{AX}=\boldsymbol{O}$ 的解空间 $\boldsymbol{V}\neq\{\boldsymbol{O}\}$,因此空间 $\boldsymbol{V}$ 一定有一组基,也就是说 $\boldsymbol{AX}=\boldsymbol{O}$ 必有基础解系.

定理 4.2 对于 n 元齐次线性方程组 $\boldsymbol{AX}=\boldsymbol{O}$,如果 $r(\boldsymbol{A})=r<n$,则 $\boldsymbol{AX}=\boldsymbol{O}$ 必有基础解系,且任一个基础解系中都含 $(n-r)$ 个解向量 $\boldsymbol{\eta}_1,\boldsymbol{\eta}_2,\cdots,\boldsymbol{\eta}_{n-r}$.

证 设 $r(\boldsymbol{A})=r<n$,则

$$\boldsymbol{A}=\begin{bmatrix} a_{11} & a_{12} & \cdots & a_{1n} \\ a_{21} & a_{22} & \cdots & a_{2n} \\ \vdots & \vdots & & \vdots \\ a_{m1} & a_{m2} & \cdots & a_{mn} \end{bmatrix} \xrightarrow{\text{初等行变换}} \begin{bmatrix} b_{11} & b_{12} & \cdots & b_{1n} \\ b_{21} & b_{22} & \cdots & b_{2n} \\ \vdots & \vdots & & \vdots \\ b_{r1} & b_{r2} & \cdots & b_{rn} \\ 0 & 0 & \cdots & 0 \\ \vdots & \vdots & & \vdots \\ 0 & 0 & \cdots & 0 \end{bmatrix},$$

得到 $\boldsymbol{AX}=\boldsymbol{O}$ 的同解方程组为

$$\begin{cases} b_{11}x_1+b_{12}x_2+\cdots+b_{1n}x_n=0, \\ b_{21}x_1+b_{22}x_2+\cdots+b_{2n}x_n=0, \\ \cdots\cdots \\ b_{r1}x_1+b_{r2}x_2+\cdots+b_{rn}x_n=0. \end{cases} \tag{2}$$

如果其中 $x_1,x_2,\cdots,x_r$ 的系数行列式

$$\begin{vmatrix} b_{11} & b_{12} & \cdots & b_{1r} \\ b_{21} & b_{22} & \cdots & b_{2r} \\ \vdots & \vdots & & \vdots \\ b_{r1} & b_{r2} & \cdots & b_{rr} \end{vmatrix}\neq 0,$$

则选取 $x_{r+1},x_{r+2},\cdots,x_n$ 为自由未知量,于是同解方程组改写为

$$\begin{cases} b_{11}x_1 + b_{12}x_2 + \cdots + b_{1r}x_r = -b_{1r+1}x_{r+1} - \cdots - b_{1n}x_n, \\ b_{21}x_1 + b_{22}x_2 + \cdots + b_{2r}x_r = -b_{2r+1}x_{r+1} - \cdots - b_{2n}x_n, \\ \qquad\qquad\cdots\cdots \\ b_{r1}x_1 + b_{r2}x_2 + \cdots + b_{rr}x_r = -b_{rr+1}x_{r+1} - \cdots - b_{rn}x_n. \end{cases} \tag{3}$$

当自由未知量 $x_{r+1}, x_{r+2}, \cdots, x_n$ 取一组确定的数值时，通过方程组(3)，由克拉默法则可以求出唯一的 $x_1, x_2, \cdots, x_r$，于是

$$\boldsymbol{X} = \begin{bmatrix} x_1 \\ x_2 \\ \vdots \\ x_r \\ x_{r+1} \\ \vdots \\ x_n \end{bmatrix}$$

就是齐次线性方程组 $\boldsymbol{AX} = \boldsymbol{O}$ 的一个解向量. 当自由未知量分别取定

$$\begin{bmatrix} x_{r+1} \\ x_{r+2} \\ x_{r+3} \\ \vdots \\ x_n \end{bmatrix} = \begin{bmatrix} 1 \\ 0 \\ 0 \\ \vdots \\ 0 \end{bmatrix}, \begin{bmatrix} 0 \\ 1 \\ 0 \\ \vdots \\ 0 \end{bmatrix}, \cdots, \begin{bmatrix} 0 \\ 0 \\ 0 \\ \vdots \\ 1 \end{bmatrix}$$

时，通过方程组(3)分别求得

$$\begin{bmatrix} x_1 \\ x_2 \\ \vdots \\ x_r \end{bmatrix} = \begin{bmatrix} c_{11} \\ c_{21} \\ \vdots \\ c_{r1} \end{bmatrix}, \begin{bmatrix} c_{12} \\ c_{22} \\ \vdots \\ c_{r2} \end{bmatrix}, \cdots, \begin{bmatrix} c_{1n-r} \\ c_{2n-r} \\ \vdots \\ c_{rn-r} \end{bmatrix},$$

从而得到齐次线性方程组 $\boldsymbol{AX} = \boldsymbol{O}$ 的$(n-r)$个解向量为

$$\boldsymbol{\eta}_1=\begin{bmatrix}c_{11}\\c_{21}\\\vdots\\c_{r1}\\1\\0\\\vdots\\0\end{bmatrix},\boldsymbol{\eta}_2=\begin{bmatrix}c_{12}\\c_{22}\\\vdots\\c_{r2}\\0\\1\\0\\\vdots\\0\end{bmatrix},\cdots,\boldsymbol{\eta}_{n-r}=\begin{bmatrix}c_{1n-r}\\c_{2n-r}\\\vdots\\c_{rn-r}\\0\\0\\\vdots\\1\end{bmatrix}.$$

下面证明：$\boldsymbol{\eta}_1,\boldsymbol{\eta}_2,\cdots,\boldsymbol{\eta}_{n-r}$是$\boldsymbol{AX}=\boldsymbol{O}$的一个基础解系.

先证 $\boldsymbol{\eta}_1,\boldsymbol{\eta}_2,\cdots,\boldsymbol{\eta}_{n-r}$线性无关.

设 $n\times(n-r)$矩阵

$$\boldsymbol{C}=(\boldsymbol{\eta}_1,\boldsymbol{\eta}_2,\cdots,\boldsymbol{\eta}_{n-r})=\begin{bmatrix}c_{11}&c_{12}&\cdots&c_{1n-r}\\c_{21}&c_{22}&\cdots&c_{2n-r}\\\vdots&\vdots&&\vdots\\c_{r1}&c_{r2}&\cdots&c_{rn-r}\\1&0&\cdots&0\\0&1&\cdots&0\\0&0&\cdots&0\\\vdots&\vdots&&\vdots\\0&0&\cdots&1\end{bmatrix},$$

因为矩阵 $\boldsymbol{C}$ 中有一个$(n-r)$阶子式

$$N=\begin{vmatrix}1&0&\cdots&0\\0&1&\cdots&0\\\vdots&\vdots&&\vdots\\0&0&\cdots&1\end{vmatrix}\neq0,$$

所以 $r(\boldsymbol{C})=n-r$. 于是 $\boldsymbol{\eta}_1,\boldsymbol{\eta}_2,\cdots,\boldsymbol{\eta}_{n-r}$线性无关.

再证 $\boldsymbol{AX}=\boldsymbol{O}$ 的任意解向量 $\boldsymbol{\eta}$ 可由 $\boldsymbol{\eta}_1,\boldsymbol{\eta}_2,\cdots,\boldsymbol{\eta}_{n-r}$ 线性表出.

设 $\boldsymbol{\eta}=\begin{bmatrix} d_1 \\ d_2 \\ \vdots \\ d_r \\ d_{r+1} \\ \vdots \\ d_n \end{bmatrix}$ 为 $\boldsymbol{AX}=\boldsymbol{O}$ 的任意一个解向量,取向量

$$\boldsymbol{\xi}=d_{r+1}\boldsymbol{\eta}_1+d_{r+2}\boldsymbol{\eta}_2+\cdots+d_n\boldsymbol{\eta}_{n-r}=\begin{bmatrix} *_1 \\ *_2 \\ \vdots \\ *_r \\ d_{r+1} \\ \vdots \\ d_n \end{bmatrix}.$$

因为 $\boldsymbol{\eta}_1,\boldsymbol{\eta}_2,\cdots,\boldsymbol{\eta}_{n-r}$ 为 $\boldsymbol{AX}=\boldsymbol{O}$ 的解向量,由齐次线性方程组解的性质知,$\boldsymbol{\xi}$ 是 $\boldsymbol{AX}=\boldsymbol{O}$ 的解向量.

$\boldsymbol{\xi}$ 与 $\boldsymbol{\eta}$ 是 $\boldsymbol{AX}=\boldsymbol{O}$ 的两个解向量,且它们中的自由未知量 $x_{r+1},x_{r+2},\cdots,x_n$ 的取值对应相等,于是 $x_1,x_2,\cdots,x_r$ 也一定对应相等,故 $\boldsymbol{\xi}=\boldsymbol{\eta}$.即

$$\boldsymbol{\eta}=d_{r+1}\boldsymbol{\eta}_1+d_{r+2}\boldsymbol{\eta}_2+\cdots+d_n\boldsymbol{\eta}_{n-r},$$

也就是说 $\boldsymbol{AX}=\boldsymbol{O}$ 的任意解 $\boldsymbol{\eta}$ 可由 $\boldsymbol{\eta}_1,\boldsymbol{\eta}_2,\cdots,\boldsymbol{\eta}_{n-r}$ 线性表出.

因此,$\boldsymbol{\eta}_1,\boldsymbol{\eta}_2,\cdots,\boldsymbol{\eta}_{n-r}$ 是 $\boldsymbol{AX}=\boldsymbol{O}$ 的一个基础解系.

推论 1 如果 $\boldsymbol{\eta}_1,\boldsymbol{\eta}_2,\cdots,\boldsymbol{\eta}_{n-r}$ 是 n 元齐次线性方程组 $\boldsymbol{AX}=\boldsymbol{O}$ 的一个基础解系,则 $r(\boldsymbol{A})=r$.

推论 2 对于 n 元齐次线性方程组 $\boldsymbol{AX}=\boldsymbol{O}$,如果 $r(\boldsymbol{A})=r$

$< n$,则 $\boldsymbol{AX}=\boldsymbol{O}$ 的解空间 $\boldsymbol{V}$ 是$(n-r)$维向量空间.即

$$\dim \boldsymbol{V}=n-r.$$

因为 $\boldsymbol{AX}=\boldsymbol{O}$ 的解空间 $\boldsymbol{V}$ 的基不唯一,所以 $\boldsymbol{AX}=\boldsymbol{O}$ 的基础解系不唯一.当 $r(\boldsymbol{A})=r<n$ 时,$\boldsymbol{AX}=\boldsymbol{O}$ 的任意$(n-r)$个线性无关的解向量 $\boldsymbol{\eta}_1,\boldsymbol{\eta}_2,\cdots,\boldsymbol{\eta}_{n-r}$都是它的一个基础解系.

由上面定理可知,解齐次线性方程组的关键是求出它的一个基础解系,定理 4.2 的证明过程,就是求 $\boldsymbol{AX}=\boldsymbol{O}$ 的一个基础解系的过程.

例 1 求齐次线性方程组

$$\begin{cases}x_1-x_2-x_3+x_4=0,\\ x_1-x_2+x_3-3x_4=0,\\ x_1-x_2-2x_3+3x_4=0\end{cases}$$

的全部解.

解 对它的系数矩阵 $\boldsymbol{A}$ 进行初等行变换化为行最简形矩阵

$$\boldsymbol{A}=\begin{bmatrix}1&-1&-1&1\\1&-1&1&-3\\1&-1&-2&3\end{bmatrix}\longrightarrow\begin{bmatrix}1&-1&-1&1\\0&0&2&-4\\0&0&-1&2\end{bmatrix}$$

$$\longrightarrow\begin{bmatrix}1&-1&-1&1\\0&0&1&-2\\0&0&0&0\end{bmatrix}\longrightarrow\begin{bmatrix}1&-1&0&-1\\0&0&1&-2\\0&0&0&0\end{bmatrix}.$$

因为 $r(\boldsymbol{A})=2<4$,所以齐次线性方程组有无穷多解,且同解方程组为

$$\begin{cases}x_1-x_2-x_4=0,\\ x_3-2x_4=0.\end{cases}$$

由于 x_1,x_3 的系数行列式 $\begin{vmatrix}1&0\\0&1\end{vmatrix}\neq 0$,故选取 x_2,x_4 为自由未知量,同解方程组改写为

$$\begin{cases} x_1 = x_2 + x_4, \\ x_3 = 2x_4. \end{cases}$$

取定自由未知量分别为$\begin{pmatrix} x_2 \\ x_4 \end{pmatrix} = \begin{pmatrix} 1 \\ 0 \end{pmatrix}, \begin{pmatrix} 0 \\ 1 \end{pmatrix}$.

求出对应的$\begin{pmatrix} x_1 \\ x_3 \end{pmatrix} = \begin{pmatrix} 1 \\ 0 \end{pmatrix}, \begin{pmatrix} 1 \\ 2 \end{pmatrix}$.

得到 $\boldsymbol{\eta}_1 = \begin{bmatrix} 1 \\ 1 \\ 0 \\ 0 \end{bmatrix}, \boldsymbol{\eta}_2 = \begin{bmatrix} 1 \\ 0 \\ 2 \\ 1 \end{bmatrix}$为原方程组的一个基础解系.

所以原齐次线性方程组的全部解为

$$\boldsymbol{\eta} = k_1\boldsymbol{\eta}_1 + k_2\boldsymbol{\eta}_2 = k_1\begin{bmatrix} 1 \\ 1 \\ 0 \\ 0 \end{bmatrix} + k_2\begin{bmatrix} 1 \\ 0 \\ 2 \\ 1 \end{bmatrix},$$

其中 k_1, k_2 为任意常数.

例 2 设 $\boldsymbol{A}$ 为 $m \times n$ 矩阵,$\boldsymbol{B}$ 为 $n \times s$ 矩阵,如果 $\boldsymbol{AB} = \boldsymbol{O}$,证明 $r(\boldsymbol{A}) + r(\boldsymbol{B}) \leqslant n$.

证 当 $r(\boldsymbol{A}) = n$ 时,齐次线性方程组 $\boldsymbol{AX} = \boldsymbol{O}$ 只有唯一零解.如果 $\boldsymbol{AB} = \boldsymbol{O}$,设 $\boldsymbol{B} = (\boldsymbol{\beta}_1, \boldsymbol{\beta}_2, \cdots, \boldsymbol{\beta}_s)$,即 $\boldsymbol{A\beta}_j = \boldsymbol{O}(j = 1, 2, \cdots, s)$.于是 $\boldsymbol{\beta}_j = \boldsymbol{O}(j = 1, \cdots, s)$,即 $\boldsymbol{B} = \boldsymbol{O}$, $r(\boldsymbol{B}) = 0$.于是,$r(\boldsymbol{A}) + r(\boldsymbol{B}) = n$.

当 $r(\boldsymbol{A}) = r < n$ 时,齐次线性方程组 $\boldsymbol{AX} = \boldsymbol{O}$ 必有无穷多解,设 $\boldsymbol{\eta}_1, \boldsymbol{\eta}_2, \cdots, \boldsymbol{\eta}_{n-r}$为它的一个基础解系.如果 $\boldsymbol{AB} = \boldsymbol{O}$.设 $\boldsymbol{B} = (\boldsymbol{\beta}_1, \boldsymbol{\beta}_2, \cdots, \boldsymbol{\beta}_s)$,即 $\boldsymbol{A\beta}_j = \boldsymbol{O}$, $(j = 1, 2, \cdots, s)$.于是 $\boldsymbol{\beta}_j (j = 1, 2, \cdots, s)$都是 $\boldsymbol{AX} = \boldsymbol{O}$ 的解向量.由基础解系定义知

(Ⅱ)$\boldsymbol{\beta}_1, \boldsymbol{\beta}_2, \cdots, \boldsymbol{\beta}_s$ 可由(Ⅰ)$\boldsymbol{\eta}_1, \boldsymbol{\eta}_2, \cdots, \boldsymbol{\eta}_{n-r}$线性表出.所以,

$R(\mathrm{II}) \leqslant R(\mathrm{I})$.

因为 $R(\mathrm{I})=n-r$，所以 $R(\mathrm{II}) \leqslant n-r$，即 $r(\boldsymbol{B}) \leqslant n-r$. 故 $r(\boldsymbol{A})+r(\boldsymbol{B}) \leqslant n$.

总之，如果 $\boldsymbol{AB}=\boldsymbol{O}$，则 $r(\boldsymbol{A})+r(\boldsymbol{B}) \leqslant n$.

例 3 求解空间 $\boldsymbol{V}=\left\{\boldsymbol{X}=\begin{bmatrix} x_1 \\ x_2 \\ x_3 \\ x_4 \end{bmatrix} \middle| \begin{cases} x_1+x_2+x_3+x_4=0 \\ x_2+x_3+x_4=0 \end{cases}\right\}$ 的一组基及 $\dim \boldsymbol{V}$.

解 $\boldsymbol{AX}=\boldsymbol{O}$ 的解空间 $\boldsymbol{V}$ 的一组基就是 $\boldsymbol{AX}=\boldsymbol{O}$ 的一个基础解系.

对于齐次线性方程组

$$\begin{cases} x_1+x_2+x_3+x_4=0, \\ x_2+x_3+x_4=0, \end{cases}$$

系数矩阵 $\boldsymbol{A}=\begin{pmatrix} 1 & 1 & 1 & 1 \\ 0 & 1 & 1 & 1 \end{pmatrix} \xrightarrow{\text{初等行变换}} \begin{pmatrix} 1 & 0 & 0 & 0 \\ 0 & 1 & 1 & 1 \end{pmatrix}$，

因为 $r(\boldsymbol{A})=2<4$，所以方程组有无穷多解，且同解方程组为

$$\begin{cases} x_1=0, \\ x_2=-x_3-x_4. \end{cases}$$

可解得 $\boldsymbol{\eta}_1=\begin{bmatrix} 0 \\ -1 \\ 1 \\ 0 \end{bmatrix}, \boldsymbol{\eta}_2=\begin{bmatrix} 0 \\ -1 \\ 0 \\ 1 \end{bmatrix}$ 为 $\boldsymbol{AX}=\boldsymbol{O}$ 的一个基础解系，即 $\boldsymbol{\eta}_1, \boldsymbol{\eta}_2$ 为解空间 $\boldsymbol{V}$ 的一组基. 因此 $\dim \boldsymbol{V}=2$.

例 4 设 $\boldsymbol{A}$ 为 $m \times n$ 实矩阵，证明 $r(\boldsymbol{A}^{\mathrm{T}}\boldsymbol{A})=r(\boldsymbol{A})$.

分析 设 $\boldsymbol{X}=\begin{bmatrix}x_1\\x_2\\\vdots\\x_n\end{bmatrix}$ 为实 n 维列向量. 考虑两个 n 元齐次线性方程组 $\boldsymbol{AX}=\boldsymbol{O}$ 及 $\boldsymbol{A}^{\mathrm{T}}\boldsymbol{AX}=\boldsymbol{O}$. 记 $\boldsymbol{AX}=\boldsymbol{O}$ 的解空间为 $\boldsymbol{V}_1$, $\boldsymbol{A}^{\mathrm{T}}\boldsymbol{AX}=\boldsymbol{O}$ 的解空间为 $\boldsymbol{V}_2$. 于是 $\dim\boldsymbol{V}_1=n-r(\boldsymbol{A})$, $\dim\boldsymbol{V}_2=n-r(\boldsymbol{A}^{\mathrm{T}}\boldsymbol{A})$. 要证 $r(\boldsymbol{A}^{\mathrm{T}}\boldsymbol{A})=r(\boldsymbol{A})$, 可证 $\boldsymbol{V}_1=\boldsymbol{V}_2$. 即 $\boldsymbol{AX}=\boldsymbol{O}$ 与 $\boldsymbol{A}^{\mathrm{T}}\boldsymbol{AX}=\boldsymbol{O}$ 同解.

证 设 $\boldsymbol{X}_1$ 为 $\boldsymbol{AX}=\boldsymbol{O}$ 的解向量, 即 $\boldsymbol{AX}_1=\boldsymbol{O}$, 则必有 $\boldsymbol{A}^{\mathrm{T}}\boldsymbol{AX}_1=\boldsymbol{O}$, 即 $\boldsymbol{X}_1$ 也是 $\boldsymbol{A}^{\mathrm{T}}\boldsymbol{AX}=\boldsymbol{O}$ 的解向量.

反之, 设 $\boldsymbol{X}_1$ 为 $\boldsymbol{A}^{\mathrm{T}}\boldsymbol{AX}=\boldsymbol{O}$ 的解向量, 即 $\boldsymbol{A}^{\mathrm{T}}\boldsymbol{AX}_1=\boldsymbol{O}$, 两边同时左乘 $\boldsymbol{X}_1^{\mathrm{T}}$ 得到 $\boldsymbol{X}_1^{\mathrm{T}}\boldsymbol{A}^{\mathrm{T}}\boldsymbol{AX}_1=\boldsymbol{O}$, 于是有

$$(\boldsymbol{AX}_1)^{\mathrm{T}}(\boldsymbol{AX}_1)=\boldsymbol{O}.$$

因为 $\boldsymbol{AX}_1\in\mathbf{R}^m$, 所以必有 $\boldsymbol{AX}_1=\boldsymbol{O}$, 即 $\boldsymbol{X}_1$ 为 $\boldsymbol{AX}=\boldsymbol{O}$ 的解向量. 故 $\boldsymbol{AX}=\boldsymbol{O}$ 与 $\boldsymbol{A}^{\mathrm{T}}\boldsymbol{AX}=\boldsymbol{O}$ 同解, 即 $r(\boldsymbol{A}^{\mathrm{T}}\boldsymbol{A})=r(\boldsymbol{A})$.

4.4 非齐次线性方程组解的结构

设 n 元非齐次线性方程组 $\boldsymbol{AX}=\boldsymbol{\beta}$, 则称 n 元齐次线性方程组 $\boldsymbol{AX}=\boldsymbol{O}$ 为 $\boldsymbol{AX}=\boldsymbol{\beta}$ 的导出组. 或称 $\boldsymbol{AX}=\boldsymbol{\beta}$ 对应的齐次方程组是 $\boldsymbol{AX}=\boldsymbol{O}$.

4.4.1 非齐次线性方程组解的性质

性质 1 如果 $\boldsymbol{X}_1,\boldsymbol{X}_2$ 分别是 $\boldsymbol{AX}=\boldsymbol{\beta}$ 的解向量, 则对于满足 $k_1+k_2=1$ 的任意常数 k_1,k_2, $k_1\boldsymbol{X}_1+k_2\boldsymbol{X}_2$ 也是 $\boldsymbol{AX}=\boldsymbol{\beta}$ 的解向量.

证 因为 $\boldsymbol{AX}_1=\boldsymbol{\beta}$, $\boldsymbol{AX}_2=\boldsymbol{\beta}$, 当 $k_1+k_2=1$ 时, $\boldsymbol{A}(k_1\boldsymbol{X}_1+k_2\boldsymbol{X}_2)=\boldsymbol{A}(k_1\boldsymbol{X}_1)+\boldsymbol{A}(k_2\boldsymbol{X}_2)=k_1\boldsymbol{AX}_1+k_2\boldsymbol{AX}_2=k_1\boldsymbol{\beta}+k_2\boldsymbol{\beta}=$

$(k_1+k_2)\boldsymbol{\beta}=\boldsymbol{\beta}$. 所以对于任意常数 k_1,k_2，当 $k_1+k_2=1$ 时，$k_1\boldsymbol{X}_1+k_2\boldsymbol{X}_2$ 是 $\boldsymbol{AX}=\boldsymbol{\beta}$ 的解向量.

性质1可以推广为：如果 $\boldsymbol{X}_1,\boldsymbol{X}_2,\cdots,\boldsymbol{X}_t$ 为 $\boldsymbol{AX}=\boldsymbol{\beta}$ 的解向量，对于任意常数 $k_1,k_2,\cdots,k_t$，当 $k_1+k_2+\cdots+k_t=1$ 时，$k_1\boldsymbol{X}_1+k_2\boldsymbol{X}_2+\cdots+k_t\boldsymbol{X}_t$ 也是 $\boldsymbol{AX}=\boldsymbol{\beta}$ 的解向量，但是当 $k_1+k_2+\cdots+k_t\neq1$ 时，$k_1\boldsymbol{X}_1+k_2\boldsymbol{X}_2+\cdots+k_t\boldsymbol{X}_t$ 就不是 $\boldsymbol{AX}=\boldsymbol{\beta}$ 的解了. 这就说明 $\boldsymbol{AX}=\boldsymbol{\beta}$ 的解集合 $\boldsymbol{V}$ 对向量的加法及数乘不构成向量空间.

性质2 如果 $\boldsymbol{X}_1,\boldsymbol{X}_2$ 分别是 $\boldsymbol{AX}=\boldsymbol{\beta}$ 的解向量，则 $\boldsymbol{X}_1-\boldsymbol{X}_2$ 是导出组 $\boldsymbol{AX}=\boldsymbol{O}$ 的解向量.

证 因为 $\boldsymbol{AX}_1=\boldsymbol{\beta},\boldsymbol{AX}_2=\boldsymbol{\beta}$，所以 $\boldsymbol{A}(\boldsymbol{X}_1-\boldsymbol{X}_2)=\boldsymbol{AX}_1-\boldsymbol{AX}_2=\boldsymbol{\beta}-\boldsymbol{\beta}=\boldsymbol{O}$. 即 $\boldsymbol{X}_1-\boldsymbol{X}_2$ 是 $\boldsymbol{AX}=\boldsymbol{O}$ 的解向量.

性质3 如果 $\boldsymbol{X}_1$ 是 $\boldsymbol{AX}=\boldsymbol{\beta}$ 的解向量，$\boldsymbol{X}_2$ 是导出组 $\boldsymbol{AX}=\boldsymbol{O}$ 的解向量，则 $\boldsymbol{X}_1+\boldsymbol{X}_2$ 是 $\boldsymbol{AX}=\boldsymbol{\beta}$ 的解向量.

证 因为 $\boldsymbol{AX}_1=\boldsymbol{\beta},\boldsymbol{AX}=\boldsymbol{O}$，所以 $\boldsymbol{A}(\boldsymbol{X}_1+\boldsymbol{X}_2)=\boldsymbol{AX}_1+\boldsymbol{AX}_2=\boldsymbol{\beta}+\boldsymbol{O}=\boldsymbol{\beta}$，即 $\boldsymbol{X}_1+\boldsymbol{X}_2$ 是 $\boldsymbol{AX}=\boldsymbol{\beta}$ 的解向量.

4.4.2 非齐次线性方程组解的结构

定理4.3 设 $\boldsymbol{\xi}^*$ 是 $\boldsymbol{AX}=\boldsymbol{\beta}$ 的一个特定解，$\boldsymbol{\eta}$ 是其导出组 $\boldsymbol{AX}=\boldsymbol{O}$ 的全部解，则 $\boldsymbol{X}=\boldsymbol{\xi}^*+\boldsymbol{\eta}$ 是 $\boldsymbol{AX}=\boldsymbol{\beta}$ 的全部解.

证 设 $\boldsymbol{\xi}^*$ 是 $\boldsymbol{AX}=\boldsymbol{\beta}$ 的一个特定解，$\boldsymbol{\eta}$ 是其导出组 $\boldsymbol{AX}=\boldsymbol{O}$ 的通解，由非齐次线性方程组解的性质3知，$\boldsymbol{X}=\boldsymbol{\xi}^*+\boldsymbol{\eta}$ 是 $\boldsymbol{AX}=\boldsymbol{\beta}$ 的解.

反之，设 $\boldsymbol{X}$ 是 $\boldsymbol{AX}=\boldsymbol{\beta}$ 的任意一个解，$\boldsymbol{\xi}^*$ 是 $\boldsymbol{AX}=\boldsymbol{\beta}$ 的一个特定解，由非齐次线性方程组解的性质2知，$\boldsymbol{\eta}=\boldsymbol{X}-\boldsymbol{\xi}^*$ 必是其导出组 $\boldsymbol{AX}=\boldsymbol{O}$ 的解，即 $\boldsymbol{X}=\boldsymbol{\xi}^*+\boldsymbol{\eta}$. $\boldsymbol{AX}=\boldsymbol{\beta}$ 的任意解都可以表示为它自己的一个特定解 $\boldsymbol{\xi}^*$ 与其导出组 $\boldsymbol{AX}=\boldsymbol{O}$ 的解之和. 当 $\boldsymbol{\eta}$ 为 $\boldsymbol{AX}=\boldsymbol{O}$ 的通解时，$\boldsymbol{X}=\boldsymbol{\xi}^*+\boldsymbol{\eta}$ 就是 $\boldsymbol{AX}=\boldsymbol{\beta}$ 的通解.

由定理4.3可知，对于 n 元非齐次线性方程组 $\boldsymbol{AX}=\boldsymbol{\beta}$，当

$r(\boldsymbol{A})=r(\overline{\boldsymbol{A}})=r<n$ 时，可按以下步骤求出它的全部解：

(1)先求 $\boldsymbol{AX}=\boldsymbol{\beta}$ 的一个特定解 $\boldsymbol{\xi}^*$；

(2)再求其导出组 $\boldsymbol{AX}=\boldsymbol{O}$ 的通解 $\boldsymbol{\eta}$；

(3)写出 $\boldsymbol{AX}=\boldsymbol{\beta}$ 的通解 $\boldsymbol{X}=\boldsymbol{\xi}^*+\boldsymbol{\eta}$.

例 1 求非齐次线性方程组

$$\begin{cases}x_1+x_2+x_3+x_4=0,\\x_2+2x_3+2x_4=1,\\3x_1+2x_2+x_3+x_4=-1\end{cases}$$

的全部解.

解 对它的增广矩阵 $\overline{\boldsymbol{A}}$ 进行初等行变换化为行最简形矩阵，

$$\overline{\boldsymbol{A}}=\left[\begin{array}{cccc|c}1&1&1&1&0\\0&1&2&2&1\\3&2&1&1&-1\end{array}\right]\longrightarrow\left[\begin{array}{cccc|c}1&1&1&1&0\\0&1&2&2&1\\0&0&0&0&0\end{array}\right]$$

$$\longrightarrow\left[\begin{array}{cccc|c}1&0&-1&-1&-1\\0&1&2&2&1\\0&0&0&0&0\end{array}\right],$$

因为 $r(\boldsymbol{A})=r(\overline{\boldsymbol{A}})=2<4$，所以原方程组有无穷多解，且同解方程组为

$$\begin{cases}x_1-x_3-x_4=-1,\\x_2+2x_3+2x_4=1.\end{cases}$$

(1)先求 $\boldsymbol{AX}=\boldsymbol{\beta}$ 的一个特定解 $\boldsymbol{\xi}^*$.

由于 x_1,x_2 的系数行列式为 $\begin{vmatrix}1&0\\0&1\end{vmatrix}\neq0$，所以选取 x_3,x_4 为自由未知量，同解方程组改写为

$$\begin{cases}x_1=-1+x_3+x_4,\\x_2=1-2x_3-2x_4.\end{cases}$$

给定自由未知量 $x_3=0$ 且 $x_4=0$，求出相应的 $x_1=-1,x_2=1$，即

$$\boldsymbol{\xi}^* = \begin{bmatrix} -1 \\ 1 \\ 0 \\ 0 \end{bmatrix}$$ 为 $\boldsymbol{AX}=\boldsymbol{\beta}$ 的一个特定解.

(2)再求其导出组 $\boldsymbol{AX}=\boldsymbol{O}$ 的通解 $\boldsymbol{\eta}$.

它的导出组 $\boldsymbol{AX}=\boldsymbol{O}$ 的同解方程组为

$$\begin{cases} x_1 - x_3 - x_4 = 0, \\ x_2 + 2x_3 + 2x_4 = 0. \end{cases}$$

同样理由选取 x_3, x_4 为自由未知量,同解方程组改写为

$$\begin{cases} x_1 = x_3 + x_4, \\ x_2 = -2x_3 - 2x_4. \end{cases}$$

给定自由未知量分别为 $\begin{pmatrix} x_3 \\ x_4 \end{pmatrix} = \begin{pmatrix} 1 \\ 0 \end{pmatrix}, \begin{pmatrix} 0 \\ 1 \end{pmatrix}$;

求出相应的 $\begin{pmatrix} x_1 \\ x_2 \end{pmatrix} = \begin{pmatrix} 1 \\ -2 \end{pmatrix}, \begin{pmatrix} 1 \\ -2 \end{pmatrix}$.

于是得到 $$\boldsymbol{\eta}_1 = \begin{bmatrix} 1 \\ -2 \\ 1 \\ 0 \end{bmatrix}, \boldsymbol{\eta}_2 = \begin{bmatrix} 1 \\ -2 \\ 0 \\ 1 \end{bmatrix}$$

为其导出组$\boldsymbol{AX}=\boldsymbol{O}$的一个基础解系,则其导出组$\boldsymbol{AX}=\boldsymbol{O}$的通解为

$$\boldsymbol{\eta} = k_1\boldsymbol{\eta}_1 + k_2\boldsymbol{\eta}_2.$$

其中 k_1, k_2 为任意常数.

(3)由非齐次线性方程组解的结构知,$\boldsymbol{AX}=\boldsymbol{\beta}$ 的通解为

$$\boldsymbol{X} = \boldsymbol{\xi}^* + \boldsymbol{\eta} = \boldsymbol{\xi}^* + k_1\boldsymbol{\eta}_1 + k_2\boldsymbol{\eta}_2$$

$$= \begin{bmatrix} -1 \\ 1 \\ 0 \\ 0 \end{bmatrix} + k_2 \begin{bmatrix} 1 \\ -2 \\ 1 \\ 0 \end{bmatrix} + k_2 \begin{bmatrix} 1 \\ -2 \\ 0 \\ 1 \end{bmatrix},$$

其中 k_1,k_2 为任意常数.

例 2 设四元非齐次线性方程组 $\boldsymbol{AX}=\boldsymbol{\beta}$ 的系数矩阵 $\boldsymbol{A}$ 的秩等于 3,已知 $\boldsymbol{X}_1,\boldsymbol{X}_2,\boldsymbol{X}_3$ 是它的三个解向量,且

$$\boldsymbol{X}_1=\begin{bmatrix}2\\0\\5\\-1\end{bmatrix},\boldsymbol{X}_2+\boldsymbol{X}_3=\begin{bmatrix}1\\9\\8\\8\end{bmatrix}.$$

求该非齐次线性方程组 $\boldsymbol{AX}=\boldsymbol{\beta}$ 的通解.

解 由题设条件知 $\boldsymbol{AX}=\boldsymbol{\beta}$ 的导出组为 $\boldsymbol{AX}=\boldsymbol{O}$,且 $r(\boldsymbol{A})=3<4$,所以 $\boldsymbol{AX}=\boldsymbol{O}$ 的一个基础解系中含一个解向量 $\boldsymbol{\eta}_1$.

由非齐次线性方程组解的性质知

$$\boldsymbol{\eta}_1=\boldsymbol{X}_2+\boldsymbol{X}_3-2\boldsymbol{X}_1=\begin{bmatrix}-3\\9\\-2\\10\end{bmatrix}$$

是 $\boldsymbol{AX}=\boldsymbol{O}$ 的解向量. 所以导出组 $\boldsymbol{AX}=\boldsymbol{O}$ 的通解为 $\boldsymbol{\eta}=k_1\boldsymbol{\eta}_1$.

取 $\boldsymbol{AX}=\boldsymbol{\beta}$ 的一个特解 $\boldsymbol{\xi}^*=\boldsymbol{X}_1$,于是 $\boldsymbol{AX}=\boldsymbol{\beta}$ 的通解为

$$\boldsymbol{X}=\boldsymbol{\xi}^*+\boldsymbol{\eta}=\boldsymbol{X}_1+k_1\boldsymbol{\eta}_1=\begin{bmatrix}2\\0\\5\\-1\end{bmatrix}+k_1\begin{bmatrix}-3\\9\\-2\\10\end{bmatrix}.$$

其中 k_1 为任意常数.

例 3 设 $\boldsymbol{X}_1=\begin{bmatrix}1\\0\\0\end{bmatrix},\boldsymbol{X}_2=\begin{bmatrix}1\\1\\0\end{bmatrix},\boldsymbol{X}_3=\begin{bmatrix}1\\1\\1\end{bmatrix}$ 为非齐次线性方程组 $\boldsymbol{AX}=\boldsymbol{\beta}$ 的三个解向量,且 $\boldsymbol{A}\neq\boldsymbol{O}$,

(1)求其导出组 $\boldsymbol{AX}=\boldsymbol{O}$ 的通解;

(2)求 $\boldsymbol{AX}=\boldsymbol{\beta}$ 的通解.

解(1)　由题设条件知 $\boldsymbol{AX}=\boldsymbol{O}$ 为三元齐次线性方程组，且 $1\leqslant r(\boldsymbol{A})<3$.

由非齐次线性方程组解的性质知：$\boldsymbol{\eta}_1=\boldsymbol{X}_2-\boldsymbol{X}_1=\begin{bmatrix}0\\1\\0\end{bmatrix}$，$\boldsymbol{\eta}_2=\boldsymbol{X}_3-\boldsymbol{X}_2=\begin{bmatrix}0\\0\\1\end{bmatrix}$ 是 $\boldsymbol{AX}=\boldsymbol{O}$ 的解向量，且 $\boldsymbol{\eta}_1,\boldsymbol{\eta}_2$ 线性无关，所以 $r(\boldsymbol{A})=1<3$.

于是 $\boldsymbol{AX}=\boldsymbol{O}$ 的一个基础解系为 $\boldsymbol{\eta}_1,\boldsymbol{\eta}_2$，$\boldsymbol{AX}=\boldsymbol{O}$ 的通解为 $\boldsymbol{\eta}=k_1\boldsymbol{\eta}_1+k_2\boldsymbol{\eta}_2$，其中 k_1,k_2 为任意常数.

(2)由非齐次线性方程组解的结构知：$\boldsymbol{AX}=\boldsymbol{\beta}$ 的通解为

$$\boldsymbol{X}=\boldsymbol{\xi}^*+\boldsymbol{\eta}=\boldsymbol{X}_1+k_1\boldsymbol{\eta}_1+k_2\boldsymbol{\eta}_2$$

$$=\begin{bmatrix}1\\0\\0\end{bmatrix}+k_1\begin{bmatrix}0\\1\\0\end{bmatrix}+k_2\begin{bmatrix}0\\0\\1\end{bmatrix},$$

其中 k_1,k_2 为任意常数.

习　题　4

1.求解线性方程组.

(1) $\begin{cases}3x_1+x_2-5x_3=0,\\ x_1+3x_2-13x_3=-6,\\ 2x_1-x_2+3x_3=3,\\ 4x_1-x_2+x_3=3;\end{cases}$　　(2) $\begin{cases}x_1+x_2+x_3=3,\\ x_1+2x_2-3x_3=1,\\ 2x_1+x_2-2x_3=1,\\ x_1+x_2-3x_3=-1;\end{cases}$

(3) $\begin{cases} x_1 - 5x_2 + 2x_3 - 3x_4 = 11, \\ 5x_1 + 3x_2 + 6x_3 - x_4 = -1, \\ 3x_1 - x_2 + 4x_3 - 2x_4 = 5, \\ -x_1 - 9x_2 - 4x_4 = 17; \end{cases}$ (4) $\begin{cases} x_1 + 2x_2 + x_3 = 2, \\ 3x_1 + 2x_2 + 2x_3 = 10, \\ 4x_1 + 4x_2 + 3x_3 = 0; \end{cases}$

(5) $\begin{cases} 2x_1 + 3x_2 + x_3 = 4, \\ x_1 - 2x_2 + 4x_3 = -5, \\ 3x_1 + 8x_2 - 2x_3 = 13; \end{cases}$ (6) $\begin{cases} 2x_1 + x_2 - x_3 + x_4 = 1, \\ 3x_1 - 2x_2 + x_3 - 3x_4 = 4, \\ x_1 + 4x_2 - 3x_3 + 5x_4 = -2. \end{cases}$

2. 求下列齐次线性方程组的基础解系.

(1) $\begin{cases} 2x_1 + 3x_2 - x_3 + 2x_4 - x_5 = 0, \\ 3x_1 - 2x_2 + x_3 + 2x_4 = 0, \\ 7x_1 + 4x_2 - x_3 + 6x_4 - 2x_5 = 0, \\ 10x_1 + 2x_2 + 8x_4 - 2x_5 = 0; \end{cases}$

(2) $x_1 + 2x_2 + 3x_3 + \cdots + nx_n = 0$;

(3) $\begin{cases} x_1 + 2x_2 - x_3 - 2x_4 = 0, \\ 2x_1 - x_2 - x_3 + x_4 = 0, \\ 3x_1 + x_2 - 2x_3 - x_4 = 0; \end{cases}$

(4) $\begin{cases} x_1 - 2x_2 + x_3 + x_4 - x_5 = 0, \\ 2x_1 + x_2 - x_3 - x_4 - x_5 = 0, \\ x_1 + 8x_2 - 5x_3 - 5x_4 + 5x_5 = 0, \\ 3x_1 - x_2 - 2x_3 + x_4 - x_5 = 0. \end{cases}$

3. 求下列齐次线性方程组的通解.

(1) $\begin{cases} x_1 - x_3 + x_5 = 0, \\ x_2 - x_4 + x_6 = 0, \\ x_1 - x_2 + x_5 - x_6 = 0, \\ x_2 - x_3 + x_5 = 0, \\ x_1 - x_4 + x_5 = 0; \end{cases}$

(2) $\begin{cases} x_1 - x_2 + 5x_3 - x_4 = 0, \\ x_1 + x_2 - 2x_3 + 3x_4 = 0, \\ 3x_1 - x_2 + 8x_3 + x_4 = 0, \\ x_1 + 3x_2 - 9x_3 + 7x_4 = 0. \end{cases}$

4. 已知 $\boldsymbol{\eta}_1 = \begin{bmatrix} -1 \\ 0 \\ 3 \\ 4 \end{bmatrix}$ 是齐次线性方程组 $\begin{cases} x_1 + 2x_2 - x_3 + x_4 = 0, \\ x_1 - 2x_2 + 3x_3 - 2x_4 = 0 \end{cases}$ 的一个解向量,试求该方程组的一个包含 $\boldsymbol{\eta}_1$ 的基础解系.

5. 求非齐次线性方程组

$$\begin{cases} x_1 + x_3 - x_4 = 3, \\ 2x_1 - x_2 + 4x_3 - 3x_4 = 4, \\ 3x_1 + x_2 + x_3 - 2x_4 = 11 \end{cases}$$

的全部解(用特解与基础解来表示)

6. 设齐次线性方程组

$$\begin{cases} \lambda x_1 + x_2 + x_3 = 0, \\ x_1 + \lambda x_2 + x_3 = 0, \\ x_1 + x_2 + \lambda x_3 = 0, \end{cases}$$

问 λ 取何值时,方程组有非零解?并且求出它的通解.

7. 已知 $\boldsymbol{A}$ 为非零 n 阶方阵,试证:存在一个非零 n 阶方阵 $\boldsymbol{B}$,使得 $\boldsymbol{AB} = \boldsymbol{O}$ 的充分必要条件是 $|\boldsymbol{A}| = 0$.

8. 设 $\boldsymbol{A}$ 为 n 阶方阵,$\boldsymbol{B}$ 为 $n \times s$ 矩阵,且 $r(\boldsymbol{B}) = n$. 证明如果 $\boldsymbol{AB} = \boldsymbol{O}$,则 $\boldsymbol{A} = \boldsymbol{O}$.

9. 已知 2×4 矩阵 $\boldsymbol{A} = \begin{pmatrix} 3 & 2 & 1 & 6 \\ 1 & 2 & 0 & 2 \end{pmatrix}$,试求一个秩为 1 的 4×3 矩阵 $\boldsymbol{B}$,使得 $\boldsymbol{AB} = \boldsymbol{O}$.

10. 已知 3 阶方阵 $\boldsymbol{A} = \begin{bmatrix} 1 & -2 & 3 \\ -3 & 6 & -9 \\ 2 & -4 & 6 \end{bmatrix}$,试求一个秩为 2 的三阶方阵 $\boldsymbol{B}$,满足 $\boldsymbol{AB} = \boldsymbol{O}$.

11. 已知 4 阶行列式

$$D=\begin{vmatrix} a_{11} & a_{12} & a_{13} & a_{14} \\ a_{21} & a_{22} & a_{23} & a_{24} \\ a_{31} & a_{32} & a_{33} & a_{34} \\ a_{41} & a_{42} & a_{43} & a_{44} \end{vmatrix} \neq 0,$$

又 A_{ij} 是 D 中元素 a_{ij} 的代数余子式. 试证

(1) $\boldsymbol{\eta}_1=\begin{bmatrix} A_{11} \\ A_{12} \\ A_{13} \\ A_{14} \end{bmatrix}$ 是下列齐次线性方程组

$$\begin{cases} a_{21}x_1+a_{22}x_2+a_{23}x_3+a_{24}x_4=0, \\ a_{31}x_1+a_{32}x_2+a_{33}x_3+a_{34}x_4=0, \\ a_{41}x_1+a_{42}x_2+a_{43}x_3+a_{44}x_4=0 \end{cases}$$

的非零解;

(2) $\boldsymbol{\eta}_1$ 是上面齐次线性方程组的一个基础解系.

12. 已知 $\boldsymbol{\alpha}_1, \boldsymbol{\alpha}_2, \cdots, \boldsymbol{\alpha}_n$ 是 n 维列向量, 又 n 阶方阵 $\boldsymbol{A}=(\boldsymbol{\alpha}_1, \boldsymbol{\alpha}_2, \cdots, \boldsymbol{\alpha}_n)$, $\boldsymbol{B}=(\boldsymbol{\alpha}_1+\boldsymbol{\alpha}_2, \boldsymbol{\alpha}_2+\boldsymbol{\alpha}_3, \cdots, \boldsymbol{\alpha}_{n-1}+\boldsymbol{\alpha}_n, \boldsymbol{\alpha}_n+\boldsymbol{\alpha}_1)$, 如果齐次线性方程组 $\boldsymbol{AX}=\boldsymbol{O}$ 只有零解, 讨论齐次线性方程组 $\boldsymbol{BX}=\boldsymbol{O}$ 是否也只有零解.

13. 已知 $n\times m$ 矩阵 $\boldsymbol{A}$ 与 $\boldsymbol{C}$ 的列向量组均为某一个齐次线性方程组的基础解系. 试证　存在 m 阶可逆矩阵 $\boldsymbol{B}$, 使得 $\boldsymbol{AB}=\boldsymbol{C}$.

14. 设 $n\times m$ 矩阵 $\boldsymbol{C}$ 的列向量组是某一个齐次线性方程组 $\boldsymbol{AX}=\boldsymbol{O}$ 的一个基础解系, 又 $\boldsymbol{B}$ 为 m 阶可逆矩阵, 试证　$\boldsymbol{CB}$ 的列向量组也是 $\boldsymbol{AX}=\boldsymbol{O}$ 的一个基础解系.

15. 已知非齐次线性方程组

$$\begin{cases} \lambda x_1+\lambda x_2+2x_3=1, \\ \lambda x_1+(2\lambda-1)x_2+3x_3=1, \\ \lambda x_1+\lambda x_2+(\lambda+3)x_3=2\lambda-1. \end{cases}$$

问 λ 取何值时, 方程组有无穷多解? 并求出其通解(用非齐次线性方程组特解与对应的齐次线性方程组的基础解系表示).

16. 当 p, q 取何值时, 线性方程组

$$\begin{cases} x_1+x_2+x_3+x_4+x_5=1, \\ 3x_1+2x_2+x_3+x_4-3x_5=p, \\ \qquad x_2+2x_3+2x_4+6x_5=3, \\ 5x_1+4x_2+3x_3+3x_4-x_5=q \end{cases}$$

有解？在有解时,求出它的全部解.

17. 已知三维向量组

$$\boldsymbol{\alpha}_1=\begin{bmatrix}1+t\\1\\1\end{bmatrix},\boldsymbol{\alpha}_2=\begin{bmatrix}1\\1+2t\\1\end{bmatrix},\boldsymbol{\alpha}_3=\begin{bmatrix}1\\1\\1+3t\end{bmatrix},\boldsymbol{\beta}=\begin{bmatrix}0\\t\\t^2\end{bmatrix}.$$

讨论 t 取何值?

(1) $\boldsymbol{\beta}$ 不能由 $\boldsymbol{\alpha}_1,\boldsymbol{\alpha}_2,\boldsymbol{\alpha}_3$ 线性表出；

(2) $\boldsymbol{\beta}$ 可由 $\boldsymbol{\alpha}_1,\boldsymbol{\alpha}_2,\boldsymbol{\alpha}_3$ 线性表出,且表达式唯一,并求出表达式；

(3) $\boldsymbol{\beta}$ 可由 $\boldsymbol{\alpha}_1,\boldsymbol{\alpha}_2,\boldsymbol{\alpha}_3$ 线性表出,但表达式不唯一.

18. 把向量 $\boldsymbol{\beta}$ 表示成向量组 $\boldsymbol{\alpha}_1,\boldsymbol{\alpha}_2,\boldsymbol{\alpha}_3,\boldsymbol{\alpha}_4$ 的线性组合.

(1) $\boldsymbol{\beta}=(1,2,1,1)$, $\boldsymbol{\alpha}_1=(1,1,1,1)$, $\boldsymbol{\alpha}_2=(1,1,-1,-1)$, $\boldsymbol{\alpha}_3=(1,-1,1,-1)$, $\boldsymbol{\alpha}_4=(1,-1,-1,1)$;

(2) $\boldsymbol{\beta}=(0,0,0,1)$, $\boldsymbol{\alpha}_1=(1,1,0,1)$, $\boldsymbol{\alpha}_2=(2,1,3,1)$, $\boldsymbol{\alpha}_3=(1,1,0,0)$, $\boldsymbol{\alpha}_4=(0,1,-1,-1)$.

19. 已知三元非齐次线性方程组 $\boldsymbol{AX}=\boldsymbol{\beta}$ 的系数矩阵 $\boldsymbol{A}$ 的秩为 1,且

$$\boldsymbol{X}_1=\begin{bmatrix}1\\0\\2\end{bmatrix},\boldsymbol{X}_2=\begin{bmatrix}-1\\2\\-1\end{bmatrix},\boldsymbol{X}_3=\begin{bmatrix}1\\0\\0\end{bmatrix}$$ 为 $\boldsymbol{AX}=\boldsymbol{\beta}$ 的三个解向量.

(1)求导出组 $\boldsymbol{AX}=\boldsymbol{O}$ 的一个基础解系；

(2)求 $\boldsymbol{AX}=\boldsymbol{\beta}$ 的通解；

(3)求满足上述要求的一个非齐次线性方程组.

20. 设四元非齐次线性方程组的系数矩阵的秩等于 3,已知 $\boldsymbol{X}_1,\boldsymbol{X}_2,\boldsymbol{X}_3$ 为它的三个解向量,且

$$\boldsymbol{X}_1=\begin{bmatrix}1\\1\\1\\1\end{bmatrix},\boldsymbol{X}_2+2\boldsymbol{X}_3=\begin{bmatrix}3\\4\\5\\6\end{bmatrix},$$

求该方程组的通解.

21. 设线性方程组

$$\begin{cases} x_1 - x_2 & = a_1, \\ \quad x_2 - x_3 & = a_2, \\ \quad\quad x_3 - x_4 & = a_3, \\ \quad\quad\quad x_4 - x_5 & = a_4, \\ -x_1 \quad\quad\quad + x_5 & = a_5. \end{cases}$$

证明　该方程组有解的充分必要条件为 $\sum_{i=1}^{5} a_i = 0$.

第 5 章　矩阵的相似对角形

对角形矩阵是最简单的一类矩阵，如果方阵 $\boldsymbol{A}$ 能与某一个对角形矩阵相似，则可以由对角形矩阵的性质研究方阵 $\boldsymbol{A}$ 的性质. 本章将利用矩阵的特征值和特征向量讨论方阵 $\boldsymbol{A}$ 与对角形矩阵的相似问题.

5.1　方阵的特征值与特征向量

5.1.1　方阵的特征值与特征向量

定义 5.1　设 $\boldsymbol{A}$ 为 n 阶方阵，如果存在数 λ 及 n 维非零列向量 $\boldsymbol{X}=\begin{bmatrix}x_1\\x_2\\\vdots\\x_n\end{bmatrix}$，满足 $\boldsymbol{AX}=\lambda\boldsymbol{X}$，则称数 λ 为方阵 $\boldsymbol{A}$ 的特征值，非零列向量 $\boldsymbol{X}$ 为 $\boldsymbol{A}$ 的对应于特征值 λ 的特征向量.

由定义 5.1 可知：如果 λ 为方阵 $\boldsymbol{A}$ 的特征值，非零列向量 $\boldsymbol{X}=\begin{bmatrix}x_1\\x_2\\\vdots\\x_n\end{bmatrix}$ 为对应的特征向量，则齐次线性方程组 $(\lambda\boldsymbol{E}-\boldsymbol{A})\boldsymbol{X}=\boldsymbol{O}$ 一

定有非零解$\boldsymbol{X}=\begin{bmatrix}x_1\\x_2\\\vdots\\x_n\end{bmatrix}$. 而$(\lambda\boldsymbol{E}-\boldsymbol{A})\boldsymbol{X}=\boldsymbol{O}$有非零解的充分必要条件是其系数行列式$|\lambda\boldsymbol{E}-\boldsymbol{A}|=0$. 即$\lambda$为方阵$\boldsymbol{A}$的特征值的充分必要条件是$\lambda$满足$|\lambda\boldsymbol{E}-\boldsymbol{A}|=0$. 称$|\lambda\boldsymbol{E}-\boldsymbol{A}|=0$为方阵$\boldsymbol{A}$的特征方程.

该方程左边$|\lambda\boldsymbol{E}-\boldsymbol{A}|=\begin{vmatrix}\lambda-a_{11} & -a_{12} & \cdots & -a_{1n}\\-a_{21} & \lambda-a_{22} & \cdots & -a_{2n}\\\vdots & \vdots & & \vdots\\-a_{n1} & -a_{n2} & \cdots & \lambda-a_{nn}\end{vmatrix}$

$$=\lambda^n+c_1\lambda^{n-1}+c_2\lambda^{n-2}+\cdots+c_{n-1}\lambda+c_n.$$

称这个λ的多项式为方阵$\boldsymbol{A}$的特征多项式. n阶方阵$\boldsymbol{A}$的特征多项式是λ的n次多项式,特征方程$|\lambda\boldsymbol{E}-\boldsymbol{A}|=0$是$\lambda$的$n$次方程. 因为$n$阶方阵$\boldsymbol{A}$的特征值$\lambda$必是特征方程$|\lambda\boldsymbol{E}-\boldsymbol{A}|=0$的根,所以也称$\lambda$为特征根. 在复数范围内,$n$阶方阵$\boldsymbol{A}$必有$n$个特征值$\lambda_1,\lambda_2,\cdots,\lambda_n$.

由以上分析可知,求n阶方阵$\boldsymbol{A}$的特征值与特征向量的步骤是:

(1)求方阵$\boldsymbol{A}$的特征值. 解特征方程$|\lambda\boldsymbol{E}-\boldsymbol{A}|=0$,得到$n$个特征根$\lambda_1,\lambda_2,\cdots,\lambda_n$(包括重根),即为$A$的$n$个特征值.

(2)求对应的特征向量. 对于每一个不同的特征值λ_i,解齐次线性方程组$(\lambda_i\boldsymbol{E}-\boldsymbol{A})\boldsymbol{X}=\boldsymbol{O}$,求出一个基础解系$\boldsymbol{X}_{i_1},\boldsymbol{X}_{i_2},\cdots,\boldsymbol{X}_{i_t}$,则$\boldsymbol{A}$的对应于$\lambda_i$的全部特征向量为$\boldsymbol{X}=k_1\boldsymbol{X}_{i_1}+k_2\boldsymbol{X}_{i_2}+\cdots+k_t\boldsymbol{X}_{i_t}$,其中$k_1,k_2,\cdots,k_t$为任意不全为零的常数.

需要指出:一个n阶实方阵$\boldsymbol{A}$的特征值λ可能会是复数,从而它对应的特征向量 $\boldsymbol{X}=\begin{bmatrix}x_1\\x_2\\\vdots\\x_n\end{bmatrix}$ 也可能会是复向量.

例 1 求 2 阶方阵 $\boldsymbol{A}=\begin{pmatrix}4 & 3\\-2 & -1\end{pmatrix}$ 的特征值与特征向量.

解 因为 $|\lambda\boldsymbol{E}-\boldsymbol{A}|=\begin{vmatrix}\lambda-4 & -3\\2 & \lambda+1\end{vmatrix}=(\lambda-1)(\lambda-2)$，所以 $\boldsymbol{A}$ 的两个特征值为 $\lambda_1=1,\lambda_2=2$.

对于 $\lambda_1=1$，解齐次线性方程组 $(1\boldsymbol{E}-\boldsymbol{A})\boldsymbol{X}=\boldsymbol{O}$，即 $\begin{cases}-3x_1-3x_2=0,\\2x_1+2x_2=0,\end{cases}$ 得到它的一个基础解系为 $\boldsymbol{X}_1=\begin{pmatrix}1\\-1\end{pmatrix}$. 则 $\boldsymbol{A}$ 的对应于 $\lambda_1=1$ 的一个特征向量为 $\boldsymbol{X}_1=\begin{pmatrix}1\\-1\end{pmatrix}$，而 $\boldsymbol{A}$ 的对应于 $\lambda_1=1$ 的全部特征向量为 $\boldsymbol{X}=k_1\boldsymbol{X}_1=k_1\begin{pmatrix}1\\-1\end{pmatrix}$，其中 k_1 为不为零的任意常数.

对于 $\lambda_2=2$，解齐次线性方程组 $(2\boldsymbol{E}-\boldsymbol{A})\boldsymbol{X}=\boldsymbol{O}$，即

$$\begin{cases}-2x_1-3x_2=0,\\2x_1+3x_2=0,\end{cases}$$

得到它的一个基础解系为 $\boldsymbol{X}_2=\begin{pmatrix}-3\\2\end{pmatrix}$，于是 $\boldsymbol{A}$ 的对应于 $\lambda_2=2$ 的一个特征向量为 $\boldsymbol{X}_2=\begin{pmatrix}-3\\2\end{pmatrix}$，而 $\boldsymbol{A}$ 的对应于 $\lambda_2=2$ 的全部特征向量为 $\boldsymbol{X}=k_2\boldsymbol{X}_2=k_2\begin{pmatrix}-3\\2\end{pmatrix}$. 其中 k_2 为不为零的任意常数.

例 2 求 3 阶方阵 $A=\begin{bmatrix}1&1&0\\0&1&1\\0&0&1\end{bmatrix}$ 的特征值与特征向量.

解 A 的特征方程为

$$|\lambda E-A|=\begin{vmatrix}\lambda-1&-1&0\\0&\lambda-1&-1\\0&0&\lambda-1\end{vmatrix}=(\lambda-1)^3=0.$$

所以 A 的三个特征值为 $\lambda_1=\lambda_2=\lambda_3=1$. $\lambda=1$ 为 A 的三重特征值.

对于 $\boldsymbol{\lambda}=1$,解齐次线性方程组 $(1E-A)X=O$,即

$$\begin{cases}-x_2=0,\\-x_3=0,\end{cases}$$

解得一个基础解系为 $X_1=\begin{bmatrix}1\\0\\0\end{bmatrix}$. 于是 A 的对应于三重特征值 $\lambda=1$ 的一个特征向量为 $X_1=\begin{bmatrix}1\\0\\0\end{bmatrix}$,而 A 的对应于三重特征值 $\lambda=1$ 的全部特征向量为 $X=kX_1=k\begin{bmatrix}1\\0\\0\end{bmatrix}$,其中 k 为不等于零的任意常数.

例 3 求三阶方阵 $A=\begin{bmatrix}-2&1&1\\0&2&0\\-4&1&3\end{bmatrix}$ 的特征值与特征向量.

解 A 的特征方程为

$$|\lambda \boldsymbol{E}-\boldsymbol{A}|=\begin{vmatrix}\lambda+2 & -1 & -1\\ 0 & \lambda-2 & 0\\ 4 & -1 & \lambda-3\end{vmatrix}=(\lambda-2)^2(\lambda+1)=0,$$

所以 $\boldsymbol{A}$ 的三个特征值为 $\lambda_1=\lambda_2=2,\lambda_3=-1$.

对于 $\lambda_1=\lambda_2=2$,解齐次线性方程组 $(2\boldsymbol{E}-\boldsymbol{A})\boldsymbol{X}=\boldsymbol{O}$,即

$$\begin{cases}4x_1-x_2-x_3=0,\\ 4x_1-x_2-x_3=0,\end{cases}$$

解得一个基础解系为 $\boldsymbol{X}_1=\begin{bmatrix}1\\4\\0\end{bmatrix},\boldsymbol{X}_2=\begin{bmatrix}1\\0\\4\end{bmatrix}$;于是 $\boldsymbol{A}$ 的对应于 $\lambda_1=\lambda_2=2$ 的两个线性无关的特征向量为 $\boldsymbol{X}_1,\boldsymbol{X}_2$;而 $\boldsymbol{A}$ 的对应于 $\lambda_1=\lambda_2=2$ 的全部特征向量为

$$\boldsymbol{X}=k_1\boldsymbol{X}_1+k_2\boldsymbol{X}_2=k_1\begin{bmatrix}1\\4\\0\end{bmatrix}+k_2\begin{bmatrix}1\\0\\4\end{bmatrix},$$

其中 k_1,k_2 为不全为零的任意常数.

对于 $\lambda_3=-1$,解齐次线性方程组 $(-1\boldsymbol{E}-\boldsymbol{A})\boldsymbol{X}=\boldsymbol{O}$,即

$$\begin{cases}x_1-x_2-x_3=0,\\ -3x_2=0,\\ 4x_1-x_2-4x_3=0.\end{cases}$$

解得一个基础解系为 $\boldsymbol{X}_3=\begin{bmatrix}1\\0\\1\end{bmatrix}$,于是 $\boldsymbol{A}$ 的对应于 $\lambda_3=-1$ 的一个特征向量为 $\boldsymbol{X}_3=\begin{bmatrix}1\\0\\1\end{bmatrix}$,而 $\boldsymbol{A}$ 的对应于 $\lambda_3=-1$ 的全部特征向量为

$X = kX_3 = k\begin{bmatrix}1\\0\\1\end{bmatrix}$,其中 k 为不等于零的任意常数.

从例 2 和例 3 可以看出:如果 λ_0 是方阵 $\boldsymbol{A}$ 的一个 k 重特征值,则 $\boldsymbol{A}$ 的对应于 λ_0 的线性无关的特征向量的个数不超过 k. 以后要给出这个结论的严格证明.

例 4 如果 n 阶方阵 $\boldsymbol{A}$ 满足 $\boldsymbol{A}^2 = \boldsymbol{E}$,证明 $\boldsymbol{A}$ 的特征值只能是 1 或 −1.

证 设 λ 为 $\boldsymbol{A}$ 的任意一个特征值, n 维非零列向量 $\boldsymbol{X} = \begin{bmatrix}x_1\\x_2\\\vdots\\x_n\end{bmatrix}$ 是 $\boldsymbol{A}$ 的对应于 λ 的特征向量. 由定义可知, $\boldsymbol{AX} = \lambda\boldsymbol{X}$. 此式两端左乘 $\boldsymbol{A}$,得到

$$\boldsymbol{A}^2\boldsymbol{X} = \lambda\boldsymbol{AX} = \lambda^2\boldsymbol{X}.$$

因为 $\boldsymbol{A}^2 = \boldsymbol{E}$,所以得到

$$\boldsymbol{EX} = \lambda^2\boldsymbol{X},$$

即 $$\boldsymbol{X} = \lambda^2\boldsymbol{X},$$

$$(\lambda^2 - 1)\boldsymbol{X} = \boldsymbol{O}.$$

由于特征向量 $\boldsymbol{X} \neq \boldsymbol{O}$,

故 $\lambda^2 - 1 = 0$ 即 $\lambda^2 = 1$.

于是 $\lambda = 1$ 或 $\lambda = -1$.

由此例的证明过程可以类推得到下面结论.

(1)由 $\boldsymbol{AX} = \lambda\boldsymbol{X}$ 可以推得 $\boldsymbol{A}^m\boldsymbol{X} = \lambda^m\boldsymbol{X}$,其中 m 为任意正整数. 即如果 λ 为 $\boldsymbol{A}$ 的特征值,对应的特征向量为 $\boldsymbol{X}$. 由数学归纳法可以得到: λ^m 为 $\boldsymbol{A}^m$ 的特征值, $\boldsymbol{X}$ 为对应的特征向量.

(2)如果 λ 为 $\boldsymbol{A}$ 的任意一个特征值,则由 $f(\boldsymbol{A}) = \boldsymbol{O}$,可推得

$f(\lambda)=0.$

5.1.2 特征值的性质

性质 1 设 $A=\begin{bmatrix} a_{11} & 0 & \cdots & 0 \\ 0 & a_{22} & \cdots & 0 \\ \vdots & \vdots & & \vdots \\ 0 & 0 & \cdots & a_{nn} \end{bmatrix}$ 为对角形矩阵,则 A 的 n 个特征值为 $\lambda_1=a_{11},\lambda_2=a_{22},\cdots,\lambda_n=a_{nn}$.

因为
$$|\lambda E-A|=\begin{vmatrix} \lambda-a_{11} & 0 & \cdots & 0 \\ 0 & \lambda-a_{22} & \cdots & 0 \\ \vdots & \vdots & & \vdots \\ 0 & 0 & \cdots & \lambda-a_{nn} \end{vmatrix}=(\lambda-a_{11})(\lambda-a_{22})\cdots(\lambda-a_{nn}),$$
所以 $\lambda_1=a_{11},\lambda_2=a_{22},\cdots,\lambda_n=a_{nn}$.

性质 2 任意一个 n 阶方阵 A 与 A^{T} 具有相同的特征值.

证 因为 $|\lambda E-A^{\mathrm{T}}|=|(\lambda E-A)^{\mathrm{T}}|=|\lambda E-A|$,即 A 与 A^{T} 具有相同的特征多项式,于是它们的特征方程相同,所以 A 与 A^{T} 具有相同的特征值.

性质 3 n 阶方阵 A 有等于零的特征值的充分必要条件是 $|A|=0$.

证 因为 A 的特征方程为 $|\lambda E-A|=0$,如果 $\lambda=0$ 为 A 的特征值,则 $|0E-A|=0$,即 $(-1)^n|A|=0$,故 $|A|=0$.

反之,如果 $|A|=0$,则 $|0E-A|=0$,即 $\lambda=0$ 是 A 的特征值.

由此可知:方阵 A 可逆的充分必要条件是 A 的特征值全不为零.

性质 4 如果 λ 为可逆矩阵 A 的特征值,则 $\frac{1}{\lambda}$ 一定是 A^{-1} 的特征值.

证 设 λ 为 $\boldsymbol{A}$ 的特征值,对应的特征向量为 $\boldsymbol{X}=\begin{bmatrix}x_1\\x_2\\\vdots\\x_n\end{bmatrix}\neq\boldsymbol{O}$.

由定义知 $$\boldsymbol{AX}=\lambda\boldsymbol{X}.$$
上式两端左乘 $\boldsymbol{A}^{-1}$,得到 $$\boldsymbol{EX}=\lambda\boldsymbol{A}^{-1}\boldsymbol{X},$$
即 $$\boldsymbol{X}=\lambda\boldsymbol{A}^{-1}\boldsymbol{X}.$$
因为 $\boldsymbol{A}$ 可逆,所以 $\lambda\neq0$,于是有

$$\boldsymbol{A}^{-1}\boldsymbol{X}=\frac{1}{\lambda}\boldsymbol{X}.$$

由定义知,$\frac{1}{\lambda}$是$\boldsymbol{A}^{-1}$的特征值,$\boldsymbol{X}$ 是对应的特征向量.

性质 5 设 λ 为 n 阶方阵 $\boldsymbol{A}$ 的特征值,则 $f(\lambda)$为 $f(\boldsymbol{A})$的特征值.

证 因为 λ 为 $\boldsymbol{A}$ 的特征值,对应的特征向量 $\boldsymbol{X}=\begin{bmatrix}x_1\\x_2\\\vdots\\x_n\end{bmatrix}\neq\boldsymbol{O}$,

所以有 $\boldsymbol{AX}=\lambda\boldsymbol{X}$,于是有

$$\boldsymbol{A}^m\boldsymbol{X}=\lambda^m\boldsymbol{X},(k\boldsymbol{A})\boldsymbol{X}=(k\lambda)\boldsymbol{X},$$

对于任意一个多项式 $f(x)=a_0+a_1x+a_2x^2+\cdots+a_mx^m$,

$$f(\boldsymbol{A})=a_0\boldsymbol{E}+a_1\boldsymbol{A}+a_2\boldsymbol{A}^2+a_3\boldsymbol{A}^3+\cdots+a_m\boldsymbol{A}^m.$$

故
$$\begin{aligned}f(\boldsymbol{A})\boldsymbol{X}&=a_0\boldsymbol{EX}+a_1\boldsymbol{AX}+a_2\boldsymbol{A}^2\boldsymbol{X}+a_3\boldsymbol{A}^3\boldsymbol{X}+\cdots+a_m\boldsymbol{A}^m\boldsymbol{X}\\&=a_0\boldsymbol{X}+a_1\lambda\boldsymbol{X}+a_2\lambda^2\boldsymbol{X}+a_3\lambda^3\boldsymbol{X}+\cdots+a_m\lambda^m\boldsymbol{X}\\&=(a_0+a_1\lambda+a_2\lambda^2+a_3\lambda^3+\cdots+a_m\lambda^m)\boldsymbol{X}\\&=f(\lambda)\boldsymbol{X}.\end{aligned}$$

由定义知,$f(\lambda)$是 $f(\boldsymbol{A})$的特征值,$\boldsymbol{X}$ 为对应的特征向量.

注意:如果 λ,μ 分别是 n 阶方阵 $\boldsymbol{A},\boldsymbol{B}$ 的特征值,一般说来,λ

$+\mu$ 并不是 $\boldsymbol{A}+\boldsymbol{B}$ 的特征值.读者可以自己举出例子.

性质 6 如果 n 阶方阵 $\boldsymbol{A}=(a_{ij})_{n\times n}$ 的 n 个特征值为 $\lambda_1,\lambda_2,\cdots,\lambda_n$.则

(1) $\lambda_1+\lambda_2+\cdots+\lambda_n=a_{11}+a_{22}+\cdots+a_{nn}$;

(2) $\lambda_1\lambda_2\cdots\lambda_n=|\boldsymbol{A}|$.

证 因为

$$|\lambda\boldsymbol{E}-\boldsymbol{A}|=\lambda^n+c_1\lambda^{n-1}+c_2\lambda^{n-2}+\cdots+c_{n-1}\lambda+c_n, \tag{$*$}$$

由 n 阶行列式定义可知,其中 λ^{n-1} 的系数 $c_1=-(a_{11}+a_{22}+\cdots+a_{nn})$,常数项 $c_n=(-1)^n|\boldsymbol{A}|$.

又因为 $\boldsymbol{A}$ 的 n 个特征值 $\lambda_1,\lambda_2,\cdots,\lambda_n$ 必为特征方程 $|\lambda\boldsymbol{E}-\boldsymbol{A}|=0$ 的 n 个根.于是有

$$\begin{aligned}|\lambda\boldsymbol{E}-\boldsymbol{A}|&=(\lambda-\lambda_1)(\lambda-\lambda_2)\cdots(\lambda-\lambda_n)\\&=\lambda^n-(\lambda_1+\lambda_2+\cdots+\lambda_n)\lambda^{n-1}+\cdots\\&\quad+(-1)^n\lambda_1\lambda_2\cdots\lambda_n.\end{aligned} \tag{$**$}$$

比较式($*$)与式($**$)的对应项系数,可得到

(1) $\lambda_1+\lambda_2+\cdots+\lambda_n=a_{11}+a_{22}+\cdots+a_{nn}$;

(2) $\lambda_1\lambda_2\cdots\lambda_n=|\boldsymbol{A}|$.

即 $\mathrm{tr}(\boldsymbol{A})=\lambda_1+\lambda_2+\cdots+\lambda_n$.

例 5 如果 n 阶方阵 $\boldsymbol{A}$ 满足 $\boldsymbol{A}^2=\boldsymbol{A}$,试证 $2\boldsymbol{E}-\boldsymbol{A}$ 为可逆矩阵.

证法 1 因为 $\boldsymbol{A}^2=\boldsymbol{A}$,所以 $\boldsymbol{A}-\boldsymbol{A}^2=\boldsymbol{O}$,即

$$2\boldsymbol{E}+\boldsymbol{A}-\boldsymbol{A}^2=2\boldsymbol{E},$$

于是

$$(2\boldsymbol{E}-\boldsymbol{A})(\boldsymbol{E}+\boldsymbol{A})=2\boldsymbol{E},$$

$$(2\boldsymbol{E}-\boldsymbol{A})\left[\frac{1}{2}\boldsymbol{E}+\frac{1}{2}\boldsymbol{A}\right]=\boldsymbol{E}.$$

由定义知 $(2\boldsymbol{E}-\boldsymbol{A})$ 可逆,并且 $(2\boldsymbol{E}-\boldsymbol{A})^{-1}=\frac{1}{2}\boldsymbol{E}+\frac{1}{2}\boldsymbol{A}$.

证法 2 设 λ 为 $\boldsymbol{A}$ 的任意一个特征值，因为 $\boldsymbol{A}^2=\boldsymbol{A}$，所以有 $\lambda^2=\lambda$，即 $\lambda=0$ 或 1. 可知，2 不是 $\boldsymbol{A}$ 的特征值，故 $|2\boldsymbol{E}-\boldsymbol{A}|\neq 0$，即 $2\boldsymbol{E}-\boldsymbol{A}$ 为可逆矩阵.

例 6 设 $\boldsymbol{A},\boldsymbol{B}$ 为 n 阶方阵，且 $\boldsymbol{AB}$ 的特征值全不为零. 证明 $\boldsymbol{AB}$ 与 $\boldsymbol{BA}$ 具有相同的特征值.

证 由性质 3 可知，$\boldsymbol{AB}$ 是可逆矩阵，即 $|\boldsymbol{AB}|\neq 0$. 则可推出 $|\boldsymbol{A}|\neq 0$，且 $|\boldsymbol{B}|\neq 0$，即 $\boldsymbol{A}$ 与 $\boldsymbol{B}$ 都是可逆矩阵. 从而得

$$\begin{aligned}|\lambda\boldsymbol{E}-\boldsymbol{AB}| &= |\lambda\boldsymbol{AA}^{-1}-\boldsymbol{AB}| = |\boldsymbol{A}(\lambda\boldsymbol{A}^{-1}-\boldsymbol{B})|\\ &= |\boldsymbol{A}||\lambda\boldsymbol{A}^{-1}-\boldsymbol{B}| = |\lambda\boldsymbol{A}^{-1}-\boldsymbol{B}||\boldsymbol{A}|\\ &= |(\lambda\boldsymbol{A}^{-1}-\boldsymbol{B})\boldsymbol{A}| = |\lambda\boldsymbol{A}^{-1}\boldsymbol{A}-\boldsymbol{BA}|\\ &= |\lambda\boldsymbol{E}-\boldsymbol{BA}|.\end{aligned}$$

即 $\boldsymbol{AB}$ 与 $\boldsymbol{BA}$ 具有相同的特征多项式，故 $\boldsymbol{AB}$ 与 $\boldsymbol{BA}$ 具有相同的特征值.

5.1.3 特征向量的性质

性质 1 如果 $\boldsymbol{X}_1$ 是方阵 $\boldsymbol{A}$ 对应于 λ 的特征向量，k 为非零常数，则 $k\boldsymbol{X}_1$ 也是 $\boldsymbol{A}$ 的对应于 λ 的特征向量.

证 因为 $\boldsymbol{AX}_1=\lambda\boldsymbol{X}_1$，$\boldsymbol{X}_1\neq\boldsymbol{O}$，$k\neq 0$，于是 $k\boldsymbol{X}_1\neq\boldsymbol{O}$ 而 $\boldsymbol{A}(k\boldsymbol{X}_1)=k\boldsymbol{AX}_1=k\lambda\boldsymbol{X}_1=\lambda(k\boldsymbol{X}_1)$. 由定义知，$k\boldsymbol{X}_1$ 是 $\boldsymbol{A}$ 的对应于 λ 的特征向量.

性质 2 如果 $\boldsymbol{X}_1,\boldsymbol{X}_2$ 是 $\boldsymbol{A}$ 的对应于同一个特征值 λ 的特征向量，且 $\boldsymbol{X}_1+\boldsymbol{X}_2\neq\boldsymbol{O}$，则 $\boldsymbol{X}_1+\boldsymbol{X}_2$ 也是 $\boldsymbol{A}$ 的对应于 λ 的特征向量.

证 因为 $\boldsymbol{AX}_1=\lambda\boldsymbol{X}_1$，$\boldsymbol{AX}_2=\lambda\boldsymbol{X}_2$，所以 $\boldsymbol{A}(\boldsymbol{X}_1+\boldsymbol{X}_2)=\boldsymbol{AX}_1+\boldsymbol{AX}_2=\lambda\boldsymbol{X}_1+\lambda\boldsymbol{X}_2=\lambda(\boldsymbol{X}_1+\boldsymbol{X}_2)$，其中 $\boldsymbol{X}_1+\boldsymbol{X}_2\neq\boldsymbol{O}$，由定义知，$\boldsymbol{X}_1+\boldsymbol{X}_2$ 是 $\boldsymbol{A}$ 的对应于 λ 的特征向量.

性质 1,2 可以推广：

如果 $\boldsymbol{X}_1,\boldsymbol{X}_2,\cdots,\boldsymbol{X}_t$ 是 $\boldsymbol{A}$ 的对应于同一个特征值 λ 的特征向

量，则对于任意常数 $k_1, k_2, \cdots, k_t$，非零向量 $\boldsymbol{X} = k_1\boldsymbol{X}_1 + k_2\boldsymbol{X}_2 + \cdots + k_t\boldsymbol{X}_t$ 必为 $\boldsymbol{A}$ 的对应于 λ 的特征向量.

性质 3 如果 $\lambda_1, \lambda_2, \cdots, \lambda_m (m \leqslant n)$ 是 n 阶方阵 $\boldsymbol{A}$ 的互不相同的特征值，对应的特征向量依次为 $\boldsymbol{X}_1, \boldsymbol{X}_2, \cdots, \boldsymbol{X}_m$. 则 $\boldsymbol{X}_1, \boldsymbol{X}_2, \cdots, \boldsymbol{X}_m$ 线性无关.

证 设
$$k_1\boldsymbol{X}_1 + k_2\boldsymbol{X}_2 + \cdots + k_m\boldsymbol{X}_m = \boldsymbol{O}, \tag{1}$$
用 $\boldsymbol{A}$ 左乘式(1)两端得
$$\lambda_1(k_1\boldsymbol{X}_1) + \lambda_2(k_2\boldsymbol{X}_2) + \cdots + \lambda_m(k_m\boldsymbol{X}_m) = \boldsymbol{O}, \tag{2}$$
用 $\boldsymbol{A}^2$ 左乘式(1)两端得
$$\lambda_1^2(k_1\boldsymbol{X}_1) + \lambda_2^2(k_2\boldsymbol{X}_2) + \cdots + \lambda_m^2(k_m\boldsymbol{X}_m) = \boldsymbol{O}, \tag{3}$$
……

用 $\boldsymbol{A}^{m-1}$ 左乘式(1)两端得
$$\lambda_1^{m-1}(k_1\boldsymbol{X}_1) + \lambda_2^{m-1}(k_2\boldsymbol{X}_2) + \cdots + \lambda_m^{m-1}(k_m\boldsymbol{X}_m) = \boldsymbol{O}. \tag{m}$$

用矩阵乘法表达上面(1)～(m)的联立关系式，得到
$$(k_1\boldsymbol{X}_1, k_2\boldsymbol{X}_2, \cdots, k_m\boldsymbol{X}_m)\begin{bmatrix} 1 & \lambda_1 & \lambda_1^2 & \cdots & \lambda_1^{m-1} \\ 1 & \lambda_2 & \lambda_2^2 & \cdots & \lambda_2^{m-1} \\ \vdots & \vdots & \vdots & & \vdots \\ 1 & \lambda_m & \lambda_m^2 & \cdots & \lambda_m^{m-1} \end{bmatrix} = (0,0,\cdots,0).$$

记 $\boldsymbol{B} = (k_1\boldsymbol{X}_1, k_2\boldsymbol{X}_2, \cdots, k_m\boldsymbol{X}_m)$,
$$\boldsymbol{D} = \begin{bmatrix} 1 & \lambda_1 & \lambda_1^2 & \cdots & \lambda_1^{m-1} \\ 1 & \lambda_2 & \lambda_2^2 & \cdots & \lambda_2^{m-1} \\ \vdots & \vdots & \vdots & & \vdots \\ 1 & \lambda_m & \lambda_m^2 & \cdots & \lambda_m^{m-1} \end{bmatrix}, \boldsymbol{O} = (0,0,\cdots,0),$$
则有 $\boldsymbol{BD} = \boldsymbol{O}$.

因为 $\lambda_1, \lambda_2, \cdots, \lambda_m$ 互不相同，所以 m 阶方阵 $\boldsymbol{D}$ 的行列式
$$|\boldsymbol{D}| = \prod_{1 \leqslant j < i \leqslant m} (\lambda_i - \lambda_j) \neq 0,$$

即 $\boldsymbol{D}$ 可逆. 于是 $\boldsymbol{B}=\boldsymbol{O}$. 即

$$\begin{cases} k_1\boldsymbol{X}_1=\boldsymbol{O}, \\ k_2\boldsymbol{X}_2=\boldsymbol{O}, \\ \quad\cdots\cdots \\ k_m\boldsymbol{X}_m=\boldsymbol{O}. \end{cases}$$

由于特征向量 $\boldsymbol{X}_i\neq\boldsymbol{O}(i=1,2,\cdots,m)$, 所以只有 $k_1=k_2=\cdots=k_m=0$. 即 $\boldsymbol{X}_1,\boldsymbol{X}_2,\cdots,\boldsymbol{X}_m$ 线性无关.

由性质 3, 我们可以用完全类似的证法得到下面性质 4.

性质 4 设 $\lambda_1,\lambda_2,\cdots,\lambda_m(m\leqslant n)$ 是 n 阶方阵 $\boldsymbol{A}$ 的 m 个互不相同的特征值. $\boldsymbol{X}_{i_1},\boldsymbol{X}_{i_2},\cdots,\boldsymbol{X}_{i_{s_i}}$ 是 $\boldsymbol{A}$ 的对应于 λ_i 的线性无关特征向量 $(i=1,2,\cdots,m)$, 则 $\boldsymbol{X}_{1_1},\boldsymbol{X}_{1_2},\cdots,\boldsymbol{X}_{1_{s_1}},\boldsymbol{X}_{2_1},\boldsymbol{X}_{2_2},\cdots,\boldsymbol{X}_{2_{s_2}},\cdots,\boldsymbol{X}_{m_1},\boldsymbol{X}_{m_2},\cdots,\boldsymbol{X}_{m_{s_m}}$ 必线性无关.

性质 5 设 λ_0 是 n 阶方阵 $\boldsymbol{A}$ 的 k 重特征值. 则 $\boldsymbol{A}$ 的对应于 λ_0 的线性无关的特征向量个数不会超过 k.

证 设 λ_0 是 n 阶方阵 $\boldsymbol{A}$ 的 k 重特征值, 又 n 元齐次线性方程组 $(\lambda_0\boldsymbol{E}-\boldsymbol{A})\boldsymbol{X}=\boldsymbol{O}$ 的一个基础解系为 $\boldsymbol{X}_1,\boldsymbol{X}_2,\cdots,\boldsymbol{X}_l$, 即只需证 $l\leqslant k$.

用反证法, 假设 $l>k$.

由 n 维线性无关向量组 $\boldsymbol{X}_1,\boldsymbol{X}_2,\cdots,\boldsymbol{X}_l$ 必可以找到 n 维向量 $\boldsymbol{X}_{l+1},\cdots,\boldsymbol{X}_n$, 使得 $\boldsymbol{X}_1,\boldsymbol{X}_2,\cdots,\boldsymbol{X}_l,\boldsymbol{X}_{l+1},\cdots,\boldsymbol{X}_n$ 线性无关.

于是得到 n 阶可逆矩阵 $\boldsymbol{P}=(\boldsymbol{X}_1,\boldsymbol{X}_2,\cdots,\boldsymbol{X}_l,\boldsymbol{X}_{l+1},\cdots,\boldsymbol{X}_n)$, 由于 $(n+1)$ 个 n 维向量 $\boldsymbol{X}_1,\boldsymbol{X}_2,\cdots,\boldsymbol{X}_l,\boldsymbol{X}_{l+1},\cdots,\boldsymbol{X}_n,\boldsymbol{A}\boldsymbol{X}_i(i=1,2,\cdots,n)$ 必线性相关. 由第 3 章知识可知 $\boldsymbol{A}\boldsymbol{X}_i$ 可由 $\boldsymbol{X}_1,\boldsymbol{X}_2,\cdots,\boldsymbol{X}_l,\boldsymbol{X}_{l+1},\cdots,\boldsymbol{X}_n$ 线性表出, 且表达式唯一.

即
$$\boldsymbol{A}\boldsymbol{X}_i=\begin{cases} \lambda_0\boldsymbol{X}_i, & i=1,2,\cdots,l, \\ b_{1i}\boldsymbol{X}_1+b_{2i}\boldsymbol{X}_2+\cdots+b_{ni}\boldsymbol{X}_n, & i=l+1,\cdots,n. \end{cases}$$

所以

$$
\begin{aligned}
\boldsymbol{AP} &= \boldsymbol{A}(\boldsymbol{X}_1,\boldsymbol{X}_2,\cdots,\boldsymbol{X}_n)\\
&= (\boldsymbol{AX}_1,\boldsymbol{AX}_2,\cdots,\boldsymbol{AX}_l,\boldsymbol{AX}_{l+1},\cdots,\boldsymbol{AX}_n)\\
&= (\boldsymbol{X}_1,\boldsymbol{X}_2,\cdots,\boldsymbol{X}_l,\boldsymbol{X}_{l+1},\cdots,\boldsymbol{X}_n)\begin{bmatrix}
\lambda_0 & 0 & \cdots & 0 & b_{1l+1} & \cdots & b_{1n}\\
0 & \lambda_0 & \cdots & 0 & b_{2l+1} & \cdots & b_{2n}\\
\cdots\cdots & & & & & & \\
0 & 0 & \cdots & \lambda_0 & b_{ll+1} & \cdots & b_{ln}\\
0 & 0 & \cdots & 0 & b_{l+1l+1} & \cdots & b_{l+1n}\\
\cdots\cdots & & & & & & \\
0 & 0 & \cdots & 0 & b_{nl+1} & \cdots & b_{nn}
\end{bmatrix}\\
&= \boldsymbol{P}\begin{pmatrix}\lambda_0\boldsymbol{E}_l & \boldsymbol{A}_1\\ \boldsymbol{O} & \boldsymbol{A}_2\end{pmatrix} = \boldsymbol{PB}.
\end{aligned}
$$

其中 $\boldsymbol{B}=\begin{pmatrix}\lambda_0\boldsymbol{E}_l & \boldsymbol{A}_1\\ \boldsymbol{O} & \boldsymbol{A}_2\end{pmatrix}$，$\boldsymbol{A}_2$ 为$(n-l)$阶方阵.

即 $$\boldsymbol{P}^{-1}\boldsymbol{AP}=\boldsymbol{B}.$$

于是
$$
|\lambda\boldsymbol{E}-\boldsymbol{A}| = |\lambda\boldsymbol{E}-\boldsymbol{B}| = \begin{vmatrix}(\lambda-\lambda_0)\boldsymbol{E}_l & -\boldsymbol{A}_1\\ \boldsymbol{O} & \lambda\boldsymbol{E}_{n-l}-\boldsymbol{A}_2\end{vmatrix} = (\lambda-\lambda_0)^l\,|\lambda\boldsymbol{E}_{n-l}-\boldsymbol{A}_2|.
$$

即 λ_0 至少是 $\boldsymbol{A}$ 的 $l(l>k)$重特征值.这就与 λ_0 是 $\boldsymbol{A}$ 的 k 重特征值矛盾.故假设不正确.只有 $l\leqslant k$.

5.2 相 似 矩 阵

5.2.1 相似矩阵的概念

定义 5.2 设 $\boldsymbol{A},\boldsymbol{B}$ 为 n 阶方阵，如果存在 n 阶可逆矩阵 $\boldsymbol{C}$，使得 $\boldsymbol{C}^{-1}\boldsymbol{AC}=\boldsymbol{B}$，则称 $\boldsymbol{A}$ 与 $\boldsymbol{B}$ 相似，记作 $\boldsymbol{A}\backsim\boldsymbol{B}$.并称 $\boldsymbol{B}$ 为 $\boldsymbol{A}$ 的相似矩阵，求 $\boldsymbol{C}^{-1}\boldsymbol{AC}$ 称为对矩阵 $\boldsymbol{A}$ 进行相似变换，且称 $\boldsymbol{C}$ 为相

似变换矩阵.

容易证明矩阵的相似关系满足下列性质:

(1)反身性.对于任意方阵 $\boldsymbol{A}$,$\boldsymbol{A}\backsim\boldsymbol{A}$.

(2)对称性.如果 $\boldsymbol{A}\backsim\boldsymbol{B}$,则 $\boldsymbol{B}\backsim\boldsymbol{A}$.

(3)传递性.如果 $\boldsymbol{A}\backsim\boldsymbol{B}$,且 $\boldsymbol{B}\backsim\boldsymbol{C}$,则 $\boldsymbol{A}\backsim\boldsymbol{C}$.

例 1 如果 n 阶方阵 $\boldsymbol{A}$ 可逆,则 $\boldsymbol{AB}$ 与 $\boldsymbol{BA}$ 相似.

证 因为 $\boldsymbol{BA}=\boldsymbol{EBA}=\boldsymbol{A}^{-1}\boldsymbol{ABA}=\boldsymbol{A}^{-1}(\boldsymbol{AB})\boldsymbol{A}$,由定义可知,$\boldsymbol{AB}\backsim\boldsymbol{BA}$.

5.2.2 相似矩阵的性质

性质 1 如果 $\boldsymbol{A}\backsim\boldsymbol{B}$,则 $|\boldsymbol{A}|=|\boldsymbol{B}|$.

证 因为 $\boldsymbol{A}\backsim\boldsymbol{B}$,由定义知,存在 n 阶可逆矩阵 $\boldsymbol{C}$,使 $\boldsymbol{C}^{-1}\boldsymbol{AC}=\boldsymbol{B}$.两端取行列式,得 $|\boldsymbol{C}^{-1}\boldsymbol{AC}|=|\boldsymbol{B}|$.

因为 $|\boldsymbol{C}^{-1}\boldsymbol{AC}|=|\boldsymbol{C}^{-1}||\boldsymbol{A}||\boldsymbol{C}|=|\boldsymbol{A}|$.

所以 $|\boldsymbol{A}|=|\boldsymbol{B}|$.

由性质 1 得出,相似矩阵同时可逆,或者同时都不可逆.

性质 2 如果 $\boldsymbol{A}\backsim\boldsymbol{B}$,当 $\boldsymbol{A}$ 与 $\boldsymbol{B}$ 同时可逆时,则 $\boldsymbol{A}^{-1}\backsim\boldsymbol{B}^{-1}$.

证 因为 $\boldsymbol{A}\backsim\boldsymbol{B}$,所以存在可逆矩阵 $\boldsymbol{C}$,使得

$$\boldsymbol{C}^{-1}\boldsymbol{AC}=\boldsymbol{B}.$$

两端取逆矩阵,得 $(\boldsymbol{C}^{-1}\boldsymbol{AC})^{-1}=\boldsymbol{B}^{-1}$,

因为 $(\boldsymbol{C}^{-1}\boldsymbol{AC})^{-1}=\boldsymbol{C}^{-1}\boldsymbol{A}^{-1}\boldsymbol{C}$,

所以 $\boldsymbol{C}^{-1}\boldsymbol{A}^{-1}\boldsymbol{C}=\boldsymbol{B}^{-1}$.

故 $\boldsymbol{A}^{-1}\backsim\boldsymbol{B}^{-1}$.

必须指出:对 $\boldsymbol{A}$ 进行相似变换得到 $\boldsymbol{B}$,则对 $\boldsymbol{A}^{-1}$ 进行相似变换便得到 $\boldsymbol{B}^{-1}$,且所用的相似变换矩阵相同.

性质 3 如果 $\boldsymbol{A}\backsim\boldsymbol{B}$,则对于任意 $m\in\mathbf{N}$,有 $\boldsymbol{A}^m\backsim\boldsymbol{B}^m$.

证 因为 $\boldsymbol{A}\backsim\boldsymbol{B}$,由定义知,存在 n 阶可逆矩阵 $\boldsymbol{C}$,使得

$$\boldsymbol{C}^{-1}\boldsymbol{AC}=\boldsymbol{B}.$$

于是 $\boldsymbol{B}^m = \underbrace{\boldsymbol{BB}\cdots\boldsymbol{B}}_{m个} = \boldsymbol{C}^{-1}\boldsymbol{ACC}^{-1}\boldsymbol{AC}\cdots\boldsymbol{C}^{-1}\boldsymbol{AC}$

$$= \boldsymbol{C}^{-1}\underbrace{\boldsymbol{AA}\cdots\boldsymbol{A}}_{m个}\boldsymbol{C} = \boldsymbol{C}^{-1}\boldsymbol{A}^m\boldsymbol{C},$$

即 $\boldsymbol{A}^m \backsim \boldsymbol{B}^m$.

性质 4 如果 $\boldsymbol{A}\backsim\boldsymbol{B}$,则对于任意常数 $k\in\mathbf{R}$, $k\boldsymbol{A}\backsim k\boldsymbol{B}$.

证 因为 $\boldsymbol{A}\backsim\boldsymbol{B}$,由定义知,存在 n 阶可逆矩阵 $\boldsymbol{C}$,使得

$$\boldsymbol{C}^{-1}\boldsymbol{AC} = \boldsymbol{B},$$

于是有 $$k\boldsymbol{C}^{-1}\boldsymbol{AC} = k\boldsymbol{B},$$

即 $$\boldsymbol{C}^{-1}(k\boldsymbol{A})\boldsymbol{C} = k\boldsymbol{B},$$

所以 $$k\boldsymbol{A}\backsim k\boldsymbol{B}.$$

性质 5 设 $f(x) = a_0 + a_1x + a_2x^2 + \cdots + a_mx^m$,如果 $\boldsymbol{A}\backsim\boldsymbol{B}$,则 $f(\boldsymbol{A})\backsim f(\boldsymbol{B})$.

证 因为 $\boldsymbol{A}\backsim\boldsymbol{B}$,由定义知,存在 n 阶可逆矩阵 $\boldsymbol{C}$,使得

$$\boldsymbol{C}^{-1}\boldsymbol{AC} = \boldsymbol{B}.$$

于是有 $f(\boldsymbol{A}) = a_0\boldsymbol{E} + a_1\boldsymbol{A} + a_2\boldsymbol{A}^2 + \cdots + a_m\boldsymbol{A}^m$,

$$\begin{aligned}
f(\boldsymbol{B}) &= a_0\boldsymbol{E} + a_1\boldsymbol{B} + a_2\boldsymbol{B}^2 + \cdots + a_m\boldsymbol{B}^m \\
&= a_0\boldsymbol{E} + a_1\boldsymbol{C}^{-1}\boldsymbol{AC} + a_2\boldsymbol{C}^{-1}\boldsymbol{A}^2\boldsymbol{C} + \cdots + a_m\boldsymbol{C}^{-1}\boldsymbol{A}^m\boldsymbol{C} \\
&= \boldsymbol{C}^{-1}a_0\boldsymbol{EC} + \boldsymbol{C}^{-1}a_1\boldsymbol{AC} + \boldsymbol{C}^{-1}a_2\boldsymbol{A}^2\boldsymbol{C} + \cdots + \boldsymbol{C}^{-1}a_m\boldsymbol{A}^m\boldsymbol{C} \\
&= \boldsymbol{C}^{-1}(a_0\boldsymbol{E} + a_1\boldsymbol{A} + a_2\boldsymbol{A}^2 + \cdots + a_m\boldsymbol{A}^m)\boldsymbol{C} \\
&= \boldsymbol{C}^{-1}f(\boldsymbol{A})\boldsymbol{C}.
\end{aligned}$$

所以 $f(\boldsymbol{A})\backsim f(\boldsymbol{B})$.

性质 6 如果 $\boldsymbol{A}\backsim\boldsymbol{B}$,则 $r(\boldsymbol{A}) = r(\boldsymbol{B})$.

证 因为 $\boldsymbol{A}\backsim\boldsymbol{B}$,故存在可逆矩阵 $\boldsymbol{C}$,使得

$$\boldsymbol{C}^{-1}\boldsymbol{AC} = \boldsymbol{B},$$

所以 $r(\boldsymbol{B}) = r(\boldsymbol{C}^{-1}\boldsymbol{AC}) = r(\boldsymbol{A})$.

注意,反之不真.例如二阶方阵 $\boldsymbol{A} = \begin{pmatrix} 1 & 1 \\ 0 & 1 \end{pmatrix}$与 $\boldsymbol{E} = \begin{pmatrix} 1 & 0 \\ 0 & 1 \end{pmatrix}$,显

然 $r(\boldsymbol{A})=r(\boldsymbol{E})=2$. 可是对于任何二阶可逆矩阵 $\boldsymbol{C}$, $\boldsymbol{C}^{-1}\boldsymbol{E}\boldsymbol{C}=\boldsymbol{E}\neq\boldsymbol{A}$, 即 $\boldsymbol{A}$ 与 $\boldsymbol{E}$ 不相似.

性质 7 如果 $\boldsymbol{A}\backsim\boldsymbol{B}$, 则 $\boldsymbol{A}$ 与 $\boldsymbol{B}$ 具有相同的特征值.

证 因为 $\boldsymbol{A}\backsim\boldsymbol{B}$, 故存在 n 阶可逆矩阵 $\boldsymbol{C}$, 使得 $\boldsymbol{C}^{-1}\boldsymbol{A}\boldsymbol{C}=\boldsymbol{B}$.

所以 $$|\lambda\boldsymbol{E}-\boldsymbol{B}|=|\lambda\boldsymbol{E}-\boldsymbol{C}^{-1}\boldsymbol{A}\boldsymbol{C}|=|\lambda\boldsymbol{C}^{-1}\boldsymbol{E}\boldsymbol{C}-\boldsymbol{C}^{-1}\boldsymbol{A}\boldsymbol{C}|$$
$$=|\boldsymbol{C}^{-1}(\lambda\boldsymbol{E}-\boldsymbol{A})\boldsymbol{C}|=|\boldsymbol{C}^{-1}||\lambda\boldsymbol{E}-\boldsymbol{A}||\boldsymbol{C}|=|\lambda\boldsymbol{E}-\boldsymbol{A}|.$$

即 $\boldsymbol{A}$ 与 $\boldsymbol{B}$ 具有相同的特征多项式, 具有相同的特征方程, 从而 $\boldsymbol{A}$ 与 $\boldsymbol{B}$ 具有相同的特征值.

注意, 反之不真. 例如二阶方阵 $\boldsymbol{A}=\begin{pmatrix}1&1\\0&1\end{pmatrix}$ 与 $\boldsymbol{E}=\begin{pmatrix}1&0\\0&1\end{pmatrix}$ 具有相同的特征值 $\lambda_1=\lambda_2=1$, 可是 $\boldsymbol{A}$ 与 $\boldsymbol{E}$ 不相似.

性质 8 如果 $\boldsymbol{A}\backsim\boldsymbol{B}$, 则 $\mathrm{tr}(\boldsymbol{A})=\mathrm{tr}(\boldsymbol{B})$.

证 因为 $\boldsymbol{A}\backsim\boldsymbol{B}$, 由性质 7 知, n 阶方阵 $\boldsymbol{A}$ 与 $\boldsymbol{B}$ 具有相同的特征值 $\lambda_1,\lambda_2,\cdots,\lambda_n$, 再由矩阵的特征值的性质知 $\mathrm{tr}(\boldsymbol{A})=\lambda_1+\lambda_2+\cdots+\lambda_n=\mathrm{tr}(\boldsymbol{B})$.

例 2 设 $\boldsymbol{A}=\begin{bmatrix}-2&0&0\\2&x&2\\3&1&1\end{bmatrix}$ 与 $\boldsymbol{B}=\begin{bmatrix}-1&0&0\\0&2&0\\0&0&y\end{bmatrix}$ 相似, 求 x, y 的值.

解 因为 $\boldsymbol{A}\backsim\boldsymbol{B}$, 所以 $\boldsymbol{A}$ 与 $\boldsymbol{B}$ 具有相同的特征值. 因为 $\boldsymbol{B}$ 为对角形矩阵, 于是 $\boldsymbol{B}$ 的三个特征值为 $\lambda_1=-1$, $\lambda_2=2$, $\lambda_3=y$, 所以 A 的三个特征值也为 $-1,2,y$, 故 $\begin{cases}|-1\boldsymbol{E}-\boldsymbol{A}|=0,\\ a_{11}+a_{22}+a_{33}=b_{11}+b_{22}+b_{33}.\end{cases}$

解得 $x=0$, $y=-2$.

5.3 矩阵的相似对角形

如果 n 阶方阵 $\boldsymbol{A}$ 与对角形矩阵 $\boldsymbol{\Lambda}$ 相似，则称 $\boldsymbol{A}$ 能对角化，且称 $\boldsymbol{\Lambda}$ 为 $\boldsymbol{A}$ 的相似对角形矩阵.

5.3.1 n 阶方阵 $\boldsymbol{A}$ 能对角化的条件

定理 5.1 n 阶方阵 $\boldsymbol{A}$ 能对角化的充分必要条件是 $\boldsymbol{A}$ 有 n 个线性无关的特征向量.

证 先证必要性.

如果 $\boldsymbol{A}$ 能对角化，即存在一个 n 阶可逆矩阵

$\boldsymbol{C}=(\boldsymbol{X}_1,\boldsymbol{X}_2,\cdots,\boldsymbol{X}_n)$ 及对角形矩阵 $\boldsymbol{\Lambda}=\begin{bmatrix}\lambda_1 & & & \\ & \lambda_2 & & \\ & & \ddots & \\ & & & \lambda_n\end{bmatrix}$，使得

$$\boldsymbol{C}^{-1}\boldsymbol{A}\boldsymbol{C}=\boldsymbol{\Lambda}.$$

于是有 $\boldsymbol{A}\boldsymbol{C}=\boldsymbol{C}\boldsymbol{\Lambda}$，

由于 $\boldsymbol{A}\boldsymbol{C}=\boldsymbol{A}(\boldsymbol{X}_1,\boldsymbol{X}_2,\cdots,\boldsymbol{X}_n)=(\boldsymbol{A}\boldsymbol{X}_1,\boldsymbol{A}\boldsymbol{X}_2,\cdots,\boldsymbol{A}\boldsymbol{X}_n)$，

$$\boldsymbol{C}\boldsymbol{\Lambda}=(\boldsymbol{X}_1,\boldsymbol{X}_2,\cdots,\boldsymbol{X}_n)\begin{bmatrix}\lambda_1 & & & \\ & \lambda_2 & & \\ & & \ddots & \\ & & & \lambda_n\end{bmatrix}$$

$$=(\lambda_1\boldsymbol{X}_1,\lambda_2\boldsymbol{X}_2,\cdots,\lambda_n\boldsymbol{X}_n).$$

即有

$$\boldsymbol{A}\boldsymbol{X}_1=\lambda_1\boldsymbol{X}_1,$$
$$\boldsymbol{A}\boldsymbol{X}_2=\lambda_2\boldsymbol{X}_2,$$
$$\vdots$$
$$\boldsymbol{A}\boldsymbol{X}_n=\lambda_n\boldsymbol{X}_n.$$

由定义知：$\lambda_1,\lambda_2,\cdots,\lambda_n$ 为 $\boldsymbol{A}$ 的特征值，$\boldsymbol{X}_1,\boldsymbol{X}_2,\cdots,\boldsymbol{X}_n$ 分别为对

应的特征向量. 故 $\boldsymbol{A}$ 有 n 个线性无关的特征向量 $\boldsymbol{X}_1, \boldsymbol{X}_2, \cdots, \boldsymbol{X}_n$.

再证充分性.

如果 n 阶方阵 $\boldsymbol{A}$ 有 n 个线性无关的特征向量 $\boldsymbol{X}_1, \boldsymbol{X}_2, \cdots, \boldsymbol{X}_n$, 它们分别对应于 $\boldsymbol{A}$ 的特征值为 $\lambda_1, \lambda_2, \cdots, \lambda_n$. 即 $\boldsymbol{A}\boldsymbol{X}_j = \lambda_j \boldsymbol{X}_j$ $(j=1,2,\cdots,n)$.

令 n 阶方阵 $\boldsymbol{C}=(\boldsymbol{X}_1, \boldsymbol{X}_2, \cdots, \boldsymbol{X}_n)$, 显然 $\boldsymbol{C}$ 可逆, 而且

$$\begin{aligned}
\boldsymbol{AC} &= \boldsymbol{A}(\boldsymbol{X}_1, \boldsymbol{X}_2, \cdots, \boldsymbol{X}_n) \\
&= (\boldsymbol{AX}_1, \boldsymbol{AX}_2, \cdots, \boldsymbol{AX}_n) \\
&= (\lambda_1 \boldsymbol{X}_1, \lambda_2 \boldsymbol{X}_2, \cdots, \lambda_n \boldsymbol{X}_n) \\
&= (\boldsymbol{X}_1, \boldsymbol{X}_2, \cdots, \boldsymbol{X}_n)\begin{bmatrix} \lambda_1 & & & \\ & \lambda_2 & & \\ & & \ddots & \\ & & & \lambda_n \end{bmatrix} \\
&= \boldsymbol{C\Lambda}.
\end{aligned}$$

所以 $\qquad \boldsymbol{C}^{-1}\boldsymbol{AC} = \boldsymbol{\Lambda}$.

即 $\boldsymbol{A}$ 能对角化.

从上面定理证明过程可得如下结论:

如果 $\boldsymbol{A}$ 能对角化, 则 $\boldsymbol{A}$ 的相似对角形矩阵 $\boldsymbol{\Lambda}$ 的主对角线元素是 $\boldsymbol{A}$ 的 n 个特征值 $\lambda_1, \lambda_2, \cdots, \lambda_n$. 而相似变换矩阵 $\boldsymbol{C}$ 的列向量组 $\boldsymbol{X}_1, \boldsymbol{X}_2, \cdots, \boldsymbol{X}_n$ 是 $\boldsymbol{A}$ 的对应于 $\lambda_1, \lambda_2, \cdots, \lambda_n$ 的 n 个线性无关的特征向量.

由定理 1 及特征向量的性质 3、性质 5 可以得到下面推论.

推论 1 如果 n 阶方阵 $\boldsymbol{A}$ 有 n 个互不相同的特征值, 则 $\boldsymbol{A}$ 必能对角化.

推论 2 n 阶方阵 $\boldsymbol{A}$ 能对角化的充分必要条件是 $\boldsymbol{A}$ 对应于每一个 k_i 重特征值 λ_i 的线性无关的特征向量个数恰好等于 k_i.

例 1 设 $\boldsymbol{A}=\begin{bmatrix}1&1&0\\0&1&1\\0&0&1\end{bmatrix}$,讨论 $\boldsymbol{A}$ 能否对角化.

解 由 5.1 中例 2 知,$\boldsymbol{A}$ 的三个特征值为 $\lambda_1=\lambda_2=\lambda_3=1$. 而 $\boldsymbol{A}$ 的对应于三重特征值 $\lambda=1$ 的线性无关的特征向量为 $\boldsymbol{X}_1=\begin{bmatrix}1\\0\\0\end{bmatrix}$,即三阶方阵 $\boldsymbol{A}$ 的线性无关的特征向量个数等于 1,小于 3,所以 $\boldsymbol{A}$ 不能对角化.

例 2 设 $\boldsymbol{A}=\begin{bmatrix}-2&1&1\\0&2&0\\-4&1&3\end{bmatrix}$.

(1)证明 $\boldsymbol{A}$ 能对角化;

(2)求 $\boldsymbol{A}$ 的相似对角形矩阵 $\boldsymbol{\Lambda}$ 及相似变换矩阵 $\boldsymbol{C}$;

(3)求 $\boldsymbol{A}^{100}$;

(4)求 $|3\boldsymbol{E}+\boldsymbol{A}^3|$.

(1)**证** 由 5.1 中例 3 知,

$$|\lambda\boldsymbol{E}-\boldsymbol{A}|=(\lambda-2)^2(\lambda+1),\lambda_1=\lambda_2=2,\lambda_3=-1.$$

对于 $\lambda_1=\lambda_2=2$,解齐次线性方程组 $(2\boldsymbol{E}-\boldsymbol{A})\boldsymbol{X}=\boldsymbol{O}$,得一个基础解系为 $\boldsymbol{X}_1=\begin{bmatrix}1\\4\\0\end{bmatrix}$,$\boldsymbol{X}_2=\begin{bmatrix}1\\0\\4\end{bmatrix}$.

对于 $\boldsymbol{\lambda}_3=-1$,解齐次线性方程组 $(-1\boldsymbol{E}-\boldsymbol{A})\boldsymbol{X}=\boldsymbol{O}$,得一个基础解系为 $\boldsymbol{X}_3=\begin{bmatrix}1\\0\\1\end{bmatrix}$. 由定理 5.1 的推论 2 知,$\boldsymbol{A}$ 能对角化.

(2)**解** 由(1)的证明过程知,$\boldsymbol{C}^{-1}\boldsymbol{A}\boldsymbol{C}=\boldsymbol{\Lambda}$.

其中 $\boldsymbol{\Lambda}=\begin{bmatrix}2 & & \\ & 2 & \\ & & -1\end{bmatrix}$，3 阶可逆矩阵

$$C=(X_1,X_2,X_3)=\begin{bmatrix}1 & 1 & 1\\ 4 & 0 & 0\\ 0 & 4 & 1\end{bmatrix}.$$

(3)**解** 由(2)知 $C^{-1}AC=\Lambda$，于是 $A=C\Lambda C^{-1}$，

所以 $A^{100}=C\Lambda^{100}C^{-1}$

$$=\begin{bmatrix}1 & 1 & 1\\ 4 & 0 & 0\\ 0 & 4 & 1\end{bmatrix}\begin{bmatrix}2 & & \\ & 2 & \\ & & -1\end{bmatrix}^{100}\begin{bmatrix}1 & 1 & 1\\ 4 & 0 & 0\\ 0 & 4 & 1\end{bmatrix}^{-1}$$

$$=\begin{bmatrix}1 & 1 & 1\\ 4 & 0 & 0\\ 0 & 4 & 1\end{bmatrix}\begin{bmatrix}2^{100} & & \\ & 2^{100} & \\ & & 1\end{bmatrix}\begin{bmatrix}0 & \frac{1}{4} & 0\\ -\frac{1}{3} & \frac{1}{12} & \frac{1}{3}\\ \frac{4}{3} & -\frac{1}{3} & -\frac{1}{3}\end{bmatrix}$$

$$=\begin{bmatrix}-\frac{1}{3}(2^{100}-4) & \frac{1}{3}(2^{100}-1) & \frac{1}{3}(2^{100}-1)\\ 0 & 2^{100} & 0\\ -\frac{4}{3}(2^{100}-1) & \frac{1}{3}(2^{100}-1) & \frac{1}{3}(4\times 2^{100}-1)\end{bmatrix}.$$

(4)**解** 由(2)知，$A\backsim\Lambda$，其中 $\Lambda=\begin{bmatrix}2 & & \\ & 2 & \\ & & -1\end{bmatrix}$，由相似矩阵的性质可知，$f(A)\backsim f(\Lambda)$，且 $|f(A)|=|f(\Lambda)|$.

令 $f(x)=3+x^3$，则 $f(A)=3E+A^3$，$f(\Lambda)=3E+\Lambda^3$，

所以 $$|3E+A^3|=|3E+\Lambda^3|=\begin{vmatrix}11 & 0 & 0\\ 0 & 11 & 0\\ 0 & 0 & 2\end{vmatrix}=242.$$

* 5.3.2 方阵的三角化定理

由以上讨论可知,并不是任何一个方阵 $\boldsymbol{A}$ 都能与对角形矩阵相似,但是可以证明,任何一个方阵 $\boldsymbol{A}$ 都能与某一个上(下)三角形矩阵相似.

定理 5.2 对于任意一个 n 阶方阵 $\boldsymbol{A}$,都存在 n 阶可逆矩阵 $\boldsymbol{C}$,使得

$$\boldsymbol{C}^{-1}\boldsymbol{A}\boldsymbol{C}=\begin{bmatrix}\lambda_1 & & & * \\ & \lambda_2 & & \\ & & \ddots & \\ & O & & \lambda_n\end{bmatrix}$$

为上三角形矩阵.其中上三角形矩阵的主对角线上元素 $\lambda_1,\lambda_2,\cdots,\lambda_n$ 是 $\boldsymbol{A}$ 的 n 个特征值.

证 对矩阵 $\boldsymbol{A}$ 的阶数 n 作数学归纳法.

当 $n=1$ 时,结论显然成立.

假设对 $(n-1)$ 阶方阵,定理的结论成立,下面证明 n 阶方阵的情况.

设 λ_1 是 n 阶方阵 $\boldsymbol{A}$ 的一个特征值,对应的特征向量为

$$\boldsymbol{X}_1=\begin{bmatrix}x_1\\x_2\\\vdots\\x_n\end{bmatrix}\neq\boldsymbol{O},$$

即 $$\boldsymbol{A}\boldsymbol{X}_1=\lambda_1\boldsymbol{X}_1.$$

由这一个 n 维列向量 $\boldsymbol{X}_1$,必可以找到 $(n-1)$ 个 n 维列向量 $\boldsymbol{X}_2,\boldsymbol{X}_3,\cdots,\boldsymbol{X}_n$,使得 $\boldsymbol{X}_1,\boldsymbol{X}_2,\boldsymbol{X}_3,\cdots,\boldsymbol{X}_n$ 线性无关.同 5.1 中特征向量的性质 5 的证明类似,设 n 阶可逆矩阵 $\boldsymbol{C}_1=(\boldsymbol{X}_1,\boldsymbol{X}_2,\cdots,\boldsymbol{X}_n)$,于是

$$\boldsymbol{A}\boldsymbol{C}_1=\boldsymbol{A}(\boldsymbol{X}_1,\boldsymbol{X}_2,\cdots,\boldsymbol{X}_n)$$

$$=(AX_1, AX_2, \cdots, AX_n)$$

$$=(X_1, X_2, \cdots, X_n)\left[\begin{array}{c|ccc}\lambda_1 & b_{12} & \cdots & b_{1n} \\ \hline 0 & b_{22} & \cdots & b_{2n} \\ \vdots & \vdots & & \vdots \\ 0 & b_{22} & \cdots & b_{nn}\end{array}\right]$$

$$=C_1\begin{pmatrix}\lambda_1 & \alpha \\ O & A_1\end{pmatrix},$$

则 $$C_1^{-1}AC_1=\begin{pmatrix}\lambda_1 & \alpha \\ O & A_1\end{pmatrix}.$$

其中 A_1 为一个$(n-1)$阶方阵.

根据假设知,必存在一个$(n-1)$阶可逆矩阵 D_1,使得

$$D_1^{-1}A_1D_1=\begin{bmatrix}\lambda_2 & & & \\ & \lambda_3 & & *_1 \\ & & \ddots & \\ O & & & \lambda_n\end{bmatrix}.$$

令 $C_2=\begin{pmatrix}1 & O \\ O & D_1\end{pmatrix}$.显然 C_2 可逆,且 $C_2^{-1}=\begin{pmatrix}1 & O \\ O & D_1^{-1}\end{pmatrix}$,

则 $$C_2^{-1}(C_1^{-1}AC_1)C_2=\begin{pmatrix}1 & O \\ O & D_1^{-1}\end{pmatrix}\begin{pmatrix}\lambda_1 & \alpha \\ O & A_1\end{pmatrix}\begin{pmatrix}1 & O \\ O & D_1\end{pmatrix}$$

$$=\begin{bmatrix}\lambda_1 & \alpha D_1 \\ O & D_1^{-1}A_1D_1\end{bmatrix}$$

$$=\begin{bmatrix}\lambda_1 & & & & \\ & \lambda_2 & & * & \\ & & \lambda_3 & & \\ & O & & \ddots & \\ & & & & \lambda_n\end{bmatrix}.$$

即存在 n 阶可逆矩阵 $\boldsymbol{C}=\boldsymbol{C}_1\boldsymbol{C}_2$，使得

$$\boldsymbol{C}^{-1}\boldsymbol{AC}=\begin{bmatrix}\lambda_1 & & & & \\ & \lambda_2 & & * & \\ & & \lambda_3 & & \\ & \boldsymbol{O} & & \ddots & \\ & & & & \lambda_n\end{bmatrix}.$$

显然 $\boldsymbol{A}$ 与上三角形矩阵 $\boldsymbol{Q}=\begin{bmatrix}\lambda_1 & & & & \\ & \lambda_2 & & * & \\ & & \lambda_3 & & \\ & \boldsymbol{O} & & \ddots & \\ & & & & \lambda_n\end{bmatrix}$ 相似，所以 $\boldsymbol{Q}$ 的主对角线上元素 $\lambda_1,\lambda_2,\cdots,\lambda_n$ 是 $\boldsymbol{Q}$ 的特征值，也是 $\boldsymbol{A}$ 的 n 个特征值.

例 3 设 n 阶方阵 $\boldsymbol{A}$ 的 n 个特征值为 $\lambda_1,\lambda_2,\cdots,\lambda_n$. 试证

(1) $\boldsymbol{A}^m$ 的 n 个特征值为 $\lambda_1^m,\lambda_2^m,\cdots,\lambda_n^m$；

(2) $k\boldsymbol{A}$ 的 n 个特征值为 $k\lambda_1,k\lambda_2,\cdots,k\lambda_n$；

(3) 当 $\boldsymbol{A}$ 可逆时，$\boldsymbol{A}^{-1}$ 的 n 个特征值为 $\frac{1}{\lambda_1},\frac{1}{\lambda_2},\cdots,\frac{1}{\lambda_n}$；

(4) $f(\boldsymbol{A})$ 的 n 个特征值为 $f(\lambda_1),f(\lambda_2),\cdots,f(\lambda_n)$.

证 设 n 阶方阵 $\boldsymbol{A}$ 的 n 个特征值为 $\lambda_1,\lambda_2,\cdots,\lambda_n$，由定理 5.2 知

$$\boldsymbol{A}\backsim\boldsymbol{Q}=\begin{bmatrix}\lambda_1 & & & * \\ & \lambda_2 & & \\ & & \ddots & \\ & \boldsymbol{O} & & \lambda_n\end{bmatrix},$$

由相似矩阵的性质可知

$$A^m \backsim Q^m = \begin{bmatrix} \lambda_1^m & & & *_1 \\ & \lambda_2^m & & \\ & & \ddots & \\ O & & & \lambda_n^m \end{bmatrix},$$

$$kA \backsim kQ = \begin{bmatrix} k\lambda_1 & & & *_2 \\ & k\lambda_2 & & \\ & & \ddots & \\ O & & & k\lambda_n \end{bmatrix};$$

当 A 可逆时,Q 也可逆,且

$$A^{-1} \backsim Q^{-1} = \begin{bmatrix} \frac{1}{\lambda_1} & & & *_3 \\ & \frac{1}{\lambda_2} & & \\ & & \ddots & \\ O & & & \frac{1}{\lambda_n} \end{bmatrix},$$

$$f(A) \backsim f(Q) = \begin{bmatrix} f(\lambda_1) & & & *_4 \\ & f(\lambda_2) & & \\ & & \ddots & \\ O & & & f(\lambda_n) \end{bmatrix}.$$

因为上三角形矩阵的特征值就是它的主对角线上 n 个元素,所以得出:

(1)A^m 与 Q^m 具有相同的特征值,即 $\lambda_1^m,\lambda_2^m,\cdots,\lambda_n^m$;

(2)kA 与 kQ 具有相同的特征值,即 $k\lambda_1,k\lambda_2,\cdots,k\lambda_n$;

(3)A^{-1}或 Q^{-1}具有相同的特征值,即$\frac{1}{\lambda_1},\frac{1}{\lambda_2},\cdots,\frac{1}{\lambda_n}$;

(4)$f(A)$与 $f(Q)$具有相同的特征值,即 $f(\lambda_1),f(\lambda_2),\cdots,$

$f(\lambda_n)$.

此例的结论可以直接引用,对讨论问题会带来方便.

例 4 设 3 阶方阵 $\boldsymbol{A}$ 的三个特征值为 $\lambda_1=1,\lambda_2=2,\lambda_3=3$.

(1)证明 $\boldsymbol{A}$ 为可逆矩阵;

(2)求 $\boldsymbol{A}^{-1}$ 的三个特征值;

(3)求 $\boldsymbol{A}^*$ 的三个特征值;

(4)求 $\boldsymbol{B}=2\boldsymbol{E}-\boldsymbol{A}^{-1}+(\boldsymbol{A}^*)^2$ 的三个特征值.

解(1) 因为三阶方阵 $\boldsymbol{A}$ 的行列式 $|\boldsymbol{A}|=\lambda_1\lambda_2\lambda_3=6\neq 0$,所以 $\boldsymbol{A}$ 可逆.

(2) 由例 3 结论可知:$\boldsymbol{A}^{-1}$ 的三个特征值为 $\dfrac{1}{\lambda_1},\dfrac{1}{\lambda_2},\dfrac{1}{\lambda_3}$,即 1,$\dfrac{1}{2},\dfrac{1}{3}$.

(3)因为 $\boldsymbol{A}^*=|\boldsymbol{A}|\boldsymbol{A}^{-1}=6\boldsymbol{A}^{-1}$,所以 $\boldsymbol{A}^*$ 的三个特征值为 $\dfrac{6}{\lambda_1}=6,\dfrac{6}{\lambda_2}=3,\dfrac{6}{\lambda_3}=2$.

(4)因为
$$\begin{aligned}\boldsymbol{B}&=2\boldsymbol{E}-\boldsymbol{A}^{-1}+(\boldsymbol{A}^*)^2\\&=2\boldsymbol{E}-\boldsymbol{A}^{-1}+(6\boldsymbol{A}^{-1})^2\\&=2\boldsymbol{E}-\boldsymbol{A}^{-1}+36(\boldsymbol{A}^{-1})^2=f(\boldsymbol{A}^{-1}).\end{aligned}$$

其中 $f(x)=2-x+36x^2$.

所以 $\boldsymbol{B}=f(\boldsymbol{A}^{-1})$ 的三个特征值为

$$f\left(\frac{1}{\lambda_1}\right)=f(1)=37,$$

$$f\left(\frac{1}{\lambda_2}\right)=f\left(\frac{1}{2}\right)=\frac{21}{2},$$

$$f\left(\frac{1}{\lambda_3}\right)=f\left(\frac{1}{3}\right)=\frac{17}{3}.$$

5.4 向量的内积与正交化方法

5.4.1 向量的内积

定义 5.3 在向量空间 $\mathbf{R}^n$ 中，对于任意 $\boldsymbol{\alpha}=\begin{bmatrix}a_1\\a_2\\\vdots\\a_n\end{bmatrix}$，$\boldsymbol{\beta}=\begin{bmatrix}b_1\\b_2\\\vdots\\b_n\end{bmatrix}$，

令
$$(\boldsymbol{\alpha},\boldsymbol{\beta})=a_1b_1+a_2b_2+\cdots+a_nb_n,$$
称 $(\boldsymbol{\alpha},\boldsymbol{\beta})$ 为向量 $\boldsymbol{\alpha}$ 与 $\boldsymbol{\beta}$ 的内积.

内积是两个 n 维实向量间的一种运算，它是 $\mathbf{R}^3$ 上两个向量 $\boldsymbol{\alpha}$ 与 $\boldsymbol{\beta}$ 的点积 $\boldsymbol{\alpha}\cdot\boldsymbol{\beta}$（数量积）在向量空间 $\mathbf{R}^n$ 上的推广.

当 $\boldsymbol{\alpha},\boldsymbol{\beta}$ 都是列向量时，$(\boldsymbol{\alpha},\boldsymbol{\beta})=\boldsymbol{\alpha}^{\mathrm{T}}\boldsymbol{\beta}$；

当 $\boldsymbol{\alpha},\boldsymbol{\beta}$ 都是行向量时，$(\boldsymbol{\alpha},\boldsymbol{\beta})=\boldsymbol{\alpha}\boldsymbol{\beta}^{\mathrm{T}}$.

显然内积满足下列运算规律：设 $\boldsymbol{\alpha},\boldsymbol{\beta},\boldsymbol{\gamma}\in\mathbf{R}^n$，$k\in\mathbf{R}$，

(1) $(\boldsymbol{\alpha},\boldsymbol{\beta})=(\boldsymbol{\beta},\boldsymbol{\alpha})$；

(2) $(k\boldsymbol{\alpha},\boldsymbol{\beta})=k(\boldsymbol{\alpha},\boldsymbol{\beta})$；

(3) $(\boldsymbol{\alpha}+\boldsymbol{\beta},\boldsymbol{\gamma})=(\boldsymbol{\alpha},\boldsymbol{\gamma})+(\boldsymbol{\beta},\boldsymbol{\gamma})$；

(4) $(\boldsymbol{\alpha},\boldsymbol{\alpha})\geqslant 0$，当且仅当 $\boldsymbol{\alpha}=\boldsymbol{O}$ 时，$(\boldsymbol{\alpha},\boldsymbol{\alpha})=0$.

5.4.2 向量的长度

定义 5.4 设 $\boldsymbol{\alpha}\in\mathbf{R}^n$，称 $|\boldsymbol{\alpha}|=\sqrt{(\boldsymbol{\alpha},\boldsymbol{\alpha})}$ 为 n 维向量 $\boldsymbol{\alpha}$ 的长度. 由长度的定义，显然有

(1) 对于任意 $\boldsymbol{\alpha}\in\mathbf{R}^n$，当 $\boldsymbol{\alpha}\neq\boldsymbol{O}$ 时，$|\boldsymbol{\alpha}|>0$；

当 $\boldsymbol{\alpha}=\boldsymbol{O}$ 时，$|\boldsymbol{\alpha}|=0$.

(2) $|k\boldsymbol{\alpha}|=|k||\boldsymbol{\alpha}|$.

如果 $|\boldsymbol{\alpha}|=1$，称 $\boldsymbol{\alpha}$ 为 n 维单位向量. 如 $\boldsymbol{\varepsilon}_1,\boldsymbol{\varepsilon}_2,\cdots,\boldsymbol{\varepsilon}_n$ 都是 n 维单位向量，所以称 $\boldsymbol{\varepsilon}_1,\boldsymbol{\varepsilon}_2,\cdots,\boldsymbol{\varepsilon}_n$ 为 n 维单位向量组.

给定一个非零向量 $\boldsymbol{\alpha}$，求 $\boldsymbol{\alpha}^0=\frac{1}{|\boldsymbol{\alpha}|}\boldsymbol{\alpha}$，显然 $|\boldsymbol{\alpha}^0|=1$，称求 $\frac{1}{|\boldsymbol{\alpha}|}\boldsymbol{\alpha}$ 为将 $\boldsymbol{\alpha}$ 单位化.

如果 $\boldsymbol{\beta}=k\boldsymbol{\alpha}$，且 $k>0$，则 $\boldsymbol{\beta}^0=\frac{1}{|\boldsymbol{\beta}|}\boldsymbol{\beta}=\frac{1}{|\boldsymbol{\alpha}|}\boldsymbol{\alpha}=\boldsymbol{\alpha}^0$.

5.4.3 正交向量组

定义 5.5 对于 $\boldsymbol{\alpha},\boldsymbol{\beta}\in\mathbf{R}^n$，如果 $(\boldsymbol{\alpha},\boldsymbol{\beta})=0$，则称 $\boldsymbol{\alpha}$ 与 $\boldsymbol{\beta}$ 正交，也简记为 $\boldsymbol{\alpha}\perp\boldsymbol{\beta}$.

显然对于任意 $\boldsymbol{\alpha}\in\mathbf{R}^n$，有 $(\boldsymbol{O},\boldsymbol{\alpha})=0$，即零向量与任意向量都正交.

对于两个非零向量 $\boldsymbol{\alpha},\boldsymbol{\beta}\in\mathbf{R}^n$，如果 $(\boldsymbol{\alpha},\boldsymbol{\beta})=0$，则 $\left(\frac{1}{|\boldsymbol{\alpha}|}\boldsymbol{\alpha},\frac{1}{|\boldsymbol{\beta}|}\boldsymbol{\beta}\right)=0$. 即 $(\boldsymbol{\alpha}^0,\boldsymbol{\beta}^0)=0$. 这表明了单位化不影响它们的正交性.

设向量组 $\boldsymbol{\alpha}_1,\boldsymbol{\alpha}_2,\cdots,\boldsymbol{\alpha}_m$ 及 $\boldsymbol{\beta}\in\mathbf{R}^n$，如果 $(\boldsymbol{\beta},\boldsymbol{\alpha}_i)=0(i=1,2,\cdots,n)$，则 $(\boldsymbol{\beta},k_1\boldsymbol{\alpha}_1+k_2\boldsymbol{\alpha}_2+\cdots+k_m\boldsymbol{\alpha}_m)=0$，其中 $k_1,k_2,\cdots,k_m$ 为任意常数.

定义 5.6 设非零向量 $\boldsymbol{\alpha}_1,\boldsymbol{\alpha}_2,\cdots,\boldsymbol{\alpha}_m$，如果满足

$$(\boldsymbol{\alpha}_i,\boldsymbol{\alpha}_j)=0(i\neq j,i,j=1,2,\cdots,m),$$

则称 $\boldsymbol{\alpha}_1,\boldsymbol{\alpha}_2,\cdots,\boldsymbol{\alpha}_m$ 为正交向量组.

定义 5.7 设向量组 $\boldsymbol{\alpha}_1,\boldsymbol{\alpha}_2,\cdots,\boldsymbol{\alpha}_m$，如果满足

$$(\boldsymbol{\alpha}_i,\boldsymbol{\alpha}_j)=\begin{cases}1, & i=j,\\ 0, & i\neq j.\end{cases}$$

这里 $i,j=1,2,\cdots,m$，则称 $\boldsymbol{\alpha}_1,\boldsymbol{\alpha}_2,\cdots,\boldsymbol{\alpha}_m$ 为标准正交向量组.

正交向量组有如下性质.

定理 5.3 正交向量组必线性无关.

证 设 $\boldsymbol{\alpha}_1,\boldsymbol{\alpha}_2,\cdots,\boldsymbol{\alpha}_m$ 为正交向量组，即满足

$$(\boldsymbol{\alpha}_i,\boldsymbol{\alpha}_j)\begin{cases}>0, & i=j,\\ =0, & i\neq j\end{cases}\quad (i,j=1,2,\cdots,m).$$

令 $$k_1\boldsymbol{\alpha}_1+k_2\boldsymbol{\alpha}_2+\cdots+k_m\boldsymbol{\alpha}_m=\boldsymbol{O},$$

用 $\boldsymbol{\alpha}_i$ 与上式两端同时作内积,得

$$(\boldsymbol{\alpha}_i,k_1\boldsymbol{\alpha}_1+k_2\boldsymbol{\alpha}_2+\cdots+k_m\boldsymbol{\alpha}_m)=0,$$

即

$$k_1(\boldsymbol{\alpha}_i,\boldsymbol{\alpha}_1)+k_2(\boldsymbol{\alpha}_i,\boldsymbol{\alpha}_2)+\cdots+k_i(\boldsymbol{\alpha}_i,\boldsymbol{\alpha}_i)+\cdots+k_m(\boldsymbol{\alpha}_i,\boldsymbol{\alpha}_m)=0,$$

因为当 $i\neq j$ 时,$(\boldsymbol{\alpha}_i,\boldsymbol{\alpha}_j)=0$.

上式为 $k_i(\boldsymbol{\alpha}_i,\boldsymbol{\alpha}_i)=0$,由于 $\boldsymbol{\alpha}_i\neq\boldsymbol{O}$,$(\boldsymbol{\alpha}_i,\boldsymbol{\alpha}_i)>0$,所以只有 $k_i=0(i=1,2,\cdots,m)$. 于是向量组 $\boldsymbol{\alpha}_1,\boldsymbol{\alpha}_2,\cdots,\boldsymbol{\alpha}_m$ 线性无关.

称 n 维正交向量组 $\boldsymbol{\alpha}_1,\boldsymbol{\alpha}_2,\cdots,\boldsymbol{\alpha}_n$ 是向量空间 $\mathbf{R}^n$ 的一组正交基. 称 n 维标准正交向量组 $\boldsymbol{\alpha}_1,\boldsymbol{\alpha}_2,\cdots,\boldsymbol{\alpha}_n$ 是向量空间 $\mathbf{R}^n$ 的一组标准正交基.

5.4.4 正交化方法

定理 5.4 对于任意线性无关的向量组 $\boldsymbol{\alpha}_1,\boldsymbol{\alpha}_2,\cdots,\boldsymbol{\alpha}_m\in\mathbf{R}^n$ $(m\leqslant n)$,都可以找到一组正交向量组 $\boldsymbol{\beta}_1,\boldsymbol{\beta}_2,\cdots,\boldsymbol{\beta}_m$,且 $\boldsymbol{\beta}_k$ 可由 $\boldsymbol{\alpha}_1,\boldsymbol{\alpha}_2,\cdots,\boldsymbol{\alpha}_k$ 线性表出$(k=1,2,\cdots,m)$.

证 先取 $\boldsymbol{\beta}_1=\boldsymbol{\alpha}_1$,显然 $\boldsymbol{\beta}_1$ 可由 $\boldsymbol{\alpha}_1$ 线性表出,且 $\boldsymbol{\beta}_1\neq\boldsymbol{O}$.

设 $$\boldsymbol{\beta}_2=\boldsymbol{\alpha}_2+k\boldsymbol{\beta}_1,$$

选取适当的系数 k,使得 $\boldsymbol{\beta}_2$ 与 $\boldsymbol{\beta}_1$ 正交,即

$$(\boldsymbol{\beta}_2,\boldsymbol{\beta}_1)=(\boldsymbol{\alpha}_2+k\boldsymbol{\beta}_1,\boldsymbol{\beta}_1)=(\boldsymbol{\alpha}_2,\boldsymbol{\beta}_1)+k(\boldsymbol{\beta}_1,\boldsymbol{\beta}_1)=0.$$

得到 $$k=-\frac{(\boldsymbol{\alpha}_2,\boldsymbol{\beta}_1)}{(\boldsymbol{\beta}_1,\boldsymbol{\beta}_1)},$$

于是有 $$\boldsymbol{\beta}_2=\boldsymbol{\alpha}_2-\frac{(\boldsymbol{\alpha}_2,\boldsymbol{\beta}_1)}{(\boldsymbol{\beta}_1,\boldsymbol{\beta}_1)}\boldsymbol{\beta}_1.$$

显然,$\boldsymbol{\beta}_2$ 与 $\boldsymbol{\beta}_1$ 正交,且 $\boldsymbol{\beta}_2$ 可由 $\boldsymbol{\alpha}_1,\boldsymbol{\alpha}_2$ 线性表出,同时 $\boldsymbol{\beta}_2\neq\boldsymbol{O}$.

假设满足定理要求的 $\boldsymbol{\beta}_1,\boldsymbol{\beta}_2,\cdots,\boldsymbol{\beta}_{t-1}$ 都已经求出,$1<t\leqslant m$.

于是设 $$\boldsymbol{\beta}_t=\boldsymbol{\alpha}_t+k_1\boldsymbol{\beta}_1+k_2\boldsymbol{\beta}_2+\cdots+k_{t-1}\boldsymbol{\beta}_{t-1}.$$

要选取适当的系数 $k_i(i=1,2,\cdots,t-1)$,使得 $\boldsymbol{\beta}_t$ 与$\boldsymbol{\beta}_i$ 正交,即

$$\begin{aligned}(\boldsymbol{\beta}_t,\boldsymbol{\beta}_i)&=(\boldsymbol{\alpha}_t+k_1\boldsymbol{\beta}_1+k_2\boldsymbol{\beta}_2+\cdots+k_{t-1}\boldsymbol{\beta}_{t-1},\boldsymbol{\beta}_i)\\&=(\boldsymbol{\alpha}_t,\boldsymbol{\beta}_i)+k_1(\boldsymbol{\beta}_1,\boldsymbol{\beta}_i)+\cdots+k_i(\boldsymbol{\beta}_i,\boldsymbol{\beta}_i)+\cdots\\&\quad+k_{t-1}(\boldsymbol{\beta}_{t-1},\boldsymbol{\beta}_i)=0.\end{aligned}$$

因为 $$(\boldsymbol{\beta}_j,\boldsymbol{\beta}_i)=0\quad(i\neq j,j=1,2,\cdots,t-1),$$
$$(\boldsymbol{\beta}_i,\boldsymbol{\beta}_i)>0.$$

于是有 $$k_i=-\frac{(\boldsymbol{\alpha}_t,\boldsymbol{\beta}_i)}{(\boldsymbol{\beta}_i,\boldsymbol{\beta}_i)}\quad(i=1,2,\cdots,t-1),$$

即 $$\boldsymbol{\beta}_t=\boldsymbol{\alpha}_t-\frac{(\boldsymbol{\alpha}_t,\boldsymbol{\beta}_1)}{(\boldsymbol{\beta}_1,\boldsymbol{\beta}_1)}\boldsymbol{\beta}_1-\frac{(\boldsymbol{\alpha}_t,\boldsymbol{\beta}_2)}{(\boldsymbol{\beta}_2,\boldsymbol{\beta}_2)}\boldsymbol{\beta}_2-\cdots-\frac{(\boldsymbol{\alpha}_t,\boldsymbol{\beta}_{t-1})}{(\boldsymbol{\beta}_{t-1},\boldsymbol{\beta}_{t-1})}\boldsymbol{\beta}_{t-1}.$$

显然 $\boldsymbol{\beta}_1,\boldsymbol{\beta}_2,\cdots,\boldsymbol{\beta}_t$ 两两正交,并且 $\boldsymbol{\beta}_t$ 可由 $\boldsymbol{\alpha}_1,\boldsymbol{\alpha}_2,\cdots,\boldsymbol{\alpha}_t$ 线性表出,又 $\boldsymbol{\beta}_t\neq\boldsymbol{O}$.

由数学归纳法,定理 5.4 得证.

上面定理的证明,就是由给定的一组线性无关的向量组,求出正交向量组的过程.这种求正交向量组的方法称为施密特正交化方法.

设向量空间 $\mathbf{R}^n$ 的一组基为 $\boldsymbol{\alpha}_1,\boldsymbol{\alpha}_2,\cdots,\boldsymbol{\alpha}_n$,可用施密特正交化方法将 $\boldsymbol{\alpha}_1,\boldsymbol{\alpha}_2,\cdots,\boldsymbol{\alpha}_n$ 正交化,得到 $\boldsymbol{\beta}_1,\boldsymbol{\beta}_2,\cdots,\boldsymbol{\beta}_n$ 为 $\mathbf{R}^n$ 的一组正交基,再将 $\boldsymbol{\beta}_1,\boldsymbol{\beta}_2,\cdots,\boldsymbol{\beta}_n$ 分别单位化,得到 $\boldsymbol{\eta}_1,\boldsymbol{\eta}_2,\cdots,\boldsymbol{\eta}_n$ 为 $\mathbf{R}^n$ 的一组标准正交基.这就说明:向量空间 $\mathbf{R}^n$ 必有标准正交基.

例 1 设向量空间 $\mathbf{R}^4$ 的一组基为

$$\boldsymbol{\alpha}_1=\begin{bmatrix}1\\1\\0\\0\end{bmatrix},\boldsymbol{\alpha}_2=\begin{bmatrix}1\\0\\1\\0\end{bmatrix},\boldsymbol{\alpha}_3=\begin{bmatrix}-1\\0\\0\\1\end{bmatrix},\boldsymbol{\alpha}_4=\begin{bmatrix}1\\-1\\-1\\1\end{bmatrix}.$$

试用施密特正交化方法,求出 $\mathbf{R}^4$ 的一组标准正交基.

解 首先将 $\boldsymbol{\alpha}_1,\boldsymbol{\alpha}_2,\boldsymbol{\alpha}_3,\boldsymbol{\alpha}_4$ 正交化,得到

$$\boldsymbol{\beta}_1=\boldsymbol{\alpha}_1=\begin{bmatrix}1\\1\\0\\0\end{bmatrix},$$

$$\boldsymbol{\beta}_2=\boldsymbol{\alpha}_2-\frac{(\boldsymbol{\alpha}_2,\boldsymbol{\beta}_1)}{(\boldsymbol{\beta}_1,\boldsymbol{\beta}_1)}\boldsymbol{\beta}_1=\boldsymbol{\alpha}_2-\frac{1}{2}\boldsymbol{\beta}_1=\begin{bmatrix}\frac{1}{2}\\-\frac{1}{2}\\1\\0\end{bmatrix}=\frac{1}{2}\begin{bmatrix}1\\-1\\2\\0\end{bmatrix},$$

$$\boldsymbol{\beta}_3=\boldsymbol{\alpha}_3-\frac{(\boldsymbol{\alpha}_3,\boldsymbol{\beta}_1)}{(\boldsymbol{\beta}_1,\boldsymbol{\beta}_1)}\boldsymbol{\beta}_1-\frac{(\boldsymbol{\alpha}_3,\boldsymbol{\beta}_2)}{(\boldsymbol{\beta}_2,\boldsymbol{\beta}_2)}\boldsymbol{\beta}_2$$

$$=\boldsymbol{\alpha}_3+\frac{1}{2}\boldsymbol{\beta}_1+\frac{1}{3}\boldsymbol{\beta}_2=\begin{bmatrix}-\frac{1}{3}\\\frac{1}{3}\\\frac{1}{3}\\1\end{bmatrix}=\frac{1}{3}\begin{bmatrix}-1\\1\\1\\3\end{bmatrix},$$

$$\boldsymbol{\beta}_4=\boldsymbol{\alpha}_4-\frac{(\boldsymbol{\alpha}_4,\boldsymbol{\beta}_1)}{(\boldsymbol{\beta}_1,\boldsymbol{\beta}_1)}\boldsymbol{\beta}_1-\frac{(\boldsymbol{\alpha}_4,\boldsymbol{\beta}_2)}{(\boldsymbol{\beta}_2,\boldsymbol{\beta}_2)}\boldsymbol{\beta}_2-\frac{(\boldsymbol{\alpha}_4,\boldsymbol{\beta}_3)}{(\boldsymbol{\beta}_3,\boldsymbol{\beta}_3)}\boldsymbol{\beta}_3$$

$$=\boldsymbol{\alpha}_4-0\boldsymbol{\beta}_1-0\boldsymbol{\beta}_2-0\boldsymbol{\beta}_3=\boldsymbol{\alpha}_4=\begin{bmatrix}1\\-1\\-1\\1\end{bmatrix}.$$

即 $\boldsymbol{\beta}_1,\boldsymbol{\beta}_2,\boldsymbol{\beta}_3,\boldsymbol{\beta}_4$ 是向量空间 $\mathbf{R}^4$ 一组正交基.

再将 $\boldsymbol{\beta}_1,\boldsymbol{\beta}_2,\boldsymbol{\beta}_3,\boldsymbol{\beta}_4$ 分别单位化,得到

$$\boldsymbol{\eta}_1=\frac{\boldsymbol{\beta}_1}{|\boldsymbol{\beta}_1|}=\begin{bmatrix}\frac{1}{\sqrt{2}}\\\frac{1}{\sqrt{2}}\\0\\0\end{bmatrix},\boldsymbol{\eta}_2=\frac{\boldsymbol{\beta}_2}{|\boldsymbol{\beta}_2|}=\begin{bmatrix}\frac{1}{\sqrt{6}}\\-\frac{1}{\sqrt{6}}\\\frac{2}{\sqrt{6}}\\0\end{bmatrix},$$

$$\boldsymbol{\eta}_3=\begin{bmatrix}\frac{-1}{2\sqrt{3}}\\\frac{1}{2\sqrt{3}}\\\frac{1}{2\sqrt{3}}\\\frac{3}{2\sqrt{3}}\end{bmatrix},\boldsymbol{\eta}_4=\begin{bmatrix}\frac{1}{2}\\-\frac{1}{2}\\-\frac{1}{2}\\\frac{1}{2}\end{bmatrix}.$$

则 $\boldsymbol{\eta}_1,\boldsymbol{\eta}_2,\boldsymbol{\eta}_3,\boldsymbol{\eta}_4$ 是向量空间 $\mathbf{R}^4$ 的一组标准正交基.

例 2 求解空间 $\mathbf{V}=\left\{\boldsymbol{X}=\begin{bmatrix}x_1\\x_2\\x_3\\x_4\end{bmatrix}\middle|\begin{cases}x_1+x_2+x_3+x_4=0\\ \quad\ \ x_2+x_3+x_4=0\end{cases}\right\}$的一组标准正交基.

解 首先求齐次线性方程组解空间 $\mathbf{V}$ 的一组基,即齐次线性方程组的一个基础解系.为此,求解方程组

$$\begin{cases}x_1+x_2+x_3+x_4=0,\\ \quad\ \ x_2+x_3+x_4=0,\end{cases}$$

得到它的一个基础解系 $\boldsymbol{X}_1=\begin{bmatrix}0\\1\\-1\\0\end{bmatrix}$, $\boldsymbol{X}_2=\begin{bmatrix}0\\1\\0\\-1\end{bmatrix}$,则 $\boldsymbol{X}_1,\boldsymbol{X}_2$ 为解空间 $\boldsymbol{V}$ 的一组基.

再将 $\boldsymbol{X}_1,\boldsymbol{X}_2$ 正交化,得到

$$\boldsymbol{\beta}_1=\boldsymbol{X}_1=\begin{bmatrix}0\\1\\-1\\0\end{bmatrix},$$

$$\boldsymbol{\beta}_2=\boldsymbol{X}_2-\frac{(\boldsymbol{X}_2,\boldsymbol{\beta}_1)}{(\boldsymbol{\beta}_1,\boldsymbol{\beta}_1)}\boldsymbol{\beta}_1=\boldsymbol{X}_2-\frac{1}{2}\boldsymbol{\beta}_1=\begin{bmatrix}0\\\frac{1}{2}\\\frac{1}{2}\\-1\end{bmatrix}=\frac{1}{2}\begin{bmatrix}0\\1\\1\\-2\end{bmatrix}.$$

最后将 $\boldsymbol{\beta}_1,\boldsymbol{\beta}_2$ 分别单位化,得到

$$\boldsymbol{\eta}_1=\frac{\boldsymbol{\beta}_1}{|\boldsymbol{\beta}_1|}=\begin{bmatrix}0\\\frac{1}{\sqrt{2}}\\-\frac{1}{\sqrt{2}}\\0\end{bmatrix},\boldsymbol{\eta}_2=\frac{\boldsymbol{\beta}_2}{|\boldsymbol{\beta}_2|}=\begin{bmatrix}0\\\frac{1}{\sqrt{6}}\\\frac{1}{\sqrt{6}}\\-\frac{2}{\sqrt{6}}\end{bmatrix},$$

则 $\boldsymbol{\eta}_1,\boldsymbol{\eta}_2$ 为解空间 $\boldsymbol{V}$ 的一组标准正交基.

例 3 已知 $\boldsymbol{\alpha}_1=\begin{bmatrix}1\\1\\1\end{bmatrix}\in\mathbf{R}^3$,求一组非零向量 $\boldsymbol{\alpha}_2,\boldsymbol{\alpha}_3$,使得 $\boldsymbol{\alpha}_1$,

$\boldsymbol{\alpha}_2,\boldsymbol{\alpha}_3$ 为向量空间 $\mathbf{R}^3$ 的一组正交基.

解 设非零向量 $\boldsymbol{X}=\begin{bmatrix}x_1\\x_2\\x_3\end{bmatrix}$为所求,则 $\boldsymbol{X}$ 满足条件

$$(\boldsymbol{X},\boldsymbol{\alpha}_1)=0,$$

即

$$x_1+x_2+x_3=0.$$

求出上面这个三元齐次线性方程组的得一个基础解系为

$$\boldsymbol{X}_2=\begin{bmatrix}1\\0\\-1\end{bmatrix},\boldsymbol{X}_3=\begin{bmatrix}0\\1\\-1\end{bmatrix}.$$

则 $\boldsymbol{X}_2,\boldsymbol{X}_3$ 分别与 $\boldsymbol{\alpha}_1$ 正交,且 $\boldsymbol{X}_2,\boldsymbol{X}_3$ 线性无关.

将 $\boldsymbol{X}_2,\boldsymbol{X}_3$ 正交化,得到

$$\boldsymbol{\alpha}_2=\boldsymbol{X}_2=\begin{bmatrix}1\\0\\-1\end{bmatrix},$$

$$\boldsymbol{\alpha}_3=\boldsymbol{X}_3-\frac{(\boldsymbol{X}_3,\boldsymbol{\alpha}_2)}{(\boldsymbol{\alpha}_2,\boldsymbol{\alpha}_2)}\boldsymbol{\alpha}_2=\begin{bmatrix}0\\1\\-1\end{bmatrix}-\frac{1}{2}\begin{bmatrix}1\\0\\-1\end{bmatrix}=\begin{bmatrix}-\frac{1}{2}\\1\\-\frac{1}{2}\end{bmatrix}.$$

则 $\boldsymbol{\alpha}_1,\boldsymbol{\alpha}_2,\boldsymbol{\alpha}_3$ 为向量空间 $\mathbf{R}^3$ 的一组正交基.

若进一步将 $\boldsymbol{\alpha}_1,\boldsymbol{\alpha}_2,\boldsymbol{\alpha}_3$ 分别单位化,可以求出 $\mathbf{R}^3$ 的一组标准正交基.这就是在向量空间 $\mathbf{R}^3$ 中,任意取定一个向量 $\boldsymbol{\alpha}_1$,都可以得到 $\mathbf{R}^3$ 的一组标准正交基的方法.这个方法可以推广到在 $\mathbf{R}^n$ 中任意取定一个 n 维向量 $\boldsymbol{\alpha}_1$,都可以得到 $\mathbf{R}^n$ 的一组标准正交基.

5.4.5 正交矩阵

定义 5.8 设 n 阶实方阵 $\boldsymbol{A}$,如果满足 $\boldsymbol{A}^{\mathrm{T}}\boldsymbol{A}=\boldsymbol{E}$,则称 $\boldsymbol{A}$ 为

一个正交矩阵.

显然,正交矩阵 $\boldsymbol{A}$ 必满足 $\boldsymbol{A}^{\mathrm{T}}=\boldsymbol{A}^{-1}$. 由正交矩阵的定义,易证正交矩阵具有以下性质:

(1)正交矩阵 $\boldsymbol{A}$ 的行列式 $|\boldsymbol{A}|=1$ 或 -1;

(2)如果 $\boldsymbol{A}$ 为正交矩阵,则 $\boldsymbol{A}^{\mathrm{T}},\boldsymbol{A}^{-1},\boldsymbol{A}^{*}$ 都是正交矩阵;

(3)如果 $\boldsymbol{A},\boldsymbol{B}$ 都是 n 阶正交矩阵,则 $\boldsymbol{AB}$ 也是正交矩阵.

定理 5.5 n 阶实方阵 $\boldsymbol{A}$ 是正交矩阵的充分必要条件为 $\boldsymbol{A}$ 的行(列)向量组是标准正交向量组.

证 仅证 $\boldsymbol{A}$ 的列向量组的情况.

设 n 阶方阵 $\boldsymbol{A}=(\boldsymbol{\alpha}_1,\boldsymbol{\alpha}_2,\cdots,\boldsymbol{\alpha}_n)$,则

$$\boldsymbol{A}^{\mathrm{T}}=\begin{bmatrix}\boldsymbol{\alpha}_1^{\mathrm{T}}\\ \boldsymbol{\alpha}_2^{\mathrm{T}}\\ \vdots\\ \boldsymbol{\alpha}_n^{\mathrm{T}}\end{bmatrix},$$

$$\boldsymbol{A}^{\mathrm{T}}\boldsymbol{A}=\begin{bmatrix}\boldsymbol{\alpha}_1^{\mathrm{T}}\\ \boldsymbol{\alpha}_2^{\mathrm{T}}\\ \vdots\\ \boldsymbol{\alpha}_n^{\mathrm{T}}\end{bmatrix}(\boldsymbol{\alpha}_1,\boldsymbol{\alpha}_2,\cdots,\boldsymbol{\alpha}_n)=\begin{bmatrix}\boldsymbol{\alpha}_1^{\mathrm{T}}\boldsymbol{\alpha}_1 & \boldsymbol{\alpha}_1^{\mathrm{T}}\boldsymbol{\alpha}_2 & \cdots & \boldsymbol{\alpha}_1^{\mathrm{T}}\boldsymbol{\alpha}_n\\ \boldsymbol{\alpha}_2^{\mathrm{T}}\boldsymbol{\alpha}_1 & \boldsymbol{\alpha}_2^{\mathrm{T}}\boldsymbol{\alpha}_2 & \cdots & \boldsymbol{\alpha}_2^{\mathrm{T}}\boldsymbol{\alpha}_n\\ \cdots\cdots & & & \\ \boldsymbol{\alpha}_n^{\mathrm{T}}\boldsymbol{\alpha}_1 & \boldsymbol{\alpha}_n^{\mathrm{T}}\boldsymbol{\alpha}_2 & \cdots & \boldsymbol{\alpha}_n^{\mathrm{T}}\boldsymbol{\alpha}_n\end{bmatrix},$$

因为 $\boldsymbol{A}^{\mathrm{T}}\boldsymbol{A}=\boldsymbol{E}$ 的充分必要条件是 $\boldsymbol{\alpha}_i^{\mathrm{T}}\boldsymbol{\alpha}_j=\begin{cases}1, & i=j,\\ 0, & i\neq j.\end{cases}$

即 $$(\boldsymbol{\alpha}_i,\boldsymbol{\alpha}_j)=\begin{cases}1, & i=j\\ 0, & i\neq j\end{cases}\quad (i,j=1,2,\cdots,n).$$

因此,$\boldsymbol{A}$ 为正交矩阵的充分必要条件是 $\boldsymbol{\alpha}_1,\boldsymbol{\alpha}_2,\cdots,\boldsymbol{\alpha}_n$ 为标准正交向量组.

例如三阶方阵 $\boldsymbol{A}=\begin{bmatrix}\frac{2}{3} & \frac{2}{3} & -\frac{1}{3}\\ \frac{2}{3} & -\frac{1}{3} & \frac{2}{3}\\ -\frac{1}{3} & \frac{2}{3} & \frac{2}{3}\end{bmatrix}$的列向量组为

$$\boldsymbol{\alpha}_1=\begin{bmatrix}\frac{2}{3}\\ \frac{2}{3}\\ -\frac{1}{3}\end{bmatrix},\boldsymbol{\alpha}_2=\begin{bmatrix}\frac{2}{3}\\ -\frac{1}{3}\\ \frac{2}{3}\end{bmatrix},\boldsymbol{\alpha}_3=\begin{bmatrix}-\frac{1}{3}\\ \frac{2}{3}\\ \frac{2}{3}\end{bmatrix}.$$

因为$|\boldsymbol{\alpha}_i|=1(i=1,2,3)$,又$(\boldsymbol{\alpha}_i,\boldsymbol{\alpha}_j)=0(i\neq j,i,j=1,2,3)$,即$\boldsymbol{\alpha}_1,\boldsymbol{\alpha}_2,\boldsymbol{\alpha}_3$为标准正交向量组,所以 $\boldsymbol{A}$ 为正交矩阵.

5.5 实对称矩阵的相似对角形

5.5.1 实对称矩阵的性质

性质 1 实对称矩阵的特征值都是实数.

证 设 $\boldsymbol{A}=(a_{ij})_{n\times n}$,$\boldsymbol{A}$ 的共轭矩阵 $\overline{\boldsymbol{A}}=(\overline{a_{ij}})_{n\times n}$,其中$\overline{a_{ij}}$是数$a_{ij}$的共轭复数.

由复数的运算规律知,$\overline{\boldsymbol{AX}}=\overline{\boldsymbol{A}}\,\overline{\boldsymbol{X}}$.

如果 $\boldsymbol{A}=(a_{ij})_{n\times n}$为实对称矩阵,$\lambda$ 为它的任意一个特征值,

$\boldsymbol{X}=\begin{bmatrix}x_1\\ x_2\\ \vdots\\ x_n\end{bmatrix}\neq\boldsymbol{O}$ 是$\boldsymbol{A}$ 的对应于λ 的特征向量,由定义知 $\boldsymbol{AX}=\lambda\boldsymbol{X}$.

上式两端同时取共轭,得到

$$\overline{\boldsymbol{AX}}=\overline{\lambda\boldsymbol{X}},$$

即 $$\overline{A}\,\overline{X}=\overline{\lambda}\,\overline{X}.$$

再取转置,得到

$$\overline{X}^{\mathrm{T}}\overline{A}^{\mathrm{T}}=\overline{\lambda}\,\overline{X}^{\mathrm{T}}.$$

因为 $\boldsymbol{A}$ 为实对称矩阵,所以 $\overline{\boldsymbol{A}}=\boldsymbol{A}$,且 $\overline{\boldsymbol{A}}^{\mathrm{T}}=\boldsymbol{A}$,

于是有 $$\overline{\boldsymbol{X}}^{\mathrm{T}}\boldsymbol{A}=\overline{\lambda}\,\overline{\boldsymbol{X}}^{\mathrm{T}}.$$

上式两端右乘 $\boldsymbol{X}$,得到

$$\overline{\boldsymbol{X}}^{\mathrm{T}}\boldsymbol{A}\boldsymbol{X}=\overline{\lambda}\,\overline{\boldsymbol{X}}^{\mathrm{T}}\boldsymbol{X},$$

由于 $\boldsymbol{A}\boldsymbol{X}=\lambda\boldsymbol{X}$,所以得到

$$\lambda\overline{\boldsymbol{X}}^{\mathrm{T}}\boldsymbol{X}=\overline{\lambda}\,\overline{\boldsymbol{X}}^{\mathrm{T}}\boldsymbol{X},$$

即 $$(\lambda-\overline{\lambda})\overline{\boldsymbol{X}}^{\mathrm{T}}\boldsymbol{X}=0.$$

因为特征向量 $\boldsymbol{X}=\begin{bmatrix}x_1\\x_2\\\vdots\\x_n\end{bmatrix}\neq\boldsymbol{O}$,所以

$$\begin{aligned}\overline{\boldsymbol{X}}^{\mathrm{T}}\boldsymbol{X}&=(\overline{x_1},\overline{x_2},\cdots,\overline{x_n})\begin{bmatrix}x_1\\x_2\\\vdots\\x_n\end{bmatrix}\\&=\overline{x_1}x_1+\overline{x_2}x_2+\cdots+\overline{x_n}x_n\\&=|x_1|^2+|x_2|^2+\cdots+|x_n|^2>0.\end{aligned}$$

故 $\lambda-\overline{\lambda}=0$,即 $\lambda=\overline{\lambda}$.因此 λ 是实数.

性质 2 实对称矩阵 $\boldsymbol{A}$ 的对应于不同特征值的特征向量是正交的.

证 设 λ_1,λ_2 是实对称矩阵 $\boldsymbol{A}$ 的特征值,并且 $\lambda_1\neq\lambda_2$,而 $\boldsymbol{X}_1,\boldsymbol{X}_2$ 分别是 $\boldsymbol{A}$ 的对应于 λ_1,λ_2 的特征向量,即

$$\boldsymbol{A}\boldsymbol{X}_1=\lambda_1\boldsymbol{X}_1,\boldsymbol{A}\boldsymbol{X}_2=\lambda_2\boldsymbol{X}_2,$$

在 $\boldsymbol{A}\boldsymbol{X}_1=\lambda_1\boldsymbol{X}_1$ 的两边同时取转置,得到

$$\boldsymbol{X}_1^{\mathrm{T}}\boldsymbol{A}^{\mathrm{T}}=\lambda_1\boldsymbol{X}_1^{\mathrm{T}}.$$

由于 $\boldsymbol{A}^{\mathrm{T}}=\boldsymbol{A}$,即

$$\boldsymbol{X}_1^{\mathrm{T}}\boldsymbol{A}=\lambda_1\boldsymbol{X}_1^{\mathrm{T}}.$$

上式两端同时右乘 $\boldsymbol{X}_2$,得到

$$\boldsymbol{X}_1^{\mathrm{T}}\boldsymbol{A}\boldsymbol{X}_2=\lambda_1\boldsymbol{X}_1^{\mathrm{T}}\boldsymbol{X}_2,$$

即 $$\lambda_2\boldsymbol{X}_1^{\mathrm{T}}\boldsymbol{X}_2=\lambda_1\boldsymbol{X}_1^{\mathrm{T}}\boldsymbol{X}_2,$$

$$(\lambda_2-\lambda_1)\boldsymbol{X}_1^{\mathrm{T}}\boldsymbol{X}_2=0.$$

因为 $\lambda_1\neq\lambda_2$　所以 $\boldsymbol{X}_1^{\mathrm{T}}\boldsymbol{X}_2=0$,

即 $$(\boldsymbol{X}_1,\boldsymbol{X}_2)=0.$$

因此　　$\boldsymbol{X}_1$ 与 $\boldsymbol{X}_2$ 正交.

性质 3　如果 λ_0 是实对称矩阵 $\boldsymbol{A}$ 的 k 重特征值,则 $\boldsymbol{A}$ 的对应于 λ_0 的线性无关特征向量的个数恰好为 k.

证　设 λ_0 为实对称矩阵 $\boldsymbol{A}$ 的 k 重特征值,n 元齐次线性方程组 $(\lambda_0\boldsymbol{E}-\boldsymbol{A})\boldsymbol{X}=\boldsymbol{O}$ 的一个基础解系为 $\boldsymbol{X}_1,\boldsymbol{X}_2,\cdots,\boldsymbol{X}_l$. 下面要证 $l=k$.

不妨设 $\boldsymbol{X}_1,\boldsymbol{X}_2,\cdots,\boldsymbol{X}_l$ 为标准正交向量组,于是由 $\boldsymbol{X}_1,\boldsymbol{X}_2,\cdots,\boldsymbol{X}_l$ 可以找到 $\boldsymbol{X}_{l+1},\cdots,\boldsymbol{X}_n$,使得 $\boldsymbol{X}_1,\boldsymbol{X}_2,\cdots,\boldsymbol{X}_l,\boldsymbol{X}_{l+1},\cdots,\boldsymbol{X}_n$ 为标准正交向量组.

令 $\boldsymbol{P}=(\boldsymbol{X}_1,\boldsymbol{X}_2,\cdots,\boldsymbol{X}_n)$,显然 $\boldsymbol{P}$ 为正交矩阵. 并且 $\boldsymbol{P}^{-1}\boldsymbol{A}\boldsymbol{P}$ 是实对称矩阵. 于是,得到

$$\boldsymbol{P}^{-1}\boldsymbol{A}\boldsymbol{P}=\left(\begin{array}{c|c} \underbrace{\begin{matrix}\lambda_0 & & & \\ & \lambda_0 & & \\ & & \ddots & \\ & & & \lambda_0\end{matrix}}_{l} & \boldsymbol{O} \\ \hline \boldsymbol{O} & \boldsymbol{A}_1\end{array}\right)=\begin{pmatrix}\lambda_0\boldsymbol{E}_l & \boldsymbol{O}\\ \boldsymbol{O} & \boldsymbol{A}_1\end{pmatrix}.$$

其中 $\boldsymbol{A}_1$ 是$(n-l)$阶实对称矩阵. 由特征向量的性质 5 知:必有 $l \leqslant k$.

假设 $l<k$. 由上式知,λ_0 必是 $\boldsymbol{A}_1$ 的特征值. 于是存在$(n-l)$阶正交矩阵 $\boldsymbol{P}_1$,使得

$$\boldsymbol{P}_1^{-1}\boldsymbol{A}_1\boldsymbol{P}_1=\begin{pmatrix}\lambda_0 & \boldsymbol{O}\\ \boldsymbol{O} & \boldsymbol{A}_2\end{pmatrix}.$$

令 n 阶方阵 $\boldsymbol{Q}=\boldsymbol{P}\begin{pmatrix}\boldsymbol{E}_l & \boldsymbol{O}\\ \boldsymbol{O} & \boldsymbol{P}_1\end{pmatrix}$,显然 $\boldsymbol{Q}$ 为正交矩阵,且

$$\boldsymbol{Q}^{-1}=\begin{bmatrix}\boldsymbol{E}_l & \boldsymbol{O}\\ \boldsymbol{O} & \boldsymbol{P}_1^{-1}\end{bmatrix}\boldsymbol{P}^{-1}.$$

于是

$$\begin{aligned}\boldsymbol{Q}^{-1}\boldsymbol{A}\boldsymbol{Q}&=\begin{bmatrix}\boldsymbol{E}_l & \boldsymbol{O}\\ \boldsymbol{O} & \boldsymbol{P}_1^{-1}\end{bmatrix}\boldsymbol{P}^{-1}\boldsymbol{A}\boldsymbol{P}\begin{pmatrix}\boldsymbol{E}_l & \boldsymbol{O}\\ \boldsymbol{O} & \boldsymbol{P}_1\end{pmatrix}\\&=\begin{bmatrix}\boldsymbol{E}_l & \boldsymbol{O}\\ \boldsymbol{O} & \boldsymbol{P}_1^{-1}\end{bmatrix}\begin{pmatrix}\lambda_0\boldsymbol{E}_l & \boldsymbol{O}\\ \boldsymbol{O} & \boldsymbol{A}_1\end{pmatrix}\begin{pmatrix}\boldsymbol{E}_l & \boldsymbol{O}\\ \boldsymbol{O} & \boldsymbol{P}_1\end{pmatrix}\\&=\begin{bmatrix}\lambda_0\boldsymbol{E}_l & \boldsymbol{O}\\ \boldsymbol{O} & \boldsymbol{P}_1^{-1}\boldsymbol{A}_1\boldsymbol{P}_1\end{bmatrix}\\&=\left[\begin{array}{c|c}\lambda_0\boldsymbol{E}_l & \boldsymbol{O}\\ \hline \boldsymbol{O} & \begin{matrix}\lambda_0 & \boldsymbol{O}\\ \boldsymbol{O} & \boldsymbol{A}_2\end{matrix}\end{array}\right]=\begin{pmatrix}\lambda_0\boldsymbol{E}_{l+1} & \boldsymbol{O}\\ \boldsymbol{O} & \boldsymbol{A}_2\end{pmatrix}=\boldsymbol{C}.\end{aligned}$$

其中 $\boldsymbol{A}_2$ 为$[n-(l+1)]$阶实对称矩阵. 因为

$$\boldsymbol{A}\backsim\boldsymbol{C},$$

所以 $\quad f(\boldsymbol{A})\backsim f(\boldsymbol{C})$.

于是 $r[f(\boldsymbol{A})]=r[f(\boldsymbol{C})]$.

令 $f(x)=\lambda_0-x$,故 $f(\boldsymbol{A})=\lambda_0\boldsymbol{E}-\boldsymbol{A}$,$f(\boldsymbol{C})=\lambda_0\boldsymbol{E}-\boldsymbol{C}$,

因为 $$\lambda_0\boldsymbol{E}-\boldsymbol{C}=\left(\begin{array}{c|c}\begin{matrix}0 & & & \\ & 0 & & \\ & & \ddots & \\ & & & 0\end{matrix}\ (l+1) & \boldsymbol{O} \\ \hline \boldsymbol{O} & \lambda_0\boldsymbol{E}-\boldsymbol{A}_2\end{array}\right),$$

所以 $r[f(\boldsymbol{C})]=r(\lambda_0\boldsymbol{E}-\boldsymbol{A}_2)\leqslant n-(l+1)=n-l-1<n-l$.

即 $r[f(\boldsymbol{A})]=r(\lambda_0\boldsymbol{E}-\boldsymbol{A})<n-l$.这与$(\lambda_0\boldsymbol{E}-\boldsymbol{A})\boldsymbol{X}=\boldsymbol{O}$ 的一个基础解系为$\boldsymbol{X}_1,\boldsymbol{X}_2,\cdots,\boldsymbol{X}_l$ 矛盾.故 $l=k$.

性质 3 表明:n 阶实对称矩阵$\boldsymbol{A}$,对应于它的每一个 k_i 重特征值λ_i 的线性无关的特征向量个数都等于其重数k_i.即 n 阶实对称矩阵$\boldsymbol{A}$ 必有n 个线性无关的特征向量.

设λ 为实对称矩阵$\boldsymbol{A}$ 的k 重特征值,解 n 元齐次线性方程组$(\lambda\boldsymbol{E}-\boldsymbol{A})\boldsymbol{X}=\boldsymbol{O}$ 得一个基础解系为

$$\boldsymbol{X}_1,\boldsymbol{X}_2,\cdots,\boldsymbol{X}_k,$$

即 $\boldsymbol{X}_1,\boldsymbol{X}_2,\cdots,\boldsymbol{X}_k$ 为$\boldsymbol{A}$ 的对应于λ 的线性无关的特征向量.

将 $\boldsymbol{X}_1,\boldsymbol{X}_2,\cdots,\boldsymbol{X}_k$ 正交化,得到

$$\boldsymbol{\beta}_1,\boldsymbol{\beta}_2,\cdots,\boldsymbol{\beta}_k.$$

容易推证出:$\boldsymbol{\beta}_1,\boldsymbol{\beta}_2,\cdots,\boldsymbol{\beta}_k$ 仍是$\boldsymbol{A}$ 的对应于λ 的特征向量.

再将$\boldsymbol{\beta}_1,\boldsymbol{\beta}_2,\cdots,\boldsymbol{\beta}_k$ 分别单位化,得到

$$\boldsymbol{\eta}_1,\boldsymbol{\eta}_2,\cdots,\boldsymbol{\eta}_k.$$

由特征向量的性质易知,$\boldsymbol{\eta}_1,\boldsymbol{\eta}_2,\cdots,\boldsymbol{\eta}_k$ 仍是$\boldsymbol{A}$ 的对应于λ 的特征向量.于是推出:如果λ 为实对称矩阵$\boldsymbol{A}$ 的k 重特征值,则$\boldsymbol{A}$ 的对应于λ 的标准正交特征向量个数也恰好为k.

5.5.2 实对称矩阵的相似对角形

定理 5.6 对于任何 n 阶实对称矩阵$\boldsymbol{A}$,必存在正交矩阵$\boldsymbol{C}$,使得

$$\boldsymbol{C}^{\mathrm{T}}\boldsymbol{AC}=\boldsymbol{C}^{-1}\boldsymbol{AC}=\begin{bmatrix}\lambda_1 & & & \\ & \lambda_2 & & \\ & & \ddots & \\ & & & \lambda_n\end{bmatrix}=\boldsymbol{\Lambda}.$$

其中 $\lambda_1,\lambda_2,\cdots,\lambda_n$ 为 $\boldsymbol{A}$ 的 n 个特征值.

证 设 n 阶实对称矩阵 $\boldsymbol{A}$ 的互不相等的特征值为 $\lambda_1,\lambda_2,\cdots,\lambda_s(s\leqslant n)$,它们的重数依次为 $k_1,k_2,\cdots,k_s(k_1+k_2+\cdots+k_s=n)$.

由性质 3 知,$\boldsymbol{A}$ 的对应于 k_i 重特征值 λ_i 的线性无关的特征向量个数恰好有 k_i 个.把它们正交化,单位化,就得到 k_i 个标准正交特征向量.并且由性质知实对称矩阵 $\boldsymbol{A}$ 的对应于不同特征值的特征向量是正交的.由于 $k_1+k_2+\cdots+k_s=n$,所以,n 阶实对称矩阵 $\boldsymbol{A}$ 必有 n 个标准正交特征向量,以它们为列向量构成一个 n 阶正交矩阵 $\boldsymbol{C}$,则

$$\boldsymbol{C}^{\mathrm{T}}\boldsymbol{AC}=\boldsymbol{C}^{-1}\boldsymbol{AC}=\boldsymbol{\Lambda}=\begin{bmatrix}\lambda_1 & & & & & & \\ & \ddots_{\,k_1} & & & & & \\ & & \lambda_1 & & & & \\ & & & \ddots & & & \\ & & & & \lambda_s & & \\ & & & & & \ddots_{\,k_s} & \\ & & & & & & \lambda_s\end{bmatrix}.$$

此定理的证明过程,实际上也给出了将实对称矩阵 $\boldsymbol{A}$ 对角化,求正交矩阵 $\boldsymbol{C}$ 的过程.

(1)求 $\boldsymbol{A}$ 的特征值.由 $|\lambda\boldsymbol{E}-\boldsymbol{A}|=0$ 求出 $\boldsymbol{A}$ 的互不相同的特征值 $\lambda_1,\lambda_2,\cdots,\lambda_s$,其重数分别为 $k_i(i=1,2,\cdots,s)$重,且 $k_1+k_2+\cdots+k_s=n$.

(2)求特征向量. 对于 $\boldsymbol{A}$ 的每一个 k_i 重特征值 $\lambda_i(i=1,2,\cdots,s)$,解对应的 n 元齐次线性方程组 $(\lambda_i\boldsymbol{E}-\boldsymbol{A})\boldsymbol{X}=\boldsymbol{O}$,求出它的一个基础解系 $\boldsymbol{X}_{i_1},\boldsymbol{X}_{i_2},\cdots,\boldsymbol{X}_{i_{k_i}}$.

(3)正交化. 将 $\boldsymbol{X}_{i_1},\boldsymbol{X}_{i_2},\cdots,\boldsymbol{X}_{i_{k_i}}$ 正交化,得到 $\boldsymbol{\beta}_{i_1},\boldsymbol{\beta}_{i_2},\cdots,\boldsymbol{\beta}_{i_{k_i}}$ $(i=1,2,\cdots,s)$.

(4)单位化. 将 $\boldsymbol{\beta}_{i_1},\boldsymbol{\beta}_{i_2},\cdots,\boldsymbol{\beta}_{i_{k_i}}$ 分别单位化,得到 $\boldsymbol{\eta}_{i_1},\boldsymbol{\eta}_{i_2},\cdots,\boldsymbol{\eta}_{i_{k_i}}$ $(i=1,2,\cdots,s)$.

(5)作出正交矩阵 $\boldsymbol{C}$.

$$\boldsymbol{C}=(\boldsymbol{\eta}_{1_1},\boldsymbol{\eta}_{1_2},\cdots,\boldsymbol{\eta}_{1_{k_1}},\cdots,\boldsymbol{\eta}_{s_1},\boldsymbol{\eta}_{s_2},\cdots,\boldsymbol{\eta}_{s_{k_s}}),$$

有

$$\boldsymbol{C}^{\mathrm{T}}\boldsymbol{A}\boldsymbol{C}=\boldsymbol{C}^{-1}\boldsymbol{A}\boldsymbol{C}=\boldsymbol{\Lambda}=\begin{pmatrix}\overbrace{\lambda_1 \ \ddots \ \lambda_1}^{k_1} & & \\ & \ddots & \\ & & \overbrace{\lambda_s \ \ddots \ \lambda_s}^{k_s}\end{pmatrix}$$

例 1 设 3 阶实对称矩阵 $\boldsymbol{A}=\begin{pmatrix}1&3&3\\3&1&3\\3&3&1\end{pmatrix}$,求正交矩阵 $\boldsymbol{C}$ 及对角形矩阵 $\boldsymbol{\Lambda}$,使 $\boldsymbol{C}^{\mathrm{T}}\boldsymbol{A}\boldsymbol{C}=\boldsymbol{\Lambda}$.

解 先求 $\boldsymbol{A}$ 的特征值.

$$|\lambda\boldsymbol{E}-\boldsymbol{A}|=\begin{vmatrix}\lambda-1&-3&-3\\-3&\lambda-1&-3\\-3&-3&\lambda-1\end{vmatrix}=(\lambda+2)^2(\lambda-7),$$

$\boldsymbol{A}$ 的三个特征值为$\lambda_1=\lambda_2=-2,\lambda_3=7$.

再求特征向量.

对于 $\lambda_1=\lambda_2=-2$,解齐次线性方程组$(-2\boldsymbol{E}-\boldsymbol{A})\boldsymbol{X}=\boldsymbol{O}$,得基础解系为

$$\boldsymbol{X}_1=\begin{bmatrix}-1\\1\\0\end{bmatrix},\boldsymbol{X}_2=\begin{bmatrix}-1\\0\\1\end{bmatrix};$$

对于 $\lambda_3=7$,解齐次线性方程组$(7\boldsymbol{E}-\boldsymbol{A})\boldsymbol{X}=\boldsymbol{O}$,得基础解系为

$$\boldsymbol{X}_3=\begin{bmatrix}1\\1\\1\end{bmatrix}.$$

下面正交化.令

$$\boldsymbol{\beta}_1=\boldsymbol{X}_1=\begin{bmatrix}-1\\1\\0\end{bmatrix},$$

$$\boldsymbol{\beta}_2=\boldsymbol{X}_2-\frac{(\boldsymbol{X}_2,\boldsymbol{\beta}_1)}{(\boldsymbol{\beta}_1,\boldsymbol{\beta}_1)}\boldsymbol{\beta}_1=\begin{bmatrix}-\frac{1}{2}\\-\frac{1}{2}\\1\end{bmatrix}=\frac{1}{2}\begin{bmatrix}-1\\-1\\2\end{bmatrix}.$$

再单位化.

$$\boldsymbol{\eta}_1=\frac{\boldsymbol{\beta}_1}{|\boldsymbol{\beta}_1|}=\begin{bmatrix}-\frac{1}{\sqrt{2}}\\\frac{1}{\sqrt{2}}\\0\end{bmatrix},\boldsymbol{\eta}_2=\frac{\boldsymbol{\beta}_2}{|\boldsymbol{\beta}_2|}=\begin{bmatrix}-\frac{1}{\sqrt{6}}\\-\frac{1}{\sqrt{6}}\\\frac{2}{\sqrt{6}}\end{bmatrix},\boldsymbol{\eta}_3=\frac{\boldsymbol{X}_3}{|\boldsymbol{X}_3|}=\begin{bmatrix}\frac{1}{\sqrt{3}}\\\frac{1}{\sqrt{3}}\\\frac{1}{\sqrt{3}}\end{bmatrix}.$$

作正交矩阵 $\boldsymbol{C}=(\boldsymbol{\eta}_1,\boldsymbol{\eta}_2,\boldsymbol{\eta}_3)=\begin{bmatrix}-\frac{1}{\sqrt{2}} & -\frac{1}{\sqrt{6}} & \frac{1}{\sqrt{3}}\\ \frac{1}{\sqrt{2}} & -\frac{1}{\sqrt{6}} & \frac{1}{\sqrt{3}}\\ 0 & \frac{2}{\sqrt{6}} & \frac{1}{\sqrt{3}}\end{bmatrix}$

及对角形矩阵 $\boldsymbol{\Lambda}=\begin{bmatrix}-2 & & \\ & -2 & \\ & & 7\end{bmatrix}$,有 $\boldsymbol{C}^{\mathrm{T}}\boldsymbol{A}\boldsymbol{C}=\boldsymbol{\Lambda}$.

例 2 设 3 阶实对称矩阵 $\boldsymbol{A}=\begin{bmatrix}2 & 0 & 0\\ 0 & 3 & 2\\ 0 & 2 & 3\end{bmatrix}$,求正交矩阵 $\boldsymbol{C}$ 及对角形矩阵 $\boldsymbol{\Lambda}$,使 $\boldsymbol{C}^{\mathrm{T}}\boldsymbol{A}\boldsymbol{C}=\boldsymbol{\Lambda}$.

解 先求 $\boldsymbol{A}$ 的特征值.

$$|\lambda\boldsymbol{E}-\boldsymbol{A}|=\begin{vmatrix}\lambda-2 & 0 & 0\\ 0 & \lambda-3 & -2\\ 0 & -2 & \lambda-3\end{vmatrix}=(\lambda-1)(\lambda-2)(\lambda-5),$$

$\boldsymbol{A}$ 的三个特征值 $\lambda_1=1,\lambda_2=2,\lambda_3=5$.

再求特征向量.

对于 $\lambda_1=1$,解齐次线性方程组 $(1\boldsymbol{E}-\boldsymbol{A})\boldsymbol{X}=\boldsymbol{O}$,得基础解系为

$$\boldsymbol{X}_1=\begin{bmatrix}0\\1\\-1\end{bmatrix};$$

对于 $\lambda_2=2$,解齐次线性方程组 $(2\boldsymbol{E}-\boldsymbol{A})\boldsymbol{X}=\boldsymbol{O}$,得基础解系为

$$\boldsymbol{X}_2=\begin{bmatrix}1\\0\\0\end{bmatrix};$$

对于 $\boldsymbol{\lambda}_3=5$,解齐次线性方程组 $(5\boldsymbol{E}-\boldsymbol{A})\boldsymbol{X}=\boldsymbol{O}$,得基础解

系为 $$X_3=\begin{bmatrix}0\\1\\1\end{bmatrix}.$$

由于 $\lambda_1,\lambda_2,\lambda_3$ 互不相同，由实对称矩阵的性质 2 知，X_1,X_2,X_3 两两正交.

将 X_1,X_2,X_3 分别单位化.

$$\eta_1=\frac{X_1}{|X_1|}=\begin{bmatrix}0\\\frac{1}{\sqrt{2}}\\-\frac{1}{\sqrt{2}}\end{bmatrix},\eta_2=\frac{X_2}{|X_2|}=\begin{bmatrix}1\\0\\0\end{bmatrix},\eta_3=\frac{X_3}{|X_3|}=\begin{bmatrix}0\\\frac{1}{\sqrt{2}}\\\frac{1}{\sqrt{2}}\end{bmatrix}.$$

作正交矩阵 $$C=(\eta_1,\eta_2,\eta_3)=\begin{bmatrix}0&1&0\\\frac{1}{\sqrt{2}}&0&\frac{1}{\sqrt{2}}\\-\frac{1}{\sqrt{2}}&0&\frac{1}{\sqrt{2}}\end{bmatrix}$$

及对角形矩阵 $\Lambda=\begin{bmatrix}1&&\\&2&\\&&5\end{bmatrix}$，有 $C^{T}AC=\Lambda$.

例 3 设 3 阶实对称矩阵 A 的三个特征值为 $\lambda_1=1,\lambda_2=2,\lambda_3=3$；且对应于 λ_1,λ_2 的特征向量依次为

$$X_1=\begin{bmatrix}1\\0\\1\end{bmatrix},X_2=\begin{bmatrix}1\\0\\-1\end{bmatrix},$$

求 A.

解法1　设 $\boldsymbol{X}_3=\begin{bmatrix}x_1\\x_2\\x_3\end{bmatrix}$ 是 $\boldsymbol{A}$ 的对应于 $\lambda_3=3$ 的特征向量. 由实对称矩阵的性质2知

$$\begin{cases}(\boldsymbol{X}_3,\boldsymbol{X}_1)=0,\\(\boldsymbol{X}_3,\boldsymbol{X}_2)=0,\end{cases}$$

即
$$\begin{cases}x_1+x_3=0,\\x_1-x_3=0.\end{cases}$$

解上面三元齐次线性方程组,得非零解 $\boldsymbol{X}_3=\begin{bmatrix}0\\1\\0\end{bmatrix}$,即 $\boldsymbol{X}_3=\begin{bmatrix}0\\1\\0\end{bmatrix}$ 是 $\boldsymbol{A}$ 的对应于 $\lambda_3=3$ 的特征向量.

因为 $\boldsymbol{X}_1,\boldsymbol{X}_2,\boldsymbol{X}_3$ 线性无关,所以存在可逆矩阵

$$\boldsymbol{C}=(\boldsymbol{X}_1,\boldsymbol{X}_2,\boldsymbol{X}_3)=\begin{bmatrix}1&1&0\\0&0&1\\1&-1&0\end{bmatrix},$$

使得
$$\boldsymbol{C}^{-1}\boldsymbol{A}\boldsymbol{C}=\boldsymbol{\Lambda}=\begin{bmatrix}1&&\\&2&\\&&3\end{bmatrix}.$$

于是解得
$$\begin{aligned}\boldsymbol{A}&=\boldsymbol{C}\boldsymbol{\Lambda}\boldsymbol{C}^{-1}\\&=\begin{bmatrix}1&1&0\\0&0&1\\1&-1&0\end{bmatrix}\begin{bmatrix}1&0&0\\0&2&0\\0&0&3\end{bmatrix}\begin{bmatrix}1&1&0\\0&0&1\\1&-1&0\end{bmatrix}^{-1}\\&=\begin{bmatrix}1&2&0\\0&0&3\\1&-2&0\end{bmatrix}\begin{bmatrix}\frac{1}{2}&0&\frac{1}{2}\\\frac{1}{2}&0&-\frac{1}{2}\\0&1&0\end{bmatrix}\end{aligned}$$

$$=\begin{bmatrix}\frac{3}{2} & 0 & -\frac{1}{2}\\ 0 & 3 & 0\\ -\frac{1}{2} & 0 & \frac{3}{2}\end{bmatrix}.$$

解法2 同解法1求出 $\boldsymbol{X}_3=\begin{bmatrix}0\\1\\0\end{bmatrix}$ 是 $\boldsymbol{A}$ 的对应于 $\lambda_3=3$ 的特征向量. 由实对称矩阵性质2知, $\boldsymbol{X}_1,\boldsymbol{X}_2,\boldsymbol{X}_3$ 两两正交.

再将 $\boldsymbol{X}_1,\boldsymbol{X}_2,\boldsymbol{X}_3$ 分别单位化,得到

$$\boldsymbol{\eta}_1=\frac{\boldsymbol{X}_1}{|\boldsymbol{X}_1|}=\begin{bmatrix}\frac{1}{\sqrt{2}}\\0\\\frac{1}{\sqrt{2}}\end{bmatrix},\boldsymbol{\eta}_2=\frac{\boldsymbol{X}_2}{|\boldsymbol{X}_2|}=\begin{bmatrix}\frac{1}{\sqrt{2}}\\0\\-\frac{1}{\sqrt{2}}\end{bmatrix},$$

$$\boldsymbol{\eta}_3=\frac{\boldsymbol{X}_3}{|\boldsymbol{X}_3|}=\begin{bmatrix}0\\1\\0\end{bmatrix}.$$

作正交矩阵 $\boldsymbol{P}=(\boldsymbol{\eta}_1,\boldsymbol{\eta}_2,\boldsymbol{\eta}_3)=\begin{bmatrix}\frac{1}{\sqrt{2}} & \frac{1}{\sqrt{2}} & 0\\ 0 & 0 & 1\\ \frac{1}{\sqrt{2}} & -\frac{1}{\sqrt{2}} & 0\end{bmatrix}$,有

$$\boldsymbol{P}^{\mathrm{T}}\boldsymbol{A}\boldsymbol{P}=\boldsymbol{\Lambda}=\begin{bmatrix}1 & 0 & 0\\ 0 & 2 & 0\\ 0 & 0 & 3\end{bmatrix},$$

于是解得

$$\boldsymbol{A}=\boldsymbol{P}\boldsymbol{\Lambda}\boldsymbol{P}^{-1}=\boldsymbol{P}\boldsymbol{\Lambda}\boldsymbol{P}^{\mathrm{T}}$$

$$=\begin{bmatrix}\frac{1}{\sqrt{2}} & \frac{1}{\sqrt{2}} & 0\\ 0 & 0 & 1\\ \frac{1}{\sqrt{2}} & -\frac{1}{\sqrt{2}} & 0\end{bmatrix}\begin{bmatrix}1 & 0 & 0\\ 0 & 2 & 0\\ 0 & 0 & 3\end{bmatrix}\begin{bmatrix}\frac{1}{\sqrt{2}} & 0 & \frac{1}{\sqrt{2}}\\ \frac{1}{\sqrt{2}} & 0 & -\frac{1}{\sqrt{2}}\\ 0 & 1 & 0\end{bmatrix}$$

$$=\begin{bmatrix}\frac{3}{2} & 0 & -\frac{1}{2}\\ 0 & 3 & 0\\ -\frac{1}{2} & 0 & \frac{3}{2}\end{bmatrix}.$$

例 4　设 n 阶实对称矩阵 $\boldsymbol{A}$ 满足 $\boldsymbol{A}^2=2\boldsymbol{A}$，如果 $r(\boldsymbol{A})=r<n$，求 $\boldsymbol{A}$ 的全部特征值.

解　设 λ 为 $\boldsymbol{A}$ 的任意一个特征值.因为有

$$\boldsymbol{A}^2=2\boldsymbol{A},$$

所以有
$$\lambda^2=2\lambda,$$

即 $\lambda=0$ 或 2.

由于 $\boldsymbol{A}$ 为 n 阶实对称矩阵，所以 $\boldsymbol{A}$ 必能对角化.即

$$\boldsymbol{A}\backsim\boldsymbol{\Lambda}=\begin{bmatrix}\lambda_1 & & & \\ & \lambda_2 & & \\ & & \ddots & \\ & & & \lambda_n\end{bmatrix},$$

其中 $\lambda_1,\lambda_2,\cdots,\lambda_n$ 为 $\boldsymbol{A}$ 的 n 个特征值，故它们只能为 0 或 2.

由于　$r(\boldsymbol{A})=r(\boldsymbol{\Lambda})$.如果 $r(\boldsymbol{A})=r<n$，则有 $r(\boldsymbol{\Lambda})=r<n$，因此 $\boldsymbol{\Lambda}$ 的对角线上元素有 r 个数为 2，其他 $(n-r)$ 个元素为 0，即 $\lambda_1=\lambda_2=\cdots=\lambda_r=2,\lambda_{r+1}=\lambda_{r+2}=\cdots=\lambda_n=0$.

习 题 5

1.求下列矩阵的特征值和特征向量.

(1)$\boldsymbol{A}=\begin{pmatrix}5&3\\3&5\end{pmatrix}$;　　(2)$\boldsymbol{A}=\begin{bmatrix}0&1&1\\1&0&1\\1&1&0\end{bmatrix}$;

(3)$\boldsymbol{A}=\begin{bmatrix}2&-1&2\\5&-3&3\\-1&0&-2\end{bmatrix}$;　　(4)$=\begin{bmatrix}3&1&0\\-1&1&0\\-1&-1&2\end{bmatrix}$;

(5)$\boldsymbol{A}=\begin{bmatrix}1&-2&2\\-2&-2&4\\2&4&-2\end{bmatrix}$;　　(6)$\boldsymbol{A}=\begin{bmatrix}1&1&1&1\\1&1&-1&-1\\1&-1&1&-1\\1&-1&-1&1\end{bmatrix}$.

2.如果 n 阶方阵 $\boldsymbol{A}$ 满足 $\boldsymbol{A}^2=3\boldsymbol{A}$,证明 $\boldsymbol{A}$ 的特征值只能是 0 或 3.

3.如果 n 阶方阵 $\boldsymbol{A}$ 满足 $\boldsymbol{A}^p=\boldsymbol{O}$($p\geqslant 2$ 的自然数).证明 $\boldsymbol{A}$ 的特征值只能是 0.

4.设 n 阶方阵 $\boldsymbol{A}$ 满足方程

$$\boldsymbol{A}^m+b_1\boldsymbol{A}^{m-1}+b_2\boldsymbol{A}^{m-2}+\cdots+b_{m-1}\boldsymbol{A}+b_m\boldsymbol{E}=\boldsymbol{O}.$$

试证 $\boldsymbol{A}$ 的任意一个特征值 λ 必满足代数方程

$$\lambda^m+b_1\lambda^{m-1}+b_2\lambda^{m-2}+\cdots+b_{m-1}\lambda+b_m=0.$$

5.已知 3 阶方阵 $\boldsymbol{A}=\begin{bmatrix}-1&1&0\\-4&3&0\\1&0&2\end{bmatrix}$,$f(x)=x^2-2x+6$.

(1)求 $\boldsymbol{A}$ 的特征值和特征向量;

(2)求 $f(\boldsymbol{A})$的特征值.

6.设 3 阶方阵 $\boldsymbol{A}=\begin{bmatrix}-1&2&2\\2&-1&-2\\2&-2&-1\end{bmatrix}$.

(1)求 $\boldsymbol{A}$ 的特征值和特征向量;

(2)不用求 $\boldsymbol{A}^{-1}$,直接求 $\boldsymbol{E}+\boldsymbol{A}^{-1}$ 的特征值和特征向量.

7. 设 3 阶方阵 $\boldsymbol{A}=\begin{bmatrix}2 & 1 & 1\\1 & 2 & 1\\1 & 1 & 2\end{bmatrix}$,如果 $\boldsymbol{X}=\begin{bmatrix}1\\k\\1\end{bmatrix}$ 是 $\boldsymbol{A}^{-1}$ 的特征向量,试求常数 k 的值.

8. 已知 3 阶方阵 $\boldsymbol{A}=\begin{bmatrix}2 & x & 2\\5 & y & 3\\-1 & 0 & -2\end{bmatrix}$ 的特征值 $\lambda_1=\lambda_2=\lambda_3=-1$. 试求 x,y 的值及 $\boldsymbol{A}$ 的特征向量.

9. 问下列矩阵能否与对角形矩阵相似.

(1)$\boldsymbol{A}=\begin{bmatrix}-1 & 1 & 0\\-4 & 3 & 0\\1 & 0 & 2\end{bmatrix}$;

(2)$\boldsymbol{B}=\begin{bmatrix}4 & 6 & 0\\-3 & -5 & 0\\-3 & -6 & 1\end{bmatrix}$.

10. 设 3 阶方阵 $\boldsymbol{A}=\begin{bmatrix}3 & 2 & -1\\-2 & -2 & 2\\3 & 6 & -1\end{bmatrix}$.

(1)试证:$\boldsymbol{A}$ 能对角化;

(2)试求两个可逆矩阵 $\boldsymbol{P}_1,\boldsymbol{P}_2$,且 $\boldsymbol{P}_1\neq\boldsymbol{P}_2$ 使得 $\boldsymbol{P}_1^{-1}\boldsymbol{A}\boldsymbol{P}_1=\boldsymbol{P}_2^{-1}\boldsymbol{A}\boldsymbol{P}_2=\boldsymbol{\Lambda}$ 为对角形矩阵.

11. 设 3 阶方阵 $\boldsymbol{A}$ 的三个特征值分别为 0,1,-1,其对应的特征向量依次为 $\boldsymbol{X}_1=\begin{bmatrix}0\\1\\2\end{bmatrix}$,$\boldsymbol{X}_2=\begin{bmatrix}1\\1\\-1\end{bmatrix}$,$\boldsymbol{X}_3=\begin{bmatrix}1\\2\\0\end{bmatrix}$. 试求 $\boldsymbol{A}^{100}$.

12. 设 $\boldsymbol{A}=\begin{bmatrix}1 & x & 1\\x & 1 & y\\1 & y & 1\end{bmatrix}$ 与 $\boldsymbol{B}=\begin{bmatrix}0 & 0 & 0\\0 & 1 & 0\\0 & 0 & 2\end{bmatrix}$ 相似.

(1)求 x,y 的值;

(2)求一个可逆矩阵 $\boldsymbol{C}$,使得 $\boldsymbol{C}^{-1}\boldsymbol{A}\boldsymbol{C}=\boldsymbol{B}$.

13.设 $\boldsymbol{\alpha}_1=\frac{1}{9}\begin{bmatrix}1\\-8\\-4\end{bmatrix}$, $\boldsymbol{\alpha}_2=\frac{1}{9}\begin{bmatrix}-8\\1\\-4\end{bmatrix}$,试求三维列向量 $\boldsymbol{\alpha}_3$,使得 $\boldsymbol{P}=(\boldsymbol{\alpha}_1,\boldsymbol{\alpha}_2,\boldsymbol{\alpha}_3)$为 3 阶正交矩阵.

14.设 n 维列向量 $\boldsymbol{X}=\begin{bmatrix}x_1\\x_2\\\vdots\\x_n\end{bmatrix}$满足 $x_1^2+x_2^2+\cdots+x_n^2=1$,又 $\boldsymbol{E}$ 为 n 阶单位矩阵.证明　n 阶实方阵 $\boldsymbol{A}=\boldsymbol{E}-2\boldsymbol{X}\boldsymbol{X}^{\mathrm{T}}$ 为对称且正交矩阵.

15.设两个 n 维非零列向量 $\boldsymbol{X}=\begin{bmatrix}x_1\\x_2\\\vdots\\x_n\end{bmatrix}$, $\boldsymbol{Y}=\begin{bmatrix}y_1\\y_2\\\vdots\\y_n\end{bmatrix}\in\mathbf{R}^n$.如果 $\boldsymbol{X}$ 与 $\boldsymbol{Y}$ 正交,且 $\boldsymbol{A}=\begin{bmatrix}x_1y_1 & x_1y_2 & \cdots & x_1y_n\\x_2y_1 & x_2y_2 & \cdots & x_2y_n\\\cdots & & & \\x_ny_1 & x_ny_2 & \cdots & x_ny_n\end{bmatrix}$.证明　$\boldsymbol{A}$ 的特征值全为零.

16.设 3 阶实对称矩阵 $\boldsymbol{A}=\begin{bmatrix}2 & 2 & -2\\2 & 5 & -4\\-2 & -4 & 5\end{bmatrix}$.

(1)求可逆矩阵 $\boldsymbol{P}$,使得 $\boldsymbol{P}^{-1}\boldsymbol{A}\boldsymbol{P}$ 为对角形矩阵;

(2)求正交矩阵 $\boldsymbol{Q}$,使得 $\boldsymbol{Q}^{\mathrm{T}}\boldsymbol{A}\boldsymbol{Q}$ 为对角形矩阵;

17.求正交矩阵 $\boldsymbol{C}$,使得 $\boldsymbol{C}^{\mathrm{T}}\boldsymbol{A}\boldsymbol{C}$ 为对角形矩阵.

(1)$\boldsymbol{A}=\begin{bmatrix}1 & 2 & 0\\2 & 1 & 0\\0 & 0 & 0\end{bmatrix}$;

(2)$\boldsymbol{A}=\begin{bmatrix}3 & 4 & -2\\4 & 3 & 2\\-2 & 2 & 6\end{bmatrix}$;

(3) $\boldsymbol{A}=\begin{bmatrix}0&1&0&0\\1&0&0&0\\0&0&0&1\\0&0&1&0\end{bmatrix}$.

18. 已知 $\boldsymbol{P}^{\mathrm{T}}\boldsymbol{A}\boldsymbol{P}=\boldsymbol{B}$. 其中 $\boldsymbol{P}=\begin{bmatrix}\frac{2}{3}&\frac{2}{3}&\frac{1}{3}\\-\frac{2}{3}&\frac{1}{3}&\frac{2}{3}\\\frac{1}{3}&-\frac{2}{3}&\frac{2}{3}\end{bmatrix}$, $\boldsymbol{B}=\begin{bmatrix}4&0&0\\0&1&0\\0&0&1\end{bmatrix}$,
试求 $\boldsymbol{A}$ 的特征值和特征向量.

19. 已知 $\boldsymbol{A}$ 为 n 阶实对称矩阵, n 维列向量 $\boldsymbol{\alpha}_1,\boldsymbol{\alpha}_2,\cdots,\boldsymbol{\alpha}_n$ 是 $\boldsymbol{A}$ 的分别对应于特征值 $\lambda_1,\lambda_2,\cdots,\lambda_n$ 的标准正交特征向量. 试证

$$\boldsymbol{A}=\lambda_1\boldsymbol{\alpha}_1\boldsymbol{\alpha}_1^{\mathrm{T}}+\lambda_2\boldsymbol{\alpha}_2\boldsymbol{\alpha}_2^{\mathrm{T}}+\cdots+\lambda_n\boldsymbol{\alpha}_n\boldsymbol{\alpha}_n^{\mathrm{T}}.$$

第 6 章　二　次　型

在解析几何中,方程 $ax^2+bxy+cy^2=d$ 表示坐标平面上的一条二次曲线,并且坐标原点与曲线中心重合.这时,方程的左边是关于变量 x,y 的一个二次齐次多项式.为了便于研究这个二次曲线的几何性质,往往采取将坐标轴旋转的方法,把变换

$$\begin{cases} x=x'\cos\theta-y'\sin\theta, \\ y=x'\sin\theta+y'\cos\theta, \end{cases}$$

代入到原方程中,使其化为标准方程

$$mx'^2+ny'^2=d.$$

从代数学的观点来看,就是将一个关于变量 x,y 的二次齐次多项式通过满秩的线性变换,化为只含变量 x',y' 的平方项的多项式.同样,在二次曲面的研究中也有类似的问题.此外,在数学的其他分支及物理、力学等学科中,也常常会遇到这一类问题,我们将它们归为二次型的问题.

6.1　二次型及其矩阵表示

6.1.1　合同矩阵

定义 6.1　设 $\boldsymbol{A},\boldsymbol{B}$ 是两个 n 阶方阵,如果存在 n 阶可逆矩阵 $\boldsymbol{C}$,使得

$$\boldsymbol{B}=\boldsymbol{C}^{\mathrm{T}}\boldsymbol{A}\boldsymbol{C},$$

则称 $\boldsymbol{A}$ 与 $\boldsymbol{B}$ 合同.

易证,两个矩阵的合同关系具有下列性质:

(1)反身性.任意 n 阶方阵 $\boldsymbol{A}$ 都与自身合同;

(2)对称性.如果 $\boldsymbol{B}$ 与 $\boldsymbol{A}$ 合同,那么 $\boldsymbol{A}$ 也与 $\boldsymbol{B}$ 合同;

(3)传递性.如果 $\boldsymbol{B}$ 与 $\boldsymbol{A}$ 合同,$\boldsymbol{C}$ 又与 $\boldsymbol{B}$ 合同,那么 $\boldsymbol{A}$ 与 $\boldsymbol{C}$ 合同.

6.1.2 满秩线性变换

定义 6.2 设 $x_1,x_2,\cdots,x_n;y_1,y_2,\cdots,y_n$ 是两组变量,关系式

$$\begin{cases} x_1=c_{11}y_1+c_{12}y_2+\cdots+c_{1n}y_n, \\ x_2=c_{21}y_1+c_{22}y_2+\cdots+c_{2n}y_n, \\ \quad\cdots\cdots \\ x_n=c_{n1}y_1+c_{n2}y_2+\cdots+c_{nn}y_n \end{cases} \tag{1}$$

称为由变量 $x_1,x_2,\cdots,x_n$ 到变量 $y_1,y_2,\cdots,y_n$ 的一个线性变换.如果记

$$\boldsymbol{X}=\begin{bmatrix} x_1 \\ x_2 \\ \vdots \\ x_n \end{bmatrix},\boldsymbol{Y}=\begin{bmatrix} y_1 \\ y_2 \\ \vdots \\ y_n \end{bmatrix},\boldsymbol{C}=\begin{bmatrix} c_{11} & c_{12} & \cdots & c_{1n} \\ c_{21} & c_{22} & \cdots & c_{2n} \\ \vdots & \vdots & & \vdots \\ c_{n1} & c_{n2} & \cdots & c_{nn} \end{bmatrix},$$

则变换(1)可表示为矩阵乘积的形式

$$\boldsymbol{X}=\boldsymbol{CY}.$$

当变换矩阵 $\boldsymbol{C}$ 为满秩矩阵时,称该变换为满秩线性变换;当 $\boldsymbol{C}$ 为正交矩阵时,称该变换为正交线性变换,简称为正交变换.

6.1.3 二次型及其矩阵表示

定义 6.3 含有 n 个变量 $x_1,x_2,\cdots,x_n$ 的一个二次齐次多项式

$$\begin{aligned} f(x_1,x_2,\cdots,x_n)=&a_{11}x_1^2+2a_{12}x_1x_2+2a_{13}x_1x_3+\cdots \\ &+2a_{1n}x_1x_n+a_{22}x_2^2+2a_{23}x_2x_3+\cdots \\ &+2a_{2n}x_2x_n+\cdots+a_{nn}x_n^2 \end{aligned} \tag{2}$$

称为 n 元二次型.

当系数 a_{ij} 为实数时，称之为实二次型，当系数 a_{ij} 为复数时，称之为复二次型. 本章只讨论实二次型.

在式(2)中，令 $a_{ij}=a_{ji}(i<j)$，由于 $x_ix_j=x_jx_i$，因此 $2a_{ij}x_ix_j=a_{ij}x_ix_j+a_{ji}x_jx_i$，则式(2)可写为

$$\begin{aligned}
&f(x_1,x_2,\cdots,x_n)\\
&=a_{11}x_1^2+a_{12}x_1x_2+a_{13}x_1x_3+\cdots+a_{1n}x_1x_n+a_{21}x_2x_1+a_{22}x_2^2+\\
&\quad a_{23}x_2x_3+\cdots+a_{2n}x_2x_n+\cdots+a_{n1}x_nx_1+a_{n2}x_nx_2+\cdots+a_{nn}x_n^2\\
&=x_1\sum_{j=1}^n a_{1j}x_j+x_2\sum_{j=1}^n a_{2j}x_j+\cdots+x_n\sum_{j=1}^n a_{nj}x_j\\
&=\sum_{i=1}^n\sum_{j=1}^n a_{ij}x_ix_j. \qquad (3)
\end{aligned}$$

利用矩阵的乘法，式(3)又可以表示为

$$f(x_1,x_2,\cdots,x_n)=(x_1,x_2,\cdots,x_n)\begin{bmatrix}\sum_{j=1}^n a_{1j}x_j\\ \sum_{j=1}^n a_{2j}x_j\\ \vdots\\ \sum_{j=1}^n a_{nj}x_j\end{bmatrix}$$

$$=(x_1,x_2,\cdots,x_n)\begin{bmatrix}a_{11}&a_{12}&\cdots&a_{1n}\\a_{21}&a_{22}&\cdots&a_{2n}\\\vdots&\vdots&&\vdots\\a_{n1}&a_{n2}&\cdots&a_{nn}\end{bmatrix}\begin{bmatrix}x_1\\x_2\\\vdots\\x_n\end{bmatrix}.$$

记 $$\boldsymbol{A}=\begin{bmatrix}a_{11}&a_{12}&\cdots&a_{1n}\\a_{21}&a_{22}&\cdots&a_{2n}\\\vdots&\vdots&&\vdots\\a_{n1}&a_{n2}&\cdots&a_{nn}\end{bmatrix},\boldsymbol{X}=\begin{bmatrix}x_1\\x_2\\\vdots\\x_n\end{bmatrix},$$

则有 $$f(x_1,x_2,\cdots,x_n)=\boldsymbol{X}^{\mathrm{T}}\boldsymbol{A}\boldsymbol{X}. \tag{4}$$

这就是二次型的矩阵表达式.由于规定了 $a_{ij}=a_{ji}$,故式(4)中的矩阵 $\boldsymbol{A}$ 必为实对称矩阵.并且矩阵 $\boldsymbol{A}$ 的主对角线上元素 a_{ii} 是表达式(2)中 x_i^2 项的系数,而 $a_{ij}=a_{ji}(i\neq j)$ 为式(2)中 x_ix_j 的系数之半.

例如,二次型 $f(x_1,x_2,x_3)=x_1^2-3x_3^2+4x_1x_2+x_2x_3$ 的矩阵表达式为

$$f(x_1,x_2,x_3)=(x_1,x_2,x_3)\begin{bmatrix}1 & 2 & 0\\ 2 & 0 & \frac{1}{2}\\ 0 & \frac{1}{2} & -3\end{bmatrix}\begin{bmatrix}x_1\\ x_2\\ x_3\end{bmatrix}.$$

反之,若给出一个实对称矩阵

$$\boldsymbol{A}=\begin{bmatrix}1 & 2 & 0\\ 2 & 0 & \frac{1}{2}\\ 0 & \frac{1}{2} & -3\end{bmatrix},$$

则作乘积

$$\begin{aligned}\boldsymbol{X}^{\mathrm{T}}\boldsymbol{A}\boldsymbol{X}&=(x_1,x_2,x_3)\begin{bmatrix}1 & 2 & 0\\ 2 & 0 & \frac{1}{2}\\ 0 & \frac{1}{2} & -3\end{bmatrix}\begin{bmatrix}x_1\\ x_2\\ x_3\end{bmatrix}\\ &=x_1^2+4x_1x_2+x_2x_3-3x_3^2,\end{aligned}$$

也唯一地确定了一个二次型,所以实二次型与实对称矩阵存在着一一对应的关系,因此把式(4)中的实对称矩阵 $\boldsymbol{A}$ 叫做二次型 $f(x_1,x_2,\cdots,x_n)=\boldsymbol{X}^{\mathrm{T}}\boldsymbol{A}\boldsymbol{X}$ 的矩阵,同时把 $\boldsymbol{A}$ 的秩叫作二次型的秩.

应当指出，若将二次型 $f(x_1,x_2,x_3)=x_1^2+4x_1x_2+x_2x_3-3x_3^2$ 写为

$$f(x_1,x_2,x_3)=(x_1,x_2,x_3)\begin{bmatrix}1&4&0\\0&0&1\\0&0&-3\end{bmatrix}\begin{bmatrix}x_1\\x_2\\x_3\end{bmatrix},$$

因为这里的矩阵并不是实对称矩阵，因此该表达式不是二次型的矩阵表达式.

形如

$$f(x_1,x_2,\cdots,x_n)=k_1x_1^2+k_2x_2^2+\cdots+k_nx_n^2$$

的二次型称为二次型的标准形(或法式).

如果二次型的标准形呈以下形式

$$f(x_1,x_2,\cdots,x_n)=x_1^2+\cdots+x_p^2-x_{p+1}^2-\cdots-x_r^2,$$

其中 $0\leqslant p\leqslant r\leqslant n$，$r$ 为二次型的秩，则称它为二次型的正规形式(或正规法式).

对给定的二次型 $f(x_1,x_2,\cdots,x_n)=\boldsymbol{X}^{\mathrm{T}}\boldsymbol{AX}$，作满秩线性变换 $\boldsymbol{X}=\boldsymbol{CY}$，便可得到

$$\boldsymbol{X}^{\mathrm{T}}\boldsymbol{AX}=(\boldsymbol{CY})^{\mathrm{T}}\boldsymbol{A}(\boldsymbol{CY})=\boldsymbol{Y}^{\mathrm{T}}(\boldsymbol{C}^{\mathrm{T}}\boldsymbol{AC})\boldsymbol{Y}=\boldsymbol{Y}^{\mathrm{T}}\boldsymbol{BY},$$

其中 $\boldsymbol{C}^{\mathrm{T}}\boldsymbol{AC}=\boldsymbol{B}$.

容易验证，

$$\boldsymbol{B}^{\mathrm{T}}=(\boldsymbol{C}^{\mathrm{T}}AC)^{\mathrm{T}}=\boldsymbol{C}^{\mathrm{T}}A^{\mathrm{T}}(\boldsymbol{C}^{\mathrm{T}})^{\mathrm{T}}=\boldsymbol{C}^{\mathrm{T}}\boldsymbol{AC}=\boldsymbol{B},$$

即 $\boldsymbol{B}$ 为实对称矩阵. 由于二次型与实对称矩阵的一一对应关系，可知 $\boldsymbol{Y}^{\mathrm{T}}\boldsymbol{BY}$ 是关于变量 $y_1,y_2,\cdots,y_n$ 的二次型. 又因为 $\boldsymbol{C}$ 是满秩矩阵，因此有 $r(\boldsymbol{B})=r(\boldsymbol{A})$. 于是得到如下定理.

定理 6.1　任何一个二次型 $\boldsymbol{f}=\boldsymbol{X}^{\mathrm{T}}\boldsymbol{AX}$，经过满秩线性变换 $\boldsymbol{X}=\boldsymbol{CY}$ 后，仍是一个二次型，并且其秩不变.

可以看到，变换前后二次型的矩阵是合同的，并且合同的矩阵秩相等.

6.2 化二次型为标准形

对于任意一个实二次型 $f=\boldsymbol{X}^{\mathrm{T}}\boldsymbol{A}\boldsymbol{X}$,都可以经过满秩线性变换 $\boldsymbol{X}=\boldsymbol{C}\boldsymbol{Y}$,将其化为标准形. 即有

$$f=\boldsymbol{X}^{\mathrm{T}}\boldsymbol{A}\boldsymbol{X}=\boldsymbol{Y}^{\mathrm{T}}(\boldsymbol{C}^{\mathrm{T}}\boldsymbol{A}\boldsymbol{C})\boldsymbol{Y}=k_1y_1^2+k_2y_2^2+\cdots+k_ny_n^2$$

$$=(y_1,y_2,\cdots,y_n)\begin{bmatrix}k_1&&&\\&k_2&&\\&&\ddots&\\&&&k_n\end{bmatrix}\begin{bmatrix}y_1\\y_2\\\vdots\\y_n\end{bmatrix}.$$

从矩阵的角度来说,就是对于任意一个实对称矩阵 $\boldsymbol{A}$,一定存在一个可逆矩阵 $\boldsymbol{C}$,使得 $\boldsymbol{C}^{\mathrm{T}}\boldsymbol{A}\boldsymbol{C}$ 为对角形矩阵,即

$$\boldsymbol{C}^{\mathrm{T}}\boldsymbol{A}\boldsymbol{C}=\mathrm{diag}(k_1,k_2,\cdots,k_n),$$

此时 $\boldsymbol{A}$ 与对角形矩阵合同.

下面介绍两种化二次型为标准形的方法.

6.2.1 用正交变换法化实二次型为标准形

在第 5 章 5.5 的讨论中,已知对于任何一个 n 阶实对称矩阵 $\boldsymbol{A}$,一定存在正交矩阵 $\boldsymbol{C}$,使得

$$\boldsymbol{C}^{\mathrm{T}}\boldsymbol{A}\boldsymbol{C}=\boldsymbol{C}^{-1}\boldsymbol{A}\boldsymbol{C}=\mathrm{diag}(\lambda_1,\lambda_2,\cdots,\lambda_n),$$

其中 $\lambda_1,\lambda_2,\cdots,\lambda_n$ 为 $\boldsymbol{A}$ 的 n 个特征值. 由于实二次型与实对称矩阵之间的一一对应关系,将这个结论用于实二次型中,可知对于任意实二次型 $f=\sum\limits_{i=1}^{n}\sum\limits_{j=1}^{n}a_{ij}x_ix_j=\boldsymbol{X}^{\mathrm{T}}\boldsymbol{A}\boldsymbol{X}$,一定存在正交变换 $\boldsymbol{X}=\boldsymbol{C}\boldsymbol{Y}$,使得

$$\boldsymbol{X}^{\mathrm{T}}\boldsymbol{A}\boldsymbol{X}=\boldsymbol{Y}^{\mathrm{T}}(\boldsymbol{C}^{\mathrm{T}}\boldsymbol{A}\boldsymbol{C})\boldsymbol{Y}$$

$$=(y_1,y_2,\cdots,y_n)\begin{bmatrix}\lambda_1 & & & \\ & \lambda_2 & & \\ & & \ddots & \\ & & & \lambda_n\end{bmatrix}\begin{bmatrix}y_1\\ y_2\\ \vdots\\ y_n\end{bmatrix}$$

$$=\lambda_1 y_1^2+\lambda_2 y_2^2+\cdots+\lambda_n y_n^2.$$

标准形中平方项的系数 $\lambda_1,\lambda_2,\cdots,\lambda_n$ 是矩阵 $\boldsymbol{A}$ 的 n 个特征值.

将二次型通过正交变换化为标准型的一般步骤是:

(1)写出二次型对应的实对称矩阵 $\boldsymbol{A}$;

(2)求出矩阵 $\boldsymbol{A}$ 的特征值及其对应的线性无关的特征向量;

(3)将特征向量正交化,再单位化,得出正交矩阵和正交变换;

(4)写出二次型的标准型,标准形平方项的系数为 $\boldsymbol{A}$ 的特征值.

例 1 求一个正交变换 $\boldsymbol{X}=\boldsymbol{CY}$,将二次型

$$f(x_1,x_2,x_3)=3x_1^2+4x_1x_2+8x_1x_3+4x_2x_3+3x_3^2$$

化为标准形.

解 写出二次型对应的实对称矩阵

$$\boldsymbol{A}=\begin{bmatrix}3 & 2 & 4\\ 2 & 0 & 2\\ 4 & 2 & 3\end{bmatrix}.$$

$$|\lambda\boldsymbol{E}-\boldsymbol{A}|=\begin{vmatrix}\lambda-3 & -2 & -4\\ -2 & \lambda & -2\\ -4 & -2 & \lambda-3\end{vmatrix}=(\lambda-8)(\lambda+1)^2.$$

$\boldsymbol{A}$ 的三个特征值为 $\lambda_1=8,\lambda_2=\lambda_3=-1$.

对于 $\lambda_1=8$,解齐次线性方程组 $(8\boldsymbol{E}-\boldsymbol{A})\boldsymbol{X}=\boldsymbol{O}$,即

$$\begin{cases}5x_1-2x_2-4x_3=0,\\ -2x_1+8x_2-2x_3=0,\\ -4x_1-2x_2+5x_3=0,\end{cases}$$

得出属于特征值 $\lambda_1=8$ 的特征向量为

$$\boldsymbol{\alpha}_1=\begin{bmatrix}2\\1\\2\end{bmatrix},$$

单位化,得到

$$\boldsymbol{X}_1=\begin{bmatrix}\frac{2}{3}\\\frac{1}{3}\\\frac{2}{3}\end{bmatrix}.$$

对于 $\lambda_2=\lambda_3=-1$,解齐次线性方程组$(-\boldsymbol{E}-\boldsymbol{A})\boldsymbol{X}=\boldsymbol{O}$,即

$$\begin{cases}-4x_1-2x_2-4x_3=0,\\-2x_1-x_2-2x_3=0,\\-4x_1-2x_2-4x_3=0,\end{cases}$$

得到属于特征值 $\lambda_2=\lambda_3=-1$ 线性无关的特征向量为

$$\boldsymbol{\alpha}_2=\begin{bmatrix}1\\0\\-1\end{bmatrix},\boldsymbol{\alpha}_3=\begin{bmatrix}1\\2\\-2\end{bmatrix}.$$

先将 $\boldsymbol{\alpha}_2,\boldsymbol{\alpha}_3$ 进行正交化,得到

$$\boldsymbol{\beta}_2=\boldsymbol{\alpha}_2=\begin{bmatrix}1\\0\\-1\end{bmatrix},$$

$$\boldsymbol{\beta}_3=\boldsymbol{\alpha}_3-\frac{(\boldsymbol{\alpha}_3,\boldsymbol{\beta}_2)}{(\boldsymbol{\beta}_2,\boldsymbol{\beta}_2)}\boldsymbol{\beta}_2=\begin{bmatrix}1\\2\\-2\end{bmatrix}-\frac{3}{2}\begin{bmatrix}1\\0\\-1\end{bmatrix}=\begin{bmatrix}-\frac{1}{2}\\2\\-\frac{1}{2}\end{bmatrix}.$$

再进行单位化,得到

$$\boldsymbol{X}_2=\begin{bmatrix}\frac{1}{\sqrt{2}}\\0\\-\frac{1}{\sqrt{2}}\end{bmatrix},\boldsymbol{X}_3=\begin{bmatrix}\frac{-1}{3\sqrt{2}}\\\frac{4}{3\sqrt{2}}\\\frac{-1}{3\sqrt{2}}\end{bmatrix}.$$

于是得到正交矩阵

$$\boldsymbol{C}=(\boldsymbol{X}_1,\boldsymbol{X}_2,\boldsymbol{X}_3)=\begin{bmatrix}\frac{2}{3}&\frac{1}{\sqrt{2}}&-\frac{1}{3\sqrt{2}}\\\frac{1}{3}&0&\frac{4}{3\sqrt{2}}\\\frac{2}{3}&-\frac{1}{\sqrt{2}}&-\frac{1}{3\sqrt{2}}\end{bmatrix}.$$

对原给定的二次型 $f=\boldsymbol{X}^{\mathrm{T}}\boldsymbol{A}\boldsymbol{X}$ 作正交变换

$$\boldsymbol{X}=\boldsymbol{C}\boldsymbol{Y},$$

可将其化为标准形

$$f=8y_1^2-y_2^2-y_3^2.$$

例 2 已知二次型 $f(x_1,x_2,x_3)=2x_1^2+3x_2^2+2ax_2x_3+3x_3^2$ $(a>0)$，通过正交变换化为标准形 $f=y_1^2+2y_2^2+5y_3^2$，求参数 a 及所用的正交变换.

解 先写出二次型的矩阵

$$\boldsymbol{A}=\begin{bmatrix}2&0&0\\0&3&a\\0&a&3\end{bmatrix}.$$

由题设，通过正交变换将二次型化为标准形 $f=y_1^2+2y_2^2+5y_3^2$，可知标准形中平方项系数是矩阵 $\boldsymbol{A}$ 的三个特征值 $\lambda_1=1$，$\lambda_2=2$，$\lambda_3=5$.

于是有

$$|1\boldsymbol{E}-\boldsymbol{A}|=\begin{vmatrix}-1 & 0 & 0\\ 0 & -2 & -a\\ 0 & -a & -2\end{vmatrix}=a^2-4=0,$$

故　$a=\pm 2$.

因为 $a>0$,故取 $a=2$.这时

$$A=\begin{bmatrix}2 & 0 & 0\\ 0 & 3 & 2\\ 0 & 2 & 3\end{bmatrix}.$$

对于 $\lambda_1=1$,解齐次线性方程组$(1\boldsymbol{E}-\boldsymbol{A})\boldsymbol{X}=\boldsymbol{O}$,即

$$\begin{bmatrix}-1 & 0 & 0\\ 0 & -2 & -2\\ 0 & -2 & -2\end{bmatrix}\begin{bmatrix}x_1\\ x_2\\ x_3\end{bmatrix}=\boldsymbol{O},$$

解得对应的特征向量为

$$\boldsymbol{\alpha}_1=\begin{bmatrix}0\\ 1\\ -1\end{bmatrix}.$$

对于 $\lambda_2=2$,解齐次线性方程组$(2\boldsymbol{E}-\boldsymbol{A})\boldsymbol{X}=\boldsymbol{O}$,解得对应的特征向量为

$$\boldsymbol{\alpha}_2=\begin{bmatrix}1\\ 0\\ 0\end{bmatrix}.$$

对于 $\lambda_3=5$,解齐次线性方程组$(5\boldsymbol{E}-\boldsymbol{A})\boldsymbol{X}=\boldsymbol{O}$,解得对应的特征向量为

$$\boldsymbol{\alpha}_3=\begin{bmatrix}0\\ 1\\ 1\end{bmatrix}.$$

由于 $\lambda_1,\lambda_2,\lambda_3$ 互不相同,所以 $\boldsymbol{\alpha}_1,\boldsymbol{\alpha}_2,\boldsymbol{\alpha}_3$ 必然正交,分别进

行单位化，得

$$X_1=\begin{bmatrix}0\\ \frac{1}{\sqrt{2}}\\ -\frac{1}{\sqrt{2}}\end{bmatrix},X_2=\begin{bmatrix}1\\0\\0\end{bmatrix},X_3=\begin{bmatrix}0\\ \frac{1}{\sqrt{2}}\\ \frac{1}{\sqrt{2}}\end{bmatrix}.$$

得到正交矩阵

$$C=(X_1,X_2,X_3)=\begin{bmatrix}0&1&0\\ \frac{1}{\sqrt{2}}&0&\frac{1}{\sqrt{2}}\\ \frac{-1}{\sqrt{2}}&0&\frac{1}{\sqrt{2}}\end{bmatrix},$$

所作的正交变换为

$$X=CY.$$

6.2.2 用拉格朗日配方法化二次型为标准形

对于任何一个二次型 $f=X^{\mathrm{T}}AX$，都可以利用配方法找到满秩线性变换 $X=CY$，将其化为标准形. 下面通过具体例题说明这种方法.

例 3 用配方法化二次型

$$f(x_1,x_2,x_3)=3x_1^2+4x_1x_2+8x_1x_3+4x_2x_3+3x_3^2$$

为标准形，并求出所用的满秩线性变换.

解 注意到 x_1^2 项的系数 $a_{11}=3\neq 0$，先将含有 x_1 的项归纳起来，配成含有 x_1 的某个一次式的完全平方

$$\begin{aligned}f(x_1,x_2,x_3)&=3\left[x_1^2+2x_1\left(\frac{2}{3}x_2+\frac{4}{3}x_3\right)+\left(\frac{2}{3}x_2+\frac{4}{3}x_3\right)^2\right]\\&\quad-3\left(\frac{2}{3}x_2+\frac{4}{3}x_3\right)^2+4x_2x_3+3x_3^2\\&=3\left(x_1+\frac{2}{3}x_2+\frac{4}{3}x_3\right)^2-\frac{4}{3}x_2^2-\frac{4}{3}x_2x_3-\frac{7}{3}x_3^2,\end{aligned}$$

上式右端除第一项括号内含有 x_1 外,其余各项均不再含有 x_1,继续对 x_2 进行类似上面的配方,得到

$$\begin{aligned} f(x_1,x_2,x_3) &= 3\left(x_1+\frac{2}{3}x_2+\frac{4}{3}x_3\right)^2 \\ &\quad -\frac{1}{3}(4x_2^2+4x_2x_3+x_3^2)+\frac{1}{3}x_3^2-\frac{7}{3}x_3^2 \\ &= 3\left(x_1+\frac{2}{3}x_2+\frac{4}{3}x_3\right)^2-\frac{1}{3}(2x_2+x_3)^2-2x_3^2. \end{aligned}$$

令

$$\begin{cases} y_1=x_1+\frac{2}{3}x_2+\frac{4}{3}x_3, \\ y_2=2x_2+x_3, \\ y_3=x_3, \end{cases} \quad 即 \begin{cases} x_1=y_1-\frac{1}{3}y_2-y_3, \\ x_2=\frac{1}{2}y_2-\frac{1}{2}y_3, \\ x_3=y_3. \end{cases}$$

记

$$C=\begin{bmatrix} 1 & -\frac{1}{3} & -1 \\ 0 & \frac{1}{2} & -\frac{1}{2} \\ 0 & 0 & 1 \end{bmatrix},$$

有 $|C|=\frac{1}{2}\neq 0$,即 C 为满秩矩阵.所作的满秩线性变换为

$$\begin{bmatrix} x_1 \\ x_2 \\ x_3 \end{bmatrix}=\begin{bmatrix} 1 & -\frac{1}{3} & -1 \\ 0 & \frac{1}{2} & -\frac{1}{2} \\ 0 & 0 & 1 \end{bmatrix}\begin{bmatrix} y_1 \\ y_2 \\ y_3 \end{bmatrix},$$

即 $\boldsymbol{X}=\boldsymbol{CY}$,可将原二次型化为标准形

$$f=3y_1^2-\frac{1}{3}y_2^2-2y_3^2.$$

例 4 用配方法将二次型

$$f(x_1,x_2,x_3)=4x_1x_2+8x_1x_3+4x_2x_3$$

化为标准形,并求出所用的满秩线性变换.

解 因为二次型中没有平方项,即 $a_{11}=a_{22}=a_{33}=0$,所以不能像例3那样直接配成平方的形式.注意到 x_1,x_2 的乘积项系数 $a_{12}=4\neq0$,因此先做一个满秩线性变换,使其出现平方项.令

$$\begin{cases}x_1=y_1+y_2,\\x_2=y_1-y_2,\\x_3=y_3,\end{cases}$$

即作变换 $\boldsymbol{X}=\boldsymbol{C}_1\boldsymbol{Y}$,其中

$$\boldsymbol{C}_1=\begin{bmatrix}1&1&0\\1&-1&0\\0&0&1\end{bmatrix}$$,可以验证 $|\boldsymbol{C}_1|=-2\neq0$,$\boldsymbol{C}_1$ 为满秩矩阵.经过满秩线性变换

$$\begin{bmatrix}x_1\\x_2\\x_3\end{bmatrix}=\begin{bmatrix}1&1&0\\1&-1&0\\0&0&1\end{bmatrix}\begin{bmatrix}y_1\\y_2\\y_3\end{bmatrix},$$

原二次型可化为

$$\begin{aligned}f&=4y_1^2-4y_2^2+8y_1y_3+8y_2y_3+4y_1y_3-4y_2y_3\\&=4y_1^2+12y_1y_3-4y_2^2+4y_2y_3.\end{aligned}$$

这时关于 y_1,y_2,y_3 的二次型中已含有平方项 y_1^2,按照例3中的配方法,对上述二次型进行配方

$$\begin{aligned}f&=(4y_1^2+2\cdot2y_1\cdot3y_3+9y_3^2)-9y_3^2-4y_2^2+4y_2y_3\\&=(2y_1+3y_3)^2-(2y_2-y_3)^2-8y_3^2,\end{aligned}$$

令

$$\begin{cases}z_1=2y_1+3y_3,\\z_2=2y_2-y_3,\\z_3=y_3,\end{cases}\qquad 即\begin{cases}y_1=\dfrac{1}{2}z_1-\dfrac{3}{2}z_3,\\y_2=\dfrac{1}{2}z_2+\dfrac{1}{2}z_3,\\y_3=z_3.\end{cases}$$

记为 $\boldsymbol{Y}=\boldsymbol{C}_2\boldsymbol{Z}$,其中

$$\boldsymbol{C}_2=\begin{bmatrix}\frac{1}{2} & 0 & -\frac{3}{2}\\ 0 & \frac{1}{2} & \frac{1}{2}\\ 0 & 0 & 1\end{bmatrix},\text{并有}\ |\boldsymbol{C}_2|=\frac{1}{4}\neq 0,\text{作满秩线性}$$

变换

$$\begin{bmatrix}y_1\\ y_2\\ y_3\end{bmatrix}=\begin{bmatrix}\frac{1}{2} & 0 & -\frac{3}{2}\\ 0 & \frac{1}{2} & \frac{1}{2}\\ 0 & 0 & 1\end{bmatrix}\begin{bmatrix}z_1\\ z_2\\ x_3\end{bmatrix},$$

将二次型化为标准形

$$f=z_1^2-z_2^2-8z_3^2.$$

对原来给定的二次型 $f=4x_1x_2+8x_1x_3+4x_2x_3$,经过两次满秩线性变换 $\boldsymbol{X}=\boldsymbol{C}_1\boldsymbol{Y}$ 及 $\boldsymbol{Y}=\boldsymbol{C}_2\boldsymbol{Z}$ 化为标准形,于是 $\boldsymbol{X}=\boldsymbol{C}_1\boldsymbol{C}_2\boldsymbol{Z}$ 就是将原二次型化为标准形所用的满秩线性变换,即经过满秩线性变换

$$\begin{bmatrix}x_1\\ x_2\\ x_3\end{bmatrix}=\begin{bmatrix}1 & 1 & 0\\ 1 & -1 & 0\\ 0 & 0 & 1\end{bmatrix}\begin{bmatrix}\frac{1}{2} & 0 & -\frac{3}{2}\\ 0 & \frac{1}{2} & \frac{1}{2}\\ 0 & 0 & 1\end{bmatrix}\begin{bmatrix}z_1\\ z_2\\ z_3\end{bmatrix}$$

$$=\begin{bmatrix}\frac{1}{2} & \frac{1}{2} & -1\\ \frac{1}{2} & -\frac{1}{2} & -2\\ 0 & 0 & 1\end{bmatrix}\begin{bmatrix}z_1\\ z_2\\ z_3\end{bmatrix},$$

将二次型化为标准形

$$f=z_1^2-z_2^2-8z_3^2.$$

通过以上讨论可知，对于任意 n 元实二次型 $f=\boldsymbol{X}^{\mathrm{T}}\boldsymbol{AX}$，都可以找到满秩线性变换 $\boldsymbol{X}=\boldsymbol{CY}$，将其化为标准形

$$f=\boldsymbol{X}^{\mathrm{T}}\boldsymbol{AX}=k_1y_1^2+k_2y_2^2+\cdots+k_ny_n^2.$$

对比例 1 与例 3 可以看到，同一个二次型可用不同的满秩线性变换将其化为标准形，因为所用的变换不同，其标准形也不同. 但是，在二次型的标准形中，不等于零的平方项的个数是唯一的，等于二次型的秩；其中正平方项的个数唯一，从而负平方项的个数也唯一确定. 对于这一事实，有以下定理.

定理 6.2（惯性定理） 秩为 $r(r\leqslant n)$ 的 n 元实二次型 $f=\boldsymbol{X}^{\mathrm{T}}\boldsymbol{AX}$，经过两个不同的满秩线性变换 $\boldsymbol{X}=\boldsymbol{BY}$ 及 $\boldsymbol{X}=\boldsymbol{CZ}$，分别化为标准形

$$f=k_1y_1^2+\cdots+k_py_p^2-k_{p+1}y_{p+1}^2-\cdots-k_ry_r^2,$$

及

$$f=d_1z_1^2+\cdots+d_qz_q^2-d_{q+1}z_{q+1}^2-\cdots-d_rz_r^2.$$

其中 $k_i>0,d_i>0(i=1,2,\cdots,r)$，则必有 $p=q$.（证明从略）称标准形中正平方项的个数 p 为二次型的正惯性指数，也称为矩阵 $\boldsymbol{A}$ 的正惯性指数；负平方项的个数 $\boldsymbol{r}-\boldsymbol{p}$ 称为二次型的负惯性指数，也称为矩阵 $\boldsymbol{A}$ 的负惯性指数. 正惯性指数与负惯性指数之差 $p-(r-p)=2p-r$ 称为二次型的符号差.

如例 1 中的二次型经过满秩线性变换 $\boldsymbol{X}=\boldsymbol{CY}$，即

$$\begin{bmatrix}x_1\\x_2\\x_3\end{bmatrix}=\begin{bmatrix}\frac{2}{3} & \frac{1}{\sqrt{2}} & -\frac{1}{3\sqrt{2}}\\ \frac{1}{3} & 0 & \frac{4}{3\sqrt{2}}\\ \frac{2}{3} & -\frac{1}{\sqrt{2}} & -\frac{1}{3\sqrt{2}}\end{bmatrix}\begin{bmatrix}y_1\\y_2\\y_3\end{bmatrix},$$

将二次型化为标准形 $f=8y_1^2-y_2^2-y_3^2$. 可以看出其秩 $r=3$，正惯性指数 $p=1$，负惯性指数 $r-p=2$，符号差为 -1.

对上述结果若再作满秩线性变换

$$\begin{cases} y_1 = \dfrac{1}{\sqrt{8}} z_1, \\ y_2 = z_2, \\ y_3 = z_3, \end{cases} \quad 即 \begin{bmatrix} y_1 \\ y_2 \\ y_3 \end{bmatrix} = \begin{bmatrix} \dfrac{1}{\sqrt{8}} & 0 & 0 \\ 0 & 1 & 0 \\ 0 & 0 & 1 \end{bmatrix} \begin{bmatrix} z_1 \\ z_2 \\ z_3 \end{bmatrix},$$

记该变换为 $\boldsymbol{Y} = \boldsymbol{DZ}$,可将二次型化为正规法式

$$f = z_1^2 - z_2^2 - z_3^2.$$

由此可知,任意实二次型总可以经过满秩线性变换化为正规法式.由惯性定理可知,二次型的正规法式是唯一的.

由于实二次型与实对称矩阵的一一对应关系,因此可以用矩阵的语言来叙述该定理.

定理 6.3 任意一个 n 阶实对称矩阵 $\boldsymbol{A}$,必合同于对角形矩阵

$$\boldsymbol{\Lambda} = \begin{bmatrix} 1 & & & & & & & \\ & \ddots & & & & & & \\ & & 1 & & & & & \\ & & & -1 & & & & \\ & & & & \ddots & & & \\ & & & & & -1 & & \\ & & & & & & 0 & \\ & & & & & & & \ddots \\ & & & & & & & & 0 \end{bmatrix},$$

其中主对角线上非零元素的个数等于 $\boldsymbol{A}$ 的秩,1 和 -1 的个数分别等于 $\boldsymbol{A}$ 的正惯性指数和负惯性指数.

由此可知,两个同阶的实对称矩阵合同的充分必要条件是它们有相同的秩和相同的正惯性指数.

6.3 正定二次型和正定矩阵

n 元实二次型 $f(x_1, x_2, \cdots, x_n) = \sum\limits_{i=1}^{n} \sum\limits_{j=1}^{n} a_{ij} x_i x_j$ 是关于变量

$x_1,x_2,\cdots,x_n$ 的一个二次齐次函数,根据函数值的恒为正或恒为负等情况,可将二次型分为正定二次型或负定二次型等.由于正定二次型的应用较为广泛,本节将重点讨论它的定义、性质以及判别方法.

定义 6.4 实二次型 $f(x_1,x_2,\cdots,x_n)=\boldsymbol{X}^{\mathrm{T}}\boldsymbol{A}\boldsymbol{X}$,如果对于任意一组不全为零的实数 $c_1,c_2,\cdots,c_n$,都有 $f(c_1,c_2,\cdots,c_n)>0$,则称 $f(x_1,x_2,\cdots,x_n)=\boldsymbol{X}^{\mathrm{T}}\boldsymbol{A}\boldsymbol{X}$ 为正定二次型,其对应的实对称矩阵 $\boldsymbol{A}$ 称为正定矩阵,记为 $\boldsymbol{A}>0$.

定理 6.4 实二次型 $f(x_1,x_2,\cdots,x_n)=\boldsymbol{X}^{\mathrm{T}}\boldsymbol{A}\boldsymbol{X}$ 是正定二次型的必要条件为 $\boldsymbol{A}$ 中主对线上元素 $a_{ii}>0(i=1,2,\cdots,n)$.

证 如果实二次型 $f(x_1,x_2,\cdots,x_n)=\sum\limits_{i=1}^{n}\sum\limits_{j=1}^{n}a_{ij}x_ix_j$ 是正定二次型,依定义,对 $c_1=0,\cdots,c_{i-1}=0,c_i=1,c_{i+1}=0,\cdots,c_n=0$ 这组不全为零的数,有

$$f(0,\cdots,0,1,0,\cdots,0)$$

$$=(0,\cdots,0,1,0,\cdots,0)\begin{bmatrix}a_{11} & \cdots & a_{1i} & \cdots & a_{1n}\\ \vdots & & \vdots & & \vdots\\ a_{i1} & \cdots & a_{ii} & \cdots & a_{in}\\ \vdots & & \vdots & & \vdots\\ a_{n1} & \cdots & a_{ni} & \cdots & a_{nn}\end{bmatrix}\begin{bmatrix}0\\ \vdots\\ 0\\ 1\\ 0\\ \vdots\\ 0\end{bmatrix}$$

$$=a_{ii}>0(i=1,2,\cdots,n).$$

应当指出,该条件只是二次型正定的必要条件,而非充分条件.例如在实二次型 $f(x_1,x_2)=x_1^2+2x_2^2-4x_1x_2$ 中,虽然 $a_{11}=1>0,a_{22}=2>0$,但是,由于 $f(1,1)=-1<0$,由定义可知该二次型不是正定二次型.

定理 6.5 实二次型 $f=\boldsymbol{X}^{\mathrm{T}}\boldsymbol{A}\boldsymbol{X}$,经过满秩线性变换 $\boldsymbol{X}=\boldsymbol{C}\boldsymbol{Y}$ 化为二次型 $f=\boldsymbol{Y}^{\mathrm{T}}(\boldsymbol{C}^{\mathrm{T}}\boldsymbol{A}\boldsymbol{C})\boldsymbol{Y}$,其正定性保持不变.

证 设实二次型 $f(x_1,x_2,\cdots,x_n)=\boldsymbol{X}^{\mathrm{T}}\boldsymbol{A}\boldsymbol{X}$ 是正定二次型.经过满秩线性变换 $\boldsymbol{X}=\boldsymbol{C}\boldsymbol{Y}$,化为 $f=\boldsymbol{Y}^{\mathrm{T}}(\boldsymbol{C}^{\mathrm{T}}\boldsymbol{A}\boldsymbol{C})\boldsymbol{Y}$.

对于任意

$$\boldsymbol{Y}=\begin{bmatrix}y_1\\y_2\\\vdots\\y_n\end{bmatrix}\neq\boldsymbol{O},$$

由 $\boldsymbol{X}=\boldsymbol{C}\boldsymbol{Y}$,且 $\boldsymbol{C}$ 为满秩矩阵,必有 $\boldsymbol{X}\neq\boldsymbol{O}$,作变换 $\boldsymbol{Y}=\boldsymbol{C}^{-1}\boldsymbol{X}$,

所以
$$\begin{aligned}f&=\boldsymbol{Y}^{\mathrm{T}}(\boldsymbol{C}^{\mathrm{T}}\boldsymbol{A}\boldsymbol{C})\boldsymbol{Y}=(\boldsymbol{C}^{-1}\boldsymbol{X})^{\mathrm{T}}(\boldsymbol{C}^{\mathrm{T}}\boldsymbol{A}\boldsymbol{C})(\boldsymbol{C}^{-1}\boldsymbol{X})\\&=\boldsymbol{X}^{\mathrm{T}}(\boldsymbol{C}^{-1})^{\mathrm{T}}\boldsymbol{C}^{\mathrm{T}}\boldsymbol{A}\boldsymbol{C}\boldsymbol{C}^{-1}\boldsymbol{X}=\boldsymbol{X}^{\mathrm{T}}\boldsymbol{A}\boldsymbol{X}>0,\end{aligned}$$

所以 $f=\boldsymbol{Y}^{\mathrm{T}}(\boldsymbol{C}^{\mathrm{T}}\boldsymbol{A}\boldsymbol{C})\boldsymbol{Y}$ 是正定二次型.

反之,由 $f=\boldsymbol{Y}^{\mathrm{T}}(\boldsymbol{C}^{\mathrm{T}}\boldsymbol{A}\boldsymbol{C})\boldsymbol{Y}$ 是正定二次型,而 $\boldsymbol{X}=\boldsymbol{C}\boldsymbol{Y}$ 有

$$f=\boldsymbol{Y}^{\mathrm{T}}(\boldsymbol{C}^{\mathrm{T}}\boldsymbol{A}\boldsymbol{C})\boldsymbol{Y}=\boldsymbol{X}^{\mathrm{T}}\boldsymbol{A}\boldsymbol{X}.$$

对于任意 $\boldsymbol{X}=(x_1,x_2,\cdots,x_n)^{\mathrm{T}}\neq\boldsymbol{O}$,均有 $f=\boldsymbol{X}^{\mathrm{T}}\boldsymbol{A}\boldsymbol{X}>0$ 即二次型 $f=\boldsymbol{X}^{\mathrm{T}}\boldsymbol{A}\boldsymbol{X}$ 为正定二次型.

定理 6.6 设二次型 $f=\boldsymbol{X}^{\mathrm{T}}\boldsymbol{A}\boldsymbol{X}$ 为 n 元实二次型,则下列命题等价.

(1) $\boldsymbol{X}^{\mathrm{T}}\boldsymbol{A}\boldsymbol{X}$ 是正定二次型(或实对称矩阵 $\boldsymbol{A}$ 是正定矩阵);

(2) $\boldsymbol{X}^{\mathrm{T}}\boldsymbol{A}\boldsymbol{X}$ 的正惯性指数 $p=n$;

(3) $\boldsymbol{A}$ 与单位矩阵 $\boldsymbol{E}$ 合同;

(4)存在满秩矩阵 $\boldsymbol{B}$,使得 $\boldsymbol{A}=\boldsymbol{B}^{\mathrm{T}}\boldsymbol{B}$.

证 采用循环证法.

(1)⇒(2) 因为二次型 $f=\boldsymbol{X}^{\mathrm{T}}\boldsymbol{A}\boldsymbol{X}$ 是正定二次型,可作满秩线性变换 $\boldsymbol{X}=\boldsymbol{C}\boldsymbol{Y}$ 将其化为标准形

$$f=k_1y_1^2+k_2y_2^2+\cdots+k_ny_n^2.$$

由定理6.5可知，其标准形仍是正定二次型. 取 $y_1=\cdots=y_{i-1}=0$，$y_i=1$，$y_{i+1}=\cdots=y_n=0$，将其代入标准形中，则有 $f=k_i>0(i=1,2,\cdots,n)$，即标准形中 n 个平方项系数均大于零，故正惯性指数 $p=n$.

(2)⇒(3)　由(2)知，存在满秩矩阵 $\boldsymbol{C}$，使得

$$\boldsymbol{C}^{\mathrm{T}}\boldsymbol{A}\boldsymbol{C}=\begin{bmatrix}k_1&&&\\&k_2&&\\&&\ddots&\\&&&k_n\end{bmatrix}，其中 k_i>0(i=1,2,\cdots,n).$$

令

$$\boldsymbol{D}=\begin{bmatrix}\frac{1}{\sqrt{k_1}}&&&\\&\frac{1}{\sqrt{k_2}}&&\\&&\ddots&\\&&&\frac{1}{\sqrt{k_n}}\end{bmatrix}，则有 \boldsymbol{D}^{\mathrm{T}}=\begin{bmatrix}\frac{1}{\sqrt{k_1}}&&&\\&\frac{1}{\sqrt{k_2}}&&\\&&\ddots&\\&&&\frac{1}{\sqrt{k_n}}\end{bmatrix},$$

且 $\boldsymbol{D}$ 为满秩矩阵. 此时

$$\boldsymbol{D}^{\mathrm{T}}\boldsymbol{C}^{\mathrm{T}}\boldsymbol{A}\boldsymbol{C}\boldsymbol{D}=\begin{bmatrix}\frac{1}{\sqrt{k_1}}&&&\\&\frac{1}{\sqrt{k_2}}&&\\&&\ddots&\\&&&\frac{1}{\sqrt{k_n}}\end{bmatrix}\begin{bmatrix}k_1&&&\\&k_2&&\\&&\ddots&\\&&&k_n\end{bmatrix}\begin{bmatrix}\frac{1}{\sqrt{k_1}}&&&\\&\frac{1}{\sqrt{k_2}}&&\\&&\ddots&\\&&&\frac{1}{\sqrt{k_n}}\end{bmatrix}$$

$$=\begin{bmatrix}1 & & & \\ & 1 & & \\ & & \ddots & \\ & & & 1\end{bmatrix}=\boldsymbol{E}.$$

记 $\boldsymbol{P}=\boldsymbol{CD}$,则 $\boldsymbol{P}$ 也是满秩矩阵,并且有

$$\boldsymbol{P}^{\mathrm{T}}\boldsymbol{AP}=\boldsymbol{E},$$

则 $\boldsymbol{A}$ 与单位矩阵 $\boldsymbol{E}$ 合同.

(3)⇒(4) 由 $\boldsymbol{P}^{\mathrm{T}}\boldsymbol{AP}=\boldsymbol{E}$,其中 $\boldsymbol{P}$ 为可逆矩阵,可得

$$\boldsymbol{A}=(\boldsymbol{P}^{\mathrm{T}})^{-1}\boldsymbol{EP}^{-1}=(\boldsymbol{P}^{-1})^{\mathrm{T}}\boldsymbol{P}^{-1},$$

记 $\boldsymbol{P}^{-1}=\boldsymbol{B}$,则有 $\boldsymbol{A}=\boldsymbol{B}^{\mathrm{T}}\boldsymbol{B}$.

(4)⇒(1) 因为 $\boldsymbol{A}$ 为实对称矩阵,$\boldsymbol{B}$ 为满秩矩阵,则二次型

$$f=\boldsymbol{X}^{\mathrm{T}}\boldsymbol{AX}=\boldsymbol{X}^{\mathrm{T}}\boldsymbol{B}^{\mathrm{T}}\boldsymbol{BX}=(\boldsymbol{BX})^{\mathrm{T}}(\boldsymbol{BX}),$$

作满秩线性变换 $\boldsymbol{Y}=\boldsymbol{BX}$,即 $\boldsymbol{X}=\boldsymbol{B}^{-1}\boldsymbol{Y}$,二次型可化为

$$f=\boldsymbol{Y}^{\mathrm{T}}\boldsymbol{Y}=y_1^2+y_2^2+\cdots+y_n^2.$$

对于任意一组不全为零的实数 $c_1,c_2,\cdots,c_n$,取

$$\boldsymbol{X}_0=\begin{bmatrix}c_1\\ c_2\\ \vdots\\ c_n\end{bmatrix}\neq\boldsymbol{O},$$

由于 $\boldsymbol{B}$ 是满秩矩阵,必对应有

$$\boldsymbol{Y}_0=\boldsymbol{BX}_0=\begin{bmatrix}y_1\\ y_2\\ \vdots\\ y_n\end{bmatrix}\neq\boldsymbol{O},$$

使得 $f=\boldsymbol{X}_0^{\mathrm{T}}\boldsymbol{AX}_0=\boldsymbol{Y}_0^{\mathrm{T}}\boldsymbol{Y}_0=y_1^2+y_2^2+\cdots+y_n^2>0$,故二次型 $f=\boldsymbol{X}^{\mathrm{T}}\boldsymbol{AX}$ 为正定二次型.

因为对于任意实二次型都可以通过正交变换化为标准型,并

且标准形中平方项的系数为 $\boldsymbol{A}$ 的特征值，由定理 6.6 的命题(2)可以得到以下推论.

推论 实二次型 $f=\boldsymbol{X}^{\mathrm{T}}\boldsymbol{A}\boldsymbol{X}$ 是正定二次型的充分必要条件是 $\boldsymbol{A}$ 的全部特征值都大于零.

若 $\boldsymbol{A}=(a_{ij})$ 为 n 阶方阵，称位于 $\boldsymbol{A}$ 的左上角的主子式

$$d_i=\begin{vmatrix} a_{11} & a_{12} & \cdots & a_{1i} \\ a_{21} & a_{22} & \cdots & a_{2i} \\ \vdots & \vdots & & \vdots \\ a_{i1} & a_{i2} & \cdots & a_{ii} \end{vmatrix} \quad (i=1,2,\cdots,n)$$

为 $\boldsymbol{A}$ 的 i 阶顺序主子式.

定理 6.7 实二次型 $f=\boldsymbol{X}^{\mathrm{T}}\boldsymbol{A}\boldsymbol{X}$ 为正定二次型的充分必要条件是 $\boldsymbol{A}$ 的各阶顺序主子式全都大于零(证明从略). 这个定理称为霍尔维茨定理.

例 1 证明若 $\boldsymbol{A}$ 是正定矩阵，则 $\boldsymbol{A}^{-1}$ 也是正定矩阵.

证 因为 $\boldsymbol{A}$ 是正定矩阵，所以 $\boldsymbol{A}$ 是可逆矩阵，并且 $\boldsymbol{A}$ 是实对称矩阵，即有 $\boldsymbol{A}^{\mathrm{T}}=\boldsymbol{A}$.

而 $(\boldsymbol{A}^{-1})^{\mathrm{T}}=(\boldsymbol{A}^{\mathrm{T}})^{-1}=\boldsymbol{A}^{-1}$,

故 $\boldsymbol{A}^{-1}$ 也是对称矩阵.

证法 1 设 $\boldsymbol{A}$ 的特征值为 $\lambda_1,\lambda_2,\cdots,\lambda_n$，则 $\frac{1}{\lambda_1},\frac{1}{\lambda_2},\cdots,\frac{1}{\lambda_n}$ 是 $\boldsymbol{A}^{-1}$ 的特征值.

由于 $\boldsymbol{A}$ 是正定矩阵，有 $\lambda_i>0(i=1,2,\cdots,n)$，可知 $\frac{1}{\lambda_i}>0(i=1,2,\cdots,n)$，由定理 6.6 的推论可知，$\boldsymbol{A}^{-1}$ 为正定矩阵.

证法 2 因为 $\boldsymbol{A}$ 是正定矩阵，所以存在满秩矩阵 $\boldsymbol{B}$，使得 $\boldsymbol{A}=\boldsymbol{B}^{\mathrm{T}}\boldsymbol{B}$.

$$\boldsymbol{A}^{-1}=(\boldsymbol{B}^{\mathrm{T}}\boldsymbol{B})^{-1}=\boldsymbol{B}^{-1}(\boldsymbol{B}^{\mathrm{T}})^{-1}=\boldsymbol{B}^{-1}(\boldsymbol{B}^{-1})^{\mathrm{T}},$$

令 $\boldsymbol{B}^{-1}=\boldsymbol{C}^{\mathrm{T}}$，则 $\boldsymbol{C}$ 为满秩矩阵，且

$$\boldsymbol{A}^{-1}=\boldsymbol{C}^{\mathrm{T}}\boldsymbol{C},$$

故 $\boldsymbol{A}^{-1}$ 是正定矩阵.

例 2 判别下列二次型是否为正定二次型.

(1) $f_1(x_1,x_2,x_3)=4x_1^2+4x_1x_2+2x_2^2-2x_2x_3+3x_3^2$,

(2) $f_2(x_1,x_2,x_3)=3x_1^2+4x_1x_2+4x_2^2-2x_1x_3-4x_2x_3$,

(3) $f_3(x_1,x_2,x_3)=2x_1^2+2x_1x_2-2x_1x_3+2x_2^2+4x_2x_3+tx_3^2$.

解 (1)写出二次型对应的矩阵

$$\boldsymbol{A}=\begin{bmatrix}4 & 2 & 0\\ 2 & 2 & -1\\ 0 & -1 & 3\end{bmatrix}.$$

计算出 $\boldsymbol{A}$ 的各阶顺序主子式

$$d_1=4>0,d_2=\begin{vmatrix}4 & 2\\ 2 & 2\end{vmatrix}=8-4=4>0,$$

$$d_3=\begin{vmatrix}4 & 2 & 0\\ 2 & 2 & -1\\ 0 & -1 & 3\end{vmatrix}=8>0,$$

故二次型 $f_1(x_1,x_2,x_3)$ 为正定二次型.

(2)由于 $a_{33}=0$,根据定理 6.4,二次型 $f_2(x_1,x_2,x_3)$ 不是正定二次型.

(3)先写出 $f_3(x_1,x_2,x_3)$ 对应的矩阵

$$\boldsymbol{A}=\begin{bmatrix}2 & 1 & -1\\ 1 & 2 & 2\\ -1 & 2 & t\end{bmatrix}.$$

计算 $\boldsymbol{A}$ 的各阶顺序主子式

$$d_1=2>0,d_2=\begin{vmatrix}2 & 1\\ 1 & 2\end{vmatrix}=3>0,$$

$$d_3=\begin{vmatrix}2 & 1 & -1\\ 1 & 2 & 2\\ -1 & 2 & t\end{vmatrix}=3t-14.$$

若$3t-14>0$,即 $t>\frac{14}{3}$,则 $f_3(x_1,x_2,x_3)$为正定二次型,若 $3t-14\leqslant 0$,即 $t\leqslant\frac{14}{3}$,则 $f_3(x_1,x_2,x_3)$不是正定二次型.

最后,与正定二次型相仿,有以下定义及定理.

定义 6.5 设实二次型 $f(x_1,x_2,\cdots,x_n)=\sum_{i=1}^{n}\sum_{j=1}^{n}a_{ij}x_ix_j=\boldsymbol{X}^{\mathrm{T}}\boldsymbol{AX}$,如果对于任意一组不全为零的实数 $c_1,c_2,\cdots,c_n$,都有

(1)$f(c_1,c_2,\cdots,c_n)<0$,则称 $f(x_1,x_2,\cdots,x_n)$为负定二次型,它所对应的矩阵 $\boldsymbol{A}$ 为负定矩阵,记为 $\boldsymbol{A}<0$;

(2)$f(c_1,c_2,\cdots,c_n)\geqslant 0$,则称 $f(x_1,x_2,\cdots,x_n)$为半正定二次型,它所对应的矩阵 $\boldsymbol{A}$ 称为半正定矩阵,记为 $\boldsymbol{A}\geqslant 0$;

(3)$f(c_1,c_2,\cdots,c_n)\leqslant 0$,则称 $f(x_1,x_2,\cdots,x_n)$为半负定二次型,它所对应的矩阵 $\boldsymbol{A}$ 称为半负定矩阵,记为 $\boldsymbol{A}\leqslant 0$.

如果二次型既不是正定、半正定二次型,又不是负定、半负定二次型,就称它为不定二次型.

显然,如果二次型 $f(x_1,x_2,\cdots,x_n)$是正定(半正定)二次型,那么,$-f(x_1,x_2,\cdots,x_n)$就是负定(半负定)二次型.根据定义,并类似正定二次型的充分必要条件,可以得到下面的结论.

定理 6.8 设 $f=\boldsymbol{X}^{\mathrm{T}}\boldsymbol{AX}$ 为 n 元实二次型,则下列命题等价:

(1)$\boldsymbol{X}^{\mathrm{T}}\boldsymbol{AX}$ 是负定二次型(或实对称矩阵 $\boldsymbol{A}$ 是负定矩阵);

(2)$\boldsymbol{X}^{\mathrm{T}}\boldsymbol{AX}$ 的负惯性指数等于 n;

(3)$\boldsymbol{A}$ 与 $-\boldsymbol{E}$ 合同,其中 $\boldsymbol{E}$ 为 n 阶单位矩阵;

(4)存在满秩矩阵 $\boldsymbol{C}$,使得 $\boldsymbol{A}=-\boldsymbol{C}^{\mathrm{T}}\boldsymbol{C}$.

(证明从略)

对应于定理 6.6 的推论及定理 6.7,又可以得到如下推论.

推论 n 元实二次型 $f=\boldsymbol{X}^{\mathrm{T}}\boldsymbol{A}\boldsymbol{X}$ 是负定二次型的充分必要条件为 $\boldsymbol{A}$ 的特征值 $\lambda_1,\lambda_2,\cdots,\lambda_n$ 全都小于零.

定理 6.9 实二次型 $f=\boldsymbol{X}^{\mathrm{T}}\boldsymbol{A}\boldsymbol{X}$ 为负定二次型的充分必要条件是 $\boldsymbol{A}$ 的奇数阶顺序主子式全小于零,偶数阶顺序主子式全大于零.

(证明从略)

习 题 6

1.设 $\boldsymbol{A},\boldsymbol{B},\boldsymbol{C},\boldsymbol{D}$ 均为 n 阶方阵,且 $\boldsymbol{A}$ 与 $\boldsymbol{B}$ 合同,$\boldsymbol{C}$ 与 $\boldsymbol{D}$ 合同,问下列说法成立吗?若成立,则证明之.

(1) $\boldsymbol{A}+\boldsymbol{C}$ 与 $\boldsymbol{B}+\boldsymbol{D}$ 合同;

(2) $\begin{pmatrix}\boldsymbol{A} & \boldsymbol{O}\\ \boldsymbol{O} & \boldsymbol{C}\end{pmatrix}$ 与 $\begin{pmatrix}\boldsymbol{B} & \boldsymbol{O}\\ \boldsymbol{O} & \boldsymbol{D}\end{pmatrix}$ 合同.

2.写出下列二次型的矩阵表达式.

(1) $f(x_1,x_2,x_3)=x_1^2-2x_1x_2+x_2^2+5x_2x_3-3x_3^2$;

(2) $f(x_1,x_2,x_3,x_4)=x_1x_2+x_2x_3+x_3x_4$;

(3) $f(x_1,x_2,\cdots,x_n)=\sum\limits_{i=1}^{n}x_i^2+\sum\limits_{i=1}^{n-1}x_ix_{i+1}$.

3.设 $\boldsymbol{A}$ 为 n 阶实对称矩阵,如果对于任意 n 维列向量 $\boldsymbol{X}$,都有 $\boldsymbol{X}^{\mathrm{T}}\boldsymbol{A}\boldsymbol{X}=0$,试证 $\boldsymbol{A}=\boldsymbol{O}$.

4.用正交变换法将下列二次型化为标准形,并求出所用的正交变换.

(1) $f(x_1,x_2,x_3)=3x_1^2+3x_2^2+6x_3^2+8x_1x_2-4x_1x_3+4x_2x_3$;

(2) $f(x_1,x_2,x_3)=x_1^2+4x_2^2+x_3^2-4x_1x_2-8x_1x_3-4x_2x_3$;

(3) $f(x_1,x_2,x_3,x_4)=2x_1x_2-2x_3x_4$.

5.已知二次型 $f(x_1,x_2,x_3)=5x_1^2+5x_2^2+cx_3^2-2x_1x_2+6x_1x_3-6x_2x_3$ 的秩等于 2.

(1)求参数 c 及此二次型对应的矩阵 $\boldsymbol{A}$ 的特征值;

(2)指出 $f(x_1,x_2,x_3)=1$ 表示何种二次曲面.

6.用配方法将下列二次型化为标准形,并写出所用的满秩线性变换.

(1)$f(x_1,x_2,x_3)=x_1^2+5x_1x_2-3x_2x_3$;

(2)$f(x_1,x_2,x_3)=2x_1^2+5x_2^2+5x_3^2+4x_1x_2-4x_1x_3-8x_2x_3$;

(3)$f(x_1,x_2,x_3,x_4)=x_1x_2+x_2x_3+x_3x_4$.

7.化二次型 $f(x_1,x_2,\cdots,x_n)=x_1x_2+x_3x_4+\cdots+x_{n-1}x_n$($n$ 为偶数)为标准形,并求出该二次型的秩与符号差.

8.判别下列二次型是否为正定二次型.

(1)$f(x_1,x_2,x_3)=2x_1^2-2x_1x_2+2x_2^2-2x_2x_3+2x_3^2$;

(2)$f(x_1,x_2,x_3)=3x_1^2+4x_1x_2-3x_1x_3+2x_3^2-x_2x_3$;

(3)$f(x_1,x_2,x_3)=3x_1^2+2x_2^2+5x_3^2+6x_1x_2-4x_2x_3$.

9.当参数 t 为何值时,下列二次型为正定二次型.

(1)$f(x_1,x_2,x_3)=x_1^2+x_2^2+5x_3^2+2tx_1x_2-2x_1x_3+4x_2x_3$;

(2)$f(x_1,x_2,x_3)=x_1^2+2tx_1x_2+x_2^2+tx_3^2$;

(3)$f(x_1,x_2,x_3,x_4)=t(x_1^2+x_2^2+x_3^2)+x_4^2+2x_1x_2+2x_1x_3-2x_2x_3$.

10.设 $\boldsymbol{A}$ 与 $\boldsymbol{B}$ 均为 n 阶正定矩阵,证明 $k\boldsymbol{A}(k>0)$,$\boldsymbol{A}^*$ 及 $\boldsymbol{A}+\boldsymbol{B}$ 也是正定矩阵.

11.设 n 阶方阵 $\boldsymbol{A}=(a_{ij})$是正定矩阵,n 阶方阵 $\boldsymbol{B}=(a_{ij}b_ib_j)$,$b_ib_j\neq0$,$(i,j=1,2,\cdots,n)$,证明 $\boldsymbol{B}$ 也是正定矩阵.

12.设 n 阶实方阵$\boldsymbol{A}$ 满足$\boldsymbol{A}^2-4\boldsymbol{A}+3\boldsymbol{E}=\boldsymbol{O}$,证明 $\boldsymbol{B}=(2\boldsymbol{E}-\boldsymbol{A})^{\mathrm{T}}(2\boldsymbol{E}-\boldsymbol{A})$是正定矩阵.

13.设 $\boldsymbol{A}$ 为 m 阶实对称矩阵,且正定,$\boldsymbol{B}$ 为 $m\times n$ 实矩阵,若 $\boldsymbol{B}^{\mathrm{T}}\boldsymbol{A}\boldsymbol{B}$ 为正定矩阵,则必有 $r(\boldsymbol{B})=n$.

14.设 $\boldsymbol{A}$ 为实对称矩阵,证明当 t 充分大时,$\boldsymbol{A}+t\boldsymbol{E}$ 是正定矩阵.

15.设 n 阶实对称矩阵$\boldsymbol{A}$ 的特征值为$\lambda_1,\lambda_2,\cdots,\lambda_n$,当 t 满足什么条件时,$\boldsymbol{A}-t\boldsymbol{E}$ 为正定矩阵.

第 7 章 线性空间与线性变换

线性空间和线性变换是线性代数的基本内容,它的概念是数学上对一类集合共性的高度抽象与概括,它的理论和方法也已渗透到各个科技领域.

7.1 线性空间与子空间

7.1.1 线性空间

定义 7.1 如果数集 $\boldsymbol{P}$ 满足下列条件

(1)$0\in \boldsymbol{P}, 1\in \boldsymbol{P}$;

(2)对于任意数 $a, b\in \boldsymbol{P}$,都有 $a+b, a-b, ab, \frac{a}{b}$(当 $b\neq 0$ 时)$\in \boldsymbol{P}$,则称 $\boldsymbol{P}$ 是一个数域.

显然,复数集 **C**,实数集 **R**,有理数集 **Q** 都是数域;而整数集 **Z**,自然数集 **N** 都不是数域.

定义 7.2 设 $\boldsymbol{V}$ 是一个非空集合,其元素用 $\boldsymbol{\alpha}, \boldsymbol{\beta}, \boldsymbol{\gamma}, \boldsymbol{\delta}\cdots$ 表示;$\boldsymbol{P}$ 是一个数域,其中的数用 $a, b, c, \cdots, k, l, \cdots$ 表示.在 $\boldsymbol{V}$ 中的元素之间定义一种运算叫做加法,即给出一种法则,按照这个法则,对于 $\boldsymbol{V}$ 中的任意两个元素 $\boldsymbol{\alpha}$ 与 $\boldsymbol{\beta}$,在 $\boldsymbol{V}$ 中都有唯一的一个元素 $\boldsymbol{\gamma}$ 与之对应,称 $\boldsymbol{\gamma}$ 为 $\boldsymbol{\alpha}$ 与 $\boldsymbol{\beta}$ 的和,记为 $\boldsymbol{\gamma}=\boldsymbol{\alpha}+\boldsymbol{\beta}$.在 $\boldsymbol{V}$ 中的元素与数域 $\boldsymbol{P}$ 中的数之间定义一种运算,叫做数量乘法,即给出一个法则,按照这个法则,对于 $\boldsymbol{V}$ 中任意一个元素 $\boldsymbol{\alpha}$,与 $\boldsymbol{P}$ 中任意一个数 k,在 $\boldsymbol{V}$ 中都有唯一的一个元素 $\boldsymbol{\delta}$ 与之对应,称 $\boldsymbol{\delta}$ 为 k 与 $\boldsymbol{\alpha}$ 的数量乘积,记为 $\boldsymbol{\delta}=k\boldsymbol{\alpha}$,并且加法和数量乘法满足下面的八条运

算规律:

(1)$\boldsymbol{\alpha}+\boldsymbol{\beta}=\boldsymbol{\beta}+\boldsymbol{\alpha}$;

(2)$(\boldsymbol{\alpha}+\boldsymbol{\beta})+\boldsymbol{\gamma}=\boldsymbol{\alpha}+(\boldsymbol{\beta}+\boldsymbol{\gamma})$;

(3)存在一个元素 $\boldsymbol{O}\in\boldsymbol{V}$,使得对于 $\boldsymbol{V}$ 中任一元素 $\boldsymbol{\alpha}$,都有 $\boldsymbol{\alpha}+\boldsymbol{O}=\boldsymbol{\alpha}$,$\boldsymbol{V}$ 中具有该性质的元素 $\boldsymbol{O}$ 称为 $\boldsymbol{V}$ 中的零元素,记为 $\boldsymbol{O}$;

(4)对于 $\boldsymbol{V}$ 中任一元素 $\boldsymbol{\alpha}$,都存在一个元素 $\boldsymbol{\alpha}'\in\boldsymbol{V}$,使得 $\boldsymbol{\alpha}+\boldsymbol{\alpha}'=\boldsymbol{O}$,称 $\boldsymbol{\alpha}'$ 为 $\boldsymbol{\alpha}$ 的负元素,记为 $-\boldsymbol{\alpha}$;

(5)$k(\boldsymbol{\alpha}+\boldsymbol{\beta})=k\boldsymbol{\alpha}+k\boldsymbol{\beta}$;

(6)$(k+l)\boldsymbol{\alpha}=k\boldsymbol{\alpha}+l\boldsymbol{\alpha}$;

(7)$(kl)\boldsymbol{\alpha}=k(l\boldsymbol{\alpha})=l(k\boldsymbol{\alpha})$;

(8)对于数 1,有 $1\boldsymbol{\alpha}=\boldsymbol{\alpha}$.

这里 $\boldsymbol{\alpha},\boldsymbol{\beta},\boldsymbol{\gamma}$ 是 $\boldsymbol{V}$ 中任意元素,k 与 l 是 $\boldsymbol{P}$ 中任意数.则称 $\boldsymbol{V}$ 对于这个加法和数量乘法构成数域 $\boldsymbol{P}$ 上的一个线性空间.简称 $\boldsymbol{V}$ 是数域 $\boldsymbol{P}$ 上的线性空间或称为向量空间,$\boldsymbol{V}$ 中的元素统称为向量.

第 3 章中的 n 维向量空间 $\mathbf{R}^n$ 就是实数域 $\mathbf{R}$ 上的一个线性空间.

例 1 设非空集合

$$\mathbf{R}^{m\times n}=\left\{\mathbf{A}=(a_{ij})_{m\times n}\;\middle|\;\begin{array}{l}a_{ij}\in\mathbf{R}\\ i=1,2,\cdots,m,j=1,2,\cdots,n\end{array}\right\}$$

及实数域 $\mathbf{R}$,可以验证,非空集合 $\mathbf{R}^{m\times n}$ 对于第 2 章中所定义的矩阵的加法及实数与矩阵的数乘运算封闭,并且满足八条运算规律,因此集合 $\mathbf{R}^{m\times n}$ 对于上述矩阵的加法及数量乘法构成实数域 $\mathbf{R}$ 上的线性空间.

当 $m=n$ 时,$\mathbf{R}^{n\times n}$ 是所有 n 阶实方阵构成的线性空间.

例 2 设非空集合 $\mathbf{R}[x]_n=\{f(x)=a_0+a_1x+\cdots+a_nx^n\mid a_i\in\mathbf{R},i=1,2,\cdots,n\}$ 及实数域 $\mathbf{R}$.对于 $\mathbf{R}[x]_n$ 中任意两个元素

$$f_1(x)=a_0+a_1x+a_2x^2+\cdots+a_nx^n,$$

$$f_2(x)=b_0+b_1x+b_2x^2+\cdots+b_nx^n.$$

规定加法为

$$f_1(x)+f_2(x)=(a_0+b_0)+(a_1+b_1)x+\cdots+(a_n+b_n)x^n.$$

规定数量乘法为,对于任意常数 k,

$$kf_1(x)=(ka_0)+(ka_1)x+\cdots+(ka_n)x^n.$$

可以验证 $\mathbf{R}[x]_n$ 对于以上两种运算封闭,并且满足八条运算规律,因此集合 $\mathbf{R}[x]_n$ 对于上述加法及数量乘法构成实数域 $\mathbf{R}$ 上的线性空间.

若非空集合为

$$\boldsymbol{V}=\{f(x)=a_0+a_1x+\cdots+a_nx^n\mid a_i\in\mathbf{R},i=1,2,\cdots,n,a_n\neq0\}.$$

规定加法和数乘如例 2 中多项式的加法及实数与多项式的乘法,可以看出,该集合对于上述加法运算不封闭,因此不能构成实数域 $\mathbf{R}$ 上的线性空间.

要检验一个非空集合 $\boldsymbol{V}$ 在数域 $\boldsymbol{P}$ 上对于给定的加法和数量乘法是否构成一个线性空间,按定义,要检验集合 $\boldsymbol{V}$ 对所给定的两种运算是否封闭,还要逐条检验所给定的运算是否满足八条运算规律.

应该注意,线性空间定义中给定的加法和数量乘法指的仅仅是一个法则.下面再举一例以加深对这点的理解.

例 3 设非空集合 $\mathbf{R}^+$ 表示全体正实数集合,给定实数域 $\mathbf{R}$. 对 $\mathbf{R}^+$ 中任意两个元素 $\boldsymbol{a},\boldsymbol{b}$,规定加法运算为 $\boldsymbol{a}\oplus\boldsymbol{b}=\boldsymbol{ab}$;对于任意实数 k,规定数量乘法运算为 $k\odot\boldsymbol{a}=\boldsymbol{a}^k$. 显然,当 $\boldsymbol{a},\boldsymbol{b}\in\mathbf{R}^+$ 时,有 $\boldsymbol{a}\oplus\boldsymbol{b}\in\mathbf{R}^+$;当 $\boldsymbol{a}\in\mathbf{R}^+,k\in\mathbf{R}$ 时,有 $k\odot\boldsymbol{a}\in\mathbf{R}^+$,即 $\mathbf{R}^+$ 对于加法及数量乘法运算封闭,并且

(1)对于任意的 $\boldsymbol{a},\boldsymbol{b}\in\mathbf{R}^+$,有

$$\boldsymbol{a}\oplus\boldsymbol{b}=\boldsymbol{ab}=\boldsymbol{ba}=\boldsymbol{b}\oplus\boldsymbol{a};$$

(2)对于任意的 $\boldsymbol{a},\boldsymbol{b},\boldsymbol{c}\in\mathbf{R}^+$,有

$$(\boldsymbol{a}\oplus\boldsymbol{b})\oplus\boldsymbol{c}=(\boldsymbol{ab})\oplus\boldsymbol{c}=\boldsymbol{abc}=\boldsymbol{a}(\boldsymbol{bc})=\boldsymbol{a}\oplus(\boldsymbol{bc})=\boldsymbol{a}\oplus(\boldsymbol{b}\oplus\boldsymbol{c});$$

(3)存在数 $1\in\mathbf{R}^+$，使得对于任意的 $\boldsymbol{a}\in\mathbf{R}^+$，有

$$\boldsymbol{a}\oplus 1=\boldsymbol{a}\cdot 1=\boldsymbol{a},$$

故 1 为 $\mathbf{R}^+$ 中的零元素；

(4)对于 $\mathbf{R}^+$ 中的任意元素 $\boldsymbol{a}$，都存在 $\frac{1}{\boldsymbol{a}}\in\mathbf{R}^+$，使得 $\boldsymbol{a}\oplus\frac{1}{\boldsymbol{a}}=\boldsymbol{a}\cdot\frac{1}{\boldsymbol{a}}=1$，故 $\frac{1}{\boldsymbol{a}}$ 为 $\boldsymbol{a}$ 的负元素；

(5)对于任意实数 k，任意 $\boldsymbol{a},\boldsymbol{b}\in\mathbf{R}^+$，

$$\begin{aligned}k\odot(\boldsymbol{a}\oplus\boldsymbol{b})&=k\odot(\boldsymbol{ab})=(\boldsymbol{ab})^k=\boldsymbol{a}^k\boldsymbol{b}^k=\boldsymbol{a}^k\oplus\boldsymbol{b}^k\\&=(k\odot\boldsymbol{a})\oplus(k\odot\boldsymbol{b});\end{aligned}$$

(6)对于任意实数 k 及 l，任意 $\boldsymbol{a}\in\mathbf{R}^+$，有

$$(k+l)\odot\boldsymbol{a}=\boldsymbol{a}^{k+l}=\boldsymbol{a}^k\boldsymbol{a}^l=\boldsymbol{a}^k\oplus\boldsymbol{a}^l=(k\odot\boldsymbol{a})\oplus(l\odot\boldsymbol{a});$$

(7)对于任意实数 k 与 l，任意 $\boldsymbol{a}\in\mathbf{R}^+$，有

$$(kl)\odot\boldsymbol{a}=\boldsymbol{a}^{kl}=(\boldsymbol{a}^k)^l=(\boldsymbol{a}^l)^k=k\odot(\boldsymbol{a}^l)=k\odot(l\odot\boldsymbol{a});$$

(8)对于数 1 及 $\mathbf{R}^+$ 中的任意元素 $\boldsymbol{a}$，有

$$1\odot\boldsymbol{a}=\boldsymbol{a}^1=\boldsymbol{a}.$$

所以 $\mathbf{R}^+$ 对于以上所定义的加法和数量乘法，在实数域 $\mathbf{R}$ 上构成一个线性空间.

例 4 定义在闭区间 $[a,b]$ 上的一切连续实函数组成的非空集合记为 $\mathbf{C}[a,b]$，给定的数域为实数域. 对于 $\mathbf{C}[a,b]$ 中任意两个实函数 $f(x)$ 及 $g(x)$，它们的和 $f(x)+g(x)$ 仍是 $\mathbf{C}[a,b]$ 中的元素；任意实数 k 与 $f(x)$ 的乘积仍是 $[a,b]$ 上的连续函数，可以验证运算规律(1)～(8)都成立，因此 $\mathbf{C}[a,b]$ 对于通常函数的加法及实数与函数的乘法运算构成实数域 $\mathbf{R}$ 上的线性空间.

7.1.2 线性空间的性质

性质 1 线性空间 $\mathbf{V}$ 中的零元素是唯一的.

性质 2 线性空间 $\mathbf{V}$ 中的每一个元素 $\boldsymbol{\alpha}$ 的负元素是唯一的.

性质 3 对于 $\boldsymbol{V}$ 中任意元素 $\boldsymbol{\alpha}$ 与数域 $\boldsymbol{P}$ 中任意数 k，都有

$$0\boldsymbol{\alpha}=\boldsymbol{O},(-k)\boldsymbol{\alpha}=-k\boldsymbol{\alpha},k\boldsymbol{O}=\boldsymbol{O}.$$

性质 4 如果 $k\boldsymbol{\alpha}=\boldsymbol{O}$，那么 $k=0$ 或 $\boldsymbol{\alpha}=\boldsymbol{O}$.

证

(1)设 $\boldsymbol{O}_1,\boldsymbol{O}_2$ 是线性空间 $\boldsymbol{V}$ 中的两个零元素，根据定义，对于 $\boldsymbol{V}$ 中的任意元素 $\boldsymbol{\alpha}$ 均应有 $\boldsymbol{\alpha}+\boldsymbol{O}_1=\boldsymbol{\alpha},\boldsymbol{\alpha}+\boldsymbol{O}_2=\boldsymbol{\alpha}$. 于是

$$\boldsymbol{O}_1=\boldsymbol{O}_1+\boldsymbol{O}_2=\boldsymbol{O}_2+\boldsymbol{O}_1=\boldsymbol{O}_2,$$

即 $\boldsymbol{V}$ 中的零元素唯一.

(2)设 $\boldsymbol{\beta}_1,\boldsymbol{\beta}_2$ 都是 $\boldsymbol{V}$ 中元素 $\boldsymbol{\alpha}$ 的负元素，根据定义，有 $\boldsymbol{\alpha}+\boldsymbol{\beta}_1=\boldsymbol{O},\boldsymbol{\alpha}+\boldsymbol{\beta}_2=\boldsymbol{O}$. 于是

$$\begin{aligned}\boldsymbol{\beta}_1&=\boldsymbol{\beta}_1+\boldsymbol{O}=\boldsymbol{\beta}_1+(\boldsymbol{\alpha}+\boldsymbol{\beta}_2)=(\boldsymbol{\beta}_1+\boldsymbol{\alpha})+\boldsymbol{\beta}_2\\&=(\boldsymbol{\alpha}+\boldsymbol{\beta}_1)+\boldsymbol{\beta}_2=\boldsymbol{O}+\boldsymbol{\beta}_2=\boldsymbol{\beta}_2+\boldsymbol{O}=\boldsymbol{\beta}_2.\end{aligned}$$

即 $\boldsymbol{V}$ 中每一个元素 $\boldsymbol{\alpha}$ 的负元素唯一.

利用负元素，定义 $\boldsymbol{V}$ 中向量的减法为

$$\boldsymbol{\alpha}-\boldsymbol{\beta}=\boldsymbol{\alpha}+(-\boldsymbol{\beta}).$$

并且有 $\boldsymbol{\alpha}+\boldsymbol{\beta}=\boldsymbol{\gamma}\Leftrightarrow\boldsymbol{\alpha}=\boldsymbol{\gamma}-\boldsymbol{\beta}$.

(3)因为 $\boldsymbol{\alpha}+0\boldsymbol{\alpha}=1\cdot\boldsymbol{\alpha}+0\boldsymbol{\alpha}=(1+0)\boldsymbol{\alpha}=1\cdot\boldsymbol{\alpha}=\boldsymbol{\alpha}$，等式两边同时加 $(-\boldsymbol{\alpha})$，得到 $0\boldsymbol{\alpha}=\boldsymbol{O}$.

因为

$$k\boldsymbol{\alpha}+(-k\boldsymbol{\alpha})=[k+(-k)]\boldsymbol{\alpha}=0\boldsymbol{\alpha}=\boldsymbol{O},$$

由 $k\boldsymbol{\alpha}$ 的负元素唯一，所以有 $(-k\boldsymbol{\alpha})=-k\boldsymbol{\alpha}$.

因为

$$\begin{aligned}k\boldsymbol{O}&=k[\boldsymbol{\alpha}+(-\boldsymbol{\alpha})]=k[\boldsymbol{\alpha}+(-1)\boldsymbol{\alpha}]=k\boldsymbol{\alpha}+(-k)\boldsymbol{\alpha}\\&=k\boldsymbol{\alpha}-k\boldsymbol{\alpha}=\boldsymbol{O}.\end{aligned}$$

(4) $k\boldsymbol{\alpha}=\boldsymbol{O}$. 设 $k\neq0$，等式两边同时乘以 $\frac{1}{k}$，得

$$\frac{1}{k}\cdot k\boldsymbol{\alpha}=\frac{1}{k}\boldsymbol{O}=\boldsymbol{O}，即\left(\frac{1}{k}\cdot k\right)\boldsymbol{\alpha}=1\cdot\boldsymbol{\alpha}=\boldsymbol{\alpha}=\boldsymbol{O}.$$

设 $\boldsymbol{\alpha}\neq\boldsymbol{O}$,用反证法,假设 $k\neq 0$,则由 $k\boldsymbol{\alpha}=\boldsymbol{O}$,得到 $\boldsymbol{\alpha}=\boldsymbol{O}$,与题设条件矛盾,故 $\boldsymbol{\alpha}\neq\boldsymbol{O}$ 时,$k=0$.

7.1.3 子空间

定义 7.3 设 $\boldsymbol{V}$ 是数域 $\boldsymbol{P}$ 上的线性空间,$\boldsymbol{W}$ 是 $\boldsymbol{V}$ 的一个非空子集合.如果 $\boldsymbol{W}$ 对于 $\boldsymbol{V}$ 中的两种运算在数域 $\boldsymbol{P}$ 上也构成一个线性空间,则称 $\boldsymbol{W}$ 是 $\boldsymbol{V}$ 的一个线性子空间,记为 $\boldsymbol{W}<\boldsymbol{V}$.

依定义,要检验线性空间 $\boldsymbol{V}$ 的一个非空子集合 $\boldsymbol{W}$ 是否为 $\boldsymbol{V}$ 的一个子空间,须检验 $\boldsymbol{W}$ 对于 $\boldsymbol{V}$ 中定义的加法和数量乘法是否封闭以及两种运算是否满足八条运算规律.

如果 $\boldsymbol{W}$ 对于 $\boldsymbol{V}$ 中的两种运算封闭,再看是否满足八条运算规律.由于八条规律中的(1),(2),(5),(6),(7),(8)对于 $\boldsymbol{V}$ 中的任意向量都成立,又 $\boldsymbol{W}\subset\boldsymbol{V}$,故以上规律对 $\boldsymbol{W}$ 中任意向量也成立.在这种情况下,只须检验八条规律中的(3),(4)两条.由于 $\boldsymbol{W}$ 对于 $\boldsymbol{V}$ 中的加法及数量乘法运算封闭,因此对于 $\boldsymbol{W}$ 中任意向量 $\boldsymbol{\alpha}$,有 $0\boldsymbol{\alpha}=\boldsymbol{O}\in\boldsymbol{W}$,即 $\boldsymbol{V}$ 中的零向量就是 $\boldsymbol{W}$ 中的零向量,又 $(-1)\boldsymbol{\alpha}=-\boldsymbol{\alpha}\in\boldsymbol{W}$,并且 $\boldsymbol{\alpha}+(-\boldsymbol{\alpha})=\boldsymbol{O}$,即 $\boldsymbol{W}$ 中任意向量的负向量也在 $\boldsymbol{W}$ 中.

因此,只要 $\boldsymbol{W}$ 对 $\boldsymbol{V}$ 中的加法和数量乘法运算封闭,必然满足八条运算规律,依定义,$\boldsymbol{W}$ 是 $\boldsymbol{V}$ 的子空间,于是有如下定理.

定理 7.1 设 $\boldsymbol{W}$ 是线性空间 $\boldsymbol{V}$ 的一个非空子集合,如果 $\boldsymbol{W}$ 对 $\boldsymbol{V}$ 的加法及数量乘法运算都封闭,则 $\boldsymbol{W}<\boldsymbol{V}$.

例 5 设 $\boldsymbol{W}=\{\boldsymbol{A}=\mathrm{diag}(a_{11},a_{22},\cdots,a_{nn})\mid a_{ii}\in\mathbf{R},i=1,2,\cdots,n\}$,检验 $\boldsymbol{W}$ 是否为线性空间 $\mathbf{R}^{n\times n}$ 的一个子空间.

解 因为
$$\boldsymbol{E}=\begin{bmatrix}1&&&\\&1&&\\&&\ddots&\\&&&1\end{bmatrix}=\mathrm{diag}(1,1,\cdots,1)\in\boldsymbol{W},$$
所以 $\boldsymbol{W}$ 非空,并且 $\boldsymbol{W}\subset\mathbf{R}^{n\times n}$,对于 $\boldsymbol{W}$ 中任意两元素

$$\boldsymbol{A}=\operatorname{diag}(a_1,a_2,\cdots,a_n),\boldsymbol{B}=\operatorname{diag}(b_1,b_2,\cdots,b_n)$$

及任意实数 k,有

$$\boldsymbol{A}+\boldsymbol{B}=\operatorname{diag}(a_1+b_1,a_2+b_2,\cdots,a_n+b_n)\in\boldsymbol{W},$$

$$k\boldsymbol{A}=\operatorname{diag}(ka_1,ka_2,\cdots,ka_n)\in\boldsymbol{W}.$$

即 $\boldsymbol{W}$ 对于 $\mathbf{R}^{n\times n}$ 中的加法和数乘运算封闭,所以 $\boldsymbol{W}$ 是 $\mathbf{R}^{n\times n}$ 的一个子空间.

同理可以验证 n 阶实对称矩阵集合也是 $\mathbf{R}^{n\times n}$ 的一个子空间.

例 6 设 $\boldsymbol{A}_0=\begin{pmatrix}a & b\\ c & d\end{pmatrix}$为 $\mathbf{R}^{2\times 2}$ 中给定的元素,集合 $\boldsymbol{M}$ 为与 $\boldsymbol{A}_0$ 可交换的 2 阶实方阵的集合.验证 $\boldsymbol{M}$ 是 $\mathbf{R}^{2\times 2}$ 的一个子空间.

解 因为 2 阶单位矩阵 $\boldsymbol{E}$ 满足 $\boldsymbol{E}\boldsymbol{A}_0=\boldsymbol{A}_0\boldsymbol{E}$,所以集合 $\boldsymbol{M}$ 非空.

又由题设可知 $\boldsymbol{M}\subset\mathbf{R}^{2\times 2}$,对于 $\boldsymbol{M}$ 中的任意两元素 $\boldsymbol{A}$ 与 $\boldsymbol{B}$,有 $\boldsymbol{A}\boldsymbol{A}_0=\boldsymbol{A}_0\boldsymbol{A}$ 及 $\boldsymbol{B}\boldsymbol{A}_0=\boldsymbol{A}_0\boldsymbol{B}$,

$$(\boldsymbol{A}+\boldsymbol{B})\boldsymbol{A}_0=\boldsymbol{A}\boldsymbol{A}_0+\boldsymbol{B}\boldsymbol{A}_0=\boldsymbol{A}_0\boldsymbol{A}+\boldsymbol{A}_0\boldsymbol{B}=\boldsymbol{A}_0(\boldsymbol{A}+\boldsymbol{B}),$$

对于任意实数 k,$(k\boldsymbol{A})\boldsymbol{A}_0=k(\boldsymbol{A}\boldsymbol{A}_0)=\boldsymbol{A}_0(k\boldsymbol{A})$.

即 $\boldsymbol{M}$ 对于 $\mathbf{R}^{2\times 2}$ 中的加法和数量乘法运算封闭,所以 $\boldsymbol{M}$ 是 $\mathbf{R}^{2\times 2}$ 的一个子空间.

显然,每一个线性空间 $\boldsymbol{V}$ 至少有两个子空间:一个是仅由 $\boldsymbol{V}$ 中的零元素组成的子空间,另一个是 $\boldsymbol{V}$ 本身.称这样的子空间为 $\boldsymbol{V}$ 的平凡子空间,除此之外的子空间称为 $\boldsymbol{V}$ 的非平凡子空间.如例 5 中的 $\boldsymbol{W}$ 是线性空间 $\mathbf{R}^{n\times n}$ 的一个非平凡子空间,例 6 中的 $\boldsymbol{M}$ 是线性空间 $\mathbf{R}^{2\times 2}$ 的一个非平凡子空间.

7.2 基、维数与坐标

在第 3 章中我们定义了 $\mathbf{R}^n$ 中的 n 维向量的加法和数量乘法

之后,介绍了向量的线性组合、线性相关、线性无关及两个向量组等价、向量组的秩等概念,这些概念只涉及向量的线性运算.在一般的线性空间中,也只定义了元素的线性运算.因此,向量的线性组合、线性相关、线性无关等概念及性质在线性空间中可以直接引用.

7.2.1 基、维数与坐标

定义 7.4 设 $\boldsymbol{V}$ 是数域 $\boldsymbol{P}$ 上的线性空间,$\boldsymbol{\alpha},\boldsymbol{\alpha}_2,\cdots,\boldsymbol{\alpha}_n\in\boldsymbol{V}$,如果满足

(1) $\boldsymbol{\alpha}_1,\boldsymbol{\alpha}_2,\cdots,\boldsymbol{\alpha}_n$ 线性无关;

(2) $\boldsymbol{V}$ 中任意元素 $\boldsymbol{\alpha}$ 都可以由 $\boldsymbol{\alpha}_1,\boldsymbol{\alpha}_2,\cdots,\boldsymbol{\alpha}_n$ 线性表出.

则称 $\boldsymbol{\alpha}_1,\boldsymbol{\alpha}_2,\cdots,\boldsymbol{\alpha}_n$ 是线性空间 $\boldsymbol{V}$ 的一组基(或称一个基底).数 n 称为线性空间 $\boldsymbol{V}$ 的维数,记作 $\dim\boldsymbol{V}=n$,并称 $\boldsymbol{V}$ 为 n 维线性空间,也可记作 $\boldsymbol{V}_n$.

仅含零元素的线性空间 $\boldsymbol{V}=\{\boldsymbol{O}\}$ 不存在基,故其维数为 0.每个非零线性空间必有基.如果线性空间 $\boldsymbol{V}$ 中存在任意多个线性无关的元素,则称 $\boldsymbol{V}$ 是一个无限维的线性空间.本节只讨论有限维的线性空间.

例 1 求线性空间 $\mathbf{R}^{2\times2}$ 的一组基及 $\dim\mathbf{R}^{2\times2}$.

解 $\mathbf{R}^{2\times2}$ 中的一组元素

$$\boldsymbol{E}_{11}=\begin{pmatrix}1&0\\0&0\end{pmatrix},\boldsymbol{E}_{12}=\begin{pmatrix}0&1\\0&0\end{pmatrix},\boldsymbol{E}_{21}=\begin{pmatrix}0&0\\1&0\end{pmatrix},\boldsymbol{E}_{22}=\begin{pmatrix}0&0\\0&1\end{pmatrix},$$

满足

(1) $\boldsymbol{E}_{11},\boldsymbol{E}_{12},\boldsymbol{E}_{21},\boldsymbol{E}_{22}$ 线性无关.这是因为,设 $k_1\boldsymbol{E}_{11}+k_2\boldsymbol{E}_{12}+k_3\boldsymbol{E}_{21}+k_4\boldsymbol{E}_{22}=\boldsymbol{O}$,代入整理可得

$$\begin{pmatrix}k_1&k_2\\k_3&k_4\end{pmatrix}=\begin{pmatrix}0&0\\0&0\end{pmatrix},$$

只有 $k_1=k_2=k_3=k_4=0$,可知 $\boldsymbol{E}_{11},\boldsymbol{E}_{12},\boldsymbol{E}_{21},\boldsymbol{E}_{22}$ 线性无关.

(2)对于任意 $\mathbf{A}=\begin{pmatrix} a & b \\ c & d \end{pmatrix}\in\mathbf{R}^{2\times 2}$,有

$$\mathbf{A}=a\boldsymbol{E}_{11}+b\boldsymbol{E}_{12}+c\boldsymbol{E}_{21}+d\boldsymbol{E}_{22},$$

即 $\mathbf{A}$ 可以由 $\boldsymbol{E}_{11},\boldsymbol{E}_{12},\boldsymbol{E}_{21},\boldsymbol{E}_{22}$ 线性表示.

依定义,$\boldsymbol{E}_{11},\boldsymbol{E}_{12},\boldsymbol{E}_{21},\boldsymbol{E}_{22}$ 是 $\mathbf{R}^{2\times 2}$ 的一组基,并且

$$\dim \mathbf{R}^{2\times 2}=4.$$

例 2 求线性空间 $\mathbf{R}[x]_n$ 的一组基及维数.

解 因为 $1,x,x^2,\cdots,x^n\in\mathbf{R}[x]_n$,并且满足

(1)$1,x,x^2,\cdots,x^n$ 线性无关. 这是因为设

$$k_1 1+k_2 x+k_3 x^2+\cdots+k_{n+1}x^n=0,$$

则只有 $k_1=k_2=\cdots=k_{n+1}=0$,所以 $1,x,x^2,\cdots,x^n$ 线性无关.

(2)对于任意 $f(x)=a_0+a_1x+a_2x^2+\cdots+a_nx^n\in\mathbf{R}[x]_n$,则 $f(x)$ 可由 $1,x,x^2,\cdots,x^n$ 线性表出.

依定义,$1,x,x^2,\cdots,x^n$ 是 $\mathbf{R}[x]_n$ 的一组基,并且 $\dim\mathbf{R}[x]_n=n+1$.

一个线性空间 $\mathbf{V}$ 如果有基的话,一般来说 $\mathbf{V}$ 的基是不唯一的. 如在第 3 章 n 维向量空间 $\mathbf{R}^n$ 中,任意 n 个线性无关的向量组都是 $\mathbf{R}^n$ 的一组基. 如在线性空间 $\mathbf{R}^{m\times n}$ 中,$m\times n$ 个元素 $\boldsymbol{E}_{ij}$($i=1,2,\cdots,m;j=1,2,\cdots,n$)

$$\boldsymbol{E}_{ij}=\begin{bmatrix} 0 & \cdots & 0 & \cdots & 0 \\ \vdots & & \vdots & & \vdots \\ 0 & \cdots & 1 & \cdots & 0 \\ \vdots & & \vdots & & \vdots \\ 0 & \cdots & 0 & \cdots & 0 \end{bmatrix} \begin{matrix} \\ \\ i\text{ 行} \\ \\ \\ \end{matrix}$$

$$j\text{ 列}$$

($\boldsymbol{E}_{ij}$ 表示第 i 行第 j 列相交处的元素为 1,其他元素都是零的 $m\times n$ 矩阵)是线性无关的,而任一个 $m\times n$ 矩阵都可以由它们线性

表示，因此，这 $m \times n$ 个矩阵就是 $\mathbf{R}^{m\times n}$ 的一组基，并且 $\dim \mathbf{R}^{m\times n} = mn$. 实际上，$\mathbf{R}^{m\times n}$ 中任意 mn 个线性无关的元素都能构成 $\mathbf{R}^{m\times n}$ 的一组基.

一个线性空间的基虽然不唯一，但是任意两组基是等价的. 因此，线性空间的维数是唯一确定的.

定义 7.5 设 $\boldsymbol{\alpha}_1, \boldsymbol{\alpha}_2, \cdots, \boldsymbol{\alpha}_n$ 是 n 维线性空间 $\boldsymbol{V}_n$ 的一组基，$\boldsymbol{V}_n$ 中任一元素 $\boldsymbol{\alpha}$ 可以由它们线性表示为

$$\boldsymbol{\alpha} = x_1\boldsymbol{\alpha}_1 + x_2\boldsymbol{\alpha}_2 + \cdots + x_n\boldsymbol{\alpha}_n,$$

则称有序数组 $x_1, x_2, \cdots, x_n$ 为 $\boldsymbol{\alpha}$ 在基 $\boldsymbol{\alpha}_1, \boldsymbol{\alpha}_2, \cdots, \boldsymbol{\alpha}_n$ 下的坐标，记为

$$\begin{bmatrix} x_1 \\ x_2 \\ \vdots \\ x_n \end{bmatrix}.$$

借助矩阵的形式，可以表示为

$$\boldsymbol{\alpha} = (\boldsymbol{\alpha}_1, \boldsymbol{\alpha}_2, \cdots, \boldsymbol{\alpha}_n)\begin{bmatrix} x_1 \\ x_2 \\ \vdots \\ x_n \end{bmatrix} = x_1\boldsymbol{\alpha}_1 + x_2\boldsymbol{\alpha}_2 + \cdots + x_n\boldsymbol{\alpha}_n.$$

由基的定义及第 3 章的知识可知，向量 $\boldsymbol{\alpha}$ 在给定的基 $\boldsymbol{\alpha}_1, \boldsymbol{\alpha}_2, \cdots, \boldsymbol{\alpha}_n$ 下的坐标是唯一的；反之，给定一个有序数组 $x_1, x_2, \cdots, x_n$，作基的线性组合 $x_1\boldsymbol{\alpha}_1 + x_2\boldsymbol{\alpha}_2 + \cdots + x_n\boldsymbol{\alpha}_n$，可以得到 $\boldsymbol{V}_n$ 中唯一的元素 $\boldsymbol{\alpha}$，故在给定一组基 $\boldsymbol{\alpha}_1, \boldsymbol{\alpha}_2, \cdots, \boldsymbol{\alpha}_n$ 下，一个元素与一个有序数组是一一对应的.

$$\text{元素 } \boldsymbol{\alpha} \xleftrightarrow[\text{一一对应}]{\text{取定一组基 } \boldsymbol{\alpha}_1, \boldsymbol{\alpha}_2, \cdots, \boldsymbol{\alpha}_n} \text{有序数组} \begin{bmatrix} x_1 \\ x_2 \\ \vdots \\ x_n \end{bmatrix}.$$

例 3 在线性空间 $\mathbf{R}^{2\times 2}$ 中,取两组基

(Ⅰ)$\boldsymbol{E}_{11}=\begin{pmatrix}1&0\\0&0\end{pmatrix},\boldsymbol{E}_{12}=\begin{pmatrix}0&1\\0&0\end{pmatrix},\boldsymbol{E}_{21}=\begin{pmatrix}0&0\\1&0\end{pmatrix},\boldsymbol{E}_{22}=\begin{pmatrix}0&0\\0&1\end{pmatrix}$;

(Ⅱ)$\boldsymbol{A}_1=\begin{pmatrix}1&1\\1&1\end{pmatrix},\boldsymbol{A}_2=\begin{pmatrix}1&1\\1&0\end{pmatrix},\boldsymbol{A}_3=\begin{pmatrix}1&1\\0&0\end{pmatrix},\boldsymbol{A}_4=\begin{pmatrix}1&0\\0&0\end{pmatrix}$.

求矩阵 $\boldsymbol{A}=\begin{pmatrix}a&b\\c&d\end{pmatrix}$在两组基下的坐标.

解 显然 $\boldsymbol{A}=a\boldsymbol{E}_{11}+b\boldsymbol{E}_{12}+c\boldsymbol{E}_{21}+d\boldsymbol{E}_{22}$,所以 $\boldsymbol{A}=\begin{pmatrix}a&b\\c&d\end{pmatrix}$在基 $\boldsymbol{E}_{11},\boldsymbol{E}_{12},\boldsymbol{E}_{21},\boldsymbol{E}_{22}$下的坐标为$\begin{bmatrix}a\\b\\c\\d\end{bmatrix}$.

设 $\boldsymbol{A}=x_1\boldsymbol{A}_1+x_2\boldsymbol{A}_2+x_3\boldsymbol{A}_3+x_4\boldsymbol{A}_4$,即

$$\begin{pmatrix}a&b\\c&d\end{pmatrix}=x_1\begin{pmatrix}1&1\\1&1\end{pmatrix}+x_2\begin{pmatrix}1&1\\1&0\end{pmatrix}+x_3\begin{pmatrix}1&1\\0&0\end{pmatrix}+x_4\begin{pmatrix}1&0\\0&0\end{pmatrix},$$

整理后得到

$$\begin{cases}x_1+x_2+x_3+x_4=a,\\x_1+x_2+x_3=b,\\x_1+x_2=c,\\x_1=d.\end{cases}$$

这是关于 x_1,x_2,x_3,x_4 的线性方程组,解之可得,$x_1=d,x_2=c-d,x_3=b-c,x_4=a-b$,即矩阵 $\boldsymbol{A}=\begin{pmatrix}a&b\\c&d\end{pmatrix}$在基 $\boldsymbol{A}_1,\boldsymbol{A}_2,\boldsymbol{A}_3,\boldsymbol{A}_4$ 下的坐标为

$$\begin{bmatrix}d\\c-d\\b-c\\a-b\end{bmatrix}.$$

此例说明,在线性空间中同一元素在不同的基下坐标一般是不同的.下面讨论同一元素在两组不同的基下的坐标之间的关系.

7.2.2 基变换与坐标变换

设 $\boldsymbol{\alpha}_1,\boldsymbol{\alpha}_2,\cdots,\boldsymbol{\alpha}_n$ 与 $\boldsymbol{\beta}_1,\boldsymbol{\beta}_2,\cdots,\boldsymbol{\beta}_n$ 是 n 维线性空间 $\boldsymbol{V}_n$ 的两组基,由基的定义,$\boldsymbol{\beta}_j(j=1,2,\cdots,n)$可以由基 $\boldsymbol{\alpha}_1,\boldsymbol{\alpha}_2,\cdots,\boldsymbol{\alpha}_n$ 线性表示.设其表达式为

$$\begin{cases}\boldsymbol{\beta}_1=t_{11}\boldsymbol{\alpha}_1+t_{21}\boldsymbol{\alpha}_2+\cdots+t_{n1}\boldsymbol{\alpha}_n,\\ \boldsymbol{\beta}_2=t_{12}\boldsymbol{\alpha}_1+t_{22}\boldsymbol{\alpha}_2+\cdots+t_{n2}\boldsymbol{\alpha}_n,\\ \qquad\cdots\cdots\\ \boldsymbol{\beta}_n=t_{1n}\boldsymbol{\alpha}_1+t_{2n}\boldsymbol{\alpha}_2+\cdots+t_{nn}\boldsymbol{\alpha}_n.\end{cases}$$

这里 $\begin{bmatrix}t_{1j}\\ t_{2j}\\ \vdots\\ t_{nj}\end{bmatrix}$ 就是 $\boldsymbol{\beta}_j$ 在基 $\boldsymbol{\alpha}_1,\boldsymbol{\alpha}_2,\cdots,\boldsymbol{\alpha}_n$ 下的坐标.以每一个 $\boldsymbol{\beta}_j(j=1,2,\cdots,n)$在基 $\boldsymbol{\alpha}_1,\boldsymbol{\alpha}_2,\cdots,\boldsymbol{\alpha}_n$ 下的坐标向量为列,构成一个 n 阶矩阵

$$\boldsymbol{T}=\begin{bmatrix}t_{11} & t_{12} & \cdots & t_{1n}\\ t_{21} & t_{22} & \cdots & t_{2n}\\ \vdots & \vdots & & \vdots\\ t_{n1} & t_{n2} & \cdots & t_{nn}\end{bmatrix}.$$

借助矩阵乘积的形式,表示出上述关系式,得到

$$(\boldsymbol{\beta}_1,\boldsymbol{\beta}_2,\cdots,\boldsymbol{\beta}_n)=(\boldsymbol{\alpha}_1,\boldsymbol{\alpha}_2,\cdots,\boldsymbol{\alpha}_n)\boldsymbol{T}. \tag{1}$$

关系式(1)称为基变换公式,$\boldsymbol{T}$ 称为由基 $\boldsymbol{\alpha}_1,\boldsymbol{\alpha}_2,\cdots,\boldsymbol{\alpha}_n$ 到基 $\boldsymbol{\beta}_1,\boldsymbol{\beta}_2,\cdots,\boldsymbol{\beta}_n$ 的过渡矩阵.由于 $\boldsymbol{\beta}_j(j=1,2,\cdots,n)$在基 $\boldsymbol{\alpha}_1,\boldsymbol{\alpha}_2,\cdots,\boldsymbol{\alpha}_n$ 下的坐标是唯一的,所以,过渡矩阵 $\boldsymbol{T}$ 被基 $\boldsymbol{\alpha}_1,\boldsymbol{\alpha}_2,\cdots,\boldsymbol{\alpha}_n$ 和基 $\boldsymbol{\beta}_1,\boldsymbol{\beta}_2,\cdots,\boldsymbol{\beta}_n$ 唯一确定.

设 $\boldsymbol{\alpha}_1,\boldsymbol{\alpha}_2,\cdots,\boldsymbol{\alpha}_n$ 与 $\boldsymbol{\beta}_1,\boldsymbol{\beta}_2,\cdots,\boldsymbol{\beta}_n$ 是 n 维线性空间 $\boldsymbol{V}_n$ 的两组

基，并且

$$(\boldsymbol{\beta}_1,\boldsymbol{\beta}_2,\cdots,\boldsymbol{\beta}_n)=(\boldsymbol{\alpha}_1,\boldsymbol{\alpha}_2,\cdots,\boldsymbol{\alpha}_n)\boldsymbol{T}. \tag{2}$$

$\mathbf{V}_n$ 中的元素 $\boldsymbol{\alpha}$ 在两组基下的坐标表达式分别为

$$\boldsymbol{\alpha}=x_1\boldsymbol{\alpha}_1+x_2\boldsymbol{\alpha}_2+\cdots+\boldsymbol{\alpha}_n\boldsymbol{\alpha}_n=(\boldsymbol{\alpha}_1,\boldsymbol{\alpha}_2,\cdots,\boldsymbol{\alpha}_n)\begin{bmatrix}x_1\\x_2\\\vdots\\x_n\end{bmatrix}, \tag{3}$$

$$\boldsymbol{\alpha}=y_1\boldsymbol{\beta}_1+y_2\boldsymbol{\beta}_2+\cdots+y_n\boldsymbol{\beta}_n=(\boldsymbol{\beta}_1,\boldsymbol{\beta}_2,\cdots,\boldsymbol{\beta}_n)\begin{bmatrix}y_1\\y_2\\\vdots\\y_n\end{bmatrix}. \tag{4}$$

将式(2)代入式(4)及式(3)与式(4)相等，有

$$(\boldsymbol{\alpha}_1,\boldsymbol{\alpha}_2,\cdots,\boldsymbol{\alpha}_n)\begin{bmatrix}x_1\\x_2\\\vdots\\x_n\end{bmatrix}=(\boldsymbol{\alpha}_1,\boldsymbol{\alpha}_2,\cdots,\boldsymbol{\alpha}_n)\boldsymbol{T}\begin{bmatrix}y_1\\y_2\\\vdots\\y_n\end{bmatrix}. \tag{5}$$

由于同一元素 $\boldsymbol{\alpha}$ 在取定的一组基 $\alpha_1,\alpha_2,\cdots,\alpha_n$ 下坐标是唯一的，所以

$$\begin{bmatrix}x_1\\x_2\\\vdots\\x_n\end{bmatrix}=\boldsymbol{T}\begin{bmatrix}y_1\\y_2\\\vdots\\y_n\end{bmatrix}. \tag{6}$$

称关系式(6)为坐标变换公式. 它表明同一元素在两组不同的基下的坐标之间的关系.

7.2.3 线性空间的同构

设 $\mathbf{V}_n$ 是实数域 $\mathbf{R}$ 上的线性空间，取定 $\mathbf{V}_n$ 的一组基 $\boldsymbol{\alpha}_1,\boldsymbol{\alpha}_2,\cdots,\boldsymbol{\alpha}_n$，则 $\mathbf{V}_n$ 中每一个元素 $\boldsymbol{\alpha}$ 在该基下都有唯一确定的坐标向量

$\begin{bmatrix} x_1 \\ x_2 \\ \vdots \\ x_n \end{bmatrix}$,因此建立了 $\mathbf{V}_n$ 中的元素 $\boldsymbol{\alpha}$ 与 $\mathbf{R}^n$ 中的向量 $\boldsymbol{\alpha}' = \begin{bmatrix} x_1 \\ x_2 \\ \vdots \\ x_n \end{bmatrix}$ 的一一对应关系. 也就是说在线性空间 $\mathbf{V}_n$ 中,当取定一组基 $\boldsymbol{\alpha}_1, \boldsymbol{\alpha}_2, \cdots, \boldsymbol{\alpha}_n$ 后,便建立了 $\mathbf{V}_n$ 与 $\mathbf{R}^n$ 之间的对应关系.

$$\mathbf{V}_n \xleftrightarrow{\text{取定基 } \boldsymbol{\alpha}_1, \boldsymbol{\alpha}_2, \cdots, \boldsymbol{\alpha}_n} \mathbf{R}^n.$$

并且
$$\boldsymbol{\alpha} = x_1 \boldsymbol{\alpha}_1 + x_2 \boldsymbol{\alpha}_2 + \cdots + x_n \boldsymbol{\alpha}_n \leftrightarrow \begin{bmatrix} x_1 \\ x_2 \\ \vdots \\ x_n \end{bmatrix},$$

$$\boldsymbol{\beta} = y_1 \boldsymbol{\alpha}_1 + y_2 \boldsymbol{\alpha}_2 + \cdots + y_n \boldsymbol{\alpha}_n \leftrightarrow \begin{bmatrix} y_1 \\ y_2 \\ \vdots \\ y_n \end{bmatrix},$$

$$\boldsymbol{\alpha} + \boldsymbol{\beta} = (x_1 + y_1) \boldsymbol{\alpha}_1 + (x_2 + y_2) \boldsymbol{\alpha}_2 + \cdots + (x_n + y_n) \boldsymbol{\alpha}_n$$
$$\leftrightarrow \begin{bmatrix} x_1 + y_2 \\ x_2 + y_2 \\ \vdots \\ x_n + y_n \end{bmatrix},$$

$$k\boldsymbol{\alpha} = kx_1 \boldsymbol{\alpha}_1 + kx_2 \boldsymbol{\alpha}_2 + \cdots + kx_n \boldsymbol{\alpha}_n \leftrightarrow \begin{bmatrix} kx_1 \\ kx_2 \\ \vdots \\ kx_n \end{bmatrix}.$$

实数域 $\mathbf{R}$ 上的 n 维线性空间 $\mathbf{V}_n$ 与 $\mathbf{R}^n$ 的元素之间若存在一一对应关系及元素的线性运算之间也存在一一对应关系,通常就

称 $\mathbf{V}_n$ 与 $\mathbf{R}^n$ 同构.显然,任何实数域 $\mathbf{R}$ 上的 n 维线性空间 $\mathbf{V}_n$ 都与 $\mathbf{R}^n$ 空间同构.

可以看到,同构的线性空间除了元素之间的一一对应关系,还保持了线性运算的对应关系.因此,讨论任一个实数域 $\mathbf{R}$ 的 n 维线性空间 $\mathbf{V}_n$ 中元素的线性运算问题,都可以转化为 $\mathbf{R}^n$ 中对应向量的线性运算的问题.

定理 7.2 设 $\mathbf{V}_n$ 是实数域 $\mathbf{R}$ 上的一个 n 维线性空间,$\mathbf{V}_n$ 中的元素 $\boldsymbol{A}_1,\boldsymbol{A}_2,\cdots,\boldsymbol{A}_n$ 在取定一组基下的坐标分别为

$$\boldsymbol{\alpha}_1=\begin{bmatrix}x_{11}\\x_{12}\\\vdots\\x_{1n}\end{bmatrix},\boldsymbol{\alpha}_2=\begin{bmatrix}x_{21}\\x_{22}\\\vdots\\x_{2n}\end{bmatrix},\cdots,\boldsymbol{\alpha}_n=\begin{bmatrix}x_{n1}\\x_{n2}\\\vdots\\x_{nn}\end{bmatrix}.$$

则 $\boldsymbol{A}_1,\boldsymbol{A}_2,\cdots,\boldsymbol{A}_n$ 线性相关的充分必要条件是 $\boldsymbol{\alpha}_1,\boldsymbol{\alpha}_2,\cdots,\boldsymbol{\alpha}_n$ 线性相关.

证 先证必要性.

显然 $\boldsymbol{\alpha}_1,\boldsymbol{\alpha}_2,\cdots,\boldsymbol{\alpha}_n$ 是 $\mathbf{R}^n$ 中的向量.

如果 $\boldsymbol{A}_1,\boldsymbol{A}_2,\cdots,\boldsymbol{A}_n$ 线性相关,则存在一组不全为零的数 $k_1,k_2,\cdots,k_n$,使得

$$k_1\boldsymbol{A}_1+k_2\boldsymbol{A}_2+\cdots+k_n\boldsymbol{A}_n=\boldsymbol{O},$$

由于 $\mathbf{V}_n$ 与 $\mathbf{R}^n$ 同构,所以保持线性运算关系,即有

$$k_1\boldsymbol{\alpha}_1+k_2\boldsymbol{\alpha}_2+\cdots+k_n\boldsymbol{\alpha}_n=\boldsymbol{O},$$

其中 $k_1,k_2,\cdots,k_n$ 不全为零,所以 $\boldsymbol{\alpha}_1,\boldsymbol{\alpha}_2,\cdots,\boldsymbol{\alpha}_n$ 线性相关.

再证充分性.

如果 $\boldsymbol{\alpha}_1,\boldsymbol{\alpha}_2,\cdots,\boldsymbol{\alpha}_n$ 线性相关,则存在一组不全为零的数 $\lambda_1,\lambda_2,\cdots,\lambda_n$,使得

$$\lambda_1\boldsymbol{\alpha}_1+\lambda_2\boldsymbol{\alpha}_2+\cdots+\lambda_n\boldsymbol{\alpha}_n=\boldsymbol{O},$$

由于 $\boldsymbol{V}_n$ 与 $\mathbf{R}^n$ 同构,所以保持线性运算关系,即有

$$\lambda_1\boldsymbol{A}_1+\lambda_2\boldsymbol{A}_2+\cdots+\lambda_n\boldsymbol{A}_n=\boldsymbol{O},$$

其中 $\lambda_1,\lambda_2,\cdots,\lambda_n$ 不全为零,所以 $\boldsymbol{A}_1,\boldsymbol{A}_2,\cdots,\boldsymbol{A}_n$ 线性相关.

例 4 在线性空间 $\mathbf{R}^{2\times 2}$ 中,判别 $\boldsymbol{A}_1=\begin{pmatrix}1&1\\1&1\end{pmatrix}$, $\boldsymbol{A}_2=\begin{pmatrix}0&1\\1&1\end{pmatrix}$, $\boldsymbol{A}_3=\begin{pmatrix}0&0\\1&1\end{pmatrix}$, $\boldsymbol{A}_4=\begin{pmatrix}0&0\\0&1\end{pmatrix}$的线性相关性.

解 先取定 $\mathbf{R}^{2\times 2}$中的一组基

$$\boldsymbol{E}_{11}=\begin{pmatrix}1&0\\0&0\end{pmatrix},\boldsymbol{E}_{12}=\begin{pmatrix}0&1\\0&0\end{pmatrix},\boldsymbol{E}_{21}=\begin{pmatrix}0&0\\1&0\end{pmatrix},\boldsymbol{E}_{22}=\begin{pmatrix}0&0\\0&1\end{pmatrix}.$$

则 $\boldsymbol{A}_1$ 在基 $\boldsymbol{E}_{11},\boldsymbol{E}_{12},\boldsymbol{E}_{21},\boldsymbol{E}_{22}$下的坐标为$(1,1,1,1)^{\mathrm{T}}$,

$\boldsymbol{A}_2$ 在基 $\boldsymbol{E}_{11},\boldsymbol{E}_{12},\boldsymbol{E}_{21},\boldsymbol{E}_{22}$下的坐标为$(0,1,1,1)^{\mathrm{T}}$,

$\boldsymbol{A}_3$ 在基 $\boldsymbol{E}_{11},\boldsymbol{E}_{12},\boldsymbol{E}_{21},\boldsymbol{E}_{22}$下的坐标为$(0,0,1,1)^{\mathrm{T}}$,

$\boldsymbol{A}_4$ 在基 $\boldsymbol{E}_{11},\boldsymbol{E}_{12},\boldsymbol{E}_{21},\boldsymbol{E}_{22}$下的坐标为$(0,0,0,1)^{\mathrm{T}}$.

记

$$\boldsymbol{\alpha}_1=\begin{bmatrix}1\\1\\1\\1\end{bmatrix},\boldsymbol{\alpha}_2=\begin{bmatrix}0\\1\\1\\1\end{bmatrix},\boldsymbol{\alpha}_3=\begin{bmatrix}0\\0\\1\\1\end{bmatrix},\boldsymbol{\alpha}_4=\begin{bmatrix}0\\0\\0\\1\end{bmatrix}.$$

显然,$\boldsymbol{\alpha}_1,\boldsymbol{\alpha}_2,\boldsymbol{\alpha}_3,\boldsymbol{\alpha}_4$ 都是 $\mathbf{R}^4$ 中的向量,考查 $\boldsymbol{\alpha}_1,\boldsymbol{\alpha}_2,\boldsymbol{\alpha}_3,\boldsymbol{\alpha}_4$ 的线性相关性.作矩阵

$$\boldsymbol{P}=(\boldsymbol{\alpha}_1,\boldsymbol{\alpha}_2,\boldsymbol{\alpha}_3,\boldsymbol{\alpha}_4)=\begin{bmatrix}1&0&0&0\\1&1&0&0\\1&1&1&0\\1&1&1&1\end{bmatrix}.$$

$|\boldsymbol{P}|=1\neq 0$,可知 $r(\boldsymbol{P})=4$,所以 $\boldsymbol{\alpha}_1,\boldsymbol{\alpha}_2,\boldsymbol{\alpha}_3,\boldsymbol{\alpha}_4$ 线性无关,故 $\boldsymbol{A}_1,\boldsymbol{A}_2,\boldsymbol{A}_3,\boldsymbol{A}_4$ 线性无关.

例 5 在线性空间 $\mathbf{R}^{2\times 2}$ 中,求元素 $\boldsymbol{A}=\begin{pmatrix} a & b \\ c & d \end{pmatrix}$ 在基 $\boldsymbol{A}_1=\begin{pmatrix} 1 & 1 \\ 1 & 1 \end{pmatrix}$, $\boldsymbol{A}_2=\begin{pmatrix} 0 & 1 \\ 1 & 1 \end{pmatrix}$, $\boldsymbol{A}_3=\begin{pmatrix} 0 & 0 \\ 1 & 1 \end{pmatrix}$, $\boldsymbol{A}_4=\begin{pmatrix} 0 & 0 \\ 0 & 1 \end{pmatrix}$ 下的坐标.

解 在 $\mathbf{R}^{2\times 2}$ 中取定一组基 $\boldsymbol{E}_{11}=\begin{pmatrix} 1 & 0 \\ 0 & 0 \end{pmatrix}$, $\boldsymbol{E}_{12}=\begin{pmatrix} 0 & 1 \\ 0 & 0 \end{pmatrix}$, $\boldsymbol{E}_{21}=\begin{pmatrix} 0 & 0 \\ 1 & 0 \end{pmatrix}$, $\boldsymbol{E}_{22}=\begin{pmatrix} 0 & 0 \\ 0 & 1 \end{pmatrix}$, 则 $\boldsymbol{A}_1, \boldsymbol{A}_2, \boldsymbol{A}_3, \boldsymbol{A}_4$ 及 $\boldsymbol{A}$ 在基 $\boldsymbol{E}_{11}$, $\boldsymbol{E}_{12}$, $\boldsymbol{E}_{21}$, $\boldsymbol{E}_{22}$ 下的坐标分别为

$$\boldsymbol{\alpha}_1=\begin{bmatrix} 1 \\ 1 \\ 1 \\ 1 \end{bmatrix}, \boldsymbol{\alpha}_2=\begin{bmatrix} 0 \\ 1 \\ 1 \\ 1 \end{bmatrix}, \boldsymbol{\alpha}_3=\begin{bmatrix} 0 \\ 0 \\ 1 \\ 1 \end{bmatrix}, \boldsymbol{\alpha}_4=\begin{bmatrix} 0 \\ 0 \\ 0 \\ 1 \end{bmatrix} \text{及 } \boldsymbol{\alpha}=\begin{bmatrix} a \\ b \\ c \\ d \end{bmatrix}.$$

设 $\boldsymbol{A}=x_1\boldsymbol{A}_1+x_2\boldsymbol{A}_2+x_3\boldsymbol{A}_3+x_4\boldsymbol{A}_4$, 由于 $\mathbf{R}^{2\times 2}$ 与 $\mathbf{R}^4$ 同构, 所以必有

$$\boldsymbol{\alpha}=x_1\boldsymbol{\alpha}_1+x_2\boldsymbol{\alpha}_2+x_3\boldsymbol{\alpha}_3+x_4\boldsymbol{\alpha}_4,$$

即有
$$\begin{bmatrix} a \\ b \\ c \\ d \end{bmatrix}=x_1\begin{bmatrix} 1 \\ 1 \\ 1 \\ 1 \end{bmatrix}+x_2\begin{bmatrix} 0 \\ 1 \\ 1 \\ 1 \end{bmatrix}+x_3\begin{bmatrix} 0 \\ 0 \\ 1 \\ 1 \end{bmatrix}+x_4\begin{bmatrix} 0 \\ 0 \\ 0 \\ 1 \end{bmatrix},$$

即
$$\begin{bmatrix} a \\ b \\ c \\ d \end{bmatrix}=\begin{bmatrix} x_1 \\ x_1+x_2 \\ x_1+x_2+x_3 \\ x_1+x_2+x_3+x_4 \end{bmatrix}.$$

解得 $x_1=a, x_2=b-a, x_3=c-b, x_4=d-c$.

于是可知 $\boldsymbol{A}$ 在基 $\boldsymbol{A}_1, \boldsymbol{A}_2, \boldsymbol{A}_3, \boldsymbol{A}_4$ 下的坐标为

$$\begin{bmatrix} a \\ b-a \\ c-b \\ d-c \end{bmatrix}.$$

定理 7.3 过渡矩阵是可逆的.

证 在实数域 $\mathbf{R}$ 上的 n 维线性空间 $\boldsymbol{V}_n$ 中,取定两组基 $\boldsymbol{\alpha}_1,\boldsymbol{\alpha}_2,\cdots,\boldsymbol{\alpha}_n$ 及 $\boldsymbol{\beta}_1,\boldsymbol{\beta}_2,\cdots,\boldsymbol{\beta}_n$ 后,由基变换公式可知,有

$$(\boldsymbol{\beta}_1,\boldsymbol{\beta}_2,\cdots,\boldsymbol{\beta}_n)=(\boldsymbol{\alpha}_1,\boldsymbol{\alpha}_2,\cdots,\boldsymbol{\alpha}_n)\boldsymbol{T}.$$

将 $\boldsymbol{T}$ 按列分块为

$$\boldsymbol{T}=(\boldsymbol{\gamma}_1,\boldsymbol{\gamma}_2,\cdots,\boldsymbol{\gamma}_n),$$

其中 $\boldsymbol{\gamma}_j$ 是 $\boldsymbol{\beta}_j$ 在基 $\boldsymbol{\alpha}_1,\boldsymbol{\alpha}_2,\cdots,\boldsymbol{\alpha}_n$ 下的坐标向量 $(j=1,2,\cdots,n)$. 显然,$\boldsymbol{\gamma}_1,\boldsymbol{\gamma}_2,\cdots,\boldsymbol{\gamma}_n$ 是 $\mathbf{R}^n$ 中的向量. 因为 $\boldsymbol{\beta}_1,\boldsymbol{\beta}_2,\cdots,\boldsymbol{\beta}_n$ 是 $\boldsymbol{V}_n$ 的一组基,所以 $\boldsymbol{\beta}_1,\boldsymbol{\beta}_2,\cdots,\boldsymbol{\beta}_n$ 必线性无关,又由于 $\boldsymbol{V}_n$ 与 $\mathbf{R}^n$ 同构,所以 $\boldsymbol{\gamma}_1,\boldsymbol{\gamma}_2,\cdots,\boldsymbol{\gamma}_n$ 也线性无关,故秩$(\boldsymbol{T})=n$,所以,$\boldsymbol{T}$ 是可逆矩阵.

定理 7.4 设 $\boldsymbol{V}_n$ 是实数域 $\mathbf{R}$ 上的 n 维线性空间,$\boldsymbol{\alpha}_1,\boldsymbol{\alpha}_2,\cdots,\boldsymbol{\alpha}_n$ 是 $\boldsymbol{V}_n$ 的一组基,$\boldsymbol{T}$ 为 n 阶实可逆矩阵,又 $\boldsymbol{\beta}_1,\boldsymbol{\beta}_2,\cdots,\boldsymbol{\beta}_n$ 是 $\boldsymbol{V}_n$ 中的 n 个元素,并且满足

$$(\boldsymbol{\beta}_1,\boldsymbol{\beta}_2,\cdots,\boldsymbol{\beta}_n)=(\boldsymbol{\alpha}_1,\boldsymbol{\alpha}_2,\cdots,\boldsymbol{\alpha}_n)\boldsymbol{T},$$

则 $\boldsymbol{\beta}_1,\boldsymbol{\beta}_2,\cdots,\boldsymbol{\beta}_n$ 必为 $\boldsymbol{V}_n$ 的一组基.

证 将 $\boldsymbol{T}$ 按列分块为

$$\boldsymbol{T}=(\boldsymbol{\gamma}_1,\boldsymbol{\gamma}_2,\cdots,\boldsymbol{\gamma}_n),$$

因为 $\boldsymbol{T}$ 可逆,所以列向量组 $\boldsymbol{\gamma}_1,\boldsymbol{\gamma}_2,\cdots,\boldsymbol{\gamma}_n$ 线性无关. 由已知,$\boldsymbol{\gamma}_j$ 是 $\boldsymbol{\beta}_j$ 在基 $\boldsymbol{\alpha}_1,\boldsymbol{\alpha}_2,\cdots,\boldsymbol{\alpha}_n$ 下的坐标向量,而 $\boldsymbol{\gamma}_j\in\mathbf{R}^n\,(j=1,2,\cdots,n)$. 由于 $\boldsymbol{V}_n$ 与 $\mathbf{R}^n$ 同构,因此 $\boldsymbol{\beta}_1,\boldsymbol{\beta}_2,\cdots,\boldsymbol{\beta}_n$ 也线性无关,又 $\boldsymbol{V}_n$ 是 n 维线性空间,所以 $\boldsymbol{V}_n$ 中任意 n 个线性无关的元素都是 $\boldsymbol{V}_n$ 的一组基,故 $\boldsymbol{\beta}_1,\boldsymbol{\beta}_2,\cdots,\boldsymbol{\beta}_n$ 是 $\boldsymbol{V}_n$ 的一组基.

例 6 设 $\boldsymbol{\alpha}_1=1+2x+x^2$，$\boldsymbol{\alpha}_2=2+3x+3x^2$，$\boldsymbol{\alpha}_3=3+7x+x^2$ 与 $\boldsymbol{\beta}_1=3+x+4x^2$，$\boldsymbol{\beta}_2=5+2x+x^2$，$\boldsymbol{\beta}_3=1+x+6x^2$ 是线性空间 $\mathbf{R}[\boldsymbol{x}]_2$ 的两组基，试求由基 $\boldsymbol{\alpha}_1,\boldsymbol{\alpha}_2,\boldsymbol{\alpha}_3$ 到基 $\boldsymbol{\beta}_1,\boldsymbol{\beta}_2,\boldsymbol{\beta}_3$ 的过渡矩阵.

解 设 $(\boldsymbol{\beta}_1,\boldsymbol{\beta}_2,\boldsymbol{\beta}_3)=(\boldsymbol{\alpha}_1,\boldsymbol{\alpha}_2,\boldsymbol{\alpha}_3)\boldsymbol{T}$，其中

$$\boldsymbol{T}=\begin{bmatrix} t_{11} & t_{12} & t_{13} \\ t_{21} & t_{22} & t_{23} \\ t_{31} & t_{32} & t_{33} \end{bmatrix}.$$

有 $\boldsymbol{\beta}_j=t_{1j}\boldsymbol{\alpha}_1+t_{2j}\boldsymbol{\alpha}_2+t_{3j}\boldsymbol{\alpha}_3\,(j=1,2,3)$.

在 $\mathbf{R}[\boldsymbol{x}]_2$ 中取定一组基为 $\boldsymbol{e}_1=1,\boldsymbol{e}_2=x,\boldsymbol{e}_3=x_2$，则 $\boldsymbol{\alpha}_1,\boldsymbol{\alpha}_2,\boldsymbol{\alpha}_3$ 与 $\boldsymbol{\beta}_1,\boldsymbol{\beta}_2,\boldsymbol{\beta}_3$ 在基 $\boldsymbol{e}_1,\boldsymbol{e}_2,\boldsymbol{e}_3$ 下的坐标为 $\mathbf{R}^3$ 中的向量，其对应关系为

$$\boldsymbol{\alpha}_1\leftrightarrow\begin{bmatrix}1\\2\\1\end{bmatrix}=\boldsymbol{\alpha}'_1,\quad \boldsymbol{\beta}_1\leftrightarrow\begin{bmatrix}3\\1\\4\end{bmatrix}=\boldsymbol{\beta}'_1,$$

$$\boldsymbol{\alpha}_2\leftrightarrow\begin{bmatrix}2\\3\\3\end{bmatrix}=\boldsymbol{\alpha}'_2,\quad \boldsymbol{\beta}_2\leftrightarrow\begin{bmatrix}5\\2\\1\end{bmatrix}=\boldsymbol{\beta}'_2,$$

$$\boldsymbol{\alpha}_3\leftrightarrow\begin{bmatrix}3\\7\\1\end{bmatrix}=\boldsymbol{\alpha}'_3,\quad \boldsymbol{\beta}_3\leftrightarrow\begin{bmatrix}1\\1\\6\end{bmatrix}=\boldsymbol{\beta}'_3.$$

显然 $\boldsymbol{\alpha}'_1,\boldsymbol{\alpha}'_2,\boldsymbol{\alpha}'_3$ 与 $\boldsymbol{\beta}'_1,\boldsymbol{\beta}'_2,\boldsymbol{\beta}'_3$ 分别是 $\mathbf{R}^3$ 的基. 因为 $\mathbf{R}[\boldsymbol{x}]_2$ 与 $\mathbf{R}^3$ 同构，所以

$$\boldsymbol{\beta}'_j=t_{1j}\boldsymbol{\alpha}'_1+t_{2j}\boldsymbol{\alpha}'_2+t_{3j}\boldsymbol{\alpha}'_3\,(j=1,2,3).$$

则有 $\quad(\boldsymbol{\beta}'_1,\boldsymbol{\beta}'_2,\boldsymbol{\beta}'_3)=(\boldsymbol{\alpha}'_1,\boldsymbol{\alpha}'_2,\boldsymbol{\alpha}'_3)\boldsymbol{T}$.

由于 $\boldsymbol{\alpha}'_1,\boldsymbol{\alpha}'_2,\boldsymbol{\alpha}'_3$ 是 $\mathbf{R}^3$ 的基，所以矩阵 $(\boldsymbol{\alpha}'_1,\boldsymbol{\alpha}'_2,\boldsymbol{\alpha}'_3)$ 是可逆矩阵，可得

$$\boldsymbol{T}=(\boldsymbol{\alpha}'_1,\boldsymbol{\alpha}'_2,\boldsymbol{\alpha}'_3)^{-1}(\boldsymbol{\beta}'_1,\boldsymbol{\beta}'_2,\boldsymbol{\beta}'_3)$$

$$=\begin{bmatrix}1&2&3\\2&3&7\\1&3&1\end{bmatrix}^{-1}\begin{bmatrix}3&5&1\\1&2&1\\4&1&6\end{bmatrix}=\begin{bmatrix}-27&-71&19\\9&20&-3\\4&12&-4\end{bmatrix}.$$

由以上例题可知，在任一个实数域 $\mathbf{R}$ 上的 n 维线性空间 $\boldsymbol{V}_n$ 中，求由基 $\boldsymbol{\alpha}_1,\boldsymbol{\alpha}_2,\cdots,\boldsymbol{\alpha}_n$ 到基 $\boldsymbol{\beta}_1,\boldsymbol{\beta}_2,\cdots,\boldsymbol{\beta}_n$ 的过渡矩阵 $\boldsymbol{T}$，都可以先在 $\boldsymbol{V}_n$ 中取定一组基，利用 $\boldsymbol{V}_n$ 与 $\mathbf{R}^n$ 的同构，转化为求 $\mathbf{R}^n$ 中对应的基 $\boldsymbol{\alpha}'_1,\boldsymbol{\alpha}'_2,\cdots,\boldsymbol{\alpha}'_n$ 到基 $\boldsymbol{\beta}'_1,\boldsymbol{\beta}'_2,\cdots,\boldsymbol{\beta}'_n$ 的过渡矩阵 $\boldsymbol{T}$.

7.3 线性空间上的线性变换

线性空间上的线性变换是线性代数的一个重要内容，它揭示了线性空间中元素之间的一种重要的联系．变换是线性空间 $\boldsymbol{V}$ 到自身的一个映射，线性变换是一种最简单的变换．

7.3.1 线性变换的概念

定义 7.6 设 $\boldsymbol{V}$ 是一个线性空间，如果对于 $\boldsymbol{V}$ 中任意一个元素 $\boldsymbol{\alpha}$，按照一定的规律对应着 $\boldsymbol{V}$ 中唯一的元素 $\boldsymbol{\alpha}'$，则称这个规律为线性空间 $\boldsymbol{V}$ 上的一个变换，记为 $\boldsymbol{\sigma}$，即 $\boldsymbol{\sigma}(\boldsymbol{\alpha})=\boldsymbol{\alpha}'$，称 $\boldsymbol{\alpha}'$ 为 $\boldsymbol{\alpha}$ 在变换 $\boldsymbol{\sigma}$ 下的像，并称 $\boldsymbol{\alpha}$ 为 $\boldsymbol{\alpha}'$ 的原像，$\boldsymbol{V}$ 为原像集合．像的全体称为像集合，记为 $\boldsymbol{\sigma}(\boldsymbol{V})$.

定义 7.7 设 $\boldsymbol{V}$ 是数域 $\boldsymbol{P}$ 上的线性空间，$\boldsymbol{\sigma}$ 是 $\boldsymbol{V}$ 上的一个变换．如果对于 $\boldsymbol{V}$ 中的任意元素 $\boldsymbol{\alpha},\boldsymbol{\beta}$，$\boldsymbol{P}$ 中的任意数 k 都有

(1) $\boldsymbol{\sigma}(\boldsymbol{\alpha}+\boldsymbol{\beta})=\boldsymbol{\sigma}(\boldsymbol{\alpha})+\boldsymbol{\sigma}(\boldsymbol{\beta})$,

(2) $\boldsymbol{\sigma}(k\boldsymbol{\alpha})=k\boldsymbol{\sigma}(\boldsymbol{\alpha})$,

则称 $\boldsymbol{\sigma}$ 是线性空间 $\boldsymbol{V}$ 上的一个线性变换．

例 1 在线性空间 $\mathbf{R}^3$ 中，对任意的向量 $\boldsymbol{\alpha}=\begin{bmatrix}x\\y\\z\end{bmatrix}$，规定 $\boldsymbol{\sigma}$:

$$\boldsymbol{\sigma}(\boldsymbol{\alpha})=\boldsymbol{\sigma}\begin{bmatrix}x\\y\\z\end{bmatrix}=\begin{bmatrix}x\\y\\0\end{bmatrix}=\boldsymbol{\alpha}'.$$

检验这个规律是 $\mathbf{R}^3$ 上的一个线性变换.

解 对任意的 $\boldsymbol{\alpha}=\begin{bmatrix}x\\y\\z\end{bmatrix}\in\mathbf{R}^3$,按照规律 $\boldsymbol{\sigma}$,都有唯一的

$$\boldsymbol{\sigma}(\boldsymbol{\alpha})=\begin{bmatrix}x\\y\\0\end{bmatrix}=\boldsymbol{\alpha}'\in\mathbf{R}^3,$$

依定义,$\boldsymbol{\sigma}$ 是 $\mathbf{R}^3$ 上的一个变换.

对于 $\mathbf{R}^3$ 中任意

$$\boldsymbol{\alpha}=\begin{bmatrix}x_1\\y_1\\z_1\end{bmatrix},\boldsymbol{\beta}=\begin{bmatrix}x_2\\y_2\\z_2\end{bmatrix},\text{及任意实数 } k,\text{有}$$

$$\boldsymbol{\sigma}(\boldsymbol{\alpha}+\boldsymbol{\beta})=\boldsymbol{\sigma}\left(\begin{bmatrix}x_1+x_2\\y_1+y_2\\z_1+z_2\end{bmatrix}\right)=\begin{bmatrix}x_1+x_2\\y_1+y_2\\0\end{bmatrix}=\begin{bmatrix}x_1\\y_1\\0\end{bmatrix}+\begin{bmatrix}x_2\\y_2\\0\end{bmatrix}$$

$$=\boldsymbol{\sigma}(\boldsymbol{\alpha})+\boldsymbol{\sigma}(\boldsymbol{\beta}),$$

$$\boldsymbol{\sigma}(k\boldsymbol{\alpha})=\boldsymbol{\sigma}\left(\begin{bmatrix}kx_1\\ky_1\\kz_1\end{bmatrix}\right)=\begin{bmatrix}kx_1\\ky_1\\0\end{bmatrix}=k\begin{bmatrix}x_1\\y_1\\0\end{bmatrix}=k\boldsymbol{\sigma}(\boldsymbol{\alpha}).$$

所以 $\boldsymbol{\sigma}$ 是 $\mathbf{R}^3$ 上的线性变换. 从几何上看,$\boldsymbol{\sigma}$ 将三维几何空间 $O\text{-}xyz$ 中所有从原点出发的向量向 xOy 面作投影,因此像的集合是 xOy 平面. 这时称该变换为投影变换.

例 2 在线性空间 $\mathbf{R}^n$ 中,对于任意向量 $\boldsymbol{X}=\begin{bmatrix}x_1\\x_2\\\vdots\\x_n\end{bmatrix}\in\mathbf{R}^n$,规定 $\boldsymbol{\sigma}$:

$$\boldsymbol{\sigma}(\boldsymbol{X})=\boldsymbol{C}\boldsymbol{X},$$

其中 $\boldsymbol{C}$ 为一固定的非零 n 阶实方阵.验证 $\boldsymbol{\sigma}$ 是 $\mathbf{R}^n$ 上的线性变换.

解 对任意的 $\boldsymbol{X}=\begin{bmatrix}x_1\\x_2\\\vdots\\x_n\end{bmatrix}\in\mathbf{R}^n$,按照规律 $\boldsymbol{\sigma}$,对应着唯一的 $\boldsymbol{\sigma}(\boldsymbol{X})=\boldsymbol{C}\boldsymbol{X}\in\mathbf{R}^n$,依定义,$\boldsymbol{\sigma}$ 是 $\mathbf{R}^n$ 上的一个变换.

对于 $\mathbf{R}^n$ 中任意向量 $\boldsymbol{X}=\begin{bmatrix}x_1\\x_2\\\vdots\\x_n\end{bmatrix}$,$\boldsymbol{Y}=\begin{bmatrix}y_1\\y_2\\\vdots\\y_n\end{bmatrix}$,及任意实数 k,有

$$\boldsymbol{\sigma}(\boldsymbol{X}+\boldsymbol{Y})=\boldsymbol{C}(\boldsymbol{X}+\boldsymbol{Y})=\boldsymbol{C}\boldsymbol{X}+\boldsymbol{C}\boldsymbol{Y}=\boldsymbol{\sigma}(\boldsymbol{X})+\boldsymbol{\sigma}(\boldsymbol{Y}),$$
$$\boldsymbol{\sigma}(k\boldsymbol{X})=\boldsymbol{C}(k\boldsymbol{X})=k(\boldsymbol{C}\boldsymbol{X})=k\boldsymbol{\sigma}(\boldsymbol{X}).$$

所以 $\boldsymbol{\sigma}$ 是 $\mathbf{R}^n$ 上的线性变换.第 6 章中对二次型作满秩线性变换 $\boldsymbol{X}=\boldsymbol{C}\boldsymbol{Y}$ 即为变换 $\boldsymbol{\sigma}(\boldsymbol{Y})=\boldsymbol{C}\boldsymbol{Y}$,其中 $\boldsymbol{C}$ 为 n 阶满秩方阵.

例 3 在线性空间 $\mathbf{R}[x]_n$ 中,对于任意元素 $f(x)\in\mathbf{R}[x]_n$,规定 $\boldsymbol{\sigma}$:

$$\boldsymbol{\sigma}[f(x)]=f'(x)+f(x).$$

这里 $f'(x)$ 表示 $f(x)$ 对 x 求导数.验证这个规律 $\boldsymbol{\sigma}$ 是 $\mathbf{R}[x]_n$ 上的一个线性变换.

解 对任意一个 $f(x)\in\mathbf{R}[x]_n$,都有唯一确定的 $f'(x)+f(x)\in\mathbf{R}[x]_n$ 使得 $\boldsymbol{\sigma}[f(x)]=f'(x)+f(x)$.所以 $\boldsymbol{\sigma}$ 是 $\mathbf{R}[x]_n$

上的一个变换.

对于任意 $f(x),g(x)\in \mathbf{R}[x]_n$,及任意实数 k,有

$$\begin{aligned}\boldsymbol{\sigma}[f(x)+g(x)]&=[f(x)+g(x)]'+[f(x)+g(x)]\\&=f'(x)+g'(x)+f(x)+g(x)\\&=[f'(x)+f(x)]+[g'(x)+g(x)]\\&=\boldsymbol{\sigma}[f(x)]+\boldsymbol{\sigma}[g(x)],\end{aligned}$$

$$\begin{aligned}\boldsymbol{\sigma}[kf(x)]&=[kf(x)]'+[kf(x)]\\&=kf'(x)+kf(x)\\&=k[f'(x)+f(x)]\\&=k\boldsymbol{\sigma}[f(x)].\end{aligned}$$

故 $\boldsymbol{\sigma}$ 是 $\mathbf{R}[x]_n$ 上的一个线性变换.

设 $\boldsymbol{\sigma},\boldsymbol{\tau}$ 都是线性空间 $\mathbf{V}$ 上的线性变换,如果对于 $\mathbf{V}$ 中的任意元素 $\boldsymbol{\alpha}$,恒有 $\boldsymbol{\sigma}(\boldsymbol{\alpha})=\boldsymbol{\tau}(\boldsymbol{\alpha})$,则称 $\boldsymbol{\sigma}$ 与 $\boldsymbol{\tau}$ 相等,记作 $\boldsymbol{\sigma}=\boldsymbol{\tau}$.

7.3.2 几种特殊的线性变换

(1)零变换.对任意的 $\boldsymbol{\alpha}\in \mathbf{V}$, $\boldsymbol{\theta}(\boldsymbol{\alpha})=\boldsymbol{O}$,其中 $\boldsymbol{O}$ 是线性空间 $\mathbf{V}$ 中的零元素.

(2)恒等变换.对于任意的 $\boldsymbol{\alpha}\in \mathbf{V}$, $\mathscr{E}(\boldsymbol{\alpha})=\boldsymbol{\alpha}$.

(3)数乘变换.对于任意的 $\boldsymbol{\alpha}\in \mathbf{V}$, $\mathscr{K}(\boldsymbol{\alpha})=k\boldsymbol{\alpha}$,其中 k 为数域 $\boldsymbol{P}$ 中一个固定的常数.

显然,在数乘变换中,当 $k=0$ 及 $k=1$ 时,就是零变换及恒等变换.

易证上述三种变换是 $\mathbf{V}$ 上的线性变换.

7.3.3 线性变换的性质

设 $\boldsymbol{\sigma}$ 是线性空间 $\mathbf{V}$ 上的线性变换,则有

(1) $\boldsymbol{\sigma}(\boldsymbol{O})=\boldsymbol{O}$, $\boldsymbol{\sigma}(-\boldsymbol{\alpha})=-\boldsymbol{\sigma}(\boldsymbol{\alpha})$.

因为 $\boldsymbol{\sigma}$ 是线性变换,所以 $\boldsymbol{\sigma}(k\boldsymbol{\alpha})=k\boldsymbol{\sigma}(\boldsymbol{\alpha})$.当 $k=0$ 时, $\boldsymbol{\sigma}(\boldsymbol{O})=\boldsymbol{\sigma}(0\boldsymbol{\alpha})=0\boldsymbol{\sigma}(\boldsymbol{\alpha})=\boldsymbol{O}$;当 $k=-1$ 时, $\boldsymbol{\sigma}(-\boldsymbol{\alpha})=\boldsymbol{\sigma}[(-1)\boldsymbol{\alpha}]=(-1)\boldsymbol{\sigma}(\boldsymbol{\alpha})=-\boldsymbol{\sigma}(\boldsymbol{\alpha})$.

(2)$\boldsymbol{\sigma}$ 保持 $\mathbf{V}$ 中向量的线性组合式不变.

若 $\boldsymbol{\beta}=k_1\boldsymbol{\alpha}_1+k_2\boldsymbol{\alpha}_2+\cdots+k_m\boldsymbol{\alpha}_m$,则

$$\boldsymbol{\sigma}(\boldsymbol{\beta})=k_1\boldsymbol{\sigma}(\boldsymbol{\alpha}_1)+k_2\boldsymbol{\sigma}(\boldsymbol{\alpha}_2)+\cdots+k_m\boldsymbol{\sigma}(\boldsymbol{\alpha}_m).$$

(3)$\boldsymbol{\sigma}$ 把线性相关的向量组变为线性相关的向量组.

这是因为,若 $\boldsymbol{\alpha}_1,\boldsymbol{\alpha}_2,\cdots,\boldsymbol{\alpha}_m$ 线性相关,则存在一组不全为零的常数 $k_1,k_2,\cdots,k_m$,使得

$$k_1\boldsymbol{\alpha}_1+k_2\boldsymbol{\alpha}_2+\cdots+k_m\boldsymbol{\alpha}_m=\boldsymbol{O}.$$

由性质(1)及(2)可得

$$k_1\boldsymbol{\sigma}(\boldsymbol{\alpha}_1)+k_2\boldsymbol{\sigma}(\boldsymbol{\alpha}_2)+\cdots+k_m\boldsymbol{\sigma}(\boldsymbol{\alpha}_m)=\boldsymbol{O},$$

而其中 $k_1,k_2,\cdots,k_m$ 不全为零,因此,向量组 $\boldsymbol{\sigma}(\boldsymbol{\alpha}_1),\boldsymbol{\sigma}(\boldsymbol{\alpha}_2),\cdots,\boldsymbol{\sigma}(\boldsymbol{\alpha}_m)$线性相关.

应当指出,性质(3)的逆命题不成立.例如在线性空间 $\mathbf{R}^3$ 中,向 xOy 平面作投影变换,若取线性无关的向量组

$$\boldsymbol{\varepsilon}_1=\begin{bmatrix}1\\0\\0\end{bmatrix},\boldsymbol{\varepsilon}_2=\begin{bmatrix}0\\1\\0\end{bmatrix},\boldsymbol{\varepsilon}_3=\begin{bmatrix}0\\0\\1\end{bmatrix},$$

那么 $$\boldsymbol{\sigma}(\boldsymbol{\varepsilon}_1)=\begin{bmatrix}1\\0\\0\end{bmatrix},\boldsymbol{\sigma}(\boldsymbol{\varepsilon}_2)=\begin{bmatrix}0\\1\\0\end{bmatrix},\boldsymbol{\sigma}(\boldsymbol{\varepsilon}_3)=\begin{bmatrix}0\\0\\0\end{bmatrix}.$$

显然 $\boldsymbol{\sigma}(\boldsymbol{\varepsilon}_1),\boldsymbol{\sigma}(\boldsymbol{\varepsilon}_2),\boldsymbol{\sigma}(\boldsymbol{\varepsilon}_3)$线性相关,但 $\boldsymbol{\varepsilon}_1,\boldsymbol{\varepsilon}_2,\boldsymbol{\varepsilon}_3$ 线性无关.

7.4 线性变换的矩阵

按照线性变换的定义,要确定一个线性变换 $\boldsymbol{\sigma}$,需要找出 $\mathbf{V}$ 中所有元素在该线性变换下的像.事实上并不需要这样做.在线性空间 $\mathbf{V}$ 中,只要取定一组基后,便可以通过具体的矩阵研究比较抽象的线性变换.

设 $\boldsymbol{V}_n$ 是一个 n 维线性空间，$\boldsymbol{\sigma}$ 是 $\boldsymbol{V}_n$ 上的一个线性变换.取定 $\boldsymbol{V}_n$ 的一组基为 $\boldsymbol{\alpha}_1,\boldsymbol{\alpha}_2,\cdots,\boldsymbol{\alpha}_n$，对于 $\boldsymbol{V}_n$ 中的任一个元素 $\boldsymbol{\alpha}$，都有 $\boldsymbol{\alpha}=x_1\boldsymbol{\alpha}_1+x_2\boldsymbol{\alpha}_2+\cdots+x_n\boldsymbol{\alpha}_n$，并且其表达式唯一.由线性变换的性质(2)可知，

$$\boldsymbol{\sigma}(\boldsymbol{\alpha})=x_1\boldsymbol{\sigma}(\boldsymbol{\alpha}_1)+x_2\boldsymbol{\sigma}(\boldsymbol{\alpha}_2)+\cdots+x_n\boldsymbol{\sigma}(\boldsymbol{\alpha}_n).$$

这就是说，对于 $\boldsymbol{\sigma}$ 来讲，只要知道了 $\boldsymbol{V}_n$ 的基 $\boldsymbol{\alpha}_1,\boldsymbol{\alpha}_2,\cdots,\boldsymbol{\alpha}_n$ 在线性变换 $\boldsymbol{\sigma}$ 下的像 $\boldsymbol{\sigma}(\boldsymbol{\alpha}_1),\boldsymbol{\sigma}(\boldsymbol{\alpha}_2),\cdots,\boldsymbol{\sigma}(\boldsymbol{\alpha}_n)$，则 $\boldsymbol{V}_n$ 中任一个元素 $\boldsymbol{\alpha}$ 的像就可以确定了，那么 $\boldsymbol{\sigma}$ 也就完全确定了.

定义 7.8 设 $\boldsymbol{V}_n$ 是实数域 $\mathbf{R}$ 上的 n 维线性空间，$\boldsymbol{\alpha}_1,\boldsymbol{\alpha}_2,\cdots,\boldsymbol{\alpha}_n$ 为 $\boldsymbol{V}_n$ 的一组基，$\boldsymbol{\sigma}$ 是 $\boldsymbol{V}_n$ 上的一个线性变换，则 $\boldsymbol{\sigma}(\boldsymbol{\alpha}_1),\boldsymbol{\sigma}(\boldsymbol{\alpha}_2),\cdots,\boldsymbol{\sigma}(\boldsymbol{\alpha}_n)$ 必能由基 $\boldsymbol{\alpha}_1,\boldsymbol{\alpha}_2,\cdots,\boldsymbol{\alpha}_n$ 线性表示，并且

$$\begin{cases}\boldsymbol{\sigma}(\boldsymbol{\alpha}_1)=a_{11}\boldsymbol{\alpha}_1+a_{21}\boldsymbol{\alpha}_2+\cdots+a_{n1}\boldsymbol{\alpha}_n,\\ \boldsymbol{\sigma}(\boldsymbol{\alpha}_2)=a_{12}\boldsymbol{\alpha}_1+a_{22}\boldsymbol{\alpha}_2+\cdots+a_{n2}\boldsymbol{\alpha}_n,\\ \qquad\cdots\cdots\\ \boldsymbol{\sigma}(\boldsymbol{\alpha}_n)=a_{1n}\boldsymbol{\alpha}_1+a_{2n}\boldsymbol{\alpha}_2+\cdots+a_{nn}\boldsymbol{\alpha}_n.\end{cases}\tag{1}$$

借助矩阵乘积的形式，将式(1)表达为

$$(\boldsymbol{\sigma}(\boldsymbol{\alpha}_1),\boldsymbol{\sigma}(\boldsymbol{\alpha}_2),\cdots,\boldsymbol{\sigma}(\boldsymbol{\alpha}_n))=(\boldsymbol{\alpha}_1,\boldsymbol{\alpha}_2,\cdots,\boldsymbol{\alpha}_n)\boldsymbol{A},\tag{2}$$

其中

$$\boldsymbol{A}=\begin{bmatrix}a_{11}&a_{12}&\cdots&a_{1n}\\ a_{21}&a_{22}&\cdots&a_{2n}\\ \vdots&\vdots&&\vdots\\ a_{n1}&a_{n2}&\cdots&a_{nn}\end{bmatrix}.$$

称 $\boldsymbol{A}$ 为线性变换 $\boldsymbol{\sigma}$ 在基 $\boldsymbol{\alpha}_1,\boldsymbol{\alpha}_2,\cdots,\boldsymbol{\alpha}_n$ 下的矩阵.有时也简记为

$$(\boldsymbol{\sigma}(\boldsymbol{\alpha}_1),\boldsymbol{\sigma}(\boldsymbol{\alpha}_2),\cdots,\boldsymbol{\sigma}(\boldsymbol{\alpha}_n))=\boldsymbol{\sigma}(\boldsymbol{\alpha}_1,\boldsymbol{\alpha}_2,\cdots,\boldsymbol{\alpha}_n),$$

则式(2)又可简写为

$$\boldsymbol{\sigma}(\boldsymbol{\alpha}_1,\boldsymbol{\alpha}_2,\cdots,\boldsymbol{\alpha}_n)=(\boldsymbol{\alpha}_1,\boldsymbol{\alpha}_2,\cdots,\boldsymbol{\alpha}_n)\boldsymbol{A}.$$

可以看到,矩阵 $\boldsymbol{A}$ 的第 j 列元素 $a_{1j},a_{2j},\cdots,a_{nj}$,是 $\boldsymbol{\sigma}(\boldsymbol{\alpha}_j)$在基 $\boldsymbol{\alpha}_1,\boldsymbol{\alpha}_2,\cdots,\boldsymbol{\alpha}_n$ 下的坐标($j=1,2,\cdots,n$). 由于 $\boldsymbol{V}_n$ 中元素 $\boldsymbol{\sigma}(\boldsymbol{\alpha}_j)$在基 $\boldsymbol{\alpha}_1,\boldsymbol{\alpha}_2,\cdots,\boldsymbol{\alpha}_n$ 下坐标是唯一的,因此(2)式中 $\boldsymbol{A}$ 的元素是被 $\boldsymbol{\sigma}$ 与基 $\boldsymbol{\alpha}_1,\boldsymbol{\alpha}_2,\cdots,\boldsymbol{\alpha}_n$ 所唯一确定.

反之,若给定一个 n 阶实方阵 $\boldsymbol{A}$,在实数域 $\mathbf{R}$ 上的 n 维线性空间 $\boldsymbol{V}_n$ 中,一定唯一地对应着一个线性变换 $\boldsymbol{\sigma}$,使得 $\boldsymbol{\sigma}$ 在某组基 $\boldsymbol{\alpha}_1,\boldsymbol{\alpha}_2,\cdots,\boldsymbol{\alpha}_n$ 下的矩阵为 $\boldsymbol{A}$. 即有如下定理.

定理 7.5 设

$$\boldsymbol{A}=\begin{bmatrix} a_{11} & a_{12} & \cdots & a_{1n} \\ a_{21} & a_{22} & \cdots & a_{2n} \\ \vdots & \vdots & & \vdots \\ a_{n1} & a_{n2} & \cdots & a_{nn} \end{bmatrix},$$

$\boldsymbol{\alpha}_1,\boldsymbol{\alpha}_2,\cdots,\boldsymbol{\alpha}_n$ 是实数域 $\mathbf{R}$ 上 n 维线性空间 $\boldsymbol{V}_n$ 的一组基,则在 $\boldsymbol{V}_n$ 上必存在唯一的一个线性变换 $\boldsymbol{\sigma}$,使得

$$\boldsymbol{\sigma}(\boldsymbol{\alpha}_1,\boldsymbol{\alpha}_2,\cdots,\boldsymbol{\alpha}_n)=(\boldsymbol{\alpha}_1,\boldsymbol{\alpha}_2,\cdots,\boldsymbol{\alpha}_n)\boldsymbol{A}.$$

证 令

$$\begin{cases} \boldsymbol{\beta}_1=a_{11}\boldsymbol{\alpha}_1+a_{21}\boldsymbol{\alpha}_2+\cdots+a_{11}\boldsymbol{\alpha}_n, \\ \boldsymbol{\beta}_2=a_{12}\boldsymbol{\alpha}_1+a_{22}\boldsymbol{\alpha}_2+\cdots+a_{n2}\boldsymbol{\alpha}_n, \\ \qquad\cdots\cdots \\ \boldsymbol{\beta}_n=a_{1n}\boldsymbol{\alpha}_1+a_{2n}\boldsymbol{\alpha}_2+\cdots+a_{nn}\boldsymbol{\alpha}_n. \end{cases}$$

显然 $\boldsymbol{\beta}_1,\boldsymbol{\beta}_2,\cdots,\boldsymbol{\beta}_n$ 都是 $\boldsymbol{V}_n$ 中的向量.

对于 $\boldsymbol{V}_n$ 中任意元素 $\boldsymbol{\alpha}$,当 $\boldsymbol{\alpha}=k_1\boldsymbol{\alpha}_1+k_2\boldsymbol{\alpha}_2+\cdots+k_n\boldsymbol{\alpha}_n$,则定义一个对应规律 $\boldsymbol{\sigma}$:

$$\boldsymbol{\sigma}(\boldsymbol{\alpha})=k_1\boldsymbol{\beta}_1+k_2\boldsymbol{\beta}_2+\cdots+k_n\boldsymbol{\beta}_n.$$

下面验证 $\boldsymbol{\sigma}$ 是 $\boldsymbol{V}_n$ 上的一个线性变换.

首先,由元素 $\boldsymbol{\alpha}$ 在取定基下的坐标是唯一的,因而 $\boldsymbol{\sigma}(\boldsymbol{\alpha})$也是

唯一的，并且 $\boldsymbol{\sigma}(\boldsymbol{\alpha})\in \boldsymbol{V}_n$，所以 $\boldsymbol{\sigma}$ 是 $\boldsymbol{V}_n$ 上的一个变换.

再验证 $\boldsymbol{\sigma}$ 是 $\boldsymbol{V}_n$ 上的一个线性变换. 对于 $\boldsymbol{V}_n$ 中任意两个元素 $\boldsymbol{\alpha},\boldsymbol{\beta}$ 及任意实数 k，

$$\boldsymbol{\alpha}=x_1\boldsymbol{\alpha}_1+x_2\boldsymbol{\alpha}_2+\cdots+x_n\boldsymbol{\alpha}_n,$$
$$\boldsymbol{\beta}=y_1\boldsymbol{\alpha}_1+y_2\boldsymbol{\alpha}_2+\cdots+y_n\boldsymbol{\alpha}_n,$$
$$\boldsymbol{\alpha}+\boldsymbol{\beta}=(x_1+y_1)\boldsymbol{\alpha}_1+(x_2+y_2)\boldsymbol{\alpha}_2+\cdots+(x_n+y_n)\boldsymbol{\alpha}_n,$$
$$k\boldsymbol{\alpha}=(kx_1)\boldsymbol{\alpha}_1+(kx_2)\boldsymbol{\alpha}_2+\cdots+(kx_n)\boldsymbol{\alpha}_n.$$

按照 $\boldsymbol{\sigma}$ 的定义有

$$\begin{aligned}\boldsymbol{\sigma}(\boldsymbol{\alpha}+\boldsymbol{\beta})&=(x_1+y_1)\boldsymbol{\beta}_1+(x_2+y_2)\boldsymbol{\beta}_2+\cdots+(x_n+y_n)\boldsymbol{\beta}_n\\&=(x_1\boldsymbol{\beta}_1+x_2\boldsymbol{\beta}_2+\cdots+x_n\boldsymbol{\beta}_n)+(y_1\boldsymbol{\beta}_1+y_2\boldsymbol{\beta}_2+\\&\quad\cdots+y_n\boldsymbol{\beta}_n)\\&=\boldsymbol{\sigma}(\boldsymbol{\alpha})+\boldsymbol{\sigma}(\boldsymbol{\beta}),\end{aligned}$$

$$\begin{aligned}\boldsymbol{\sigma}(k\boldsymbol{\alpha})&=(kx_1)\boldsymbol{\beta}_1+(kx_2)\boldsymbol{\beta}_2+\cdots+(kx_n)\boldsymbol{\beta}_n\\&=k(x_1\boldsymbol{\beta}_1+x_2\boldsymbol{\beta}_2+\cdots+x_n\boldsymbol{\beta}_n)\\&=k\boldsymbol{\sigma}(\boldsymbol{\alpha}).\end{aligned}$$

所以这个变换 $\boldsymbol{\sigma}$ 是线性空间 $\boldsymbol{V}_n$ 上的线性变换，并且有

$$\boldsymbol{\sigma}(\boldsymbol{\alpha}_i)=\boldsymbol{\beta}_i\ (i=1,2,\cdots,n).$$

即有

$$\begin{aligned}(\boldsymbol{\sigma}(\boldsymbol{\alpha}_1),\boldsymbol{\sigma}(\boldsymbol{\alpha}_2),\cdots,\boldsymbol{\sigma}(\boldsymbol{\alpha}_n))&=(\boldsymbol{\beta}_1,\boldsymbol{\beta}_2,\cdots,\boldsymbol{\beta}_n)\\&=(\boldsymbol{\alpha}_1,\boldsymbol{\alpha}_2,\cdots,\boldsymbol{\alpha}_n)\boldsymbol{A}.\end{aligned}$$

最后再证明 $\boldsymbol{V}_n$ 中满足定理要求的线性变换 $\boldsymbol{\sigma}$ 是唯一的.

假设 $\boldsymbol{V}_n$ 上还有另一个满足定理要求的线性变换 $\boldsymbol{\tau}$，即有

$$(\boldsymbol{\tau}(\boldsymbol{\alpha}_1),\boldsymbol{\tau}(\boldsymbol{\alpha}_2),\cdots,\boldsymbol{\tau}(\boldsymbol{\alpha}_n))=(\boldsymbol{\alpha}_1,\boldsymbol{\alpha}_2,\cdots,\boldsymbol{\alpha}_n)\boldsymbol{A},$$

满足 $\boldsymbol{\tau}(\boldsymbol{\alpha}_i)=\boldsymbol{\beta}_i\ (i=1,2,\cdots,n)$.

对于 $\boldsymbol{V}_n$ 中任意元素 $\boldsymbol{\alpha}=x_1\boldsymbol{\alpha}_1+x_2\boldsymbol{\alpha}_2+\cdots+x_n\boldsymbol{\alpha}_n$，

$$\boldsymbol{\sigma}(\boldsymbol{\alpha})=x_1\boldsymbol{\beta}_1+x_2\boldsymbol{\beta}_2+\cdots+x_n\boldsymbol{\beta}_n$$

$$
\begin{aligned}
&= x_1\boldsymbol{\tau}(\boldsymbol{\alpha}_1)+x_2\boldsymbol{\tau}(\boldsymbol{\alpha}_2)+\cdots+x_n\boldsymbol{\tau}(\boldsymbol{\alpha}_n)\\
&= \boldsymbol{\tau}(x_1\boldsymbol{\alpha}_1+x_2\boldsymbol{\alpha}_2+\cdots+x_n\boldsymbol{\alpha}_n)\\
&= \boldsymbol{\tau}(\boldsymbol{\alpha}),
\end{aligned}
$$

故 $\boldsymbol{\sigma}=\boldsymbol{\tau}$.

这样,就建立了线性空间 $\boldsymbol{V}_n$ 上的一个线性变换 $\boldsymbol{\sigma}$ 与一个 n 阶方阵 $\boldsymbol{A}$ 之间的一一对应关系.

例 1 在线性空间 $\mathbf{R}^{2\times 2}$ 中,对于任意元素 $\boldsymbol{X}\in\mathbf{R}^{2\times 2}$,定义线性变换

$$\boldsymbol{\sigma}(\boldsymbol{X})=\boldsymbol{A}_0\boldsymbol{X},$$

其中 $\boldsymbol{A}_0=\begin{pmatrix}1&2\\3&4\end{pmatrix}$. 求 $\boldsymbol{\sigma}$ 在基 $\boldsymbol{E}_{11}=\begin{pmatrix}1&0\\0&0\end{pmatrix}$, $\boldsymbol{E}_{12}=\begin{pmatrix}0&1\\0&0\end{pmatrix}$, $\boldsymbol{E}_{21}=\begin{pmatrix}0&0\\1&0\end{pmatrix}$, $\boldsymbol{E}_{22}=\begin{pmatrix}0&0\\0&1\end{pmatrix}$下的矩阵.

解

$$\boldsymbol{\sigma}(\boldsymbol{E}_{11})=\begin{pmatrix}1&2\\3&4\end{pmatrix}\begin{pmatrix}1&0\\0&0\end{pmatrix}=\begin{pmatrix}1&0\\3&0\end{pmatrix}=\boldsymbol{E}_{11}+3\boldsymbol{E}_{21},$$

$$\boldsymbol{\sigma}(\boldsymbol{E}_{12})=\begin{pmatrix}1&2\\3&4\end{pmatrix}\begin{pmatrix}0&1\\0&0\end{pmatrix}=\begin{pmatrix}0&1\\0&3\end{pmatrix}=\boldsymbol{E}_{12}+3\boldsymbol{E}_{22},$$

$$\boldsymbol{\sigma}(\boldsymbol{E}_{21})=\begin{pmatrix}1&2\\3&4\end{pmatrix}\begin{pmatrix}0&0\\1&0\end{pmatrix}=\begin{pmatrix}2&0\\4&0\end{pmatrix}=2\boldsymbol{E}_{11}+4\boldsymbol{E}_{21},$$

$$\boldsymbol{\sigma}(\boldsymbol{E}_{22})=\begin{pmatrix}1&2\\3&4\end{pmatrix}\begin{pmatrix}0&0\\0&1\end{pmatrix}=\begin{pmatrix}0&2\\0&4\end{pmatrix}=2\boldsymbol{E}_{12}+4\boldsymbol{E}_{22}.$$

所以

$$\boldsymbol{\sigma}(\boldsymbol{E}_{11},\boldsymbol{E}_{12},\boldsymbol{E}_{21},\boldsymbol{E}_{22})=(\boldsymbol{E}_{11},\boldsymbol{E}_{12},\boldsymbol{E}_{21},\boldsymbol{E}_{22})\begin{bmatrix}1&0&2&0\\0&1&0&2\\3&0&4&0\\0&3&0&4\end{bmatrix}.$$

即 $\boldsymbol{\sigma}$ 在基 $\boldsymbol{E}_{11},\boldsymbol{E}_{12},\boldsymbol{E}_{21},\boldsymbol{E}_{22}$ 下的矩阵为

$$\boldsymbol{A}=\begin{bmatrix}1&0&2&0\\0&1&0&2\\3&0&4&0\\0&3&0&4\end{bmatrix}.$$

例 2 设 $\boldsymbol{V}_n$ 是 n 维线性空间，$\boldsymbol{\sigma}$ 是 $\boldsymbol{V}_n$ 上的线性变换. $\boldsymbol{\alpha}_1,\boldsymbol{\alpha}_2,\cdots,\boldsymbol{\alpha}_n$ 是 $\boldsymbol{V}_n$ 的一组基，并且

$$\boldsymbol{\sigma}(\boldsymbol{\alpha}_1,\boldsymbol{\alpha}_2,\cdots,\boldsymbol{\alpha}_n)=(\boldsymbol{\alpha}_1,\boldsymbol{\alpha}_2,\cdots,\boldsymbol{\alpha}_n)\boldsymbol{A}.$$

$\boldsymbol{V}_n$ 中元素 $\boldsymbol{\alpha}=x_1\boldsymbol{\alpha}_1+x_2\boldsymbol{\alpha}_2+\cdots+x_n\boldsymbol{\alpha}_n$. 求 $\boldsymbol{\sigma}(\boldsymbol{\alpha})$ 在基 $\boldsymbol{\alpha}_1,\boldsymbol{\alpha}_2,\cdots,\boldsymbol{\alpha}_n$ 下的坐标.

解 $\boldsymbol{\alpha}=x_1\boldsymbol{\alpha}_1+x_2\boldsymbol{\alpha}_2+\cdots+x_n\boldsymbol{\alpha}_n$ 写成形式上的矩阵式为

$$\boldsymbol{\alpha}=(\boldsymbol{\alpha}_1,\boldsymbol{\alpha}_2,\cdots,\boldsymbol{\alpha}_n)\begin{bmatrix}x_1\\x_2\\\vdots\\x_n\end{bmatrix}.$$

$\boldsymbol{\sigma}(\boldsymbol{\alpha})=x_1\boldsymbol{\sigma}(\boldsymbol{\alpha}_1)+x_2\boldsymbol{\sigma}(\boldsymbol{\alpha}_2)+\cdots+x_n\boldsymbol{\sigma}(\boldsymbol{\alpha}_n)$，写成形式上的矩阵表达式，有

$$\boldsymbol{\sigma}(\boldsymbol{\alpha})=(\boldsymbol{\sigma}(\boldsymbol{\alpha}_1),\boldsymbol{\sigma}(\boldsymbol{\alpha}_2),\cdots,\boldsymbol{\sigma}(\boldsymbol{\alpha}_n))\begin{bmatrix}x_1\\x_2\\\vdots\\x_n\end{bmatrix}$$

$$=(\boldsymbol{\alpha}_1,\boldsymbol{\alpha}_2,\cdots,\boldsymbol{\alpha}_n)\boldsymbol{A}\begin{bmatrix}x_1\\x_2\\\vdots\\x_n\end{bmatrix}. \tag{3}$$

式(3)说明 $\boldsymbol{\sigma}(\boldsymbol{\alpha})$在基 $\boldsymbol{\alpha}_1,\boldsymbol{\alpha}_2,\cdots,\boldsymbol{\alpha}_n$ 下的坐标为 $\boldsymbol{A}\begin{bmatrix}x_1\\x_2\\\vdots\\x_n\end{bmatrix}$.

例 3 在线性空间 $\mathbf{R}^3$ 中,对于任意向量 $\boldsymbol{\alpha}=\begin{bmatrix}x\\y\\z\end{bmatrix}$,定义投影变换

$$\boldsymbol{\sigma}(\boldsymbol{\alpha})=\boldsymbol{\sigma}\left(\begin{bmatrix}x\\y\\z\end{bmatrix}\right)=\begin{bmatrix}x\\y\\0\end{bmatrix}.$$

(1)求 $\boldsymbol{\sigma}$ 在基 $\boldsymbol{\alpha}_1=\begin{bmatrix}1\\1\\1\end{bmatrix},\boldsymbol{\alpha}_2=\begin{bmatrix}0\\1\\1\end{bmatrix},\boldsymbol{\alpha}_3=\begin{bmatrix}0\\0\\1\end{bmatrix}$下的矩阵;

(2)求 $\boldsymbol{\sigma}$ 在基 $\boldsymbol{\beta}_1=\begin{bmatrix}1\\0\\0\end{bmatrix},\boldsymbol{\beta}_2=\begin{bmatrix}1\\1\\0\end{bmatrix},\boldsymbol{\beta}_3=\begin{bmatrix}1\\1\\1\end{bmatrix}$下的矩阵.

解法 1

(1)$\boldsymbol{\sigma}(\boldsymbol{\alpha}_1)=\begin{bmatrix}1\\1\\0\end{bmatrix}=\boldsymbol{\alpha}_1-\boldsymbol{\alpha}_3,$

$$\boldsymbol{\sigma}(\boldsymbol{\alpha}_2)=\begin{bmatrix}0\\1\\0\end{bmatrix}=\boldsymbol{\alpha}_2-\boldsymbol{\alpha}_3,$$

$$\boldsymbol{\sigma}(\boldsymbol{\alpha}_3)=\begin{bmatrix}0\\0\\0\end{bmatrix}.$$

故 $$\boldsymbol{\sigma}(\boldsymbol{\alpha}_1,\boldsymbol{\alpha}_2,\boldsymbol{\alpha}_3)=(\boldsymbol{\alpha}_1,\boldsymbol{\alpha}_2,\boldsymbol{\alpha}_3)\begin{bmatrix}1&0&0\\0&1&0\\-1&-1&0\end{bmatrix}=(\boldsymbol{\alpha}_1,\boldsymbol{\alpha}_2,\boldsymbol{\alpha}_3)\boldsymbol{A}.$$

所以 $\boldsymbol{A}=\begin{bmatrix}1&0&0\\0&1&0\\-1&-1&0\end{bmatrix}$为 $\boldsymbol{\sigma}$ 在基 $\boldsymbol{\alpha}_1,\boldsymbol{\alpha}_2,\boldsymbol{\alpha}_3$ 下的矩阵.

$$(2)\boldsymbol{\sigma}(\boldsymbol{\beta}_1)=\begin{bmatrix}1\\0\\0\end{bmatrix}=\boldsymbol{\beta}_1,\boldsymbol{\sigma}(\boldsymbol{\beta}_2)=\begin{bmatrix}1\\1\\0\end{bmatrix}=\boldsymbol{\beta}_2,\boldsymbol{\sigma}(\boldsymbol{\beta}_3)=\begin{bmatrix}1\\1\\0\end{bmatrix}=\boldsymbol{\beta}_2,$$

所以 $$\boldsymbol{\sigma}(\boldsymbol{\beta}_1,\boldsymbol{\beta}_2,\boldsymbol{\beta}_3)=(\boldsymbol{\beta}_1,\boldsymbol{\beta}_2,\boldsymbol{\beta}_3)\begin{bmatrix}1&0&0\\0&1&1\\0&0&0\end{bmatrix}=(\boldsymbol{\beta}_1,\boldsymbol{\beta}_2,\boldsymbol{\beta}_3)\boldsymbol{B},$$

所以

$$\boldsymbol{B}=\begin{bmatrix}1&0&0\\0&1&1\\0&0&0\end{bmatrix}$$

为 $\boldsymbol{\sigma}$ 在基 $\boldsymbol{\beta}_1,\boldsymbol{\beta}_2,\boldsymbol{\beta}_3$ 下的矩阵.

解法 2 设$(\boldsymbol{\sigma}(\boldsymbol{\alpha}_1),\boldsymbol{\sigma}(\boldsymbol{\alpha}_2),\boldsymbol{\sigma}(\boldsymbol{\alpha}_3))=(\boldsymbol{\alpha}_1,\boldsymbol{\alpha}_2,\boldsymbol{\alpha}_3)\boldsymbol{A}$,因为 $\boldsymbol{\alpha}_1,\boldsymbol{\alpha}_2,\boldsymbol{\alpha}_3$ 是 $\mathbf{R}^3$ 的基,所以线性无关.由于 $\boldsymbol{\alpha}_1,\boldsymbol{\alpha}_2,\boldsymbol{\alpha}_3$ 及 $\boldsymbol{\sigma}(\boldsymbol{\alpha}_1)$, $\boldsymbol{\sigma}(\boldsymbol{\alpha}_2)$, $\boldsymbol{\sigma}(\boldsymbol{\alpha}_3)$都是 $\mathbf{R}^3$ 中的列向量,又

$$\boldsymbol{\sigma}(\boldsymbol{\alpha}_1)=\begin{bmatrix}1\\1\\0\end{bmatrix},\boldsymbol{\sigma}(\boldsymbol{\alpha}_2)=\begin{bmatrix}0\\1\\0\end{bmatrix},\boldsymbol{\sigma}(\boldsymbol{\alpha}_3)=\begin{bmatrix}0\\0\\0\end{bmatrix}.$$

于是有

$$\begin{aligned}\boldsymbol{A}&=(\boldsymbol{\alpha}_1,\boldsymbol{\alpha}_2,\boldsymbol{\alpha}_3)^{-1}(\boldsymbol{\sigma}(\boldsymbol{\alpha}_1),\boldsymbol{\sigma}(\boldsymbol{\alpha}_2),\boldsymbol{\sigma}(\boldsymbol{\alpha}_3))\\&=\begin{bmatrix}1&0&0\\1&1&0\\1&1&1\end{bmatrix}^{-1}\begin{bmatrix}1&0&0\\1&1&0\\0&0&0\end{bmatrix}=\begin{bmatrix}1&0&0\\0&1&0\\-1&-1&0\end{bmatrix}.\end{aligned}$$

同理,设$(\boldsymbol{\sigma}(\boldsymbol{\beta}_1),\boldsymbol{\sigma}(\boldsymbol{\beta}_2),\boldsymbol{\sigma}(\boldsymbol{\beta}_3))=(\boldsymbol{\beta}_1,\boldsymbol{\beta}_2,\boldsymbol{\beta}_3)\boldsymbol{B}$.
因为$\boldsymbol{\beta}_1,\boldsymbol{\beta}_2,\boldsymbol{\beta}_3$是$\mathbf{R}^3$的基,故线性无关.又

$$\boldsymbol{\sigma}(\boldsymbol{\beta}_1)=\begin{bmatrix}1\\0\\0\end{bmatrix},\boldsymbol{\sigma}(\boldsymbol{\beta}_2)=\begin{bmatrix}1\\1\\0\end{bmatrix},\boldsymbol{\sigma}(\boldsymbol{\beta}_3)=\begin{bmatrix}1\\1\\0\end{bmatrix}.$$

有

$$\begin{aligned}\boldsymbol{B}&=(\boldsymbol{\beta}_1,\boldsymbol{\beta}_2,\boldsymbol{\beta}_3)^{-1}(\boldsymbol{\sigma}(\boldsymbol{\beta}_1),\boldsymbol{\sigma}(\boldsymbol{\beta}_2),\boldsymbol{\sigma}(\boldsymbol{\beta}_3))\\&=\begin{bmatrix}1&1&1\\0&1&1\\0&0&1\end{bmatrix}^{-1}\begin{bmatrix}1&1&1\\0&1&1\\0&0&0\end{bmatrix}=\begin{bmatrix}1&0&0\\0&1&1\\0&0&0\end{bmatrix}.\end{aligned}$$

由例3可以看出,线性变换的矩阵是由线性空间的基所决定的.一般情况下,同一线性变换$\boldsymbol{\sigma}$在不同的基下矩阵是不同的.下面的定理揭示了同一线性变换在两组不同的基下的矩阵之间内在的关系.

定理7.6　设$\boldsymbol{\sigma}$是线性空间$\mathbf{V}_n$上的一个线性变换.$\boldsymbol{\sigma}$在基$\boldsymbol{\alpha}_1,\boldsymbol{\alpha}_2,\cdots,\boldsymbol{\alpha}_n$下的矩阵为$\boldsymbol{A}$,$\boldsymbol{\sigma}$在基$\boldsymbol{\beta}_1,\boldsymbol{\beta}_2,\cdots,\boldsymbol{\beta}_n$下的矩阵为$\boldsymbol{B}$,且由基$\boldsymbol{\alpha}_1,\boldsymbol{\alpha}_2,\cdots,\boldsymbol{\alpha}_n$到基$\boldsymbol{\beta}_1,\boldsymbol{\beta}_2,\cdots,\boldsymbol{\beta}_n$的过渡矩阵为$\boldsymbol{T}$,则$\boldsymbol{B}=\boldsymbol{T}^{-1}\boldsymbol{A}\boldsymbol{T}$.

证　由题设可知

$$\boldsymbol{\sigma}(\boldsymbol{\alpha}_1,\boldsymbol{\alpha}_2,\cdots,\boldsymbol{\alpha}_n)=(\boldsymbol{\alpha}_1,\boldsymbol{\alpha}_2,\cdots,\boldsymbol{\alpha}_n)\boldsymbol{A},\tag{4}$$

$$\boldsymbol{\sigma}(\boldsymbol{\beta}_1,\boldsymbol{\beta}_2,\cdots,\boldsymbol{\beta}_n)=(\boldsymbol{\beta}_1,\boldsymbol{\beta}_2,\cdots,\boldsymbol{\beta}_n)\boldsymbol{B},\tag{5}$$

及

$$(\boldsymbol{\beta}_1,\boldsymbol{\beta}_2,\cdots,\boldsymbol{\beta}_n)=(\boldsymbol{\alpha}_1,\boldsymbol{\alpha}_2,\cdots,\boldsymbol{\alpha}_n)\boldsymbol{T}.\tag{6}$$

设

$$\boldsymbol{T}=\begin{bmatrix}t_{11}&t_{12}&\cdots&t_{1n}\\t_{21}&t_{22}&\cdots&t_{2n}\\\vdots&\vdots&&\vdots\\t_{n1}&t_{n2}&\cdots&t_{nn}\end{bmatrix},$$

由式(6)可知

$$\boldsymbol{\beta}_j = t_{1j}\boldsymbol{\alpha}_1 + t_{2j}\boldsymbol{\alpha}_2 + \cdots + t_{nj}\boldsymbol{\alpha}_n,$$

则有 $\boldsymbol{\sigma}(\boldsymbol{\beta}_j) = t_{1j}\boldsymbol{\sigma}(\boldsymbol{\alpha}_1) + t_{2j}\boldsymbol{\sigma}(\boldsymbol{\alpha}_2) + \cdots + t_{nj}\boldsymbol{\sigma}(\boldsymbol{\alpha}_n)$.

$$= (\boldsymbol{\sigma}(\boldsymbol{\alpha}_1), \boldsymbol{\sigma}(\boldsymbol{\alpha}_2), \cdots, \boldsymbol{\sigma}(\boldsymbol{\alpha}_n)) \begin{bmatrix} t_{1j} \\ t_{2j} \\ \vdots \\ t_{nj} \end{bmatrix} \quad (j = 1, 2, \cdots, n).$$

因此

$$(\boldsymbol{\sigma}(\boldsymbol{\beta}_1), \boldsymbol{\sigma}(\boldsymbol{\beta}_2), \cdots, \boldsymbol{\sigma}(\boldsymbol{\beta}_n)) = (\boldsymbol{\sigma}(\boldsymbol{\alpha}_1), \boldsymbol{\sigma}(\boldsymbol{\alpha}_2), \cdots, \boldsymbol{\sigma}(\boldsymbol{\alpha}_n))\boldsymbol{T},$$

即 $\boldsymbol{\sigma}(\boldsymbol{\beta}_1, \boldsymbol{\beta}_2, \cdots, \boldsymbol{\beta}_n) = \boldsymbol{\sigma}(\boldsymbol{\alpha}_1, \boldsymbol{\alpha}_2, \cdots, \boldsymbol{\alpha}_n)\boldsymbol{T}$.

将式(4)代入,有

$$\boldsymbol{\sigma}(\boldsymbol{\beta}_1, \boldsymbol{\beta}_2, \cdots, \boldsymbol{\beta}_n) = (\boldsymbol{\alpha}_1, \boldsymbol{\alpha}_2, \cdots, \boldsymbol{\alpha}_n)\boldsymbol{A}\boldsymbol{T}. \tag{7}$$

由式(6)可得到

$$(\boldsymbol{\alpha}_1, \boldsymbol{\alpha}_2, \cdots, \boldsymbol{\alpha}_n) = (\boldsymbol{\beta}_1, \boldsymbol{\beta}_2, \cdots, \boldsymbol{\beta}_n)\boldsymbol{T}^{-1}, \tag{8}$$

将式(8)代入式(7)中,得到

$$\boldsymbol{\sigma}(\boldsymbol{\beta}_1, \boldsymbol{\beta}_2, \cdots, \boldsymbol{\beta}_n) = (\boldsymbol{\beta}_1, \boldsymbol{\beta}_2, \cdots, \boldsymbol{\beta}_n)\boldsymbol{T}^{-1}\boldsymbol{A}\boldsymbol{T}. \tag{9}$$

比较式(5)与式(9),由于线性变换在取定的基 $\boldsymbol{\beta}_1, \boldsymbol{\beta}_2, \cdots, \boldsymbol{\beta}_n$ 下矩阵是唯一的,所以有 $\boldsymbol{B} = \boldsymbol{T}^{-1}\boldsymbol{A}\boldsymbol{T}$.

定理 7.6 表明,同一线性变换在不同基下的矩阵是相似的.反之;若 $\boldsymbol{B} = \boldsymbol{T}^{-1}\boldsymbol{A}\boldsymbol{T}$,其中 $\boldsymbol{A}$ 是 $\boldsymbol{\sigma}$ 在基 $\boldsymbol{\alpha}_1, \boldsymbol{\alpha}_2, \cdots, \boldsymbol{\alpha}_n$ 下的矩阵,则 $\boldsymbol{B}$ 必是 $\boldsymbol{\sigma}$ 在另一组基 $\boldsymbol{\beta}_1, \boldsymbol{\beta}_2, \cdots, \boldsymbol{\beta}_n$ 下的矩阵,并且

$$(\boldsymbol{\beta}_1, \boldsymbol{\beta}_2, \cdots, \boldsymbol{\beta}_3) = (\boldsymbol{\alpha}_1, \boldsymbol{\alpha}_2, \cdots, \boldsymbol{\alpha}_n)\boldsymbol{T}.$$

例 4 设 $\boldsymbol{\alpha}_1 = \begin{bmatrix} 1 \\ 0 \\ 1 \end{bmatrix}, \boldsymbol{\alpha}_2 = \begin{bmatrix} 0 \\ 1 \\ 0 \end{bmatrix}, \boldsymbol{\alpha}_3 = \begin{bmatrix} 0 \\ 0 \\ 1 \end{bmatrix}$ 是线性空间 $\mathbf{R}^3$ 的一组基,$\boldsymbol{\sigma}$ 是 $\mathbf{R}^3$ 上的一个线性变换,并且

$$\boldsymbol{\sigma}(\boldsymbol{\alpha}_1)=\begin{bmatrix}1\\0\\2\end{bmatrix},\boldsymbol{\sigma}(\boldsymbol{\alpha}_2)=\begin{bmatrix}-1\\2\\-1\end{bmatrix},\boldsymbol{\sigma}(\boldsymbol{\alpha}_3)=\begin{bmatrix}1\\0\\0\end{bmatrix}.$$

求线性变换 $\boldsymbol{\sigma}$ 在基 $\boldsymbol{\varepsilon}_1=\begin{bmatrix}1\\0\\0\end{bmatrix},\boldsymbol{\varepsilon}_2=\begin{bmatrix}0\\1\\0\end{bmatrix},\boldsymbol{\varepsilon}_3=\begin{bmatrix}0\\0\\1\end{bmatrix}$ 下的矩阵.

解

$$\boldsymbol{\sigma}(\boldsymbol{\alpha}_1)=\begin{bmatrix}1\\0\\2\end{bmatrix}=\boldsymbol{\alpha}_1+\boldsymbol{\alpha}_3,$$

$$\boldsymbol{\sigma}(\boldsymbol{\alpha}_2)=\begin{bmatrix}-1\\2\\-1\end{bmatrix}=-\boldsymbol{\alpha}_1+2\boldsymbol{\alpha}_2,$$

$$\boldsymbol{\sigma}(\boldsymbol{\alpha}_3)=\begin{bmatrix}1\\0\\0\end{bmatrix}=\boldsymbol{\alpha}_1-\boldsymbol{\alpha}_3.$$

所以 $\boldsymbol{\sigma}(\boldsymbol{\alpha}_1,\boldsymbol{\alpha}_2,\boldsymbol{\alpha}_3)=(\boldsymbol{\alpha}_1,\boldsymbol{\alpha}_2,\boldsymbol{\alpha}_3)\begin{bmatrix}1&-1&1\\0&2&0\\1&0&-1\end{bmatrix}=(\boldsymbol{\alpha}_1,\boldsymbol{\alpha}_2,\boldsymbol{\alpha}_3)\mathbf{A}.$

即 $\boldsymbol{\sigma}$ 在基 $\boldsymbol{\alpha}_1,\boldsymbol{\alpha}_2,\boldsymbol{\alpha}_3$ 下的矩阵为

$$\mathbf{A}=\begin{bmatrix}1&-1&1\\0&2&0\\1&0&-1\end{bmatrix}.$$

设 $\boldsymbol{\sigma}(\boldsymbol{\varepsilon}_1,\boldsymbol{\varepsilon}_2,\boldsymbol{\varepsilon}_3)=(\boldsymbol{\varepsilon}_1,\boldsymbol{\varepsilon}_2,\boldsymbol{\varepsilon}_3)\boldsymbol{B}.$

由于 $(\boldsymbol{\alpha}_1,\boldsymbol{\alpha}_2,\boldsymbol{\alpha}_3)=(\boldsymbol{\varepsilon}_1,\boldsymbol{\varepsilon}_2,\boldsymbol{\varepsilon}_3)\begin{bmatrix}1&0&0\\0&1&0\\1&0&1\end{bmatrix},$

故可求得 $(\boldsymbol{\varepsilon}_1,\boldsymbol{\varepsilon}_2,\boldsymbol{\varepsilon}_3)=(\boldsymbol{\alpha}_1,\boldsymbol{\alpha}_2,\boldsymbol{\alpha}_3)\boldsymbol{T},$

可以计算出 $T=\begin{bmatrix}1 & 0 & 0\\ 0 & 1 & 0\\ -1 & 0 & 1\end{bmatrix}$.

所以 $$\begin{aligned}B&=T^{-1}AT\\&=\begin{bmatrix}1 & 0 & 0\\ 0 & 1 & 0\\ 1 & 0 & 1\end{bmatrix}\begin{bmatrix}1 & -1 & 1\\ 0 & 2 & 0\\ 1 & 0 & -1\end{bmatrix}\begin{bmatrix}1 & 0 & 0\\ 0 & 1 & 0\\ -1 & 0 & 1\end{bmatrix}\\&=\begin{bmatrix}0 & -1 & 1\\ 0 & 2 & 0\\ 2 & -1 & 0\end{bmatrix}.\end{aligned}$$

习 题 7

1. 检验以下集合对于指定的运算是否构成实数域 $\mathbf{R}$ 上的线性空间.

(1) n 阶实对称(实反对称、上三角)矩阵的全体,对于矩阵的加法和实数与矩阵的乘法运算;

(2) n 阶可逆矩阵的全体,对于矩阵的加法和实数与矩阵的乘法运算;

(3)平面上不平行于某一固定向量的全体向量组成的集合,对于向量的加法及数与向量的乘法运算;

(4)主对角线上元素之和等于零的 n 阶方阵的全体,对于矩阵的加法和数与矩阵的乘法运算;

(5)齐次线性微分方程 $y''-y'-2y=0$ 的全部解组成的集合,对于通常函数的加法和实数与函数的乘法运算.

2. 在线性空间 $\mathbf{R}^n$ 中,满足下列条件的向量的全体是否构成 $\mathbf{R}^n$ 的子空间.

(1)分量之和等于零的向量的全体;

(2)分量之和等于 1 的向量的全体;

(3)第一个分量是整数的向量的全体.

3. 对第一题中的各线性空间,求出一组基及该空间的维数.

4. 求齐次线性方程组 $x_1+x_2+x_3+x_4=0$ 的解空间的一组基并确定其维数.

5. 已知 $\mathbf{R}^3$ 的一组基为

$$\boldsymbol{\alpha}_1=\begin{pmatrix}1\\2\\1\end{pmatrix},\boldsymbol{\alpha}_2=\begin{pmatrix}2\\3\\4\end{pmatrix},\boldsymbol{\alpha}_3=\begin{pmatrix}3\\4\\3\end{pmatrix},\text{求向量 }\boldsymbol{\alpha}=\begin{pmatrix}4\\1\\2\end{pmatrix}\text{在该基下的坐标.}$$

6. 在线性空间 $\mathbf{R}[x]_3$ 中,已知 $f_1(x)=2,f_2(x)=x-1,f_3(x)=(x+1)^2,f_4(x)=x^3$ 是一组基,求 $g(x)=2x^3-x^2+6x+5$ 在该基下的坐标.

7. 在线性空间 $\mathbf{R}^{2\times 2}$ 中,求向量 $\mathbf{A}=\begin{pmatrix}a&b\\c&d\end{pmatrix}$在基

$$\mathbf{A}_1=\begin{pmatrix}1&0\\0&0\end{pmatrix},\mathbf{A}_2=\begin{pmatrix}1&-1\\0&0\end{pmatrix},\mathbf{A}_3=\begin{pmatrix}1&-2\\1&0\end{pmatrix},\mathbf{A}_4=\begin{pmatrix}1&-3\\3&-1\end{pmatrix}$$

下的坐标.

8. 在 $\mathbf{R}^4$ 中取定两组基

$$(\text{I})\boldsymbol{\varepsilon}_1=\begin{pmatrix}1\\0\\0\\0\end{pmatrix},\boldsymbol{\varepsilon}_2=\begin{pmatrix}0\\1\\0\\0\end{pmatrix},\boldsymbol{\varepsilon}_3=\begin{pmatrix}0\\0\\1\\0\end{pmatrix},\boldsymbol{\varepsilon}_4=\begin{pmatrix}0\\0\\0\\1\end{pmatrix};$$

$$(\text{II})\boldsymbol{\alpha}_1=\begin{pmatrix}2\\1\\-1\\1\end{pmatrix},\boldsymbol{\alpha}_2=\begin{pmatrix}0\\3\\1\\0\end{pmatrix},\boldsymbol{\alpha}_3=\begin{pmatrix}5\\3\\2\\1\end{pmatrix},\boldsymbol{\alpha}_4=\begin{pmatrix}6\\6\\1\\3\end{pmatrix}.$$

(1)求由基(Ⅰ)到基(Ⅱ)的过渡矩阵;

(2)求在两组基下具有相同坐标的元素.

9. 在 $\mathbf{R}[x]_3$ 中,取定两组基

(Ⅰ)$1,x,x^2,x^3$;

(Ⅱ)$1,1+x,1+x+x^2,1+x+x^2+x^3$.

(1)求由基(Ⅰ)到基(Ⅱ)的过渡矩阵;

(2)求 $f(x)=1+2x+3x^2+4x^3$ 在基(Ⅱ)下的坐标;

(3)若多项式 $g(x)$ 在基(Ⅱ)下坐标为 $\begin{bmatrix}1\\2\\3\\4\end{bmatrix}$,求它在基(Ⅰ)下的坐标.

10. 判别下列哪些法则 $\boldsymbol{\sigma}$ 是线性变换.

(1)在 $\mathbf{R}^{n\times n}$ 中,取定两个固定元素 $\boldsymbol{B},\boldsymbol{C}$,对于任意 $\boldsymbol{X}\in\mathbf{R}^{n\times n}$,规定

$\boldsymbol{\sigma}(\boldsymbol{X})=\boldsymbol{BXC}$;

(2)在线性空间 $\mathbf{V}$ 中,取一固定元素 $\boldsymbol{\alpha}_0$,对于任意 $\boldsymbol{\alpha}\in\mathbf{V}$,规定

$\boldsymbol{\sigma}(\boldsymbol{\alpha})=\boldsymbol{\alpha}+\boldsymbol{\alpha}_0$;

(3)在 $\mathbf{R}^3$ 中,对于任意向量 $\boldsymbol{\alpha}=\begin{bmatrix}x_1\\x_2\\x_3\end{bmatrix}$,规定

$$\boldsymbol{\sigma}(\boldsymbol{\alpha})=\begin{bmatrix}x_1^2\\x_2+x_3\\x_3^2\end{bmatrix}.$$

11. 在 $\mathbf{R}[x]_3$ 中,证明微分变换 $\boldsymbol{D}[f(x)]=f'(x)$ 是线性变换,这里 $f'(x)$ 表示 $f(x)$ 的导数. 并求 $\boldsymbol{D}$ 在基 $1,1+x,1+x+x^2,1+x+x^2+x^3$ 下的矩阵.

12. 在 $\mathbf{R}^3$ 中,对于任意向量 $\boldsymbol{\alpha}=\begin{bmatrix}x\\y\\z\end{bmatrix}$,规定一个线性变换 $\boldsymbol{\sigma}$: $\boldsymbol{\sigma}(\boldsymbol{\alpha})=\begin{bmatrix}2x-y\\y+z\\x\end{bmatrix}$,求 $\boldsymbol{\sigma}$ 在基 $\boldsymbol{\alpha}_1=\begin{bmatrix}1\\0\\0\end{bmatrix}$,$\boldsymbol{\alpha}_2=\begin{bmatrix}0\\1\\0\end{bmatrix}$,$\boldsymbol{\alpha}_3=\begin{bmatrix}1\\1\\1\end{bmatrix}$ 下的矩阵.

13. 设 $\boldsymbol{\alpha}_1=\begin{bmatrix}-1\\0\\2\end{bmatrix}$,$\boldsymbol{\alpha}_2=\begin{bmatrix}0\\1\\1\end{bmatrix}$,$\boldsymbol{\alpha}_3=\begin{bmatrix}3\\-1\\0\end{bmatrix}$ 为 $\mathbf{R}^3$ 上的一组基,又 $\boldsymbol{\sigma}$ 为 $\mathbf{R}^3$ 上的一个线性变换,且

$$\boldsymbol{\sigma}(\boldsymbol{\alpha}_1)=\begin{bmatrix}-5\\0\\3\end{bmatrix},\boldsymbol{\sigma}(\boldsymbol{\alpha}_2)=\begin{bmatrix}0\\-1\\6\end{bmatrix},\boldsymbol{\sigma}(\boldsymbol{\alpha}_3)=\begin{bmatrix}-5\\-1\\9\end{bmatrix}.$$

(1)求 $\boldsymbol{\sigma}$ 在基 $\boldsymbol{\alpha}_1,\boldsymbol{\alpha}_2,\boldsymbol{\alpha}_3$ 下的矩阵；

(2)求 $\boldsymbol{\sigma}$ 在基 $\boldsymbol{\varepsilon}_1=\begin{bmatrix}1\\0\\0\end{bmatrix},\boldsymbol{\varepsilon}_2=\begin{bmatrix}0\\1\\0\end{bmatrix},\boldsymbol{\varepsilon}_3=\begin{bmatrix}0\\0\\1\end{bmatrix}$ 下的矩阵.

14. 在 $\mathbf{R}^3$ 中,线性变换 $\boldsymbol{\sigma}$ 在基 $\boldsymbol{\varepsilon}_1=\begin{bmatrix}1\\0\\0\end{bmatrix},\boldsymbol{\varepsilon}_2=\begin{bmatrix}0\\1\\0\end{bmatrix},\boldsymbol{\varepsilon}_3=\begin{bmatrix}0\\0\\1\end{bmatrix}$ 下的矩阵为

$\mathbf{A}=\begin{bmatrix}2&0&3\\0&-2&-1\\1&-1&4\end{bmatrix}$,又 $\boldsymbol{\alpha}$ 在基 $\boldsymbol{\beta}_1=\begin{bmatrix}1\\2\\3\end{bmatrix},\boldsymbol{\beta}_2=\begin{bmatrix}1\\3\\5\end{bmatrix},\boldsymbol{\beta}_3=\begin{bmatrix}0\\2\\1\end{bmatrix}$ 下坐标为 $\begin{bmatrix}1\\-2\\1\end{bmatrix}$.

(1)求 $\boldsymbol{\sigma}$ 在基 $\boldsymbol{\beta}_1,\boldsymbol{\beta}_2,\boldsymbol{\beta}_3$ 下的矩阵；

(2)求 $\boldsymbol{\sigma}(\boldsymbol{\alpha})$在基 $\boldsymbol{\beta}_1,\boldsymbol{\beta}_2,\boldsymbol{\beta}_3$ 下的坐标.

15. 已知 $\boldsymbol{\alpha}_1,\boldsymbol{\alpha}_2,\boldsymbol{\alpha}_3$ 是线性空间 $\mathbf{V}_3$ 的一组基,线性变换 $\boldsymbol{\sigma}$ 在该基下的矩阵为

$$\mathbf{A}=\begin{bmatrix}1&2&2\\2&1&2\\2&2&1\end{bmatrix},$$

且 $\boldsymbol{\beta}_1=\boldsymbol{\alpha}_1+\boldsymbol{\alpha}_2+\boldsymbol{\alpha}_3,\boldsymbol{\beta}_2=-\boldsymbol{\alpha}_1+\boldsymbol{\alpha}_2,\boldsymbol{\beta}_3=-\boldsymbol{\alpha}_2+\boldsymbol{\alpha}_3$.

(1)证明 $\boldsymbol{\beta}_1,\boldsymbol{\beta}_2,\boldsymbol{\beta}_3$ 也是 $\mathbf{V}_3$ 的一组基；

(2)求 $\boldsymbol{\sigma}$ 在基 $\boldsymbol{\beta}_1,\boldsymbol{\beta}_2,\boldsymbol{\beta}_3$ 下的矩阵.

16. 已知 $\boldsymbol{\alpha}_1=\begin{bmatrix}1\\1\\1\end{bmatrix},\boldsymbol{\alpha}_2=\begin{bmatrix}1\\1\\0\end{bmatrix},\boldsymbol{\alpha}_3=\begin{bmatrix}1\\0\\0\end{bmatrix}$ 是 $\mathbf{R}^3$ 的一组基,$\boldsymbol{\sigma}$ 是 $\mathbf{R}^3$ 上的一个线性变换,且 $\boldsymbol{\sigma}(\boldsymbol{\alpha}_1)=\boldsymbol{\alpha}_3,\boldsymbol{\sigma}(\boldsymbol{\alpha}_2)=\boldsymbol{\alpha}_2,\boldsymbol{\sigma}(\boldsymbol{\alpha}_3)=\boldsymbol{\alpha}_1$,求 $\mathbf{R}^3$ 的另一组基,使得 $\boldsymbol{\sigma}$ 在这组基下的矩阵为对角形矩阵.

第 8 章　欧几里得空间

n 维向量空间 $\mathbf{R}^n$ 是通常二维、三维几何空间的推广，而一般的线性空间又是 $\mathbf{R}^n$ 空间的推广. 线性空间是线性代数一个主要的研究对象. 但是，在线性空间中，向量之间的运算仅限于线性运算，与几何空间相比较，向量的长度、夹角等有关的度量概念没有得到反映，而向量的度量性质在应用上又是很重要的. 本章主要是在实线性空间中引入向量内积的基础上，给出向量的长度与向量之间夹角等度量概念，并且讨论了欧几里得空间的标准正交基和正交变换.

8.1　向量的内积与欧氏空间

定义 8.1　设 $\mathbf{V}$ 是实数域 $\mathbf{R}$ 上的线性空间，对于 $\mathbf{V}$ 中任意两个向量 $\boldsymbol{\alpha},\boldsymbol{\beta}$，若按照一定的法则，都有一个记作 $(\boldsymbol{\alpha},\boldsymbol{\beta})$ 的实数与之对应，并且 $(\boldsymbol{\alpha},\boldsymbol{\beta})$ 满足

(1) $(\boldsymbol{\alpha},\boldsymbol{\beta})=(\boldsymbol{\beta},\boldsymbol{\alpha})$,

(2) $(\boldsymbol{\alpha}+\boldsymbol{\beta},\boldsymbol{\gamma})=(\boldsymbol{\alpha},\boldsymbol{\gamma})+(\boldsymbol{\beta},\boldsymbol{\gamma})$,

(3) $(k\boldsymbol{\alpha},\boldsymbol{\beta})=k(\boldsymbol{\alpha},\boldsymbol{\beta})$,

(4) $(\boldsymbol{\alpha},\boldsymbol{\alpha})\geqslant 0$，当且仅当 $\boldsymbol{\alpha}=\boldsymbol{O}$ 时，$(\boldsymbol{\alpha},\boldsymbol{\alpha})=0$.

其中 $\boldsymbol{\alpha},\boldsymbol{\beta},\boldsymbol{\gamma}$ 是 $\mathbf{V}$ 中任意向量，k 是 $\mathbf{R}$ 中任意实数. 则称 $(\boldsymbol{\alpha},\boldsymbol{\beta})$ 为 $\boldsymbol{\alpha}$ 与 $\boldsymbol{\beta}$ 的内积. $\mathbf{V}$ 称为关于这个内积的欧几里得(Euclid)空间，简称欧氏空间.

由定义 8.1 容易得到，向量的内积有以下基本性质：

(1) $(\boldsymbol{\alpha},\boldsymbol{\beta}+\boldsymbol{\gamma})=(\boldsymbol{\alpha},\boldsymbol{\beta})+(\boldsymbol{\alpha},\boldsymbol{\gamma})$;

(2)$(\boldsymbol{\alpha},k\boldsymbol{\beta})=k(\boldsymbol{\alpha},\boldsymbol{\beta})$;

(3)$(\boldsymbol{O},\boldsymbol{\alpha})=(\boldsymbol{\alpha},\boldsymbol{O})=0$;

(4)对于 $\boldsymbol{V}$ 中任意向量 $\boldsymbol{\alpha}_1,\boldsymbol{\alpha}_2,\cdots,\boldsymbol{\alpha}_m$ 和 $\boldsymbol{\beta}_1,\boldsymbol{\beta}_2,\cdots,\boldsymbol{\beta}_n$ 及任意实数 $k_1,k_2,\cdots,k_m$ 和 $l_1,l_2,\cdots,l_n$ 有

$$\left(\sum_{i=1}^{m}k_i\boldsymbol{\alpha}_i,\sum_{j=1}^{n}l_j\boldsymbol{\beta}_j\right)=\sum_{i=1}^{m}\sum_{j=1}^{n}k_il_j(\boldsymbol{\alpha}_i,\boldsymbol{\beta}_j).$$

在具体的实线性空间中,可以定义各种特定的内积,使之构成欧氏空间.

例 1 在线性空间 $\mathbf{R}^n$ 中,对于任意两个向量

$$\boldsymbol{\alpha}=\begin{bmatrix}a_1\\a_2\\\vdots\\a_n\end{bmatrix},\boldsymbol{\beta}=\begin{bmatrix}b_1\\b_2\\\vdots\\b_n\end{bmatrix},$$

定义 $$(\boldsymbol{\alpha},\boldsymbol{\beta})=a_1b_1+a_2b_2+\cdots+a_nb_n=\sum_{i=1}^{n}a_ib_i. \tag{1}$$

这就是第 5 章中定义的向量的内积. 已经验证该定义满足定义 8.1 中的四个条件,因此对于这样定义的内积,实线性空间 $\mathbf{R}^n$ 构成一个欧氏空间. 我们称之为欧氏空间 $\mathbf{R}^n$.

例 2 闭区间$[a,b]$上的一切连续实函数,对于通常的实函数的加法及实数与函数的乘法,构成实数域 $\mathbf{R}$ 上的线性空间,并记为 $\mathrm{C}[a,b]$.

在 $\mathrm{C}[a,b]$中,对于任意两个连续函数 $f(x),g(x)$,定义

$$(f(x),g(x))=\int_a^b f(x)g(x)\mathrm{d}x. \tag{2}$$

根据定积分的性质,容易验证,这样定义的式(2)满足定义 8.1 中的四个条件,因此确定了一个内积. 则 $\mathrm{C}[a,b]$对于内积(2)构成一个欧氏空间.

例 3 在实数域 $\mathbf{R}$ 上的线性空间 $\mathbf{R}^{n\times n}$ 中,对任意 n 阶方阵

$\mathbf{A}=(a_{ij})$，$\boldsymbol{B}=(b_{ij})$，定义

$$(\mathbf{A},\boldsymbol{B})=\sum_{i=1}^{n}\sum_{j=1}^{n}a_{ij}b_{ij}=\operatorname{tr}(\boldsymbol{AB}^{\mathrm{T}}).\tag{3}$$

则有(1)$(\mathbf{A},\boldsymbol{B})=\operatorname{tr}(\boldsymbol{AB}^{\mathrm{T}})=\operatorname{tr}(\boldsymbol{BA}^{\mathrm{T}})^{\mathrm{T}}=\operatorname{tr}(\boldsymbol{BA}^{\mathrm{T}})=(\boldsymbol{B},\mathbf{A})$；

(2)设 $\boldsymbol{C}\in\mathbf{R}^{n\times n}$，

$$\begin{aligned}(\mathbf{A}+\boldsymbol{B},\boldsymbol{C})&=\operatorname{tr}((\mathbf{A}+\boldsymbol{B})\boldsymbol{C}^{\mathrm{T}})=\operatorname{tr}(\boldsymbol{AC}^{\mathrm{T}})+\operatorname{tr}(\boldsymbol{BC}^{\mathrm{T}})\\&=(\mathbf{A},\boldsymbol{C})+(\boldsymbol{B},\boldsymbol{C});\end{aligned}$$

(3)设 $k\in\mathbf{R}$，

$$(k\mathbf{A},\boldsymbol{B})=\operatorname{tr}((k\mathbf{A})\boldsymbol{B}^{\mathrm{T}})=k[\operatorname{tr}(\boldsymbol{AB}^{\mathrm{T}})]=k(\mathbf{A},\boldsymbol{B});$$

(4)$(\mathbf{A},\mathbf{A})=\operatorname{tr}(\boldsymbol{AA}^{\mathrm{T}})=\sum_{i=1}^{n}\sum_{j=1}^{n}a_{ij}^{2}\geqslant 0$，当且仅当 $\mathbf{A}=\boldsymbol{O}$ 时，即 $a_{ij}=0$ 时，$(\mathbf{A},\mathbf{A})=0$.

根据定义 8.1，这样定义的式(3)是线性空间 $\mathbf{R}^{n\times n}$ 中矩阵 $\mathbf{A}$ 与 $\boldsymbol{B}$ 的内积，对于这个内积，$\mathbf{R}^{n\times n}$ 构成一个欧氏空间.

由定义 8.1 的条件(4)可知，对 $\mathbf{V}$ 中任意向量 $\boldsymbol{\alpha}$，有 $(\boldsymbol{\alpha},\boldsymbol{\alpha})\geqslant 0$，因此其算术平方根 $\sqrt{(\boldsymbol{\alpha},\boldsymbol{\alpha})}$ 为一确定的非负实数.

定义 8.2 对欧氏空间 $\mathbf{V}$ 中的任一向量 $\boldsymbol{\alpha}$，称非负实数 $\sqrt{(\boldsymbol{\alpha},\boldsymbol{\alpha})}$ 为向量 $\boldsymbol{\alpha}$ 的长度，记为

$$|\boldsymbol{\alpha}|=\sqrt{(\boldsymbol{\alpha},\boldsymbol{\alpha})}.$$

显然，任何非零向量的长度都是一个确定的正实数，只有零向量的长度为 0.

例如，在欧氏空间 $\mathbf{R}^n$ 中，$\boldsymbol{\alpha}=\begin{bmatrix}a_1\\a_2\\\vdots\\a_n\end{bmatrix}$，则

$$|\boldsymbol{\alpha}|=\sqrt{a_1^2+a_2^2+\cdots+a_n^2}.$$

在 $\mathrm{C}[a,b]$ 中，任意向量 $f(x)$ 的长度为

$$|f(x)|=\sqrt{\int_a^b f^2(x)\mathrm{d}x}.$$

在欧氏空间 $\mathbf{R}^{n\times n}$ 中，任意向量 $\grave{\mathbf{A}}$ 的长度为

$$|\boldsymbol{A}|=\sqrt{\mathrm{tr}(\boldsymbol{A}\boldsymbol{A}^{\mathrm{T}})}=\sqrt{\sum_{i=1}^{n}\sum_{j=1}^{n}a_{ij}^2}.$$

对于欧氏空间 $\boldsymbol{V}$ 中任意向量 $\boldsymbol{\alpha}$ 及任意实数 k，有

$$|k\boldsymbol{\alpha}|=\sqrt{(k\boldsymbol{\alpha},k\boldsymbol{\alpha})}=\sqrt{k^2(\boldsymbol{\alpha},\boldsymbol{\alpha})}=|k||\boldsymbol{\alpha}|.$$

长度为 1 的向量称为单位向量. 如果 $\boldsymbol{\alpha}\neq\boldsymbol{O}$，则 $\dfrac{\boldsymbol{\alpha}}{|\boldsymbol{\alpha}|}$ 就是一个单位向量. 通常把 $\boldsymbol{\alpha}$ 乘以 $\dfrac{1}{|\boldsymbol{\alpha}|}$ 称为将向量 $\boldsymbol{\alpha}$ 进行单位化.

从内积的定义和性质可以知道，在几何空间中向量的数量积就是一个内积. 在空间解析几何中，向量 $\boldsymbol{\alpha}=\begin{bmatrix}a_1\\a_2\\a_3\end{bmatrix}$ 与 $\boldsymbol{\beta}=\begin{bmatrix}b_1\\b_2\\b_3\end{bmatrix}$ 的夹角 θ 可以用内积来表示，即

$$\cos\theta=\frac{(\boldsymbol{\alpha},\boldsymbol{\beta})}{|\boldsymbol{\alpha}||\boldsymbol{\beta}|}.$$

其中 $(\boldsymbol{\alpha},\boldsymbol{\beta})=a_1b_1+a_2b_2+a_3b_3$，$|\boldsymbol{\alpha}|=\sqrt{a_1^2+a_2^2+a_3^2}$，$|\boldsymbol{\beta}|=\sqrt{b_1^2+b_2^2+b_3^2}$. 这里 $|\cos\theta|\leqslant 1$. 为了在一般欧氏空间中利用上述公式定义向量间的夹角，必须证明在一般的欧氏空间中有

$$\left|\frac{(\boldsymbol{\alpha},\boldsymbol{\beta})}{|\boldsymbol{\alpha}||\boldsymbol{\beta}|}\right|\leqslant 1 \text{ 或者 } (\boldsymbol{\alpha},\boldsymbol{\beta})^2\leqslant(\boldsymbol{\alpha},\boldsymbol{\alpha})(\boldsymbol{\beta},\boldsymbol{\beta}) \text{ 成立}.$$

定理 8.1 对于欧氏空间中任意两个向量 $\boldsymbol{\alpha},\boldsymbol{\beta}$，恒有不等式

$$(\boldsymbol{\alpha},\boldsymbol{\beta})^2\leqslant(\boldsymbol{\alpha},\boldsymbol{\alpha})(\boldsymbol{\beta},\boldsymbol{\beta}) \tag{4}$$

成立. 当且仅当 $\boldsymbol{\alpha},\boldsymbol{\beta}$ 线性相关时，等号成立.

证 (1) 当 $\boldsymbol{\alpha},\boldsymbol{\beta}$ 线性无关时，$\boldsymbol{\alpha},\boldsymbol{\beta}$ 均为非零向量，则对于任意实数 x，都有向量 $\boldsymbol{\gamma}=x\boldsymbol{\alpha}+\boldsymbol{\beta}\neq\boldsymbol{O}$，从而

$$(\boldsymbol{\gamma},\boldsymbol{\gamma})=(x\boldsymbol{\alpha}+\boldsymbol{\beta},x\boldsymbol{\alpha}+\boldsymbol{\beta})>0,$$

即
$$(\boldsymbol{\alpha},\boldsymbol{\alpha})x^2+2(\boldsymbol{\alpha},\boldsymbol{\beta})x+(\boldsymbol{\beta},\boldsymbol{\beta})>0.$$

由于对任意实数 $\boldsymbol{x}$,左端为 x 的二次三项式均大于零,又$(\boldsymbol{\alpha},\boldsymbol{\alpha})>0$,故其判别式

$$\Delta=4(\boldsymbol{\alpha},\boldsymbol{\beta})^2-4(\boldsymbol{\alpha},\boldsymbol{\alpha})(\boldsymbol{\beta},\boldsymbol{\beta})<0,$$

即
$$(\boldsymbol{\alpha},\boldsymbol{\beta})^2<(\boldsymbol{\alpha},\boldsymbol{\alpha})(\boldsymbol{\beta},\boldsymbol{\beta}).$$

(2)当 $\boldsymbol{\alpha},\boldsymbol{\beta}$ 线性相关时,若 $\boldsymbol{\alpha},\boldsymbol{\beta}$ 中有一个向量为零向量,显然式(4)等号成立.

若 $\boldsymbol{\alpha},\boldsymbol{\beta}$ 均不为零向量,则必有 $\boldsymbol{\alpha}=k\boldsymbol{\beta}$($k$ 为常数).此时

$$\begin{aligned}(\boldsymbol{\alpha},\boldsymbol{\beta})^2&=(k\boldsymbol{\beta},\boldsymbol{\beta})(k\boldsymbol{\beta},\boldsymbol{\beta})=k^2(\boldsymbol{\beta},\boldsymbol{\beta})(\boldsymbol{\beta},\boldsymbol{\beta})\\&=(k\boldsymbol{\beta},k\boldsymbol{\beta})(\boldsymbol{\beta},\boldsymbol{\beta})=(\boldsymbol{\alpha},\boldsymbol{\alpha})(\boldsymbol{\beta},\boldsymbol{\beta}).\end{aligned}$$

反之,当$(\boldsymbol{\alpha},\boldsymbol{\beta})^2=(\boldsymbol{\alpha},\boldsymbol{\alpha})(\boldsymbol{\beta},\boldsymbol{\beta})$时,或者 $\boldsymbol{\alpha},\boldsymbol{\beta}$ 中有一个是零向量时,$\boldsymbol{\alpha},\boldsymbol{\beta}$ 线性相关;或者 $\boldsymbol{\alpha},\boldsymbol{\beta}$ 均不为零向量时,可以作一个关于 x 的二次三项式

$$(\boldsymbol{\alpha},\boldsymbol{\alpha})x^2+2(\boldsymbol{\alpha},\boldsymbol{\beta})x+(\boldsymbol{\beta},\boldsymbol{\beta}),$$

由其判别式 $\Delta=0$,可知必有两个相等的实根 $x=k$ 使得

$$(\boldsymbol{\alpha},\boldsymbol{\alpha})k^2+2(\boldsymbol{\alpha},\boldsymbol{\beta})k+(\boldsymbol{\beta},\boldsymbol{\beta})=0$$

成立.即

$$(k\boldsymbol{\alpha}+\boldsymbol{\beta},k\boldsymbol{\alpha}+\boldsymbol{\beta})=0,$$

从而 $k\boldsymbol{\alpha}+\boldsymbol{\beta}=\boldsymbol{O}$,于是 $\boldsymbol{\alpha},\boldsymbol{\beta}$ 线性相关.

定理 8.1 中的不等式(4)称为柯西—施瓦茨不等式.将公式(4)用于例 1 便有

$$\Big(\sum_{i=1}^{n}a_ib_i\Big)^2\leqslant\Big(\sum_{i=1}^{n}a_i^2\Big)\Big(\sum_{i=1}^{n}b_i^2\Big).$$

将公式(4)用于例 2 便有

$$\Big[\int_a^b f(x)g(x)\mathrm{d}x\Big]^2\leqslant\int_a^b f^2(x)\mathrm{d}x\int_a^b g^2(x)\mathrm{d}x.$$

由于向量的内积满足柯西—施瓦茨不等式,可以利用向量的

内积定义两个非零向量之间的夹角.

定义 8.3 在欧氏空间中,两个非零向量 $\boldsymbol{\alpha}$ 与 $\boldsymbol{\beta}$ 的夹角 θ 规定为

$$\theta=\arccos\frac{(\boldsymbol{\alpha},\boldsymbol{\beta})}{|\boldsymbol{\alpha}||\boldsymbol{\beta}|}\ (0\leqslant\theta\leqslant\pi).$$

如果向量 $\boldsymbol{\alpha}$ 与 $\boldsymbol{\beta}$ 的内积为零,即 $(\boldsymbol{\alpha},\boldsymbol{\beta})=0$. 称 $\boldsymbol{\alpha}$ 与 $\boldsymbol{\beta}$ 正交,记作 $\boldsymbol{\alpha}\perp\boldsymbol{\beta}$.

由于零向量与任何向量的内积都是零,因此,零向量与任何向量都正交.

由不等式(4)及向量正交的定义,可以得到下面的结论:

(1) $|\boldsymbol{\alpha}+\boldsymbol{\beta}|\leqslant|\boldsymbol{\alpha}|+|\boldsymbol{\beta}|$;

(2) $|\boldsymbol{\alpha}-\boldsymbol{\beta}|\geqslant|\boldsymbol{\alpha}|-|\boldsymbol{\beta}|$;

(3)当 $\boldsymbol{\alpha}$ 与 $\boldsymbol{\beta}$ 正交时, $|\boldsymbol{\alpha}+\boldsymbol{\beta}|^2=|\boldsymbol{\alpha}|^2+|\boldsymbol{\beta}|^2$.

证 (1)

$$\begin{aligned}|\boldsymbol{\alpha}+\boldsymbol{\beta}|^2&=(\boldsymbol{\alpha}+\boldsymbol{\beta},\boldsymbol{\alpha}+\boldsymbol{\beta})\\&=(\boldsymbol{\alpha},\boldsymbol{\alpha})+2(\boldsymbol{\alpha},\boldsymbol{\beta})+(\boldsymbol{\beta},\boldsymbol{\beta})\\&\leqslant|\boldsymbol{\alpha}|^2+2|\boldsymbol{\alpha}||\boldsymbol{\beta}|+|\boldsymbol{\beta}|^2\\&=(|\boldsymbol{\alpha}|+|\boldsymbol{\beta}|)^2,\end{aligned}$$

故 $$|\boldsymbol{\alpha}+\boldsymbol{\beta}|\leqslant|\boldsymbol{\alpha}|+|\boldsymbol{\beta}|.$$

(2) $|\boldsymbol{\alpha}|=|\boldsymbol{\alpha}-\boldsymbol{\beta}+\boldsymbol{\beta}|\leqslant|\boldsymbol{\alpha}-\boldsymbol{\beta}|+|\boldsymbol{\beta}|$,

故 $$|\boldsymbol{\alpha}-\boldsymbol{\beta}|\geqslant|\boldsymbol{\alpha}|-|\boldsymbol{\beta}|.$$

(3)由于 $\boldsymbol{\alpha}$ 与 $\boldsymbol{\beta}$ 正交,有 $(\boldsymbol{\alpha},\boldsymbol{\beta})=0$,

于是 $$\begin{aligned}|\boldsymbol{\alpha}+\boldsymbol{\beta}|^2&=(\boldsymbol{\alpha}+\boldsymbol{\beta},\boldsymbol{\alpha}+\boldsymbol{\beta})=(\boldsymbol{\alpha},\boldsymbol{\alpha})+(\boldsymbol{\beta},\boldsymbol{\beta})\\&=|\boldsymbol{\alpha}|^2+|\boldsymbol{\beta}|^2.\end{aligned}$$

上面的(1),式(2)就是通常的三角不等式,式(3)为欧氏空间中的勾股定理.

8.2 度量矩阵与标准正交基

设 $\mathbf{V}$ 是一个 n 维欧氏空间,在 $\mathbf{V}$ 中取一组基 $\boldsymbol{\alpha}_1,\boldsymbol{\alpha}_2,\cdots,\boldsymbol{\alpha}_n$,对于 $\mathbf{V}$ 中任意两个向量 $\boldsymbol{\alpha},\boldsymbol{\beta}$,都可以由这组基线性表示.

$$\boldsymbol{\alpha}=x_1\boldsymbol{\alpha}_1+x_2\boldsymbol{\alpha}_2+\cdots+x_n\boldsymbol{\alpha}_n,$$
$$\boldsymbol{\beta}=y_1\boldsymbol{\alpha}_1+y_2\boldsymbol{\alpha}_2+\cdots+y_n\boldsymbol{\alpha}_n.$$

由内积的性质(4)可以得到

$$(\boldsymbol{\alpha},\boldsymbol{\beta})=\left(\sum_{i=1}^{n}x_i\boldsymbol{\alpha}_i,\sum_{j=1}^{n}y_j\boldsymbol{\alpha}_j\right)=\sum_{i=1}^{n}\sum_{j=1}^{n}x_iy_j(\boldsymbol{\alpha}_i,\boldsymbol{\alpha}_j).$$

该式说明 $\boldsymbol{\alpha}$ 与 $\boldsymbol{\beta}$ 的内积可以通过基向量之间的内积以及向量在该基下的坐标表示出来.

若令 $(\boldsymbol{\alpha}_i,\boldsymbol{\alpha}_j)=(a_{ij})\ (i,j=1,2,\cdots,n)$.

记
$$\mathbf{A}=\begin{bmatrix}(\boldsymbol{\alpha}_1,\boldsymbol{\alpha}_1) & (\boldsymbol{\alpha}_1,\boldsymbol{\alpha}_2) & \cdots & (\boldsymbol{\alpha}_1,\boldsymbol{\alpha}_n)\\ (\boldsymbol{\alpha}_2,\boldsymbol{\alpha}_1) & (\boldsymbol{\alpha}_2,\boldsymbol{\alpha}_2) & \cdots & (\boldsymbol{\alpha}_2,\boldsymbol{\alpha}_n)\\ \vdots & \vdots & & \vdots\\ (\boldsymbol{\alpha}_n,\boldsymbol{\alpha}_1) & (\boldsymbol{\alpha}_n,\boldsymbol{\alpha}_2) & \cdots & (\boldsymbol{\alpha}_n,\boldsymbol{\alpha}_n)\end{bmatrix}$$
$$=\begin{bmatrix}a_{11} & a_{12} & \cdots & a_{1n}\\ a_{21} & a_{22} & \cdots & a_{2n}\\ \vdots & \vdots & & \vdots\\ a_{n1} & a_{n2} & \cdots & a_{nn}\end{bmatrix}.$$

则 $\boldsymbol{\alpha}$ 与 $\boldsymbol{\beta}$ 的内积可以表示为

$$(\boldsymbol{\alpha},\boldsymbol{\beta})=\mathbf{X}^{\mathrm{T}}\mathbf{A}\mathbf{Y}. \tag{1}$$

其中

$$\mathbf{X}=\begin{bmatrix}x_1\\ x_2\\ \vdots\\ x_n\end{bmatrix},\ \mathbf{Y}=\begin{bmatrix}y_1\\ y_2\\ \vdots\\ y_n\end{bmatrix},$$

分别是向量 $\boldsymbol{\alpha}$ 与 $\boldsymbol{\beta}$ 在基 $\boldsymbol{\alpha}_1,\boldsymbol{\alpha}_2,\cdots,\boldsymbol{\alpha}_n$ 下的坐标向量. 这里称矩阵 $\boldsymbol{A}$ 为基 $\boldsymbol{\alpha}_1,\boldsymbol{\alpha}_2,\cdots,\boldsymbol{\alpha}_n$ 的度量矩阵.

显然,知道了一组基的度量矩阵之后,欧氏空间 $\boldsymbol{V}$ 中任意两个向量的内积就可以通过它们在该基下的坐标及基的度量矩阵来计算. 因而度量矩阵完全确定了内积.

由上面的讨论可以看出,当 $\boldsymbol{A}=\boldsymbol{E}$ 时,向量内积的表达形式最简单. 就是说,当取定的基 $\boldsymbol{\alpha}_1,\boldsymbol{\alpha}_2,\cdots,\boldsymbol{\alpha}_n$ 满足

$$(\boldsymbol{\alpha}_i,\boldsymbol{\alpha}_j)=\begin{cases}0, & i\neq j,\\ 1, & i=j\end{cases}\quad (i,j=1,2,\cdots,n)$$

时,向量的内积最容易计算.

定义 8.4 在欧氏空间 $\boldsymbol{V}$ 中,一组非零的两两正交的向量组称为欧氏空间的一个正交向量组.

显然,若 $\boldsymbol{\alpha}_1,\boldsymbol{\alpha}_2,\cdots,\boldsymbol{\alpha}_n$ 是欧氏空间的一个正交向量组,则当 $i\neq j$ 时,$(\boldsymbol{\alpha}_i,\boldsymbol{\alpha}_j)=0$,当 $i=j$ 时,$(\boldsymbol{\alpha}_i,\boldsymbol{\alpha}_i)$为一正数($i,j=1,2,\cdots,n$). 在第 5 章中,已经证明了 $\mathbf{R}^n$ 中正交向量组必是线性无关的,这一结论可以推广到任何一个欧氏空间,其证明方法与第 5 章中的方法类似.

定义 8.5 在 n 维欧氏空间 $\boldsymbol{V}$ 中,满足

$$(\boldsymbol{\alpha}_i,\boldsymbol{\alpha}_j)=\begin{cases}0, & i\neq j,\\ 1, & i=j\end{cases}\quad (i,j=1,2,\cdots,n)$$

的一组基 $\boldsymbol{\alpha}_1,\boldsymbol{\alpha}_2,\cdots,\boldsymbol{\alpha}_n$ 称为 $\boldsymbol{V}$ 的一组标准正交基.

如在 n 维欧氏空间 $\mathbf{R}^n$ 中,向量组

$$\boldsymbol{\varepsilon}_1=\begin{bmatrix}1\\0\\\vdots\\0\end{bmatrix},\boldsymbol{\varepsilon}_2=\begin{bmatrix}0\\1\\\vdots\\0\end{bmatrix},\cdots,\boldsymbol{\varepsilon}_n=\begin{bmatrix}0\\0\\\vdots\\1\end{bmatrix}$$

就是一组标准正交基. 当然,$\mathbf{R}^n$ 中的标准正交基并不唯一.

由定义 8.5 可知，任一组标准正交基的度量矩阵必是单位矩阵 $\boldsymbol{E}$.

如果 $\boldsymbol{\alpha}_1,\boldsymbol{\alpha}_2,\cdots,\boldsymbol{\alpha}_n$ 是 n 维欧氏空间 $\mathbf{V}$ 的一组标准正交基，而 $\boldsymbol{\alpha}$ 与 $\boldsymbol{\beta}$ 为 $\mathbf{V}$ 中任意两个向量，有

$$\boldsymbol{\alpha}=x_1\boldsymbol{\alpha}_1+x_2\boldsymbol{\alpha}_2+\cdots+x_n\boldsymbol{\alpha}_n,$$

$$\boldsymbol{\beta}=y_1\boldsymbol{\alpha}_1+y_2\boldsymbol{\alpha}_2+\cdots+y_n\boldsymbol{\alpha}_n.$$

由于该基的度量矩阵 $\mathbf{A}=\boldsymbol{E}$，因此两向量 $\boldsymbol{\alpha},\boldsymbol{\beta}$ 的内积可写为

$$(\boldsymbol{\alpha},\boldsymbol{\beta})=\boldsymbol{X}^{\mathrm{T}}\boldsymbol{E}\boldsymbol{Y}=\boldsymbol{X}^{\mathrm{T}}\boldsymbol{Y}=(\boldsymbol{X},\boldsymbol{Y}),$$

其中

$$\boldsymbol{X}=\begin{bmatrix}x_1\\x_2\\\vdots\\x_n\end{bmatrix},\boldsymbol{Y}=\begin{bmatrix}y_1\\y_2\\\vdots\\y_n\end{bmatrix},$$

分别是 $\boldsymbol{\alpha},\boldsymbol{\beta}$ 在基 $\boldsymbol{\alpha}_1,\boldsymbol{\alpha}_2,\cdots,\boldsymbol{\alpha}_n$ 下的坐标向量. 在第 5 章中定义的 $\mathbf{R}^n$ 中的内积，正是在这种意义下的内积.

在一般的欧氏空间中，一定存在标准正交基. 为了求得一组标准正交基，仍然采取第 5 章中的施密特正交化方法. 这个方法也适用于一般的欧氏空间.

例 1 已知欧氏空间 $\mathbf{R}[x]_2$ 中的一组基为 $1,x,x^2$，利用施密特正交化方法求出 $\mathbf{R}[x]_2$ 的一组标准正交基. 其中内积定义为：对于任意 $f(x),g(x)\in\mathbf{R}[x]_2$，定义

$$(f(x),g(x))=\int_0^1 f(x)g(x)\mathrm{d}x.$$

解 令 $\boldsymbol{\alpha}_1=1,\boldsymbol{\alpha}_2=x,\boldsymbol{\alpha}_3=x^2$.

取 $\boldsymbol{\beta}_1=\boldsymbol{\alpha}_1=1$,

$$\boldsymbol{\beta}_2=\boldsymbol{\alpha}_2-\frac{(\boldsymbol{\alpha}_2,\boldsymbol{\beta}_1)}{(\boldsymbol{\beta}_1,\boldsymbol{\beta}_1)}\boldsymbol{\beta}_1=x-\frac{\int_0^1 1x\mathrm{d}x}{\int_0^1 1^2\mathrm{d}x}\cdot 1=x-\frac{1}{2},$$

$$\boldsymbol{\beta}_3=\boldsymbol{\alpha}_3-\frac{(\boldsymbol{\alpha}_3,\boldsymbol{\beta}_1)}{(\boldsymbol{\beta}_1,\boldsymbol{\beta}_1)}\boldsymbol{\beta}_1-\frac{(\boldsymbol{\alpha}_3,\boldsymbol{\beta}_2)}{(\boldsymbol{\beta}_2,\boldsymbol{\beta}_2)}\boldsymbol{\beta}_2$$

$$=x^2-\frac{\int_0^1 1x^2\mathrm{d}x}{\int_0^1 1^2\mathrm{d}x}\cdot 1-\frac{\int_0^1 x^2\left(x-\frac{1}{2}\right)\mathrm{d}x}{\int_0^1\left(x-\frac{1}{2}\right)^2\mathrm{d}x}\left(x-\frac{1}{2}\right)$$

$$=x^2-\frac{\frac{1}{3}}{1}1-\frac{\frac{1}{12}}{\frac{1}{12}}\left(x-\frac{1}{2}\right)$$

$$=x^2-x+\frac{1}{6}.$$

再进行单位化,因为

$$|\boldsymbol{\beta}_1|^2=\int_0^1 1^2\mathrm{d}x=1,$$

$$|\boldsymbol{\beta}_2|^2=\int_0^1\left(x-\frac{1}{2}\right)^2\mathrm{d}x=\frac{1}{12},$$

$$|\boldsymbol{\beta}_3|^2=\int_0^1\left(x^2-x+\frac{1}{6}\right)^2\mathrm{d}x=\frac{1}{180},$$

所以有 $\boldsymbol{\gamma}_1=\frac{\boldsymbol{\beta}_1}{|\boldsymbol{\beta}_1|}=1,$

$$\boldsymbol{\gamma}_2=\frac{\boldsymbol{\beta}_2}{|\boldsymbol{\beta}_2|}=2\sqrt{3}x-\sqrt{3},$$

$$\boldsymbol{\gamma}_3=\frac{\boldsymbol{\beta}_3}{|\boldsymbol{\beta}_3|}=6\sqrt{5}x^2-6\sqrt{5}x+\sqrt{5}.$$

8.3 正交变换

在解析几何中,旋转变换是线性变换,这个变换的特点是保持向量的长度不变,也保持两向量之间的夹角不变.具备这种特点的线性变换是在实际中应用很广的一类变换,我们称之为正交变换.

定义 8.6 设 $\boldsymbol{\sigma}$ 是欧氏空间 $\mathbf{V}$ 上的一个线性变换,如果对于任意的向量 $\boldsymbol{\alpha}\in\mathbf{V}$,都有

$$|\boldsymbol{\sigma}(\boldsymbol{\alpha})|=|\boldsymbol{\alpha}|.$$

则称 $\boldsymbol{\sigma}$ 是欧氏空间 $\mathbf{V}$ 上的一个正交变换.

例 1 在欧氏空间 $\mathbf{R}^n$ 中,定义线性变换 $\boldsymbol{\sigma}$:对于任意向量

$$\boldsymbol{Y}=\begin{bmatrix}y_1\\y_2\\\vdots\\y_n\end{bmatrix}\in\mathbf{R}^n,$$

$$\boldsymbol{\sigma}(\boldsymbol{Y})=\boldsymbol{PY},$$

其中 $\boldsymbol{P}$ 为一个 n 阶正交矩阵.则

$$|\boldsymbol{\sigma}(\boldsymbol{Y})|=\sqrt{(\boldsymbol{PY},\boldsymbol{PY})}=\sqrt{(\boldsymbol{PY})^{\mathrm{T}}(\boldsymbol{PY})}$$
$$=\sqrt{\boldsymbol{Y}^{\mathrm{T}}\boldsymbol{P}^{\mathrm{T}}\boldsymbol{PY}}=\sqrt{\boldsymbol{Y}^{\mathrm{T}}\boldsymbol{Y}}=|\boldsymbol{Y}|.$$

若记 $\boldsymbol{\sigma}(\boldsymbol{Y})=\boldsymbol{X}=\boldsymbol{PY}$,则 $\boldsymbol{X}=\boldsymbol{PY}$ 为一个正交变换.

例 2 在欧氏空间 $\mathbf{R}^3$ 中,投影变换

$$\boldsymbol{\sigma}\begin{bmatrix}x\\y\\z\end{bmatrix}=\begin{bmatrix}x\\y\\0\end{bmatrix}.$$

显然

$$|\boldsymbol{\sigma}(\boldsymbol{\alpha})|\neq|\boldsymbol{\alpha}|.$$

所以投影变换不是正交变换.

定理 8.2 设 $\boldsymbol{\sigma}$ 是欧氏空间 $\mathbf{V}$ 上的线性变换,则下列命题是等价的.

(1) $\boldsymbol{\sigma}$ 是正交变换;

(2)对于任意的向量 $\boldsymbol{\alpha},\boldsymbol{\beta}\in\mathbf{V}$,恒有

$$(\boldsymbol{\sigma}(\boldsymbol{\alpha}),\boldsymbol{\sigma}(\boldsymbol{\beta}))=(\boldsymbol{\alpha},\boldsymbol{\beta});$$

(3) 如果 $\boldsymbol{\alpha}_1,\boldsymbol{\alpha}_2,\cdots,\boldsymbol{\alpha}_n$ 是 $\mathbf{V}$ 的任一组标准正交基,那么

$\boldsymbol{\sigma}(\boldsymbol{\alpha}_1),\boldsymbol{\sigma}(\boldsymbol{\alpha}_2),\cdots,\boldsymbol{\sigma}(\boldsymbol{\alpha}_n)$也是一组标准正交基；

(4)$\boldsymbol{\sigma}$ 在 $\boldsymbol{V}$ 的任一组标准正交基下的矩阵是正交矩阵.

证 采取循环证法，即(1)⇒(2)⇒(3)⇒(4)⇒(1).

(1)⇒(2) 因为 $\boldsymbol{\sigma}$ 是 $\boldsymbol{V}$ 上的正交变换，所以对于 $\boldsymbol{V}$ 中任意向量$\boldsymbol{\alpha},\boldsymbol{\beta}$，有

$$|\boldsymbol{\sigma}(\boldsymbol{\alpha})|=|\boldsymbol{\alpha}|,|\boldsymbol{\sigma}(\boldsymbol{\beta})|=|\boldsymbol{\beta}|.$$

即 $(\boldsymbol{\sigma}(\boldsymbol{\alpha}),\boldsymbol{\sigma}(\boldsymbol{\alpha}))=(\boldsymbol{\alpha},\boldsymbol{\alpha}),(\boldsymbol{\sigma}(\boldsymbol{\beta}),\boldsymbol{\sigma}(\boldsymbol{\beta}))=(\boldsymbol{\beta},\boldsymbol{\beta}).$

并且 $|\boldsymbol{\sigma}(\boldsymbol{\alpha}+\boldsymbol{\beta})|=|\boldsymbol{\alpha}+\boldsymbol{\beta}|,$

即 $(\boldsymbol{\sigma}(\boldsymbol{\alpha}+\boldsymbol{\beta}),\boldsymbol{\sigma}(\boldsymbol{\alpha}+\boldsymbol{\beta}))=(\boldsymbol{\alpha}+\boldsymbol{\beta},\boldsymbol{\alpha}+\boldsymbol{\beta}).$

由于 $\boldsymbol{\sigma}$ 是 $\boldsymbol{V}$ 上的线性变换，所以

$$(\boldsymbol{\sigma}(\boldsymbol{\alpha})+\boldsymbol{\sigma}(\boldsymbol{\beta}),\boldsymbol{\sigma}(\boldsymbol{\alpha})+\boldsymbol{\sigma}(\boldsymbol{\beta}))=(\boldsymbol{\alpha}+\boldsymbol{\beta},\boldsymbol{\alpha}+\boldsymbol{\beta}),$$

从而有

$$(\boldsymbol{\sigma}(\boldsymbol{\alpha}),\boldsymbol{\sigma}(\boldsymbol{\alpha}))+2(\boldsymbol{\sigma}(\boldsymbol{\alpha}),\boldsymbol{\sigma}(\boldsymbol{\beta}))+(\boldsymbol{\sigma}(\boldsymbol{\beta}),\boldsymbol{\sigma}(\boldsymbol{\beta}))$$
$$=(\boldsymbol{\alpha},\boldsymbol{\alpha})+2(\boldsymbol{\alpha},\boldsymbol{\beta})+(\boldsymbol{\beta},\boldsymbol{\beta}),$$

故 $(\boldsymbol{\sigma}(\boldsymbol{\alpha}),\boldsymbol{\sigma}(\boldsymbol{\beta}))=(\boldsymbol{\alpha},\boldsymbol{\beta}).$

(2)⇒(3) 设 $\boldsymbol{\alpha}_1,\boldsymbol{\alpha}_2,\cdots,\boldsymbol{\alpha}_n$ 是 $\boldsymbol{V}$ 的一组标准正交基，即有

$$(\boldsymbol{\alpha}_i,\boldsymbol{\alpha}_j)=\begin{cases}0, & i\neq j,\\1, & i=j,\end{cases}\quad(i,j=1,2,\cdots,n)$$

由(2)已知

$$(\boldsymbol{\sigma}(\boldsymbol{\alpha}_i),\boldsymbol{\sigma}(\boldsymbol{\alpha}_j))=(\boldsymbol{\alpha}_i,\boldsymbol{\beta}_j)=\begin{cases}0, & i\neq j,\\1, & i=j,\end{cases}(i,j=1,2,\cdots,n).$$

由标准正交基的定义可知，$\boldsymbol{\sigma}(\boldsymbol{\alpha}_1),\boldsymbol{\sigma}(\boldsymbol{\alpha}_2),\cdots,\boldsymbol{\sigma}(\boldsymbol{\alpha}_n)$也是标准正交基.

(3)⇒(4) 设$\boldsymbol{\alpha}_1,\boldsymbol{\alpha}_2,\cdots,\boldsymbol{\alpha}_n$ 是$\boldsymbol{V}$ 的一组标准正交基，$\boldsymbol{\sigma}$ 在该基下的矩阵为 $\boldsymbol{A}=(a_{ij})$，即

$$(\boldsymbol{\sigma}(\boldsymbol{\alpha}_1),\boldsymbol{\sigma}(\boldsymbol{\alpha}_2),\cdots,\boldsymbol{\sigma}(\boldsymbol{\alpha}_n))=(\boldsymbol{\alpha}_1,\boldsymbol{\alpha}_2,\cdots,\boldsymbol{\alpha}_n)\boldsymbol{A}$$

$$=(\boldsymbol{\alpha}_1,\boldsymbol{\alpha}_2,\cdots,\boldsymbol{\alpha}_n)\begin{bmatrix} a_{11} & a_{12} & \cdots & a_{1n} \\ a_{21} & a_{22} & \cdots & a_{2n} \\ \vdots & \vdots & & \vdots \\ a_{n1} & a_{n2} & \cdots & a_{nn} \end{bmatrix},$$

有

$$\boldsymbol{\sigma}(\boldsymbol{\alpha}_i)=a_{1i}\boldsymbol{\alpha}_1+a_{2i}\boldsymbol{\alpha}_2+\cdots+a_{ni}\boldsymbol{\alpha}_n=\sum_{k=1}^{n}a_{ki}\boldsymbol{\alpha}_k,$$

$$\boldsymbol{\sigma}(\boldsymbol{\alpha}_j)=a_{1j}\boldsymbol{\alpha}_1+a_{2j}\boldsymbol{\alpha}_2+\cdots+a_{nj}\boldsymbol{\alpha}_n=\sum_{t=1}^{n}a_{tj}\boldsymbol{\alpha}_t,$$

$$\begin{aligned}(\boldsymbol{\sigma}(\boldsymbol{\alpha}_i),\boldsymbol{\sigma}(\boldsymbol{\alpha}_j))&=(\sum_{k=1}^{n}a_{ki}\boldsymbol{\alpha}_k,\sum_{t=1}^{n}a_{tj}\boldsymbol{\alpha}_t)\\&=\sum_{k=1}^{n}\sum_{t=1}^{n}a_{ki}a_{tj}(\boldsymbol{\alpha}_k,\boldsymbol{\alpha}_t).\end{aligned}$$

由于$(\boldsymbol{\alpha}_k,\boldsymbol{\alpha}_t)=\begin{cases}0, & k\neq t,\\1, & k=t\end{cases}\quad(k,t=1,2,\cdots,n)$,

所以 $$(\boldsymbol{\sigma}(\boldsymbol{\alpha}_i),\boldsymbol{\sigma}(\boldsymbol{\alpha}_j))=\sum_{k=1}^{n}a_{ki}a_{kj}.$$

由(3)知 $\boldsymbol{\sigma}(\boldsymbol{\alpha}_1),\boldsymbol{\alpha}(\boldsymbol{\alpha}_2),\cdots,\boldsymbol{\sigma}(\boldsymbol{\alpha}_n)$是一组标准正交基,有

$$(\boldsymbol{\sigma}(\boldsymbol{\alpha}_i),\boldsymbol{\sigma}(\boldsymbol{\alpha}_j))=\sum_{k=1}^{n}a_{ki}a_{kj}=\begin{cases}0, & i\neq j,\\1, & i=j.\end{cases}$$

它表示 **A** 的列向量组是标准正交向量组,由第 5 章正交矩阵的充要条件可知 **A** 为正交矩阵.

(4)⇒(1) 设 $\boldsymbol{\alpha}_1,\boldsymbol{\alpha}_2,\cdots,\boldsymbol{\alpha}_n$ 是 **V** 的标准正交基,线性变换 $\boldsymbol{\sigma}$ 在该基下的矩阵为 **A**,即

$$(\boldsymbol{\sigma}(\boldsymbol{\alpha}_1),\boldsymbol{\sigma}(\boldsymbol{\alpha}_2),\cdots,\boldsymbol{\sigma}(\boldsymbol{\alpha}_n))=(\boldsymbol{\alpha}_1,\boldsymbol{\alpha}_2,\cdots,\boldsymbol{\alpha}_n)\boldsymbol{A}.$$

其矩阵 **A** 为正交矩阵,即满足 $\boldsymbol{A}\boldsymbol{A}^{\mathrm{T}}=\boldsymbol{A}^{\mathrm{T}}\boldsymbol{A}=\boldsymbol{E}$.

对于 **V** 中任意向量 $\boldsymbol{\alpha}$,有

$$\boldsymbol{\alpha}=x_1\boldsymbol{\alpha}_1+x_2\boldsymbol{\alpha}_2+\cdots+x_n\boldsymbol{\alpha}_n=(\boldsymbol{\alpha}_1,\boldsymbol{\alpha}_2,\cdots,\boldsymbol{\alpha}_n)\begin{bmatrix}x_1\\x_2\\\vdots\\x_n\end{bmatrix},$$

记 $\boldsymbol{X}=\begin{bmatrix}x_1\\x_2\\\vdots\\x_n\end{bmatrix}$,则有

$$\boldsymbol{\alpha}=(\boldsymbol{\alpha}_1,\boldsymbol{\alpha}_2,\cdots,\boldsymbol{\alpha}_n)\boldsymbol{X},$$

$$\boldsymbol{\sigma}(\boldsymbol{\alpha})=(\boldsymbol{\alpha}_1,\boldsymbol{\alpha}_2,\cdots,\boldsymbol{\alpha}_n)\boldsymbol{A}\boldsymbol{X}.$$

而基 $\boldsymbol{\alpha}_1,\boldsymbol{\alpha}_2,\cdots,\boldsymbol{\alpha}_n$ 的度量矩阵为单位矩阵 $\boldsymbol{E}$,

有 $$|\boldsymbol{\alpha}|^2=(\boldsymbol{\alpha},\boldsymbol{\alpha})=(\boldsymbol{X},\boldsymbol{X})=\boldsymbol{X}^{\mathrm{T}}\boldsymbol{X}=x_1^2+x_2^2+\cdots+x_n^2,$$

$$\begin{aligned}|\boldsymbol{\sigma}(\boldsymbol{\alpha})|^2&=(\boldsymbol{\sigma}(\boldsymbol{\alpha}),\boldsymbol{\sigma}(\boldsymbol{\alpha}))=(\boldsymbol{AX},\boldsymbol{AX})=(\boldsymbol{AX})^{\mathrm{T}}(\boldsymbol{AX})\\&=\boldsymbol{X}^{\mathrm{T}}\boldsymbol{A}^{\mathrm{T}}\boldsymbol{AX}=\boldsymbol{X}^{\mathrm{T}}\boldsymbol{X}=x_1^2+x_2^2+\cdots+x_n^2.\end{aligned}$$

故 $$|\boldsymbol{\sigma}(\boldsymbol{\alpha})|=|\boldsymbol{\alpha}|.$$

所以 $\boldsymbol{\sigma}$ 是正交变换.

从定理 8.2 不难看出,正交变换保持欧氏空间中两个向量 $\boldsymbol{\alpha}$,$\boldsymbol{\beta}$ 的内积不变,而向量间的夹角是通过向量的内积来表示,所以有

$$\theta=\arccos\frac{(\boldsymbol{\alpha},\boldsymbol{\beta})}{|\boldsymbol{\alpha}||\boldsymbol{\beta}|}=\arccos\frac{(\boldsymbol{\sigma}(\boldsymbol{\alpha}),\boldsymbol{\sigma}(\boldsymbol{\beta}))}{|\boldsymbol{\sigma}(\boldsymbol{\alpha})||\boldsymbol{\sigma}(\boldsymbol{\beta})|}=\theta'.$$

其中 θ' 为 $\boldsymbol{\sigma}(\boldsymbol{\alpha})$ 与 $\boldsymbol{\sigma}(\boldsymbol{\beta})$ 的夹角.这就说明了正交变换保持向量之间的夹角不变.

习　题　8

1. 在欧氏空间 $\mathbf{R}^4$ 中，设 $\boldsymbol{\alpha}_1=\begin{bmatrix}1\\2\\-1\\1\end{bmatrix}$，$\boldsymbol{\alpha}_2=\begin{bmatrix}-1\\-1\\-2\\2\end{bmatrix}$，$\boldsymbol{\alpha}_3=\begin{bmatrix}2\\3\\1\\-1\end{bmatrix}$，求向量 $\boldsymbol{\alpha}_1,\boldsymbol{\alpha}_2,\boldsymbol{\alpha}_3$ 的长度及每两个向量之间的夹角.

2. 在欧氏空间 $C[-1,1]$中，对于 $C[-1,1]$中任意向量 $f(x),g(x)$，定义向量的内积为

$$(f(x),g(x))=\int_{-1}^{1}f(x)g(x)\mathrm{d}x.$$

试由线性无关的向量组 $1,x,x^2$ 通过施密特正交化方法得出一个标准正交向量组.

3. 设 $\boldsymbol{\alpha}_1,\boldsymbol{\alpha}_2,\cdots,\boldsymbol{\alpha}_n$ 是 n 维欧氏空间 $\mathbf{V}$ 的一组基，试证明

(1)如果 $\boldsymbol{\Gamma}\in\mathbf{V}$，使得$(\boldsymbol{\Gamma},\boldsymbol{\alpha}_i)=0(i=1,2,\cdots,n)$，则 $\boldsymbol{\Gamma}=\boldsymbol{O}$；

(2)如果 $\boldsymbol{\Gamma}_1,\boldsymbol{\Gamma}_2\in\mathbf{V}$，使得对于任意向量 $\boldsymbol{\alpha}\in\mathbf{V}$，都有$(\boldsymbol{\Gamma}_1,\boldsymbol{\alpha})=(\boldsymbol{\Gamma}_2,\boldsymbol{\alpha})$，则 $\boldsymbol{\Gamma}_1=\boldsymbol{\Gamma}_2$.

4. 证明 n 维欧氏空间 $\mathbf{V}$ 中，任意一组基的度量矩阵都是正定矩阵.

5. 如果基(Ⅰ)$\boldsymbol{\alpha}_1,\boldsymbol{\alpha}_2,\cdots,\boldsymbol{\alpha}_n$ 是欧氏空间 $\mathbf{V}$ 的一组标准正交基，而由基(Ⅰ)到基(Ⅱ)$\boldsymbol{\beta}_1,\boldsymbol{\beta}_2,\cdots,\boldsymbol{\beta}_n$ 的过渡矩阵是正交矩阵，证明基(Ⅱ)也是标准正交基.

6. 证明欧氏空间中 k 个向量 $\boldsymbol{\alpha}_1,\boldsymbol{\alpha}_2,\cdots,\boldsymbol{\alpha}_k$ 线性相关的充要条件是行列式

$$\begin{vmatrix}(\boldsymbol{\alpha}_1,\boldsymbol{\alpha}_1) & (\boldsymbol{\alpha}_1,\boldsymbol{\alpha}_2) & \cdots & (\boldsymbol{\alpha}_1,\boldsymbol{\alpha}_k)\\(\boldsymbol{\alpha}_2,\boldsymbol{\alpha}_1) & (\boldsymbol{\alpha}_2,\boldsymbol{\alpha}_2) & \cdots & (\boldsymbol{\alpha}_2,\boldsymbol{\alpha}_k)\\\vdots & \vdots & & \vdots\\(\boldsymbol{\alpha}_k,\boldsymbol{\alpha}_1) & (\boldsymbol{\alpha}_k,\boldsymbol{\alpha}_2) & \cdots & (\boldsymbol{\alpha}_k,\boldsymbol{\alpha}_k)\end{vmatrix}=0,$$

其中$(\boldsymbol{\alpha}_i,\boldsymbol{\alpha}_j)$表示向量 $\boldsymbol{\alpha}_i$ 与 $\boldsymbol{\alpha}_j$ 的内积.

习题参考答案

习　题　1

1.(1)0;(2)10;(3)3;(4)6.

2.取+,-.

3.$(-1)^{\frac{n(n-1)}{2}}a_{1n}a_{2n-1}\cdots a_{n-12}a_{n1}$.

4.(1)$D=3$;(2)$D=-8$;(3)$D=-2.94\times10^7$;

(4)$D=4abcdef$;(5)$D=(a+b+c)^3$;

(6)$D=48$;(7)$D=a^2b^2$.

5.(略).

6.(1)$D_n=(-1)^{n-1}(n-1)$;(2)$D_n=\prod\limits_{i=1}^{n}(a_i-x)\left(1+\sum\limits_{i=1}^{n}\frac{x}{a_i-x}\right)$;

(3)$D_{n+1}=1$;(4)$D_n=\prod\limits_{i=1}^{n}a_i^{n-1}\prod\limits_{1\leqslant j<i\leqslant n}\left(\frac{b_i}{a_i}-\frac{b_j}{a_j}\right)$;

(5)$D=55$;(6)$D=-108$.

7.(1)$D=17,D_1=-34,D_2=0,D_3=17,D_4=85$,所以 $x_1=-2,x_2=0,x_3=1,x_4=5$;

(2)$D=16,D_1=16,D_2=-16,D_3=16,D_4=-16,D_5=16$,所以 $x_1=1,x_2=-1,x_3=1,x_4=-1,x_5=1$;

(3)$D=665,D_1=-665,D_2=665,D_3=-665,D_4=665,D_5=-665$,所以 $x_1=-1,x_2=1,x_3=-1,x_4=1,x_5=-1$.

8.(略).

习　题　2

1.(1)$3\boldsymbol{AB}-2\boldsymbol{A}=\begin{bmatrix}-2&8&-2\\4&-2&-4\\-2&8&-2\end{bmatrix}$;

(2) $\boldsymbol{AB}^{\mathrm{T}}+\boldsymbol{A}^{\mathrm{T}}\boldsymbol{B}=\begin{bmatrix}3&3&2\\3&-1&0\\-1&5&2\end{bmatrix}$.

2. $\boldsymbol{X}=\begin{bmatrix}-1&-2&2&-1\\0&-1&-1&3\\2&1&-3&-3\end{bmatrix}$.

3. (1)(6); (2) $\begin{bmatrix}2&-4\\-1&2\\3&-6\end{bmatrix}$; (3) $\begin{bmatrix}5&2\\5&1\\6&-1\end{bmatrix}$;

(4) $\begin{bmatrix}4&1&11\\7&-8&-3\\-4&14&8\end{bmatrix}$.

4. (1) $\boldsymbol{O}$; (2) $\begin{bmatrix}1&-4\\-12&9\end{bmatrix}$.

5. $\begin{bmatrix}a&b&c\\c&a&b\\b&c&a\end{bmatrix}$. 6.（略）. 7.（略）.

8. (1) $\begin{bmatrix}7&2&0&0\\7&6&0&0\\0&0&8&9\\0&0&19&22\end{bmatrix}$; (2) $\begin{bmatrix}1&2&5&2\\2&5&16&-6\\0&0&-4&3\\0&0&0&-9\end{bmatrix}$;

(3) $\begin{bmatrix}3&0&0&0\\-4&0&0&0\\-2&0&0&0\\0&19&14&17\end{bmatrix}$.

9. (1) $\begin{bmatrix}-5&2\\8&-3\end{bmatrix}$; (2) $\begin{bmatrix}\cos\theta&\sin\theta\\-\sin\theta&\cos\theta\end{bmatrix}$;

(3) $\frac{1}{2}\begin{bmatrix}2&-1&1\\2&-1&-1\\-4&3&-1\end{bmatrix}$; (4) $\frac{1}{9}\begin{bmatrix}1&2&2\\2&1&-2\\2&-2&1\end{bmatrix}$;

$$(5)\begin{bmatrix}1&-2&1&0\\0&1&-2&1\\0&0&1&-2\\0&0&0&1\end{bmatrix};(6)\begin{bmatrix}1&-1&0&\cdots&0\\0&1&-1&\cdots&0\\\vdots&\vdots&\vdots&&\vdots\\0&0&0&\cdots&-1\\0&0&0&\cdots&1\end{bmatrix};$$

$$(7)\begin{bmatrix}1&-2&0&0\\-3&7&0&0\\0&0&-3&2\\0&0&8&-5\end{bmatrix};(8)\begin{bmatrix}0&0&1&-1&1\\0&0&0&1&-1\\0&0&0&0&1\\-3&2&0&0&0\\2&-1&0&0&0\end{bmatrix};$$

$$(9)\begin{bmatrix}0&0&\cdots&0&a_n^{-1}\\a_1^{-1}&0&\cdots&0&0\\\vdots&\vdots&&\vdots&\vdots\\0&0&\cdots&a_{n-1}^{-1}&0\end{bmatrix}.$$

10.(略).

11.(1)$\boldsymbol{A}^{-1}=\dfrac{1}{3}(\boldsymbol{A}+2\boldsymbol{E})$;(2)$(\boldsymbol{A}-2\boldsymbol{E})^{-1}=-\dfrac{1}{5}(\boldsymbol{A}+4\boldsymbol{E})$.

12.$(k\boldsymbol{E})^{-1}=\dfrac{1}{k}\boldsymbol{E}\ (k\neq0)$,

$$\boldsymbol{A}^{-1}=\begin{bmatrix}\frac{1}{a_1}&&&\\&\frac{1}{a_2}&&\\&&\ddots&\\&&&\frac{1}{a_n}\end{bmatrix},a_i\neq0\ (i=1,2,\cdots,n).$$

13.(略).

14.(1)$\begin{pmatrix}2&17\\0&-8\end{pmatrix}$;(2)$\begin{bmatrix}-2&2&1\\-\frac{8}{3}&5&-\frac{2}{3}\end{bmatrix}$.

15.$\begin{bmatrix}0&0&1\\-1&0&3\\3&2&-5\end{bmatrix}$.

16. $\begin{bmatrix}0&2&1\\0&0&0\\0&0&0\end{bmatrix}$.　17.(略).　18.(略).　19.(略).

20.(1)略;(2)$\boldsymbol{E}_{ij}$.

21.(1)3;(2)2;(3)4;(4)5.

22.(略).　23.(略).　24.(略).

习　题　3

1.(1)不正确;(2)不正确;(3)不正确;(4)不正确;(5)正确;(6)不正确;(7)正确.

2. $\boldsymbol{\alpha}=\begin{bmatrix}1\\2\\3\\4\end{bmatrix}$.　3.线性无关.　4.(1)能;(2)不能.

5.(1)线性相关;(2)线性无关;
(3)线性无关;(4)线性相关.

6.当 $c\neq5$ 时线性无关,当 $c=5$ 时线性相关.

7.(略).　8.(略).　9.(略).　10.(略).　11.(略).

12.(1)向量组的秩为3;$\boldsymbol{\alpha}_1,\boldsymbol{\alpha}_2,\boldsymbol{\alpha}_4$ 为其一个极大线性无关部分组;
(2)向量组的秩为3;$\boldsymbol{\alpha}_2,\boldsymbol{\alpha}_3,\boldsymbol{\alpha}_4$ 为其一个极大线性无关部分组.

13.(略).　14.(略).

15. $\begin{bmatrix}33\\-82\\154\end{bmatrix}$.

16. $\boldsymbol{T}=\begin{bmatrix}-27&-71&-41\\9&20&9\\4&12&8\end{bmatrix}$.

17.(略).

习 题 4

1.(1)$\begin{cases}x_1=1,\\x_2=2,\\x_3=1;\end{cases}$ (2)无解； (3)$\begin{cases}x_1=1-\dfrac{9}{7}x_3+\dfrac{1}{2}x_4,\\x_2=-2+\dfrac{1}{7}x_3-\dfrac{1}{2}x_4;\end{cases}$

(4)无解；(5)$\boldsymbol{X}=\begin{bmatrix}-1\\2\\0\end{bmatrix}+k\begin{bmatrix}-2\\1\\1\end{bmatrix}$，$k$ 为任意常数；

(6)$\boldsymbol{X}=\begin{bmatrix}1\\0\\1\\0\end{bmatrix}+k_1\begin{bmatrix}1\\5\\7\\0\end{bmatrix}+k_2\begin{bmatrix}0\\-2\\-1\\1\end{bmatrix}$，$k_1,k_2$ 为任意常数.

2.(1)$\boldsymbol{\eta}_1=\begin{bmatrix}-1\\5\\13\\0\\0\end{bmatrix},\boldsymbol{\eta}_2=\begin{bmatrix}-10\\-2\\0\\13\\0\end{bmatrix},\boldsymbol{\eta}_3=\begin{bmatrix}2\\3\\0\\0\\13\end{bmatrix}$；

(2)$\boldsymbol{\eta}_1=\begin{bmatrix}-2\\1\\0\\\vdots\\0\end{bmatrix},\boldsymbol{\eta}_2=\begin{bmatrix}-3\\0\\1\\0\\\vdots\\0\end{bmatrix},\boldsymbol{\eta}_3=\begin{bmatrix}-4\\0\\0\\1\\0\\\vdots\\0\end{bmatrix},\cdots,\boldsymbol{\eta}_{n-1}=\begin{bmatrix}-n\\0\\0\\\vdots\\0\\1\end{bmatrix}$；

(3)$\boldsymbol{\eta}_1=\begin{bmatrix}3\\1\\5\\0\end{bmatrix},\boldsymbol{\eta}_2=\begin{bmatrix}-3\\0\\-5\\1\end{bmatrix}$；

(4) $\boldsymbol{\eta}_1=\begin{bmatrix}3\\9\\5\\10\\0\end{bmatrix}$.

3. (1) $\boldsymbol{\eta}=k_1\begin{bmatrix}1\\1\\1\\1\\0\\0\end{bmatrix}+k_2\begin{bmatrix}-1\\-1\\0\\0\\1\\1\end{bmatrix}$, k_1,k_2 为任意常数；

(2) $\boldsymbol{\eta}=k_1\begin{bmatrix}-3\\7\\2\\0\end{bmatrix}+k_2\begin{bmatrix}-1\\-2\\0\\1\end{bmatrix}$, k_2,k_2 为任意常数.

4. $\boldsymbol{\eta}_1=\begin{bmatrix}-1\\0\\3\\4\end{bmatrix}$, $\boldsymbol{\eta}_2=\begin{bmatrix}0\\1\\-2\\-4\end{bmatrix}$.

5. $\boldsymbol{X}=\begin{bmatrix}3\\2\\0\\0\end{bmatrix}+k_1\begin{bmatrix}-1\\2\\1\\0\end{bmatrix}+k_2\begin{bmatrix}1\\-1\\0\\1\end{bmatrix}$,其中 k_1,k_2 为任意常数.

6. 当 $\lambda=1$ 或 -2 时,方程组有非零解.

当 $\lambda=1$ 时, $\boldsymbol{\eta}=k_1\begin{bmatrix}-1\\1\\0\end{bmatrix}+k_2\begin{bmatrix}-1\\0\\1\end{bmatrix}$, k_1,k_2 为任意常数.

当 $\lambda=-2$ 时, $\boldsymbol{\eta}=k\begin{bmatrix}1\\1\\1\end{bmatrix}$, k 为任意常数.

7.（略）. 8.（略）.

9. 解不唯一. $\boldsymbol{B}=\begin{bmatrix}-\frac{1}{2} & -1 & -2\\ \frac{1}{4} & \frac{1}{2} & 1\\ 1 & 2 & 4\\ 0 & 0 & 0\end{bmatrix}$.

10. 解不唯一. $\boldsymbol{B}=\begin{bmatrix}2 & -3 & -1\\ 1 & 0 & 1\\ 0 & 1 & 1\end{bmatrix}$.

11.(略). 12. 不一定. 13.(略). 14.(略).

15. 当 $\lambda=1$ 时,方程组有无穷多解,通解 $\boldsymbol{X}=\begin{bmatrix}1\\0\\0\end{bmatrix}+k\begin{bmatrix}-1\\1\\0\end{bmatrix}$,$k$ 为任意常数.

16. 当 $\begin{cases}p=0\\q=2\end{cases}$ 时,方程组有解,其通解为

$$\boldsymbol{X}=\begin{bmatrix}-2\\3\\0\\0\\0\end{bmatrix}+k_1\begin{bmatrix}1\\-2\\1\\0\\0\end{bmatrix}+k_2\begin{bmatrix}1\\-2\\0\\1\\0\end{bmatrix}+k_3\begin{bmatrix}5\\-6\\0\\0\\1\end{bmatrix}$$

,k_1,k_2,k_3 为任意常数.

17. (1)当 $t=-\frac{11}{6}$ 时,$\boldsymbol{\beta}$ 不能由 $\boldsymbol{\alpha}_1,\boldsymbol{\alpha}_2,\boldsymbol{\alpha}_3$ 线性表出;

(2)当 $t\neq0$ 且 $t\neq-\frac{11}{6}$ 时,$\boldsymbol{\beta}$ 可由 $\boldsymbol{\alpha}_1,\boldsymbol{\alpha}_2,\boldsymbol{\alpha}_3$ 线性表出,且表达式唯一,

$$\boldsymbol{\beta}=-\frac{2t+3}{6t+11}\boldsymbol{\alpha}_1+\frac{2t+4}{6t+11}\boldsymbol{\alpha}_2+\frac{2t^2+3t-1}{6t+11}\boldsymbol{\alpha}_3;$$

(3)当 $t=0$ 时,$\boldsymbol{\beta}$ 可由 $\boldsymbol{\alpha}_1,\boldsymbol{\alpha}_2,\boldsymbol{\alpha}_3$ 线性表出,但表达式不唯一.

18. (1)$\boldsymbol{\beta}=\frac{5}{4}\boldsymbol{\alpha}_1+\frac{1}{4}\boldsymbol{\alpha}_2-\frac{1}{4}\boldsymbol{\alpha}_3-\frac{1}{4}\boldsymbol{\alpha}_4$;

(2) $\boldsymbol{\beta}=\boldsymbol{\alpha}_1-\boldsymbol{\alpha}_3$.

19. (1) $\boldsymbol{\eta}=\begin{bmatrix}-2\\2\\-3\end{bmatrix}$, $\boldsymbol{\eta}_2=\begin{bmatrix}0\\0\\-2\end{bmatrix}$ 为 $\boldsymbol{AX}=\boldsymbol{O}$ 的一个基础解系；

(2) $\boldsymbol{AX}=\boldsymbol{\beta}$ 的通解为 $\boldsymbol{X}=\boldsymbol{X}_1+k_1\boldsymbol{\eta}_1+k_2\boldsymbol{\eta}_2$；

(3) $x_1+x_2+0x_3=1$.

20. $\boldsymbol{X}=\begin{bmatrix}1\\1\\1\\1\end{bmatrix}+k\begin{bmatrix}0\\1\\2\\3\end{bmatrix}$, k 为任意常数.

21. (略).

习　题　5

1. (1) $\lambda_1=2, \boldsymbol{X}_1=k_1\begin{pmatrix}-1\\1\end{pmatrix}, k_1\neq 0$,

$\lambda_2=8, \boldsymbol{X}_2=k_2\begin{pmatrix}1\\1\end{pmatrix}, k_2\neq 0$;

(2) $\lambda_1=\lambda_2=-1, \boldsymbol{X}=k_1\begin{bmatrix}-1\\1\\0\end{bmatrix}+k_2\begin{bmatrix}-1\\0\\1\end{bmatrix}, k_1^2+k_2^2\neq 0$,

$\lambda_3=2, \boldsymbol{X}=k_3\begin{bmatrix}1\\1\\1\end{bmatrix}, k_3\neq 0$;

(3) $\lambda_1=\lambda_2=\lambda_3=-1, \boldsymbol{X}=k\begin{bmatrix}1\\1\\-1\end{bmatrix}, k\neq 0$;

(4) $\lambda_1=\lambda_2=\lambda_3=2, \boldsymbol{X}=k_1\begin{bmatrix}-1\\1\\0\end{bmatrix}+k_2\begin{bmatrix}0\\0\\1\end{bmatrix}, k_1^2+k_2^2\neq 0$;

(5)$\lambda_1=\lambda_2=2, \boldsymbol{X}=k_1\begin{bmatrix}-2\\1\\0\end{bmatrix}+k_2\begin{bmatrix}2\\0\\1\end{bmatrix}, k_1^2+k_2^2\neq 0,$

$\lambda_3=-7, \boldsymbol{X}=k_3\begin{bmatrix}-1\\-2\\2\end{bmatrix}, k_3\neq 0;$

(6)$\lambda_1=\lambda_2=\lambda_3=2, \boldsymbol{X}=k_1\begin{bmatrix}1\\1\\0\\0\end{bmatrix}+k_2\begin{bmatrix}1\\0\\1\\0\end{bmatrix}+k_3\begin{bmatrix}1\\0\\0\\1\end{bmatrix}, k_1^2+k_2^2+k_3^2\neq 0,$

$\lambda_4=-2, \boldsymbol{X}=k_4\begin{bmatrix}-1\\1\\1\\1\end{bmatrix}, k_4\neq 0.$

2.(略). 3.(略). 4.(略).

5.(1)$\boldsymbol{A}$ 的特征值为$\lambda_1=\lambda_2=1, \lambda_3=2$,对应的特征向量依次为

$\boldsymbol{X}=k_1\begin{bmatrix}1\\2\\-1\end{bmatrix}, k_1\neq 0; \boldsymbol{X}=k_2\begin{bmatrix}0\\0\\1\end{bmatrix}, k_2\neq 0;$

(2)$f(\boldsymbol{A})$的特征值为

$f(\lambda_1)=f(\lambda_2)=5, f(\lambda_3)=6.$

6.(1)$\lambda_1=\lambda_2=1, \boldsymbol{X}=k_1\begin{bmatrix}1\\1\\0\end{bmatrix}+k_2\begin{bmatrix}1\\0\\1\end{bmatrix}, k_1^2+k_2^2\neq 0,$

$\lambda_3=-5, \boldsymbol{X}=k_3\begin{bmatrix}-1\\1\\1\end{bmatrix}, k_3\neq 0;$

(2)$\lambda_1=\lambda_2=2, \boldsymbol{X}=k_1\begin{bmatrix}1\\1\\0\end{bmatrix}+k_2\begin{bmatrix}1\\0\\1\end{bmatrix}, k_1^2+k_2^2\neq 0,$

$$\lambda_3=\frac{4}{5}, \boldsymbol{X}=k_3\begin{bmatrix}-1\\1\\1\end{bmatrix}, k_3\neq 0.$$

7. $k=-2$ 或 1.

8. $\begin{cases}x=-1\\y=-3\end{cases}, \boldsymbol{X}=k\begin{bmatrix}-1\\-1\\1\end{bmatrix}, k\neq 0.$

9. (1) $\boldsymbol{A}$ 不能与对角形矩阵相似；(2) $\boldsymbol{B}\backsim \mathrm{diag}(1,1,-2)$.

10. (1)(略)；

$$(2)\boldsymbol{P}_1=(\boldsymbol{\alpha}_1,\boldsymbol{\alpha}_2,\boldsymbol{\alpha}_3)=\begin{bmatrix}-2&1&1\\1&0&-2\\0&1&3\end{bmatrix}, \boldsymbol{P}_1^{-1}\boldsymbol{A}\boldsymbol{P}_1=\begin{bmatrix}2&&\\&2&\\&&-4\end{bmatrix},$$

$$\boldsymbol{P}_2=(2\boldsymbol{\alpha}_1,\boldsymbol{\alpha}_2,\boldsymbol{\alpha}_3)=\begin{bmatrix}-4&1&1\\2&0&-2\\0&1&3\end{bmatrix}, \boldsymbol{P}_2^{-1}\boldsymbol{A}\boldsymbol{P}_2=\begin{bmatrix}2&&\\&2&\\&&-4\end{bmatrix}.$$

11. $\boldsymbol{A}^{100}=\begin{bmatrix}1&0&0\\-2&2&-1\\-4&2&-1\end{bmatrix}$.

12. (1) $x=y=0$;

$$(2)\boldsymbol{C}=\begin{bmatrix}1&0&1\\0&1&0\\-1&0&1\end{bmatrix}.$$

13. $\boldsymbol{\alpha}_3=\begin{bmatrix}\frac{4}{9}\\\frac{4}{9}\\-\frac{7}{9}\end{bmatrix}$ 或 $\boldsymbol{\alpha}_3=\begin{bmatrix}-\frac{4}{9}\\-\frac{4}{9}\\\frac{7}{9}\end{bmatrix}$.

14. (略). 15. (略).

16. (1) $\boldsymbol{P}=\begin{bmatrix}1&2&0\\2&0&1\\-2&1&1\end{bmatrix}, \boldsymbol{P}^{-1}\boldsymbol{A}\boldsymbol{P}=\begin{bmatrix}10&&\\&1&\\&&1\end{bmatrix}$;

$$(2)\boldsymbol{Q}=\begin{bmatrix}\frac{1}{3} & \frac{2}{\sqrt{5}} & -\frac{2}{3\sqrt{5}}\\ \frac{2}{3} & 0 & \frac{5}{3\sqrt{5}}\\ -\frac{2}{3} & \frac{1}{\sqrt{5}} & \frac{4}{3\sqrt{5}}\end{bmatrix},\boldsymbol{Q}^{\mathrm{T}}\boldsymbol{A}\boldsymbol{Q}=\begin{bmatrix}10 & & \\ & 1 & \\ & & 1\end{bmatrix}.$$

$$17.(1)\boldsymbol{C}=\begin{bmatrix}0 & \frac{1}{\sqrt{2}} & -\frac{1}{\sqrt{2}}\\ 0 & \frac{1}{\sqrt{2}} & \frac{1}{\sqrt{2}}\\ 1 & 0 & 0\end{bmatrix},\boldsymbol{C}^{\mathrm{T}}\boldsymbol{A}\boldsymbol{C}=\begin{bmatrix}0 & & \\ & 3 & \\ & & -1\end{bmatrix};$$

$$(2)\boldsymbol{C}=\begin{bmatrix}\frac{1}{\sqrt{2}} & \frac{1}{3\sqrt{2}} & \frac{2}{3}\\ \frac{1}{\sqrt{2}} & -\frac{1}{3\sqrt{2}} & -\frac{2}{3}\\ 0 & -\frac{4}{3\sqrt{2}} & \frac{1}{3}\end{bmatrix},\boldsymbol{C}^{\mathrm{T}}\boldsymbol{A}\boldsymbol{C}=\begin{bmatrix}7 & & \\ & 7 & \\ & & -2\end{bmatrix};$$

$$(3)\boldsymbol{C}=\begin{bmatrix}\frac{1}{\sqrt{2}} & 0 & \frac{1}{\sqrt{2}} & 0\\ \frac{1}{\sqrt{2}} & 0 & -\frac{1}{\sqrt{2}} & 0\\ 0 & \frac{1}{\sqrt{2}} & 0 & \frac{1}{\sqrt{2}}\\ 0 & \frac{1}{\sqrt{2}} & 0 & -\frac{1}{\sqrt{2}}\end{bmatrix},\boldsymbol{C}^{\mathrm{T}}\boldsymbol{A}\boldsymbol{C}=\begin{bmatrix}1 & & & \\ & 1 & & \\ & & -1 & \\ & & & -1\end{bmatrix}.$$

$$18.\ \lambda_1=4,\boldsymbol{X}=k\begin{bmatrix}\frac{2}{3}\\ -\frac{2}{3}\\ \frac{1}{3}\end{bmatrix},k\neq 0,$$

$$\lambda_2=\lambda_3=1,\boldsymbol{X}=k_1\begin{bmatrix}\frac{2}{3}\\\frac{1}{3}\\-\frac{2}{3}\end{bmatrix}+k_2\begin{bmatrix}\frac{1}{3}\\\frac{2}{3}\\\frac{2}{3}\end{bmatrix},k_1^2+k_2^2\neq 0.$$

19.（略）.

习 题 6

1.（略）.

2.(1) $(x_1,x_2,x_3)\begin{bmatrix}1&-1&0\\-1&1&\frac{5}{2}\\0&\frac{5}{2}&-3\end{bmatrix}\begin{bmatrix}x_1\\x_2\\x_3\end{bmatrix}$；

(2) $(x_1,x_2,x_3,x_4)=\begin{bmatrix}0&\frac{1}{2}&0&0\\\frac{1}{2}&0&\frac{1}{2}&0\\0&\frac{1}{2}&0&\frac{1}{2}\\0&0&\frac{1}{2}&0\end{bmatrix}\begin{bmatrix}x_1\\x_2\\x_3\\x_4\end{bmatrix}$；

(3) $(x_1,x_2,\cdots,x_n)\begin{bmatrix}1&\frac{1}{2}&&\\\frac{1}{2}&1&\ddots&\\&\ddots&\ddots&\frac{1}{2}\\&&\frac{1}{2}&1\end{bmatrix}\begin{bmatrix}x_1\\x_2\\\vdots\\x_n\end{bmatrix}$.

3.（略）.

4.(1) $\begin{bmatrix} x_1 \\ x_2 \\ x_3 \end{bmatrix} = \begin{bmatrix} \frac{1}{\sqrt{2}} & -\frac{1}{3\sqrt{2}} & -\frac{2}{3} \\ \frac{1}{\sqrt{2}} & \frac{1}{3\sqrt{2}} & \frac{2}{3} \\ 0 & \frac{4}{3\sqrt{2}} & -\frac{1}{3} \end{bmatrix} \begin{bmatrix} y_1 \\ y_2 \\ y_3 \end{bmatrix}, f = 7y_1^2 + 7y_2^2 - 2y_3^2$;

(2) $\begin{bmatrix} x_1 \\ x_2 \\ x_3 \end{bmatrix} = \begin{bmatrix} \frac{1}{\sqrt{5}} & -\frac{4}{3\sqrt{5}} & \frac{2}{3} \\ -\frac{2}{\sqrt{5}} & -\frac{2}{3\sqrt{5}} & \frac{1}{3} \\ 0 & \frac{5}{3\sqrt{5}} & \frac{2}{3} \end{bmatrix} \begin{bmatrix} y_1 \\ y_2 \\ y_3 \end{bmatrix}, f = 5y_1^2 + 5y_2^2 - 4y_3^2$;

(3) $\begin{bmatrix} x_1 \\ x_2 \\ x_3 \\ x_4 \end{bmatrix} = \begin{bmatrix} \frac{1}{\sqrt{2}} & 0 & \frac{1}{\sqrt{2}} & 0 \\ \frac{1}{\sqrt{2}} & 0 & -\frac{1}{\sqrt{2}} & 0 \\ 0 & \frac{1}{\sqrt{2}} & 0 & \frac{1}{\sqrt{2}} \\ 0 & -\frac{1}{\sqrt{2}} & 0 & \frac{1}{\sqrt{2}} \end{bmatrix} \begin{bmatrix} y_1 \\ y_2 \\ y_3 \\ y_4 \end{bmatrix}, f = y_1^2 + y_2^2 - y_3^2 - y_4^2$.

5.(1) $c = 3, \lambda = 0, 4, 9$;(2)椭圆柱面.

6.(1) $\begin{bmatrix} x_1 \\ x_2 \\ x_3 \end{bmatrix} = \begin{bmatrix} 1 & -\frac{2}{5} & \frac{3}{5} \\ 0 & 1 & -\frac{6}{25} \\ 0 & 0 & 1 \end{bmatrix} \begin{bmatrix} y_1 \\ y_2 \\ y_3 \end{bmatrix}, f = y_1^2 - \frac{25}{4} y_2^2 + \frac{9}{25} y_3^2$;

(2) $\begin{bmatrix} x_1 \\ x_2 \\ x_3 \end{bmatrix} = \begin{bmatrix} 1 & -1 & \frac{1}{3} \\ 0 & 1 & \frac{2}{3} \\ 0 & 0 & 1 \end{bmatrix} \begin{bmatrix} y_1 \\ y_2 \\ y_3 \end{bmatrix}, f = 2y_1^2 + 3y_2^2 + \frac{5}{3} y_3^2$;

(3) $\begin{pmatrix}x_1\\x_2\\x_3\\x_4\end{pmatrix}=\begin{pmatrix}1&1&-1&-1\\1&-1&0&0\\0&0&1&1\\0&0&1&-1\end{pmatrix}\begin{pmatrix}z_1\\z_2\\z_3\\z_4\end{pmatrix}$, $f=z_1^2-z_2^2+z_3^2-z_4^2$.

7. $\boldsymbol{X}=\begin{pmatrix}1&1&0&\cdots&0&0\\1&-1&0&\cdots&0&0\\\cdots\cdots&&&&&\\0&0&0&\cdots&1&1\\0&0&0&\cdots&1&-1\end{pmatrix}\boldsymbol{Y}$,

$f=y_1^2-y_2^2+y_3^2-y_4^2+\cdots+y_{n-1}^2-y_n^2$,秩为 n,符号差为 0.

8.(1)正定;(2)不正定;(3)不正定.

9.(1) $-\dfrac{4}{5}<t<0$;(2) $0<t<1$;(3) $t>2$.

10.(略). 11.(略). 12.(略). 13.(略). 14.(略).

15. $t<\min\{\lambda_1,\lambda_2,\cdots,\lambda_n\}$.

习　题　7

1.(1)是;(2)不是;(3)不是;(4)是;(5)是.

2.(1)是;(2)不是;(3)不是.

3.(1) $\dfrac{n(n+1)}{2}$;(4) n^2-1;(5)2.

4. $\boldsymbol{X}_1=\begin{pmatrix}1\\-1\\0\\0\end{pmatrix}$, $\boldsymbol{X}_2=\begin{pmatrix}1\\0\\-1\\0\end{pmatrix}$, $\boldsymbol{X}_3=\begin{pmatrix}1\\0\\0\\-1\end{pmatrix}$,维数 3.

5. $\begin{pmatrix}-6\\-1\\4\end{pmatrix}$. 6. $\begin{pmatrix}7\\8\\-1\\2\end{pmatrix}$. 7. $\begin{pmatrix}a+b+c+d\\-b-2c-3d\\c+3d\\-d\end{pmatrix}$.

8. (1) $\boldsymbol{T}=\begin{bmatrix}2&0&5&6\\1&3&3&6\\-1&1&2&1\\1&0&1&3\end{bmatrix}$; (2) $k\begin{bmatrix}1\\1\\1\\-1\end{bmatrix}$, k 为任意常数.

9. (1) $\boldsymbol{T}=\begin{bmatrix}1&1&1&1\\0&1&1&1\\0&0&1&1\\0&0&0&1\end{bmatrix}$; (2) $\begin{bmatrix}-1\\-1\\-1\\4\end{bmatrix}$; (3) $\begin{bmatrix}10\\9\\7\\4\end{bmatrix}$.

10. (1) 是; (2) $\boldsymbol{\alpha}_0=0$ 时是, $\boldsymbol{\alpha}_0\neq 0$ 时不是; (3) 不是.

11. $\begin{bmatrix}0&1&-1&-1\\0&0&2&-1\\0&0&0&3\\0&0&0&0\end{bmatrix}$.

12. $\begin{bmatrix}1&-1&0\\-1&1&1\\1&0&1\end{bmatrix}$.

13. (1) $\boldsymbol{A}=\begin{bmatrix}2&3&5\\-1&0&-1\\-1&1&0\end{bmatrix}$; (2) $\boldsymbol{B}=\frac{1}{7}\begin{bmatrix}-5&20&-20\\-4&-5&-2\\27&18&24\end{bmatrix}$.

14. (1) $\boldsymbol{B}=\begin{bmatrix}16&24&4\\-5&-7&-1\\-12&-19&-5\end{bmatrix}$; (2) $\begin{bmatrix}-28\\8\\21\end{bmatrix}$.

15. (1) (略); (2) $\boldsymbol{B}=\begin{bmatrix}5&0&0\\0&-1&0\\0&0&-1\end{bmatrix}$.

16. $\boldsymbol{\beta}_1=\boldsymbol{\alpha}_1+\boldsymbol{\alpha}_3=\begin{bmatrix}2\\1\\1\end{bmatrix}$, $\boldsymbol{\beta}_2=\boldsymbol{\alpha}_2=\begin{bmatrix}1\\1\\0\end{bmatrix}$, $\boldsymbol{\beta}_3=\boldsymbol{\alpha}_1-\boldsymbol{\alpha}_3=\begin{bmatrix}0\\1\\1\end{bmatrix}$.

习　题　8

1. $|\boldsymbol{\alpha}_1|=\sqrt{7}, |\boldsymbol{\alpha}_2|=\sqrt{10}, |\boldsymbol{\alpha}_3|=\sqrt{15}$,

$(\widehat{\boldsymbol{\alpha}_1, \boldsymbol{\alpha}_2})=\arccos\frac{1}{\sqrt{70}}, (\widehat{\boldsymbol{\alpha}_2, \boldsymbol{\alpha}_3})=\arccos\frac{-9}{\sqrt{150}}$,

$(\widehat{\boldsymbol{\alpha}_1, \boldsymbol{\alpha}_3})=\arccos\frac{6}{\sqrt{105}}$.

2. $\boldsymbol{\beta}_1=\frac{1}{\sqrt{2}}, \boldsymbol{\beta}_2=\sqrt{\frac{3}{2}}x, \boldsymbol{\beta}_3=\frac{\sqrt{5}}{2\sqrt{2}}(3x^2-1)$.

3.（略）.　4.（略）.　5.（略）.　6.（略）.

参 考 书 目

[1] 林华铁,李彩英,张乃一.线性代数[M].天津:天津大学出版社,1994.

[2] 武汉大学数学系.线性代数(修订版)[M].北京:人民教育出版社,1977.

[3] 李先科,杨源淑.线性代数[M].北京:电子工业出版社,1993.

[4] 居余马,胡金德.线性代数及其应用[M].北京:中央广播电视大学出版社,1986.

[5] 北京大学数学系几何与线性代数教研室代数小组编.高等代数[M].第二版.北京:高等教育出版社,1988.